즐거운 현대대수 III
(문제탐구)

김주필 지음

KYOWOOSA 教友社

머 리 말

우리가 수학을 공부하다 보면 많은 문제를 풀게 된다. 이론의 전개에 모순이 없고 주어진 조건만으로 원하는 결과가 나왔다면 풀이는 맞다. 그러나 때로는 우리는 스스로 문제를 풀어 놓고도 과연 이것이 정답이 맞는지 의심스러울 경우도 많다. 특히 처음 접하는 문제는 자신이 스스로 푼 것이 정확한지 혹은 더 쉽고 간단한 다른 방법이 없는지 궁금한 경우도 있다. 저자도 저자의 저서로 공부한 많은 학생들로부터 연습문제를 풀고도 풀이가 맞는지 확인을 요청하는 질문과 편지를 많이 받았다. 그래서 일일이 대답하고 답장하기도 힘들고 하여 풀이집을 만들기로 결심하였다. 그러나 풀이집을 만들면서도 풀이집을 만드는 것이 과연 학생들의 수학 실력 향상에 진정 도움이 될 것인가 하는 것에는 의문을 가진다.

문제의 풀이는 맞든 틀리든 혹은 완전히 다 풀 수 없더라도 자기가 스스로 풀려고 노력하고 생각하는 과정에서 실력이 느는 것이지 다른 사람의 풀이를 보고 이해하는 것으로는 절대로 수학 실력이 늘지 않는다. 수학지식은 답을 구하고 증명하는 논리적·과학적 추론과 사고과정에서 자신도 모르게 쌓이는 것이다. 이미 알고 있는 내용을 틀리지 않는 연습을 단순반복하거나 논리적 설명은 전혀 못하면서 하여간 답을 구하거나 찍는 기술만을 배워서는 아무 소용이 없다. 그래서 풀이집을 만드는 것이 오히려 학생들에게 독이 되는 결과가 되면 이것은 좋은 의도가 나쁜 결과를 가져오는 꼴이다.또 수학 문제의 풀이는 사람마다 다르고 수없이 많은 방법이 있어서 완벽한 풀이란 있을 수 없다. 여기에 실은 풀이도 사실은 더 쉽고 간단하게 풀 수 있는 것도 있고 혹은 틀린 것도 있을 수 있다.

독자들의 요청으로 풀이집을 만들기는 하지만 이 책을 읽는 독자는 절대로 이 책을 100% 믿지 말고 어디까지나 참고하는 정도로만 하고 이 책대로 풀려고 하지 말고 각자 나름대로의 풀이법을 개발하기 바란다. 꼭 부탁하고 싶은 말은 생각하고 생각하고 또 생각해서 수백 번 생각해도 안 되면 그때는 한번 살짝 보고 다시 자기 자신의 논리적 사고와 창의성으로 문제해결방법을 찾기 바란다.몰라도 포기하지 말고 꾸준히 인내심을 가지고 공부하다 보면 좋은 결과가 있을 것으로 믿어 의심치 않는다.

그리고 문제의 왼쪽에 A, B가 붙은 것이 있는데 이것은 난이도를 나타낸다. A가 붙은 문제는 상위 0.1%만 풀이가능, B는 0.5% 정도만 풀이가능한 문제들이다. 만일 이 문제들을 자력으로 모두 풀 수 있는 사람은 수학으로 대성할 수 있을 것으로 생각한다.

몇 번 시도하다가 안 된다고 해답집을 찾는 사람은 절대로 수학을 잘 할 수 없다. 어렵고 힘들어도 이 방법 저 방법 생각하다보면 머리도 저절로 좋아지고 수학도 잘 하게 된다. 아무쪼록 이 책이 여러분의 수학공부에 조금이라도 도움이 되길 바란다. 혹시 이 책에서 이해가 잘 안되는 부분이나 잘못된 부분을 발견하면 jpkim@hnu.ac.kr로 알려주면 고맙겠다.

2010년 3월, 오정골에서

저 자

차 례

1 연산

(Operations)

연습문제

1. 다음 중 연산인 것을 고르고 만일 연산이 되면 가환인지, 결합적인지도 조사하여라.

(1) $\mathbb{Q}$ 에서 $x \circ y = \frac{xy}{2}$

(2) $\mathbb{R}$ 에서 $x \circ y = x + \pi$

(3) $\mathbb{R}$ 에서 $x \circ y = y^2$

(4) $\mathbb{Z}$ 에서 $a * b = b$

(5) $\mathbb{Z}$ 에서 $x \circ y = \begin{cases} x & x\text{가 짝수일 경우} \\ x+1 & x\text{가 홀수일 경우} \end{cases}$

(6) $\mathbb{Q}$ 에서 $x \circ y = \frac{1}{x+y}$

(7) $\mathbb{Q}^+$에서 $x \circ y = \frac{1}{x+y}$

(8) $\mathbb{R}$ 에서 $x \circ y = \frac{x}{x^3+y^3}$

(9) $\mathbb{Z}$ 에서 $a * b = a + b^2$

(10) $\mathbb{Z}$ 에서 $a * b = a^2 b^3$

(11) $\mathbb{Z}$ 에서 $a * b = 2^{ab}$

⑿ $\mathbb{Z}$ 에서 $a*b=2b$

⒀ $\mathbb{Q}^+$에서 $a*b=\dfrac{a+b}{ab}$

⒁ 2×2 행렬에서 $\begin{pmatrix} a_1 & a_2 \\ a_3 & a_4 \end{pmatrix} * \begin{pmatrix} b_1 & b_2 \\ b_3 & b_4 \end{pmatrix} = \begin{pmatrix} a_1+b_1 & a_2+b_2 \\ a_3+b_3 & a_4+b_4 \end{pmatrix}$, 단, $a_i,\ b_i \in \mathbb{R}$

⒂ $\mathbb{Q}^+$에서 $\dfrac{b}{a} * \dfrac{d}{c} = \dfrac{b+d}{a+c}$, 단 $a,\ b,\ c,\ d \in \mathbb{Z}^+$

2. 연산 $*$는 결합법칙이 성립한다. 빈칸을 채워라. 또 이 연산은 교환법칙이 성립하는가?

(1)

$*$	p	q	r	s
p	p	q	r	s
q	q	r	s	p
r			p	
s	s		q	r

(2)

$*$	p	q	r	s
p	p	q	r	s
q	q	p	r	s
r	r	s	r	s
s				

(3)

$*$	a	b	c
a			b
b			c
c			a

B (4)

$*$	a	b	c
a	a	c	
b		b	c
c	a	c	

3. $*$는 $\mathbb{R}$에서 다음과 같은 연산이다. 다음을 증명하여라.

$$a*b=a+b+ab$$

(1) 모든 $a,\ b,\ c\in\mathbb{R}$에 대해서 $(a*b)*c=a*(b*c)$이다.

(2) 모든 $a,\ b\in\mathbb{R}$에 대해서 $a*b=b*a$이다.

(3) $a\neq -1$이면 $a*b=a*c$일 필요충분조건은 $b=c$이다.

4. 자연수집합 N에서 다음을 만족시키는 연산의 예를 들어라.

(1) 가환이나 결합적이 아닌 것

(2) 결합적이나 가환이 아닌 것

(3) 결합적도 가환도 아닌 것

(4) 결합적이고 가환인 것

5. 아래와 같은 이유로 연산이 될 수 없는 집합 A와 연산의 예를 들어라.

(1) A는 닫혀 있지 않다.

(2) 어떤 $a, b \in A$에서 $a \circ b$가 정의되지 않는다.

(3) 어떤 $a, b \in A$에서 $a \circ b$가 단 1개가 아니다.

6. $S = \{a, b\}$이다.

(1) S의 연산은 모두 몇 개인가?

(2) 가환인 것은 몇 개인가?

7. 원소가 3개인 집합에서 모두 몇 가지의 연산을 만들 수 있는가? 또 가환인 것은 몇 개인가?

8. A의 원소는 n개다.

(1) A에는 연산이 모두 몇 개인가?

(2) 가환인 연산은 모두 몇 개인가?

A 9. 다음 연산은 결합법칙이 성립하는가?

*	1	2	3	4
1	1	2	3	4
2	2	4	2	4
3	3	2	1	4
4	4	4	4	4

제1장 연산 연습문제 풀이

1. 힌트 되는 것은 증명해야 되고 안되는 것은 안되는 예만 한 개 보이면 된다.

(1) $x,\ y,\ z \in \mathbb{Q}$ 이면

1) $x \circ y = \dfrac{xy}{2} \in \mathbb{Q}$ 이므로 연산이다.

2) $x \circ y = \dfrac{xy}{2} = \dfrac{yx}{2} = y \circ x$ 이므로 가환이다.

3) $(x \circ y) \circ z = \dfrac{xy}{2} \circ z = \dfrac{(xy)z}{4}$, $x \circ (y \circ z) = x \circ \dfrac{yz}{2} = \dfrac{x(yz)}{4}$ 이므로 결합적이다.

(2) $x,\ y,\ z \in \mathbb{R}$ 이면

1) $x \circ y = x + \pi \in \mathbb{R}$ 이므로 연산이다.

2) $x \circ y = x + \pi$, $y \circ x = y + \pi$ 이므로 가환이 아니다.

3) $(x \circ y) \circ z = (x + \pi) \circ z = x + 2\pi$, $x \circ (y \circ z) = x \circ (y + \pi) = x + \pi$ 이므로 결합적이 아니다.

(3) $x,\ y,\ z \in \mathbb{R}$ 이면

1) $x \circ y = y^2 \in \mathbb{R}$ 이므로 연산이다.

2) $x \circ y = y^2$, $y \circ x = x^2$ 이므로 가환이 아니다.

3) $(x \circ y) \circ z = y^2 \circ z = z^2$, $x \circ (y \circ z) = x \circ z^2 = z^4$ 이므로 결합적이 아니다.

(4) 1) 연산이다.

2) $3 * 2 = 2$, $2 * 3 = 3$ 이므로 가환이 아니다.

3) 결합적이다.

(5) $x,\ y,\ z \in \mathbb{Z}$ 이면

1) $x,\ x+1 \in \mathbb{Z}$ 이므로 연산이다.

2) $3 \circ 6 = 3 + 1 = 4$, $6 \circ 3 = 6$, 따라서 가환이 아니다.

3) x가 짝수면 $(x \circ y) \circ z = x \circ z = x$, $x \circ (y \circ z) = x$,

x가 홀수면 $(x \circ y) \circ z = (x+1) \circ z = x + 1$, $x \circ (y \circ z) = x + 1$, 따라서 결합적이다.

(6) 1) $5 \circ (-5) = \dfrac{1}{0}$ 이므로 연산이 안된다.

(7) $x,\ y,\ z \in \mathbb{Q}^+$ 이면

1) $x + y \in \mathbb{Q}^+$ 이고 $x \circ y = \dfrac{1}{x+y} \in \mathbb{Q}^+$ 이므로 연산이다.

2) $\frac{1}{x+y}=\frac{1}{y+x}$ 이므로 가환이다.

3) $(1\circ 2)\circ 3=\cfrac{1}{\cfrac{1}{1+2}+3}=\frac{3}{10}$, $1\circ(2\circ 3)=\cfrac{1}{1+\cfrac{1}{2+3}}=\frac{5}{6}$, 따라서 결합적이 아니다.

(8) 1) $-1\circ 1=\frac{-1}{-1+1}\not\in\mathbb{R}$ 이므로 연산이 안된다.

(9) $a, b, c\in\mathbb{Z}$ 이면

1) $a*b=a+b^2\in\mathbb{Z}$ 이므로 연산이다.

2) $1*2=5$, $2*1=3$, 따라서 가환이 아니다.

3) $(1*2)*3=5*3=14$, $1*(2*3)=1*11=122$, 따라서 결합적이 아니다.

(10) $a, b, c\in\mathbb{Z}$ 이면

1) $a*b=a^2b^3\in\mathbb{Z}$ 이므로 연산이다.

2) $1*2=8$, $2*1=4$, 따라서 가환이 아니다.

3) $(1*2)*3=8*3=64\times 27$, $1*(2*3)=1*(4\times 27)=(4\times 27)^3$,
따라서 결합적이 아니다.

(11) 1) $1*(-1)=2^{-1}=\frac{1}{2}\not\in\mathbb{Z}$ 이므로 연산이 아니다.

(12) $a, b, c\in\mathbb{Z}$ 이면

1) $a*b=2b\in\mathbb{Z}$ 이므로 연산이다.

2) $1*2=4$, $2*1=2$, 따라서 가환이 아니다.

3) $(1*2)*3=4*3=6$, $1*(2*3)=1*6=12$, 따라서 결합적이 아니다.

(13) 1) $2*0=\frac{2}{0}\not\in\mathbb{Q}$ 이므로 연산이 아니다.

(14) 행렬의 합은 연산이고, 가환이고 결합적이다.

(15) $\frac{1}{2}=\frac{2}{4}$, $\frac{2}{3}=\frac{6}{9}$ 이다. 그러나 $\frac{1}{2}*\frac{2}{3}=\frac{3}{5}$, $\frac{2}{4}*\frac{6}{9}=\frac{8}{13}$ 이 되어 연산이 아니다.

2. (1) **힌트** 제일 앞에 p 또는 q가 오도록 하면 된다.

$$r*p=(q*q)*p=q*(q*p)=q*q=r$$
$$r*q=(q*q)*q=q*(q*q)=q*r=s$$
$$r*s=(q*q)*s=q*(q*s)=q*p=q$$
$$s*q=(q*r)*q=q*(r*q)=q*s=p$$

대각선에 대칭이므로 교환법칙이 성립한다.

(2) 힌트 제일 앞에 p, q, r이 오도록 하면 된다.

$$s * p = (r * q) * p = r * (q * p) = r * q = s$$
$$s * q = (r * q) * q = r * (q * q) = r * p = r$$
$$s * r = (r * q) * r = r * (q * r) = r * r = r$$
$$s * s = (r * q) * s = r * (q * s) = r * s = s$$

대각선에 대칭이 아니므로 교환법칙이 성립하지 않는다.

(3) 힌트 끝에 c가 오도록 하면 된다. 쉬운 것부터 빈칸을 메울 것.

$$a * a = a * (c * c) = (a * c) * c = b * c = c$$
$$a * b = a * (a * c) = (a * a) * c = c * c = a$$
$$b * a = b * (c * c) = (b * c) * c = c * c = a$$
$$b * b = b * (a * c) = (b * a) * c = a * c = b$$
$$c * a = c * (c * c) = (c * c) * c = a * c = b$$
$$c * b = c * (a * c) = (c * a) * c = b * c = c$$

대각선에 대칭이므로 교환법칙이 성립한다.

(4) 힌트 마지막에 b가 오도록 하면 됨. 안되면 다른 것으로 많이 나타나는 것으로.

$$a * c = a * (a * b) = (a * a) * b = a * b = c$$
$$b * a = b * (c * a) = (b * c) * a = c * a = a$$
$$c * c = c * (a * b) = (c * a) * b = a * b = c$$

교환법칙이 성립하지 않는다.

3. (1) $(a * b) * c = (a+b+ab) * c = (a+b+ab) + c + (a+b+ab)c$,

$$a * (b * c) = a * (b+c+bc) = a + (b+c+bc) + a(b+c+bc)$$
$$= a+b+c+ab+ac+bc+abc$$

(2) $a * b = a+b+ab$, $b * a = b+a+ba$이므로 $a * b = b * a$이다.

(3) $a * b = a * c$이면 $a+b+ab = a+c+ac$ 따라서

$$(b-c)(a+1) = 0$$

이고 $a \neq -1$이므로 $b = c$이다.

역으로 $b=c$이면 $a*b=a+b+ab=a+c+ac=a*c$이다.

4. (1) $a*b=2(a+b)$라고 하면 $a*b=b*a$이다. 그러나

$$(a*b)*c=2(a+b)*c=2(2(a+b)+c)=4a+4b+2c$$
$$a*(b*c)=a*2(b+c)=2(a+2b+2c)=2a+4b+4c$$

이므로 결합적이 아니다. 또 1번 문제의 (7)번

(2) 1번 문제의 (3), (4), (5).

(3) 1번 문제의 (2), (9), (10), (12).

(4) 1번 문제의 (1), 보통 수에서의 $+$, $\times$ 등.

5. (1) $A=\{1, 2, 3\}$에서 $a*b=a+b$.

(2) $\mathbb{R}$에서 $a\circ b=\dfrac{1}{a+b}$라고 하면 $t\circ(-t)$가 정의되지 않는다.

(3) $\mathbb{Q}$에서 $\dfrac{b}{a}\circ\dfrac{d}{c}=\dfrac{b\times d}{|a|+|c|+1}$라고 하면

$$\frac{1}{2}\circ\frac{1}{3}=\frac{1}{|2|+|3|+1}=\frac{1}{6},\ \frac{1}{2}\circ\frac{2}{6}=\frac{1\times 2}{|2|+|6|+1}=\frac{2}{9}$$

가 되어 $a\circ b$의 값이 여러 개가 된다.

6. (1) 연산표를 만들어 보면 각 칸 1, 2, 3, 4에 들어갈 수 있는 값이 2가지씩

$*$	a	b
a	1	2
b	3	4

이므로 $2^4=16$가지이다.

(2) 가환인 경우는 연산표가 대각선에 대칭이므로 아래 연산표

$*$	a	b
a	1	2
b	3	4

에서 2와 3은 같은 값이다. 따라서 1, 2, 4만 2가지 값을 가질수 있으므로 $2^3=8$ 가지이다.

7.

*	a	b	c
a	1	2	3
b	4	5	6
c	7	8	9

와 같은 연산표에서 각 숫자, 1, ⋯, 9에 올 수 있는 가지수는 a, b, c 3가지이므로 3^9가지의 연산이 존재한다. 가환인 것은 2와 4, 3과 7, 6과 8은 같은 문자가 와야 하므로 결국 1, 2, 3, 5, 6, 9만이 자유롭게 a, b, c를 취할 수 있다. 따라서 3^6가지의 가환인 연산이 존재한다.

8. (1) 일반적으로 원소가 n개인 집합의 연산은 n^{n^2}개만큼 있다.

(2) 가환인 연산은 연산표에서

*	1	2	⋯	n
1	n	n	⋯	n
2		n	⋯	n
⋮			⋱	⋮
n				n

가지이므로 n이 들어가는 칸은 $\frac{1}{2}(n^2-n)+n=\frac{1}{2}n^2+\frac{1}{2}n$이다. 따라서 총 가지수는 $n^{\frac{n(n+1)}{2}}$가지이다.

9. 모든 a, b, c에 대해서 $a(bc)=(ab)c$가 성립하는지 살펴보아야 한다. (단, $\{a, b, c\}=\{1, 2, 3, 4\}$)

1) a, b, c 중 어느 것 하나가 1이면 모든 x에 대해서

$$x1=1x=x$$

이므로 $a(bc)$는 1이 없어지고 두 문자의 곱 xy꼴이 된다. 마찬가지로 $(ab)c$도 1이 없어지므로 결국

$$a(bc)=(ab)c$$

가 된다. 예를 들어 $c=1$이면

$$a(bc)=a(b1)=ab$$
$$(ab)c=(ab)1=ab$$

2) a, b, c 중 어느 하나가 4이면 모든 x에 대해서

$$x4=4x=4$$

이므로 $a(bc)$는 무조건 4이고 마찬가지로 $(ab)c$도 4이므로 결합법칙이 성립한다.

3) 나머지 경우로서 a, b, c가 모두 2 또는 3인 경우만 생각하면 된다. 즉 $\{a, b, c\}=\{2, 3\}$이므로 연산표

	2	3
2	4	2
3	2	1

만 가지고 계산하면 된다. 만일 a, b, c 세 문자 중 2개가 2이면 $a(bc)$나 $(ab)c$는 모두 4가 된다. 그 이유는 $a(bc)$에서 bc는 $2\cdot2=4$이고 $2\cdot3=3\cdot2=2$이므로 결국 계산하면 4가 된다.

4) 나머지 경우를 계산하면 3이 두 번 나올 경우이므로 $a(bc)$에서 bc는 1 또는 2이다.

$$3(3\cdot3)=3\cdot1=3=1\cdot3=(3\cdot3)3$$
$$3(2\cdot3)=3\cdot2=2=2\cdot3=(3\cdot2)3$$
$$2(3\cdot3)=2\cdot1=2=2\cdot3=(2\cdot3)3$$
$$3(3\cdot2)=3\cdot2=2=1\cdot2=(3\cdot3)3$$

따라서 모든 경우 결합법칙이 성립한다. 물론 가환도 된다.

참고 보다 쉽게 하는 방법은 [4], 33장 Light의 방법을 참조할 것.

2 군의 정의와 예 (Definitions and Examples of Groups)

연습문제

1. 실수 집합 $\mathbb{R}$에서 다음 연산이 결합적인지, 가환인지 조사하고 또 항등원과 역원도 존재하면 구하여라.

(1) $x * y = x + 2y + 4$

(2) $x * y = x + 2y - xy$

(3) $x * y = |x + y|$

(4) $x * y = |x - y|$

(5) $x * y = xy + 1$

(6) $x * y = \dfrac{xy}{|x| + |y| + 1}$

2. 다음 집합은 $*$ 연산에 의해서 군이 되느냐?

(1) $\mathbb{R}$에서 $x * y = x + y + 5$

(2) $\mathbb{R}$에서 $x * y = \dfrac{xy}{2}$

(3) $\mathbb{R} - \{-1\}$에서 $x * y = x + y + xy$

(4) $I = (-1,\ 1)$에서 $x * y = \dfrac{xy}{xy + 1}$

3. 다음 중 군이 되는 것을 찾아라.

(1) $(\mathbb{R}^+, +)$

(2) $(3\mathbb{Z}, +)$

(3) $\mathbb{R}-\{0\}$에서 $a*b=|ab|$

(4) $(\{1, -1\}, \times)$

(5) $\mathbb{R}\times\mathbb{R}$ 에서 $(a, b)*(c, d)=(a+c, b-d)$

(6) $\mathbb{R}\times\mathbb{R}^*$에서 $(a, b)*(c, d)=(a+c, bd)$

(7) $(\mathbb{Z}, *)$에서 $a*b=a+b-1$

(8) $(\mathbb{R}, *)$에서 $a*b=a+b-ab$

(9) $\mathbb{R}^*$에서 $a*b=|a|b$

(10) $(\mathbb{R}^*, \times)$

(11) $(\mathbb{Z}, -)$

(12) $(\mathbb{R}\times\mathbb{R}^*, *)$, 단, $(a, b)*(c, d)=(ad+bc, bd)$

(13) $(\mathscr{P}(X), \triangle)$, 단, $A\triangle B=(A-B)\cup(B-A)$, $\mathscr{P}(X)=\{A\mid A\subset X\}$는 X의 멱집합이다.

4. $\mathbb{R}^*\times\mathbb{R}$ 에서 $(a, b)*(c, d)=(ac, bc+d)$이다. 군이 됨을 보여라.

B 5. $\mathbb{R}^*$에서 $a*b=\begin{cases} ab & a>0\text{일 경우} \\ \dfrac{a}{b} & a<0\text{일 경우}\end{cases}$

이다. 군이 됨을 보여라.

6. 위의 3번 문제 중 군이 되는 것 중 아벨군인 것은?

7. $\mathscr{P}(X)=\{A|A\subset X\}$는 X의 멱집합이다. $(\mathscr{P}(X), \cap)$, $(\mathscr{P}(X), \cup)$은 각각 군이 되는가?

8. $G=\{f|f:\mathbb{R}\to\mathbb{R}$, 모든 $x\in\mathbb{R}$ 에 대해서 $f(x)\neq0\}$이다. $(f*g)(x)=f(x)g(x)$라고 하면 $(G, *)$는 군이 되는가?

9. $S=\{a, b, c\}$, 연산 $*$는 다음과 같다.

$*$	a	b	c
a	a	b	c
b	b	b	c
c	c	c	c

$(S, *)$는 군이 되는가?

10. $G=\{z\in\mathbb{C}\,|\,z^n=1\}$라면 $(G, \times)$는 군이 됨을 보여라.

11. $G=\mathbb{R}-\{1\}$, $a*b=a+b-ab$이다.

(1) $(G, *)$는 군이 됨을 보여라.

(2) 항등원을 구하여라.

(3) $2*x*3=-1$을 만족시키는 x를 구하여라.

제2장 군의 정의와 예 연습문제 풀이

1. **참고** 결합적이 아니라도 항등원, 역원은 존재할 수 있다.

$x, y, z \in \mathbb{R}$ 이라고 하면

(1)
$$(x * y) * z = (x+2y+4) * z = x+2y+4+2z+4,$$
$$x * (y * z) = x * (y+2z+4) = x+2(y+2z+4)+4$$

따라서 결합적이 아니다.

$$1 * 2 = 1+4+4 = 9,\ 2 * 1 = 2+2+4 = 8$$

따라서 가환이 아니다.

$x * e = x$라고 하면 $x = 2e+4 = x$로부터 $e = -2$이다. 그러나

$$-2 * x = -2+2x+4 = 2+2x \neq x$$

이므로 항등원이 없다. 따라서 역원도 없다.

(2)
$$\begin{aligned}(x * y) * z &= (x+2y-xy) * z = x+2y-xy+2z-(x+2y-xy)z \\ &= x+2y-xy+2z-xz+2yz+xyz\end{aligned}$$
$$\begin{aligned}x * (y * z) &= x * (y+2z-yz) = x+2(y+2z-yz)-x(y+2z-yz) \\ &= x+2y+4z-2yz-xy-2xz+xyz\end{aligned}$$

따라서 결합적이 아니다.

$$1 * 2 = 1+4-2 = 3,\ 2 * 1 = 2+2-2 = 2$$

따라서 가환이 아니다.

$x * e = x$라고 하면 $x+2e-xe = x$로부터 $(2-x)e = 0$이다. 모든 x에 대해서 성립해야 하므로 결국 $e = 0$이 된다. 이번에는 $0 * x = 2x-0 = 2x \neq x$이므로 항등원은 없다.

(3) 결합적이고 가환이 됨을 쉽게 알 수 있다. $x * e = x$라고 하면 $|x+e| = x$인데 x가 음수이면 $|x+e| = x < 0$이 되어 항등원은 없다.

(4)
$$(1 * 1) * 3 = 0 * 3 = 3,\ 1 * (1 * 3) = 1 * 2 = 1$$

이므로 결합적이 아니다. 그러나

$$x * y = |x-y|,\ y * x = |y-x| = |-(x-y)| = |x-y|$$

이므로 가환이다.

$x * e = x$라고 하면 $|x-e| = x$인데 x가 음수이면 $|x-e| = x < 0$이 되어 항등원은 없다.

(5) $$(x * y) * z = (xy+1) * z = (xy+1)z + 1 = xyz + z - 1,$$
$$x * (y * z) = x * (yz+1) = x(yz+1) + 1 = xyz + x + 1$$

따라서 결합적이 아니다. 그러나 가환이다.

$x * e = x$라고 하면 $xe + 1 = x$로부터 $e = \dfrac{x-1}{x}$로 되어 x값에 따라 변하므로 항등원은 없다.

(6) $$(-1 * 1) * 1 = \frac{1}{3} * 1 = \frac{\frac{1}{3}}{\frac{1}{3}+2},\ -1 * (1 * 1) = -1 * \frac{1}{3} = \frac{-\frac{1}{3}}{\frac{1}{3}+2}$$

이 되어 결합적이 아니다. 그러나 가환은 된다. 모든 $x \in \mathbb{R}$에 대해서 $x * e = x$를 만족시키는 e는 존재하지 않으므로 항등원은 없다.

2. (1) $*$는 연산이 된다. 또 가환도 된다.

1) $(x * y) * z = x + y + z + 10 = x * (y * z)$이다.

2) 모든 x에 대해서 $x * (-5) = -5 * x = x$이므로 -5가 항등원이다.

3) $x * (-x-10) = -5$이므로 x의 역원은 $-x-10$이 되어 군의 조건을 만족시킨다.

(2) $*$는 연산이 되고 또 가환도 된다.

1) $(x * y) * z = \dfrac{xyz}{4} = x * (y * z)$이다.

2) 모든 $x \in \mathbb{R}^*$에 대해서 $x * 2 = x$이므로 2가 항등원이다.

3) 임의의 $x \in \mathbb{R}^*$에 대해서 $x * \dfrac{4}{x} = 2$이므로 x의 역원은 $\dfrac{4}{x}$이다.

(3) $*$는 연산이 되고 가환이다. 1장 연습문제 3에서

1) 결합법칙이 성립한다.

2) $x*e=x$라 두면 $x+e+xe=x$로부터 $(1+x)e=0$이고 $x\neq-1$이므로 $e=0$이 항등원이 된다.

3) $x*x^{-1}=0$이라 두면 $x+x^{-1}+xx^{-1}=0$으로부터 $x^{-1}=\dfrac{-x}{1+x}$가 됨을 알 수 있다.

(4) **주의** 우선 $*$가 연산이 됨을 먼저 보여야 한다.

$|x|<1$, $|y|<1$이므로 $|xy|<1$, 따라서 $-1<xy<1$이므로 $0<xy+1$이다.

$xy<xy+1$이므로 $\dfrac{xy}{xy+1}<1$이다. 그러나 $x=\dfrac{5}{6}$, $y=-\dfrac{4}{5}$라 두면

$$x*y=\frac{-\dfrac{2}{3}}{-\dfrac{2}{3}+1}=-2\notin I$$

이므로 $(I, *)$는 군이 안된다.

3. (1) 군이 안된다. 역원이 없다.

(2) 군이 된다. 항등원은 0, a의 역원은 $-a$이다.

(3) $-3*e=|-3e|>0$이므로 $-3*e=-3$이 되는 e는 없다. 따라서 항등원이 없다.

(4) 군이 된다. 항등원은 1, -1의 역원은 -1이다.

(5) 군이 안된다. 결합법칙이 성립하지 않는다. 예를 들면

$$((0,\ 0)*(1,\ 2))*(1,\ 1)=(1,\ 2)*(1,\ 1)=(2,\ 1)$$
$$(0,\ 0)*((1,\ 2)*(1,\ 1))=(0,\ 0)*(2,\ 1)=(2,\ -1)$$

(6) 군이 된다. 항등원은 $(0,\ 1)$이고 $(a,\ b)$의 역원은 $\left(-a,\ \dfrac{1}{b}\right)$이다.

(7) 군이 된다. 가환이고 결합적이다. 항등원은 1이고 a의 역원은 $2-a$이다.

(8) 군이 안된다. 항등원은 0이다. 그러나 $1*x=0$를 만족시키는 x가 없다.

(9) 항등원이 없다. 모든 원소 $a\in\mathbb{R}^*$에 대해서 $a=a*e=|a|e$로부터 $1=1e=e$, $-1=|-1|e=e$가 된다.

(10) 군이 된다. 항등원은 1, a의 역원은 $\dfrac{1}{a}$이다.

(11) 군이 안된다. 결합법칙이 성립하지 않는다.

⑿ 군이 된다. (a, b)를 편의상 $\frac{a}{b}$라 두면

$$(a, b) * (c, d) = \frac{a}{b} * \frac{c}{d} = \frac{ad+bc}{bd}$$

즉 $*$는 유리수의 합과 같다. 따라서 결합법칙이 성립함을 알 수 있다. 항등원은 $(0, 1)$이다. (a, b)의 역원은 $\left(-\frac{a}{b^2}, \frac{1}{b}\right)$이다.

⒀ 군이 된다. 집합연산으로 결합법칙이 성립한다. 항등원은 $\varnothing$, A의 역원은 A자신이다.

4. $a, c \in \mathbb{R}^*$이므로 $ac \in \mathbb{R}^*$이다. 따라서 $*$는 연산이 된다.

1) $((a, b) * (c, d)) * (e, f) = (ac, bc+d) * (e, f) = (ace, (bc+d)e+f)$,
$(a, b) * ((c, d) * (e, f)) = (a, b) * (ce, de+f) = (ace, (bce)+de+f)$

따라서 결합적이다.

2) $(a, b) * (c, d) = (a, b)$라 두면 $ac = a$, $bc+d = b$로부터 $c = 1$, $d = 0$이 된다.
따라서 $(a, b) * (1, 0) = (1, 0) * (a, b) = (a, b)$이다.

3) $(a, b) * (e, f) = (ae, be+f) = (1, 0)$라 두면

$$ae = 1, \ be+f = 0$$

$e = \frac{1}{a}$, $f = -\frac{b}{a}$이다. 따라서

$$(a, b) * \left(\frac{1}{a}, -\frac{b}{a}\right) = (1, 0) = \left(\frac{1}{a}, -\frac{b}{a}\right) * (a, b)$$

가 되어 (a, b)의 역원은 $\left(\frac{1}{a}, -\frac{b}{a}\right)$이다. 그러나

$$(2, 0) * (1, 1) = (2, 1), \quad (1, 1) * (2, 0) = (2, 2)$$

가 되어 가환은 되지 않는다.

5. $*$는 연산이 된다.

$$1)\ (a*b)*c=\begin{cases}(ab)*c=\begin{cases}abc & a>0,\ b>0\\ \dfrac{ab}{c} & a>0,\ b<0\end{cases}\\ \dfrac{a}{b}*c=\begin{cases}\dfrac{a}{bc} & a<0,\ b>0\\ \dfrac{a}{b}c & a<0,\ b<0\end{cases}\end{cases}$$

$$a*(b*c)=\begin{cases}a*(bc)=abc & a>0,\ b>0\\ a*\dfrac{b}{c}=\dfrac{ab}{c} & a>0,\ b<0\\ a*(bc)=\dfrac{a}{bc} & a<0,\ b>0\\ a*\dfrac{b}{c}=a\dfrac{c}{b} & a<0,\ b<0\end{cases}$$

따라서 결합적이다.

2) $a*1=1*a=a$이므로 1이 항등원이다.

3) $a>0$일 경우 a의 역원은 $\dfrac{1}{a}$, $a<0$일 경우 a의 역원은 a이다.

따라서 $(\mathbb{R}^*,\ *)$는 군이다. 그러나

$$-2*3=\frac{-2}{3},\ 3*(-2)=-6$$

이므로 가환은 아니다.

6. 군인 것은 (2), (4), (6), (7), (10), (12), (13)이고 모두 아벨군이다.

7. 결합법칙이 성립하고 X, $\varnothing$가 각각 항등원이다. 그러나 $A\neq X$, $A\neq\varnothing$일 경우는 $A\cap B=X$, $A\cup B=\varnothing$인 B는 없다. 따라서 군이 되지 않는다.

8. 군이 된다. $*$는 실제로 실수인 두 함수값의 곱이므로 결합법칙이 성립한다. 항등원은 모든 $x\in\mathbb{R}$에 대해서 $f(x)=1$인 함수이고 f의 역원은 $g(x)=\dfrac{1}{f(x)}$인 함수 g이다.

9. $b*a=b$, $b*b=b$이다. 만일 b의 역원을 x라고 하면

$$x*b=x*(b*a)=(x*b)*a=a$$

또

$$x * b = x * (b * b) = (x * b) * b = b$$

따라서 $a = b$가 되어 모순이다. 따라서 $(S, *)$는 군이 되지 않는다.

10. $a, b \in \mathbb{C}$를 $x^n = 1$의 근이라고 하면 $(ab)^n = 1$이므로 $ab \in G$이다.

1) 복소수에서는 결합법칙이 성립한다.

2) $1^n = 1$, $1 \times a = a$이므로 1이 항등원이다.

3) $\left(\dfrac{1}{a}\right)^n = \dfrac{1}{a^n} = 1$, $\dfrac{1}{a} \times a = 1$이므로 $\dfrac{1}{a}$이 a의 역원이다. 따라서 $(G, \times)$는 군이다.

11. (1)

$$a * b = a + b - ab = a + (1-a)b - 1 + 1 = (a-1)(1-b) + 1$$

에서 $a \neq 1$, $b \neq 1$이므로 $a * b \neq 1$이다. 따라서 $a * b \in G$이므로 $*$는 연산이다.

1)

$$(a * b) * c = (a + b - ab) * c = (a + b - ab) + c - (a + b - ab)c,$$
$$a * (b * c) = a * (b + c - bc) = a + (b + c - bc) - a(b + c - bc)$$

이므로 결합법칙이 성립한다.

2) 임의의 $a \in G$에 대해서

$$a * 0 = 0, \quad 0 * a = a$$

이므로 0가 항등원이다.

3)

$$a * \frac{a}{a-1} = a + \frac{a}{a-1} - \frac{a^2}{a-1} = \frac{a^2 - a + a - a^2}{a-1} = 0$$

이므로 a의 역원은 $\dfrac{a}{a-1}$이다.

(2) $a * e = a + e - ae = a$에서 $(1-a)e = 0$, $a \neq 1$이므로 $e = 0$이 항등원이다.

(3) 2의 역원은 $\dfrac{2}{2-1} = 2$, 3의 역원은 $\dfrac{3}{2}$이다. 따라서 $2 * x * 3 = -1$에서

$$2 * (2 * x * 3) * \frac{3}{2} = 2 * (-1) * \frac{3}{2}$$
$$x = (2 * 2) * x * \left(3 * \frac{3}{2}\right) = 2 * \left(-1 * \frac{3}{2}\right) = 2 * \left(\frac{1}{2} + \frac{3}{2}\right) = 2 * 2 = 0$$

3 군의 기본적인 성질

(Elementary Properties of Groups)

연습문제

1. 군에서 $x^2 = x$를 만족시키는 원소는 단 한 개밖에 없음을 보여라.

2. 군 G의 모든 원소 x가 $x^2 = e$를 만족시키면 G는 아벨군임을 보여라.

3. 군에서

   (1) $x^2 = b$, $x^5 = e$이다. x를 구하여라.

   (2) $x^2a = bxc^{-1}$, $acx = xac$이다. x를 a, b, c로 표시하여라.

   (3) $(xax)^3 = bx$, $x^2a = (xa)^{-1}$이다. x를 구하여라.

4. 군 $(G, *)$에서 모든 $a, b \in G$에 대해서 $(a * b)^2 = a^2 * b^2$이면 $(G, *)$는 아벨군임을 증명하여라.

5. 군 $(\mathbb{Z}_{12}, \oplus)$에서 $\overline{2}\oplus\overline{x}\oplus\overline{7}=\overline{1}$를 계산하여라.

6. $(G, *)$는 군이다. $x, y\in G$, $x^{-1}=y^{-1}$면 $x=y$임을 보여라.

7. $(G, *)$는 군이다. $g\in G$일 때 $g*G=\{g*x|x\in G\}$라고 하면 $G=g*G$임을 보여라.

8. $(G, *)$는 군이고 $x, y\in G$이다. 만일 $x*y=e$이면 $y*x=e$임을 보여라.

9. 군 G에서 $ab=ba$이면 $ab^{-1}=b^{-1}a$임을 보여라.

B 10. G는 유한군이다.
$S_1=\{x\in G|x\neq x^{-1}\}$, $S_2=\{x\in G|x=x^{-1}\}$일 때 다음이 성립함을 보여라.
(1) $|S_1|$은 짝수이다.
(2) $|G|$가 짝수면 $|S_2|$도 짝수이고 $|G|$가 홀수이면 $|S_2|$도 홀수이다.
(3) $|G|$가 짝수면 $|S_2|\geq 2$이다.

11. $G=\{e, a_1, \cdots, a_n\}$은 유한아벨군이다. S_1, S_2를 10번과 같은 집합이라고 하면 다음이 성립함을 보여라.
(1) $(a_1 a_2 \cdots a_n)^2=e$
(2) $|S_2|=1$이면 $a_1a_2\cdots a_n=e$
(3) $S_2=\{e, x\}$이면 $a_1a_2\cdots a_n=x$

12. 군 G에서 $|G|=2n$이면 $a^2=e, a\neq e$인 원소가 존재함을 보여라. (일반적으로 $|G|=pn$, p는 소수이면 $a^p=e, a\neq e$인 원소가 존재한다(코시정리)).

13. G는 유한군이다. 모든 $x\in G$에 대해서 $x^n=e$가 되는 정수 n이 존재함을 보여라.

14. G는 유한집합, $\cdot$는 연산이다.
(1) G는 연산 $\cdot$에 대해서 닫혀있고 결합법칙이 성립한다.
(2) 좌우소거법칙이 성립한다.

(1), (2)가 성립하면 $(G, \cdot)$가 군이 됨을 보여라.

15. G가 무한집합일 때는 14번의 (1), (2)가 성립하더라도 $(G, \cdot)$가 군이 되지 않음을 보여라.

16. 14번 문제에서 (2)를 우소거법칙이 성립한다로 고치면 $(G, \cdot)$는 군이 되는가?

17. 군 G의 모든 원소에 대해서 자신이 자신의 역원이면 아벨군이 됨을 보여라.

18. $\mathbb{Z}_p^* = Z_p - \{\overline{0}\}$, $\overline{i} \cdot \overline{j} = \overline{ij}$ $(\overline{i}, \overline{j} \in \mathbb{Z}_p^*)$이다.

(1) p가 소수면 $(\mathbb{Z}_p^*, \cdot)$는 군이 됨을 보여라.

(2) p가 소수가 아니면 $(\mathbb{Z}_p^*, \cdot)$는 군이 되지 않음을 보여라.

B **19.** 군 G의 모든 원소 a, b에 대해서 연속된 세 정수 i가 존재하여 $(ab)^i = a^i b^i$가 성립한다. G는 아벨군이 됨을 보여라.

B **20.** 군 G의 모든 a, b에 대해서 $(ab)^2 = (ba)^2$이 성립한다. G는 아벨군인가? 되면 증명하고 안되면 안되는 예를 보여라.

제3장 군의 기본적인 성질 연습문제 풀이

1. $x^2=x$의 양변에 x^{-1}를 곱하면 $x^2x^{-1}=xx^{-1}$에서 $x=e$, 즉 x는 항등원이다.

2. $x^2=e$의 양변에 x^{-1}를 곱하면 $x=x^{-1}$이다. 따라서 임의의 $a, b\in G$에 대해서

$$ab=(ab)^{-1}=b^{-1}a^{-1}=ba$$

이므로 G는 아벨군이다.

3. (1) $e=x^5=x^2x^2x=bbx$로부터 $x=(b^2)^{-1}$이다.

(2) 힌트 1. x를 등식의 한쪽으로 몰아야 x가 줄어든다.

2. $acx=xac$로부터 x는 ac와 가환임을 알 수 있다. 따라서 $x^2ac=x(xac)=xacx=acx^2$이 된다.

$(x^2a)c=(bxc^{-1})c=bx$이다. 한편 $x^2ac=acx^2$로부터 $acx^2=bx$가 되므로 $x=(ac)^{-1}b$가 된다.

(3) $(xax)^3$을 풀어서 대입하면

$$bx=(xax)^3=(xax)(xax)(xax)=xa(x^2a)(x^2a)x=xa(xa)^{-1}(xa)^{-1}x=a^{-1}$$

이므로 $x=b^{-1}a^{-1}=(ab)^{-1}$가 됨을 알 수 있다.

4. $a^2*b^2=(a*b)^2$으로부터 $(a*a)*(b*b)=(a*b)*(a*b)$이므로 좌우소거법칙을 쓰면 $a*b=b*a$가 된다.

5. 힌트 등식의 양변에 역원을 연산하여 $\overline{x}$만 남게 한다. 즉 $\overline{x}$만 남기고 나머지는 이항.

$$\begin{aligned}\overline{x}&=(\overline{2})^{-1}\oplus\overline{1}\oplus(\overline{7})^{-1}\\&=\overline{-2+1-7}\\&=\overline{-8}=\overline{-8}\oplus\overline{0}=\overline{-8}\oplus\overline{12}=\overline{-8+12}\\&=\overline{4}\end{aligned}$$

6. $$x=(x^{-1})^{-1}=(y^{-1})^{-1}=y$$

7. 임의의 $u\in G$에 대해서 $u=(g*g^{-1})*u=g*(g^{-1}*u)$이고 $g^{-1}*u\in G$이므로 따라서 $G\subset g*G$이다. 한편 $g*G\subset G$는 당연하다.

8. G는 군이므로 x^{-1}가 존재한다. 만일 $x*y=e$이면

$$y=e*y=(x^{-1}*x)*y=x^{-1}*(x*y)=x^{-1}*e=x^{-1}$$

이므로 따라서 $y*x=x^{-1}*x=e$이다.

9. $ab=ba$의 왼편에 b^{-1}를 곱해서 $a=b^{-1}ab$를 얻는다. 따라서

$$ab^{-1}=(b^{-1}ab)b^{-1}=b^{-1}a$$

10. 참고 $|S_1|$은 짝수가 될 것이라는 것은 쉽게 짐작할 수 있다. 그러나 짐작만으로 짝수라고 단정할 수는 없다. 반드시 논리적으로 증명하여야 한다. 여러 가지 방법으로 증명할 수 있겠는데 아래는 그 한 가지 방법이다.

(1) $a\in G$에 대해서 $\bar{a}=\{a, a^{-1}\}$라고 하면 $\overline{a^{-1}}=\bar{a}$이고 $a\in S_1$일 필요충분조건은 $|\bar{a}|=2$이고 $a\in S_2$일 필요충분조건은 $|\bar{a}|=1$이다. 또 $a\in S_i$면 $\bar{a}\subset S_i$이고 $\bar{a}\cap\bar{b}=\varnothing$거나 $\bar{a}=\bar{b}$이다. 따라서 $S_1=\cup\{\bar{a}\mid a\in S_1\}$이므로 $|S_1|$은 짝수이다.

(2) $G=S_1\cup S_2$, $S_1\cap S_2=\varnothing$이므로 $|G|=|S_1|+|S_2|$로부터 $|G|$의 짝홀은 $|S_2|$의 짝홀과 일치한다.

(3) $|G|$가 짝수면 $|S_2|$도 짝수이다. $e\in S_2$이므로 $S_2\neq\varnothing$. 따라서 $|S_2|\geq 2$가 된다. 즉 $a^2=e$, $a\neq e$인 원소 a가 존재한다.

11. (1) $G^{-1}=\{x^{-1}|x\in G\}$라면 $G=G^{-1}$가 됨을 쉽게 알 수 있다.

$a_1\cdots a_n=g$라 하면 $g^{-1}=a_n^{-1}\cdots a_1^{-1}$이고

$G=\{a_1, \cdots, a_n\}=\{a_1^{-1}, \cdots, a_n^{-1}\}$이므로 $g=g^{-1}$, 즉 $g^2=e$가 된다.

(2) $g=a_1\cdots a_n=g^{-1}$이므로 $g\in S_2$이고 $|S_2|=1$로부터 $g=e$가 될 수밖에 없다.

(3) $g=g^{-1}=a_1\cdots a_n$이므로 $g\in S_2$이다. 따라서 $g=e$ 또는 $g=x$가 된다.

$\{x, e\}$를 제외한 모든 원소는 S_1에 속하고 S_1의 원소의 모든 곱은 e이므로 결국 G의 모든 원소의 곱은 (S_1의 원소의 곱)(S_2의 원소의 곱)이므로 $g=e(xe)=x$가 된다.

12. 10번의 (3)으로부터 S_2의 원소 $x \neq e$를 취하면 된다.

13. 임의의 $a \in G$에 대해서 집합 $\langle a \rangle = \{a, a^2, a^3, \cdots\} \subset G$이므로 $a^i = a^j$, $i \neq j$인 정수, i, j가 존재한다. 결국 $a^m = e$가 되는 양의 정수 $m(a)$이 존재한다.
$G=\{a_1, a_2, \cdots, a_k\}$이라고 하고 $a_i^{m_i} = e$라고 하면 $(1 \le i \le k)$ 각 m_i의 곱 $n = m_1 m_2 \cdots m_k$가 모든 $x \in G$에 대해서 $x^n = e$가 됨을 알 수 있다.

14. $G=\{a_1, a_2, \cdots, a_k\}$라고 하자.
   1) $a_1G=\{a_1a_1, a_1a_2, \cdots, a_1a_k\} \subset G$이고 $a_i \neq a_j$ $(1 \le i \neq j \le k)$이므로 $|a_1G| = k$이다 (좌소거법칙 이용). 따라서 $a_1G=G$가 되어 $a_1 = a_1a_n$인 $a_n \in G$가 존재한다.
   마찬가지로 우소거법칙을 이용하면 $Ga_1 = G$가 됨도 알 수 있다. 따라서 임의의 $g \in G$에 대해서 $g = xa_1$, $x \in G$꼴로 나타나므로

$$ga_n = (xa_1)a_n = x(a_1a_n) = xa_1 = g$$

   이다. 즉, a_n은 우항등원이다. 또 좌항등원 $a_m g = g$인 a_m도 존재한다.
   좌우항등원의 성질에서 $a_m = a_m a_n = a_n$이므로 결국 항등원이 존재한다.
   항등원 $a_m = a_n = e$라고 하자.
   2) 임의의 $g \in G$에 대해서 $gG = Gg = G$이므로 $gx = yg = e$인 $x, y \in G$가 존재한다.

$$x = ex = (yg)x = y(gx) = ye = y$$

   이므로 $x = y$가 g의 역원이다. 따라서 $(G, \cdot)$는 군이다.

15. $(Z, \times)$는 (1), (2)가 성립하나 역원이 없다.

16. $G=\{e, a\}$, $ee=ea=e$, $ae=aa=a$라고 하면 (1)과 우소거법칙이 성립한다. 그러나 G는 군이 아니다.

17. $x=x^{-1}$이면 $x^2=e$이므로 임의의 $a, b \in G$에 대해서 $(ab)^2=e$, $a^2=e$, $b^2=e$가 된다. $abab=(ab)^2=e=a^2b^2=aabb$. 좌우소거법칙을 쓰면 $ba=ab$가 된다.

18. (1) 1) 우선 닫혀 있음을 보이자. $\bar{i}, \bar{j} \in \mathbb{Z}_p^*$ 이라 하자.

만일 $\bar{i} \cdot \bar{j} \notin \mathbb{Z}_p^*$ 면 $\bar{i} \cdot \bar{j}=\bar{0}$, 따라서 $p|ij$가 되어 p가 소수이므로 $\bar{i}=\bar{0}$ 또는 $\bar{j}=\bar{0}$가 되어 $\bar{i}, \bar{j} \in \mathbb{Z}_p^*$ 에 모순이다. 따라서 항상 $\bar{i} \cdot \bar{j} \in \mathbb{Z}_p^*$ 이다.

2) $\bar{1} \in \mathbb{Z}_p^*$ 이고 $\bar{i} \cdot \bar{1}=\overline{i \cdot 1}=\bar{i}$. 따라서 $\bar{1}$가 항등원이다.

3) 임의의 $\bar{i} \in \mathbb{Z}_p^*$ 에 대해서 $\gcd(i, p)=1$이므로 $in+pm=1$인 정수 n, m이 존재한다. 따라서 $\bar{i} \cdot \bar{n}+\bar{p} \cdot \bar{m}=\bar{1}$에서 $\bar{i} \cdot \bar{n}=\bar{1}$이므로 역원이 존재한다.

(2) p가 합성수이면 $p=ab$, $1<a<p$, $1<b<p$인 $a, b \in \mathbb{Z}$가 존재한다. 따라서 $\bar{a} \cdot \bar{b}=\bar{0} \notin \mathbb{Z}_p^*$가 되어 닫혀있지 않다.

19. 연속된 세 정수를 $n-1$, n, $n+1$라고 하면 $(ab)^n=a^nb^n$, $(ab)^{n-1}=a^{n-1}b^{n-1}$, $(ab)^{n+1}=a^{n+1}b^{n+1}$가 된다. $(ab)^n=a^nb^n$로부터

$$\overbrace{(ab)(ab)\cdots(ab)}^{n}=\overbrace{a\cdots a}^{n}\ \overbrace{b\cdots b}^{n}$$

이므로 $(ba)^{n-1}=a^{n-1}b^{n-1}$이 된다. 마찬가지로
$(ab)^{n+1}=a^{n+1}b^{n+1}$이므로 $(ba)^n=a^nb^n$을 얻을 수 있다. 따라서

$$(ba)^n=(ba)^{n-1}(ba)=a^{n-1}b^{n-1}(ba)=(ab)^{n-1}(ba)$$

이다. 한편 $(ab)^n=(ab)^{n-1}(ab)$이고 $(ba)^n=a^nb^n=(ab)^n$이므로 결국 $(ab)^{n-1}(ba)=(ab)^{n-1}(ab)$가 되어 $ba=ab$가 된다.

20. $D_4=\{e, a, a^2, a^3, b, ab, a^2b, a^3b\}$, $a^4=b^2=e$, $ba=a^{-1}b=a^3b$라고 하면 D_4는 군이 된다(4차의 dihedral군. [4], 35장 대칭군의 성질 참조).

$$(ab)^2=a(ba)b=aa^{-1}bb=e,\ (ba)^2=baba=(ba)(a^{-1}b)=e$$

이므로 $(ab)^2=(ba)^2$이고 또 D_4는 a, b만으로 표시할 수 있으므로 결국 D_4는 두 원소의 곱의 제곱은 같다. 실제로 D_4의 원소의 곱 $(xy)^2$에는 a만 남는다. 그러나 $ba \neq ab$이므로 가환은 아니다.

4 부분군

(Subgroups)

연습문제

1. H는 G의 부분군이 되는가?

   (1) $G=(\mathbb{R}, +)$, $H=\mathbb{Q}$

   (2) $G=(\mathbb{R}, +)$, $H=\mathbb{Z}$

   (3) $G=(\mathbb{Z}, +)$, $H=\mathbb{Z}^+$

   (4) $G=(\mathbb{Q}-\{0\}, \times)$, $H=\mathbb{Q}^+$

   (5) $G=\mathbb{Z}_8$, $H=\{\bar{0}, \bar{2}, \bar{4}\}$

2. $m\mathbb{Z}$, $n\mathbb{Z}$는 $(\mathbb{Z}, +)$의 부분군이다.

   (1) $m\mathbb{Z} \subset n\mathbb{Z}$일 동치조건을 구하여라.

   (2) $m\mathbb{Z} \cup n\mathbb{Z}$가 $(\mathbb{Z}, +)$의 부분군이 될 동치조건을 구하라.

3. 군 G의 부분집합으로서 연산에 관해서 닫혀 있으나 부분군이 안되는 예를 찾아라.

4. $n>2$이다. 위수가 $2n$인 아벨이 아닌 군을 만들어라.

B 5. (1) 군은 결코 두 진부분군의 합집합으로 표시할 수 없음을 증명하라.
(2) 3개의 진부분군의 합집합으로 표시되는 아벨군과 아벨이 아닌 군의 예를 각각 들어라.

6. $a \in G$이다.
(1) $Z(a)=\{x \in G | xa=ax\}$는 G의 부분군이 됨을 보여라.
(2) $x^2ax=a^{-1}$면 $x \in Z(a)$임을 보여라.

7. $H=\{x \in G |$ 모든 $g \in G$에 대해서 $g^2x=xg^2\}$는 G의 부분군임을 보여라.

8. 아벨군의 부분군은 아벨군임을 증명하라.

9. H, K가 G의 부분군이면 $H \cup K$는 역원에 관해서 닫혀 있음을 보여라.

10. H는 군 G의 유한부분집합이다. H가 역원에 관해서 닫혀 있으면 G의 부분군이 되는가? 되면 증명하고 안되면 그 예를 보여라.

11. H는 G의 부분군이다. $a \in G$일때 $aH=\{ax | x \in H\}$, $Ha=\{xa | x \in H\}$이다. $N(H)=\{g \in G | gH=Hg\}$는 H를 포함하는 G의 부분군이 됨을 보여라.

12. H는 G의 부분군이다. $Ha \neq Hb$이면 $aH \neq bH$이다. 모든 $g \in G$에 대해서 $gHg^{-1} \subset H$임을 보여라.

13. G는 아벨군이다. 다음을 증명하라.
(1) $H=\{a \in G | a=a^{-1}\}$는 G의 부분군이다.
(2) $n \in \mathbb{Z}$, $H=\{a \in G | a^n=e\}$는 G의 부분군이다.
(3) $H=\{a \in G | a=g^2$꼴, $g \in G\}$는 G의 부분군이다.
(4) K는 G의 부분군이다. $H=\{a \in G | a^2 \in K\}$는 G의 부분군이다.
(5) K는 G의 부분군이다. $H=\{a \in G | a^n \in K$, n은 양의 정수$\}$는 G의 부분군이다.

(6) H, K는 G의 부분군이다. $M=\{ab \mid a\in H,\ b\in K\}$는 G의 부분군이다.

(7) $H=\{a\in G \mid$ 모든 $g\in G$에 대해서 $(ag)^2=(ga)^2\}$은 G의 부분군이다.

14. $(\mathbb{Z}_{10},\ \oplus)$의 모든 부분군을 구하여라.

15. G는 군, $f: G\to G$이다. $H(f)=\{a\in G \mid$ 모든 $g\in G$에 대해서 $f(g)=f(ag)\}$는 G의 부분군임을 보여라.

B 16. $G=\left\{\begin{pmatrix} a & b \\ c & d \end{pmatrix} \middle|\, a,\ b,\ c,\ d\in\mathbb{R},\ ad-bc\neq 0\right\}$이다. G에서의 연산은 행렬의 곱이다.

(1) $H=\left\{\begin{pmatrix} a & b \\ 0 & d \end{pmatrix}\in G \,\middle|\, ad\neq 0\right\}$는 G의 부분군이 됨을 보여라.

(2) $N(H)=\{g\in G \mid gH=Hg\}$를 구하여라.

(3) H는 아벨군인가?

제4장 부분군　연습문제 풀이

1. (1) 된다. (2) 된다. (3) 안 된다(역원이 존재하지 않음). (4) 된다. (5) 안 된다(닫혀있지 않다).

2. (1) $m\in m\mathbb{Z}\subset n\mathbb{Z}$면 $m=nk$, $k\in\mathbb{Z}$이므로 m은 n의 배수이다. 또 역도 성립한다. 즉 m이 n의 배수면 $m\mathbb{Z}\subset n\mathbb{Z}$이다.

   (2) 일반적으로 $(\mathbb{Z}, +)$의 부분군은 항상 $t\mathbb{Z}$ 꼴이다. 따라서 $m\mathbb{Z}\cup n\mathbb{Z}$가 $(\mathbb{Z}, +)$의 부분군이면

$$m\mathbb{Z}\cup n\mathbb{Z}=t\mathbb{Z}$$

   꼴이라는 뜻이다. $m\mathbb{Z}\subset t\mathbb{Z}$, $n\mathbb{Z}\subset t\mathbb{Z}$이므로 (1)에 의해서는 t는 m, n의 공약수가 된다. 한편

$$t\in m\mathbb{Z} \text{ 또는 } t\in n\mathbb{Z}$$

   이므로 t는 m의 배수 또는 t는 n의 배수이다. 만일 t가 m의 배수이면 m, n의 공약수가 m의 배수가 되므로 이 뜻은 $t\leq m$이고 $t\geq m$이므로 $t=m$이 될 수 밖에 없다. 따라서 m이 m, n의 약수이므로 m은 n의 약수이다. 마찬가지로 만일 t가 n의 배수이면 n이 m의 약수이다. 결국 $m\mathbb{Z}\cup n\mathbb{Z}$가 $\mathbb{Z}$가 부분군이면 m이 n이 약수이거나 n이 m의 약수가 된다.

   역으로 만일 m이 n의 약수이면 (1)에 의해서 $n\mathbb{Z}\subset m\mathbb{Z}$이므로 $m\mathbb{Z}\cup n\mathbb{Z}=m\mathbb{Z}$가 되어 $m\mathbb{Z}\cup n\mathbb{Z}$는 $\mathbb{Z}$의 부분군이 된다. 마찬가지로 n이 m의 약수일 경우도 $m\mathbb{Z}\cup n\mathbb{Z}=n\mathbb{Z}$가 되어 부분군이 된다. 따라서 $m\mathbb{Z}\cup n\mathbb{Z}$가 $\mathbb{Z}$의 부분군이 될 필요충분조건은 m이 n의 약수이거나 또는 m이 n의 배수이다.

3. $G=(\mathbb{Z}, +)$, $H=\mathbb{Z}^+$라 하면 H는 닫혀있으나 G의 부분군이 되지 않는다. 그 외에도 무지하게 많이 있다.

4. $D_n=\{e, a, a^2, \cdots, a^{n-1}, b, ab, a^2b, \cdots, a^{n-1}b\}$, $a^n=b^2=e$, $ba=a^{n-1}b=a^{-1}b$

라고 하면 D_n은 위수가 $2n$인 군이 된다. 당연히 $ba\neq ab$이므로 이 군은 가환이 아

니다. 이 군을 n차의 정이면체군(dihedral group of degree n)이라고 부른다. 더 자세한 내용은 [4], 35장 대칭군의 성질 연습문제 4 또는 Hungerford([21] p.50)을 참조하기 바란다.

5. (1) $G=H\cup K$, H, K는 G의 진부분군이라고 가정하자.

$a\notin H$, $b\notin K$인 a, b를 취하면 $a, b, ab\in H\cup K$이므로 $a\in K$, $b\in H$이고 $ab\in H$ 또는 $ab\in K$이다.

만일 $ab\in H$이면 $a=(ab)b^{-1}\in H$이므로 모순이다. 또 $ab\in K$이면 $b=a^{-1}(ab)\in K$이므로 역시 모순이다.

(2) Klein 4−군 $V=\{e, a, b, c\}$에서 $\{e, a\}$, $\{e, b\}$, $\{e, c\}$는 모두 V의 진부분군이고 합집합은 V이다. 다른 예로 제8장을 배우면 $G=S_4$, $f=(1\ 2\ 3\ 4)$, $g=(2\ 4)\in S_4$라 하면 $f^4=e$, $g^2=e$, $gf=f^{-1}g=f^3g$이다.

$$D_4=\{e, f, f^2, f^3, g, fg, f^2g, f^3g\}\subset S_4$$

라 하면 D_4는 S_4의 부분군이다(4차의 정이면체군). 또

$$H_1=\{e, f, f^2, f^3\},\ H_2=\{e, f^2, g, f^2g\},\ H_3=\{e, f^2, fg, f^3g\}$$

라고 하면 H_1, H_2, H_3는 모두 D_4의 진부분군이고 $H_1\cup H_2\cup H_3=D_4$가 된다.

6. (1) $x, y\in \mathbb{Z}(a)$라고 하면 $(xy)a=x(ya)=x(ay)=a(xy)$. 따라서 $xy\in \mathbb{Z}(a)$이다.

$xa=ax$이므로 x^{-1}를 양쪽에 곱하여 $x^{-1}a=ax^{-1}$를 얻을 수 있고 따라서 $x^{-1}\in \mathbb{Z}(a)$가 된다.

(2) $$a=(x^2ax)^{-1}=x^{-1}a^{-1}x^{-2}=x^{-1}(x^2ax)x^{-2}=xax^{-1}$$

이다. 따라서 $ax=xa$를 얻을 수 있다.

7. $a, b\in H$라고 하면 모든 $g\in G$에 대해서

1) $g^2a=ag^2$, $g^2b=bg^2$이다. 따라서

$$(ab)g^2=a(bg^2)=a(g^2b)=g^2(ab)$$

이므로 $ab\in H$이다.

2) $$a^{-1}g^2=((g^{-1})^2a)^{-1}=(a(g^{-1})^2)^{-1}=g^2a^{-1}$$

이다. 따라서 $a^{-1}\in H$가 되어 H는 G의 부분군이다.

8. H를 아벨군 G의 부분군이라고 하면 임의의 $a, b\in H$에 대해서 $a, b\in G$이므로 $ab=ba$가 성립됨을 알 수 있다.

9. $a\in H\cup K$라고 하면 $a\in H$ 또는 $a\in K$이다. 따라서 $a^{-1}\in H$ 또는 $a^{-1}\in K$이므로 $a^{-1}\in H\cup K$가 된다.

10. $G=\mathbb{Z}_6$, $H=\{\bar{0}, \bar{2}, \bar{4}, \bar{3}\}$라고 하면 H는 역원에 관하여 닫혀있다. 그러나 $\bar{2}+\bar{3}\notin H$이므로 부분군이 아니다.

11. 임의의 $a, b\in N(H)$에 대해서 $aH=Ha$, $bH=Hb$이다. 따라서

$$(ab)H=a(bH)=a(Hb)=(aH)b=H(ab)$$

이므로 $ab\in N(H)$이다. 또 $aH=Ha$의 양쪽에 a^{-1}를 곱하면

$$Ha^{-1}=eHa^{-1}=a^{-1}(aH)a^{-1}=a^{-1}(Ha)a^{-1}=a^{-1}He=a^{-1}H$$

따라서 $a^{-1}\in N(H)$이므로 $N(H)$는 G의 부분군이다. 만일 $g\in H$면 $gH=H=Hg$이므로 $g\in N(H)$이다. 따라서 $H\subset N(H)$가 된다.

12. 힌트 $h\in H$일 필요충분조건은 $Hh=hH=H$이다.

$g\in G$, $a\in H$라고 하자. $gag^{-1}=x$라 두면 $ga=xg$이다. 따라서 $(ga)H=(xg)H$이고 $(ga)H=g(aH)=gH$이므로 결국 $(xg)H=gH$가 되고 가정에서 $H(xg)=Hg$이다. 따라서 $Hx=H$가 되어 $x=gag^{-1}\in H$이다.

13. 힌트 1. 연산과 역원에 닫혀있으면 부분군이 된다.
2. 유한집합은 연산에서 닫혀만 있으면 부분군이 된다.

$a, b\in H$라고 하면

(1) $a=a^{-1}$, $b=b^{-1}$이다.

1) $(ab)^{-1}=b^{-1}a^{-1}=ba=ab$

2) $a^{-1}=a\in H$

따라서 H는 G의 부분군이다.

(2) $a^n=e$, $b^n=e$이다.

1) $(ab)^n=a^nb^n=e$

2) $(a^{-1})^n=(a^n)^{-1}=e$

따라서 H는 G의 부분군이다.

(3) $a=g^2$, $b=h^2$, $g, h\in G$꼴이다.

1) $ab=g^2h^2=(gh)^2$

2) $a^{-1}=(g^2)^{-1}=(g^{-1})^2$

따라서 H는 G의 부분군이다.

(4) $a^2\in K$, $b^2\in K$이다.

1) $(ab)^2=a^2b^2\in K$

2) $(a^{-1})^2=(a^2)^{-1}\in K$

따라서 H는 G의 부분군이다.

(5) $a^n\in K$, $b^m\in K$, m, n은 양의 정수이다.

1) $(ab)^{mn}=a^{mn}b^{mn}=(a^n)^m(b^m)^n\in K$

2) $(a^{-1})^n=(a^n)^{-1}\in K$

따라서 H는 G의 부분군이다.

(6) $x=ab\in M$, $y=cd\in M$라고 하면 $a, c\in H$, $b, d\in K$이다.

1) $xy=(ab)(cd)=(ac)(bd)\in HK$

2) $x^{-1}=(ab)^{-1}=b^{-1}a^{-1}=a^{-1}b^{-1}\in HK$

따라서 M은 G의 부분군이다.

(7) $a, b\in H$라고 하면 모든 $g\in G$에 대해서

1) $(ag)^2=(ga)^2$, $(bg)^2=(gb)^2$이다. 따라서

$$((ab)g)^2=(a(bg))^2=((bg)a)^2=(b(ga))^2=((ga)b)^2=(g(ab))^2$$

따라서 $ab\in H$이다.

2) $$(a^{-1}g)^2=((g^{-1}a)^{-1})^2=((g^{-1}a)^2)^{-1}=((ag^{-1})^2)^{-1}=(ga^{-1})^2$$

따라서 $a^{-1} \in H$가 되어 H는 G의 부분군이다.

14. 10의 약수는 1, 2, 5, 10이므로 부분군은 모두 4개이다. 위수가 i인 부분군을 H_i라고 하면

$$H_1 = \{\bar{0}\}$$
$$H_2 = \{\bar{0}, \bar{5}\}$$
$$H_5 = \{\bar{0}, \bar{2}, \bar{4}, \bar{6}, \bar{8}\}$$
$$H_{10} = \mathbb{Z}_{10}$$

이다. 표로 그리면

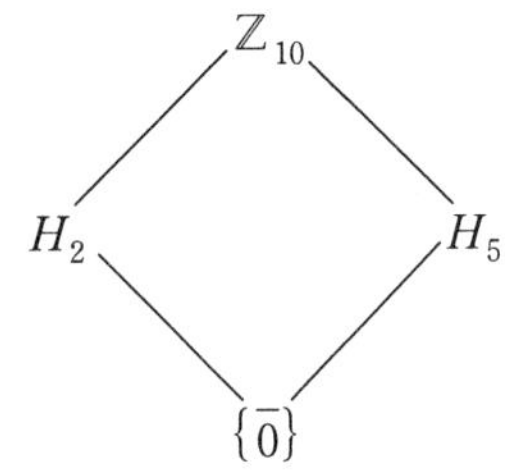

이다.

15. $a, b \in H(f)$라고 하면 모든 $g \in G$에 대해서 $f(g) = f(ag)$, $f(g) = f(bg)$이다.

1) $f((ab)g) = f(a(bg)) = f(bg) = f(g)$이므로 $ab \in H(f)$이다.

2) $a^{-1}g \in G$이므로 $f(a^{-1}g) = f(a(a^{-1}g)) = f(g)$이므로 $a^{-1} \in H(f)$이다.

따라서 $H(f)$는 G의 부분군이다.

16. (1) $\begin{pmatrix} a & b \\ 0 & d \end{pmatrix}\begin{pmatrix} e & f \\ 0 & h \end{pmatrix} = \begin{pmatrix} ae & af+bh \\ 0 & dh \end{pmatrix}$이고 $ad \neq 0$, $eh \neq 0$로부터 $(ae)(dh) \neq 0$이다. 또

$\begin{pmatrix} a & b \\ 0 & d \end{pmatrix}^{-1} = \begin{pmatrix} \dfrac{1}{a} & \dfrac{-b}{ad} \\ 0 & \dfrac{1}{d} \end{pmatrix}$, $a \neq 0$, $d \neq 0$이므로 $\begin{pmatrix} a & b \\ 0 & d \end{pmatrix}^{-1} \in H$가 됨을 알 수 있다. 따라서 H는 G의 부분군이다.

(2) $g = \begin{pmatrix} a & b \\ 0 & d \end{pmatrix} \in H$라 하면 $gH = Hg$임을 보이자. 임의의 $\begin{pmatrix} e & f \\ 0 & h \end{pmatrix} \in H$에 대해서

$$\begin{pmatrix} a & b \\ 0 & d \end{pmatrix}\begin{pmatrix} e & f \\ 0 & h \end{pmatrix}=\begin{pmatrix} ae & af+bh \\ 0 & dh \end{pmatrix}=\begin{pmatrix} e & \dfrac{af+bh-eb}{d} \\ 0 & h \end{pmatrix}\begin{pmatrix} a & b \\ 0 & d \end{pmatrix} \in Hg$$

따라서 $gH \subset Hg$이다. 또

$$\begin{pmatrix} e & f \\ 0 & h \end{pmatrix}\begin{pmatrix} a & b \\ 0 & d \end{pmatrix}=\begin{pmatrix} ea & eb+fd \\ 0 & hd \end{pmatrix}=\begin{pmatrix} a & b \\ 0 & d \end{pmatrix}\begin{pmatrix} e & \dfrac{eb+fd-bh}{a} \\ 0 & h \end{pmatrix} \in gH$$

이므로 $Hg \subset gH$다. 따라서 결국 $gH=Hg$가 되어 $g \in N(H)$가 된다.
따라서 $H \subset N(H)$가 된다. 실제로 H가 G의 부분군이고 $g \in H$면 $gH=Hg=H$이다.

한편 만일 $\begin{pmatrix} x & y \\ m & n \end{pmatrix}H=H\begin{pmatrix} x & y \\ m & n \end{pmatrix}$이라면 $\begin{pmatrix} x & y \\ m & n \end{pmatrix}\begin{pmatrix} 1 & 1 \\ 0 & 1 \end{pmatrix} \in \begin{pmatrix} x & y \\ m & n \end{pmatrix}H=H\begin{pmatrix} x & y \\ m & n \end{pmatrix}$이므로

$$\begin{pmatrix} x & y \\ m & n \end{pmatrix}\begin{pmatrix} 1 & 1 \\ 0 & 1 \end{pmatrix}=\begin{pmatrix} d & e \\ 0 & f \end{pmatrix}\begin{pmatrix} x & y \\ m & n \end{pmatrix}$$

꼴이 되므로 $m=fm$, $m+n=fn$가 된다. 이 식을 풀면 $m=0$이 된다.
따라서 $N(H) \subset H$가 성립하므로 $N(H)=H$가 된다.

(3) $\begin{pmatrix} 1 & 1 \\ 0 & 1 \end{pmatrix}\begin{pmatrix} 1 & 2 \\ 0 & 2 \end{pmatrix}=\begin{pmatrix} 1 & 4 \\ 0 & 2 \end{pmatrix}$, $\begin{pmatrix} 1 & 2 \\ 0 & 2 \end{pmatrix}\begin{pmatrix} 1 & 1 \\ 0 & 1 \end{pmatrix}=\begin{pmatrix} 1 & 3 \\ 0 & 2 \end{pmatrix}$이므로 아벨군이 아니다.

5 원소의 위수 (Order of Element)

연습문제

1. $ab=ba$이다. $|a|$, $|b|$가 서로소이면 $|ab|=|a||b|$임을 보여라.

B 2. $|a|=5$, $b\neq e$, $aba^{-1}=b^2$이다. $|b|$를 구하여라.

3. $b^6=e$, $ab=b^4a$이다. $b^3=e$, $ab=ba$임을 보여라.

4. $x\in G$, $|x|=18$이다. $|x^4|$, $|x^{12}|$를 구하여라.

5. $|a|=2$, $aba^{-1}=b^2$이다. $|b|$를 구하여라.

6. $|x|=144$이다. $|x^{20}|$을 구하여라.

7. $\mathbb{Z}_{24}$에서 위수가 6인 원소는 모두 몇 개인가?

8. $\mathbb{Z}_{42}$에서 $|\overline{30}|$, $|\overline{12}|$, $|\overline{8}|$를 각각 구하여라.

9. (1) $\mathbb{Z}_{30}$에서 위수가 6인 원소를 모두 구하여라.
 (2) $\mathbb{Z}_{45}$에서 위수가 15인 원소를 모두 구하여라.

10. $|a|=n$이면 $|a^t|$는 n의 약수임을 보여라.

11. $|a|=mn$이면 $|a^m|=n$임을 보여라.

12. $|a|=n$이고 n은 홀수이면 $|a^2|=n$임을 보여라.

13. 위수가 n인 원소는 a뿐이다. $a\in Z(G)$임을 보여라.

14. $|a|=mk$, $a^{nk}=e$이면 n은 m의 배수임을 보여라.

15. $|a|=12$이다. $|a^8|$, $|a^9|$, $|a^{10}|$, $|a^5|$를 구하여라.

16. $|a|=n$이다. $\gcd(m, n)=1$일 필요충분조건은 $|a^m|=n$임을 보여라.

17. $|a|=n$, $\text{lcm}(m, n)=l$, $k=\dfrac{l}{m}$이면 $(a^m)^k=e$임을 보여라.

18. $|a|=12$. $b^3=a$이면 $|b|=36$임을 보여라.

19. $|a|=6$. $a=b^4$일 때 $|b|$를 구하여라.

20. $a^k=e$. k는 홀수이면 $|a|$는 홀수임을 보여라.

21. $|ab|=|ba|$임을 보여라.

22. $|abc|=|cab|=|bca|$임을 보여라.

A 23. $|a|=m$. $|b|=n$, $ab=ba$이다. $|x|=\text{lcm}(m, n)$인 x를 구하여라.

24. $|a|=12$이다.

(1) $a^{8k}=e$가 되는 최소의 양의 정수 k를 구하여라.

(2) $|a^n|=12$가 되는 모든 n을 찾아라.

25. $|a|=m$이다. $|a^k|=m$인 모든 k를 찾아라.

26. G는 유한군이다. G의 모든 원소는 유한위수임을 보여라.

27. 모든 원소의 위수가 유한한 무한군의 예를 들어라.

28. G는 아벨군, x, y는 유한위수이다. $|xy|$는 $|x||y|$의 약수임을 보여라.

29. G는 아벨군이고 $|a|=m$, $|b|=n$이다. ab의 위수는 $\text{lcm}(m, n)$의 약수임을 보여라.

30. G는 아벨군이다. 집합 $H=\{g\in G \mid |g|\le 2\}$는 G의 부분군임을 보여라.

31. G는 아벨군이다. 집합 $H=\{g\in G \mid |g|=3\}\cup\{e\}$는 G의 부분군이 되는가?

32. 문제 30번에서 G가 아벨군이 아니면 H는 부분군이 될 수 없음을 예로 들어라.

33. $x=a_1 a_2\cdots a_n$, $y=a_k a_{k+1}\cdots a_n a_1\cdots a_{k-1}$이면 $|x|=|y|$임을 보여라.

34. $a^p=e$, $a\ne e$, p는 소수이면 $|a|=p$임을 보여라.

35. G는 유한군, p는 소수이다. $X=\{a\in G \mid |a|=p\}$라고 하면 $|X|$는 $p-1$의 배수가

됨을 보여라.

36. $|a|=n$, $a=b^k$이다.

(1) $|b|=\dfrac{n}{m}k$, gcd $(d(m, n)=1$꼴임을 보여라.

(2) 소수 p가 만일 $p|k$면 $p|n$이 된다면 $|b|$는 nk가 됨을 보여라.

37. $|a|=10$, $a=b^6$이다. $|b|$를 구하라.

제5장 원소의 위수 연습문제 풀이

1. $|a|=m$, $|b|=n$이라고 하자. $|ab|=k$라 하면 $(ab)^{mn}=a^{mn}b^{mn}=e$이므로 $k=|ab|\le mn$이다. $(ab)^k=e$이므로 $a^k=b^{-k}$, $b^k=a^{-k}$이고 $b^{km}=(a^{-k})^m=(a^m)^{-k}=e$로부터 $n|km$이다. $\gcd(m, n)=1$이므로 $n|k$이 된다. 마찬가지로 $a^{kn}=(b^{-k})^n=e$이므로 $m|k$이다. 따라서 k는 m과 n의 공배수이고 $\gcd(m, n)=1$이므로 m, n의 최소공배수는 mn이다. 따라서 $k\ge mn$이다.
이 사실로부터 $|ab|=mn$이 됨을 알 수 있다.

2. **힌트** $(xyx^{-1})^n=xy^nx^{-1}$를 명심하자.

$$a^nba^{-n}=a^{n-1}(aba^{-1})a^{-(n-1)}=a^{n-1}b^2a^{-(n-1)}=(a^{n-1}ba^{-(n-1)})^2$$

이다. 위의 식에 $n=5, 4, 3, 2, 1$을 차례대로 대입하면

$$b=(a^4ba^{-4})^2$$
$$a^4ba^{-4}=(a^3ba^{-3})^2$$
$$a^3ba^{-3}=(a^2ba^{-2})^2$$
$$a^2ba^{-2}=(aba^{-1})^2$$
$$aba^{-1}=b^2$$

이 된다. 밑에서 다시 차례로 aba^{-1}를 소거하여 b만의 식으로 표시하면

$$b=b^{32}$$

따라서 $b^{31}=e$이고 31은 소수이므로 $|b|=31$이다.

3. **힌트** $ab=b^ia$꼴로 주어진 조건은 $aba^{-1}=b^i$꼴로 고친다음 $|aba^{-1}|=|b|$를 이용한다.

$ab=b^4a$로부터 $aba^{-1}=b^4$이 된다. 따라서 $|b|=|b^4|$이 되고
$|b^4|=\dfrac{|b|}{\gcd(4, |b|)}=|b|$로부터 $\gcd(4, |b|)=1$이 된다. 그런데 $|b|$는 6의 약수이므로 결국 $|b|=1$ 또는 3이 된다.
$|b|=1$이면 $b=e$이므로 $b^3=e$, $ab=ba$가 성립한다.

$|b|=3$이면 $b^3=e$이고 $ab=b^4a=ba$이다.

4. $|x^4|=\dfrac{|x|}{\gcd(4,\ |x|)}=\dfrac{18}{\gcd(4,\ 18)}=9$, $|x^{12}|=\dfrac{18}{\gcd(12,\ 18)}=3$

5. 힌트 $|a|=2$일 필요충분조건은 $a\neq e,\ a=a^{-1}$이다.

$aba^{-1}=b^2$이므로 $|b|=|b^2|$이다. 또

$$b=ab^2a^{-1}=(aba^{-1})^2=b^4$$

따라서 $b^3=e$이 되어 $|b|=1$ 또는 $|b|=3$이다. 그런데 $b=e$이면 $aea^{-1}=e$가 되어 괜찮다. $|b|=3$이면 $|b^2|=\dfrac{|b|}{\gcd(2,\ |b|)}=\dfrac{3}{1}=3$, 역시 괜찮다. 따라서 $|b|=1$ 또는 3.

6. $$|x^{20}|=\frac{144}{\gcd(20,\ 144)}=36$$

7. $|\overline{x}|=6$이라고 하면 $\dfrac{24}{\gcd(x,\ 24)}=6$으로부터 $\gcd(x,\ 24)=4$, $1\le x\le 23$을 만족시키는 x를 찾으면 된다. $x=4$, 20뿐이므로 2개이다.

8. $|\overline{30}|=\dfrac{42}{\gcd(30,\ 42)}=7$, $|\overline{12}|=\dfrac{42}{\gcd(12,\ 42)}=7$, $|\overline{8}|=\dfrac{42}{\gcd(8,\ 42)}=21$

9. 힌트 7번과 동일한 방법으로 하면 된다.

(1) $\gcd(x,\ 30)=5$인 $1\le x\le 29$를 구하면 된다. 따라서 $x=\overline{5},\ \overline{25}$, 두 개다.

(2) $\gcd(x,\ 45)=3$인 $1\le x\le 45$를 구하면 된다. 따라서

$$x=\overline{3},\ \overline{6},\ \overline{12},\ \overline{21},\ \overline{24},\ \overline{33},\ \overline{39},\ \overline{42}$$

10. $|a^t|=\dfrac{n}{\gcd(t,\ n)}$에서 $\gcd(t,\ n)$은 n의 약수이므로 d라고 두면 $\dfrac{n}{d}$가 되어 n의 약수이다.

11. $$|a^m| = \frac{mn}{\gcd(m,\ mn)} = \frac{mn}{m} = n$$

12. $|a^2| = \dfrac{n}{\gcd(2,\ n)}$이고 n은 홀수이므로 $\gcd(2,\ n)=1$이다.

13. 임의의 $x \in G$에 대해서 $|xax^{-1}| = |a|$이므로 $|xax^{-1}| = n$이 되고 따라서 $xax^{-1} = a$가 $xa = ax$가 성립한다.

14. **힌트** $a^m = e$이면 m은 항상 $|a|$의 배수이다.

$a^{nk} = e$이므로 nk는 mk의 배수이다. 따라서 n은 m의 배수.

15. $|a^8| = \dfrac{12}{\gcd(8,\ 12)} = 3$, $|a^9| = \dfrac{12}{\gcd(9,\ 12)} = 4$, $|a^{10}| = \dfrac{12}{\gcd(10,\ 12)} = 6$,

$|a^5| = \dfrac{12}{\gcd(5,\ 12)} = 12$

16. $\gcd(m,\ m) = 1$이면 $|a^m| = \dfrac{n}{\gcd(m,\ n)} = n$이다. 역으로 만일 $|a^m| = n$이면

$|a^m| = \dfrac{n}{\gcd(m,\ n)} = n$으로부터 $\gcd(m,\ n) = 1$이다.

17. **힌트** t가 $|a|$의 배수이면 $a^t = e$이다.

$(a^m)^k = (a^m)^{l/m} = a^l$이고 $l = \text{lcm}(m,\ n)$은 n의 배수이므로 $a^l = e$이다.

18. **힌트** $|a| = 12$, $b^3 = a$이므로 $12 \times 3 = 36$에서 $|b| = 36$임을 짐작할 수 있다.

$b^{36} = (b^3)^{12} = a^{12} = e$이므로 $|b|$는 36의 약수이다. 따라서
$|b| = 1,\ 2,\ 3,\ 4,\ 6,\ 8,\ 9,\ 12,\ 18,\ 36$중 한 개다. 그런데 $|a| = 12$이므로 $0 < t < 12$이면
$a^t \neq e$이다. 따라서 $0 < 3t < 36$이면 $a^t = (b^3)^t = b^{3t} \neq e$이므로 결국 $|b|$는 36이다.

19. **힌트** 18번과 동일한 방법.

$b^{24}=(b^4)^6=a^6=e$. 따라서 $|b|\le 24$이다. $0<t<6$이면 $a^t\ne e$. 따라서

$$b^{4t}=a^t\ne e$$

이다. $0<4t<24$이므로 $|b|=24$만 가능하다.

20. $a^k=e$이므로 k는 $|a|$의 배수이므로 만일 $|a|$가 짝수면 k는 짝수가 되어 모순이다.

21. $|ab|=n$이라면 $(ab)(ab)\cdots(ab)=e$이다(n개).

$$a\overbrace{(ba)(ba)\cdots(ba)}^{n-1\text{개}}b=e$$

의 양쪽에 a^{-1}와 a를 각각 곱하면

$$(a^{-1}a)(ba)(ba)\cdots(ba)ba=a^{-1}ea=a^{-1}a=e$$

따라서

$$(ba)^n=e$$

이므로 $|ba|\,|\,n$이다.
마찬가지로 $|ba|=n$이면 $|ba|\,|\,n$이 된다. 따라서 서로서로 나누므로

$$|ab|=|ba|$$

이다.

22. 문제 21번을 이용하면

$$|abc|=|a(bc)|=|(bc)a|=|b(ca)|=|(ca)b|$$

이다. 그러나 $|abc|\ne|acb|$이다.

23. **힌트** 정수의 성질과 5장 연습문제 1과 11을 이용한다.

$\gcd(m,n)=d$로 두면

$$\text{lcm}(m, n) = dst, \ ds = m, \ dt = n, \ \gcd(s, t) = 1$$

인 정수 s, t가 존재한다. d를 소인수분해하여 $d = d_1 d_2 \cdots d_k$라고 하면 임의의 $1 \le i \le k$에 대해서 d_i는 s와 t의 공약수가 될 수는 없다. s의 약수인 d_i를 곱하여 d_s라 하고 나머지를 곱하여 d_t라고 하면 $d = d_s d_t$이고 $d_s s$와 $d_t t$는 서로소가 됨을 알 수 있다.

$|a| = m = ds = d_s d_t s$이므로 $|a^{d_t}| = d_s s$이고 $|b| = n = dt = d_s d_t t$이므로 $|b^{d_s}| = d_t t$이다. 따라서

$$|a^{d_t} b^{d_s}| = d_s s d_t t = dst = \text{lcm}(m, n)$$

이다.

예를 들어 $|a| = 24$, $|b| = 36$이면

$$\begin{array}{r|rr} 2 & 24 & 36 \\ \hline 2 & 12 & 18 \\ \hline 3 & 6 & 9 \\ \hline & 2 & 3 \end{array}$$

따라서 $d = 12$, $\text{lcm} = 12 \times 2 \times 3 = 72$, $s = 2$, $t = 3$, $d_t = 3$, $d_s = 4$이다. 따라서 $|a^3| = 8$, $|b^4| = 9$, $|a^3 b^4| = 8 \times 9 = 72$이다.

24. (1) $8k$는 12의 배수이므로 $2k$가 3의 배수가 되는 최소의 양의 정수 k를 구하면 된다. 따라서 $k = 3$이다.

(2) $|a^n| = \dfrac{12}{\gcd(n, 12)} = 12$로부터 $\gcd(n, 12) = 1$인 n을 구하면 된다. 예를 들면 1, 5, 25, 7, $\cdots$ 등이다.

25. 연습문제 24의 (2)와 마찬가지로 $\gcd(k, m) = 1$이 되는 k를 구하면 된다. 즉 집합으로 $\{k \in \mathbb{Z} \mid \gcd(k, m) = 1\}$이다.

26. [4], 5장 따름정리 5.3

27. 2장 연습문제의 3, (13)에서 X가 무한집합이면 $(\mathscr{P}(X), \triangle)$는 무한군이다. 임의의

원소 $A \neq \varnothing$에 대해서 $A \Delta A = \varnothing$이므로 $A^{-1} = A$가 되어 $|A| = 2$이다. 이 군은 매우 특수한 군이다.

28. $|x| = m$, $|y| = n$, $|xy| = k$이라 하자.

$$(xy)^{mn} = x^{mn} y^{mn} = (x^m)^n (y^n)^m = e^n e^m = e$$

따라서 $k | mn$이다.

29. $\text{lcm}(m, n) = t$라고 두자. $(ab)^t = a^t b^t$인데 t은 m의 배수이므로 $a^t = e$이고 또 t는 n의 배수이므로 $b^t = e$이다. 따라서 $(ab)^t = e$가 되어 $|ab|$는 t의 약수이다.

30. 힌트 1. $|g| = 1$일 필요충분조건은 $g = e$(항등원)이다.
2. $|g| = 2$일 필요충분조건은 $g = g^{-1}$, $g \neq e$이다.

집합 H의 성질에서 H는 항등원과 자신이 자신의 역원인 원소들의 집합이다. $a, b \in H$라고 하면 $a = a^{-1}$, $b = b^{-1}$이다. 따라서 $(ab)^{-1} = b^{-1}a^{-1} = a^{-1}b^{-1} = ab$이므로 $ab \in H$이고 $a^{-1} \in H$이다. 따라서 H는 G의 부분군이다.

31. $a, b \in H$라고 하면 $a^3 = e$, $b^3 = e$이다. 따라서

$$(ab)^3 = ababab = aaabbb = a^3 b^3 = e$$

$|ab|$는 3의 약수이므로 1 또는 3이다. 만일
$|ab| = 1$이면 $ab = e \in H$, $|ab| = 3$이면 $ab \in H$이므로 $ab \in H$이다. 또
$|a| = 3$이면 $|a^{-1}| = 3$이므로 $a^{-1} \in H$이다. 따라서 H는 G의 부분군이다.

32. 앞 2장 연습문제 5의 $(\mathbb{R}^*, *)$는 군이 된다. 그런데 임의의 $a < 0$에 대해서 $a * a = \dfrac{a}{a} = 1$이므로 $|a| = 2$이다. 즉 모든 음수는 위수가 2이다. 따라서

$$H = \{x \in \mathbb{R} \mid x < 0\} \cup \{1\}$$

이 된다. 그러나 H는 $(-3) * (-5) = \dfrac{-3}{-5} \notin H$이므로 부분군이 되지 않는다.

다른 예로 $S_3=\{e, (1\ 2\ 3), (1\ 3\ 2), (2\ 3), (1\ 3), (1\ 2)\}$, $H=\{e, (2\ 3), (1\ 3), (1\ 2)\}$ 라면

$$(2\ 3)(1\ 2)=(1\ 2\ 3)\notin H$$

따라서 H는 S_3의 부분군이 되지 않는다.
위의 S_3는 나중에 치환에서 자세히 배운다.

33. $|x|=t$라고 하면 $x^t=(a_1a_2\cdots\ a_n)^t=e$이다. 따라서

$$(a_1a_2\cdots\ a_n)(a_1a_2\cdots\ a_n)\cdots\ (a_1a_2\cdots\ a_n)=e$$

에서

$$(a_1a_2\cdots\ a_{k-1})\overbrace{(a_ka_{k+1}\cdots\ a_{k-1})(a_ka_{k+1}\cdots\ a_{k-1})}^{t-1\text{개}}(a_ka_{k+1}\cdots\ a_n)=e$$

$$\begin{aligned}(a_ka_{k+1}\cdots\ a_{k-1})^{t-1}&=(a_1a_2\cdots\ a_{k-1})^{-1}(a_ka_{k+1}\cdots\ a_n)^{-1}\\&=((a_ka_{k+1}\cdots\ a_n)(a_1\cdots\ a_{k-1}))^{-1}\end{aligned}$$

이므로 $y^t=e$이다. 따라서 $|y|\,|\,t$이다. 마찬가지로 하면 $|x|\,|\,|y|$가 되어 $|x|=|y|$가 성립한다.

34. $a^p=e$이므로 $|a|$는 p의 약수이다. 그런데 p는 소수이므로 $|a|=1$ 또는 $|a|=p$이다. $a\neq e$이므로 $|a|=p$이다.

35. $X=\varnothing$면 $|X|=0$이므로 성립한다. 만일 $X\neq\varnothing$면 $|a|=p$인 $a\in G$가 존재한다. 또 $|a|=p$이면 $x\in\langle a\rangle$, $x\neq e$인 모든 x의 위수는 p가 된다. 즉 $x\in X$이다. 또 $|\langle a\rangle-e|=p-1$이다. 따라서 $X=\cup\{\langle a\rangle-e\,|\,|a|=p\}$이다. 만일 $|a|=|b|=p$, $a\neq b$이면 $\langle a\rangle\cap\langle b\rangle=e$이므로 $|X|=\sum|\langle a\rangle-e|=(p-1)k$가 된다.

36. (1) $|b|=t$라고 하면 $t\,|\,nk$이므로 $nk=tm$으로 둘 수 있다. $\gcd(n, m)=d$라고 하면 $n=dn'$, $m=dm'$, $\gcd(n', m')=1$이므로 $n'k=tm'$이다.

$$a^{n'}=(b^k)^{n'}=b^{tm'}=(b^t)^{m'}=e$$

이므로 $n|n'$이다. 결국 $d=1$이다. 따라서 m, n은 서로소이고 $|b|=\frac{nk}{m}$, $\gcd(m, n)=1$꼴이다.

(2) k를 소인수분해하여 $k=p_1p_2\cdots p_i$라고 하면 (1)에서 $p_i|n$, $\gcd(n, m)=1$이므로 $k|t$이다. $t=kx$라 두면 $nk=kxm$에서 $n=xm$인데 $\gcd(m, n)=1$이므로 결국 $m=1$이고 따라서 $t=nk$가 된다.

37. $|b|=m$라고 하면 $|b^6|=\frac{m}{\gcd(m, 6)}=10$에서 $\gcd(m, 6)\times 10=m$인 m을 구하면 된다. $\gcd(m, 6)$은 6의 약수이므로 1, 2, 3, 6뿐이다. 이때의 m을 구하면 각각 10, 20, 30, 60이고 다시 $\gcd(m, 6)$은 각각 2, 2, 6, 10이므로 성립하는 것은 $m=20$일 경우 뿐 임을 알 수 있다.

6 순환군
(Cyclic Groups)

연습문제

1. $\mathbb{Z}_{10}$에서 $\langle \bar{3} \rangle$, $\langle \bar{4} \rangle$를 각각 구하여라.

2. $(\mathbb{Q}^{+}, \times)$는 순환군이 아님을 증명하여라.

3. $\mathbb{Z}_7^* = \{\bar{1}, \bar{2}, \bar{3}, \bar{4}, \bar{5}, \bar{6}\}$, $\bar{a} * \bar{b} = \overline{ab}$이다.
   (1) $(\mathbb{Z}_7^*, *)$는 군이 됨을 보여라.
   (2) $(\mathbb{Z}_7^*, *)$는 순환군인가?

4. $(\mathbb{Z}, *)$는 순환군인가? 단, $a * b = a + b - 1$이다.

5. G는 아벨군, $|G|=mn$, $\gcd(m, n)=1$이다. $|a|=m$, $|b|=n$인 a, b가 존재하면 G는 순환군임을 보여라.

6. $G=\langle a\rangle$, G는 무한집합이다. G의 생성원은 a, a^{-1}뿐임을 보여라.

7. (1) $\mathbb{Z}_{16}$의 모든 부분군을 구하여라.
(2) $\mathbb{Z}_{36}$의 모든 부분군을 구하여라.

8. $G=\langle x\rangle$, $|x|=n$이다.
x^m이 G의 생성원일 필요충분조건은 $\gcd(m, n)=1$임을 알고 있다. 이 G의 생성원의 수는 n과 서로소인 $\{0, 1, \cdots, n-1\}$의 원소의 개수가 된다. 이 값은 $\varphi(n)$이 됨은 당연하다.
(1) $\varphi(24)$를 구하여라.
(2) $\mathbb{Z}_{24}$의 생성원을 구하여라.

9. $G=\langle x\rangle$, $|x|=143$, $H=\langle x^{26}\rangle$이다. $|H|$를 구하여라.

B 10. G는 유한아벨군이다. "G가 순환군이면 임의의 양의 정수 n에 대해서 $x^n=e$를 만족시키는 G의 원소는 n개 이하"임을 증명하여라.

11. $\mathbb{Z}_{60}$, $\mathbb{Z}_8$의 생성원의 개수를 각각 구하여라.

12. 다음 순환군 H의 위수를 구하여라.
(1) $G=\mathbb{Z}_{30}$, $H=\langle\overline{25}\rangle$ (2) $G=\mathbb{Z}_{42}$, $H=\langle\overline{30}\rangle$

13. 모든 진부분군은 순환군이지만 자신은 순환군이 아닌 예를 들어라.

14. p, q가 소수일 때 $\mathbb{Z}_{pq}$의 생성원의 개수를 구하여라.

15. p는 소수, $r\geq 1$인 정수이다. $\mathbb{Z}_{p^r}$의 생성원의 개수를 구하여라.

16. p가 소수면 $\mathbb{Z}_p$는 진부분군이 없음을 보여라.

17. G는 아벨군이고 H, K는 $|H|=r$, $|K|=s$인 G의 유한순환부분군이다.
(1) r, s가 서로소이면 위수가 rs인 순환부분군이 존재함을 보여라.
(2) 일반적으로 $\{r, s\}$의 최소공배수를 위수로 가지는 순환부분군이 존재함을 보여라.

18. 다음 군의 원소를 구체적으로 적어라.
(1) $25\mathbb{Z}$ (2) $\{\pi n | n \in \mathbb{Z}\}$
(3) $\pi\mathbb{Q}$

19. 생성원이 한 개뿐인 순환군의 위수는 2임을 보여라.

20. G는 부분군이 e와 G 자신뿐인 유한군이다.
그러면 $G=\{e\}$이거나 또는 G는 위수가 소수인 순환군임을 보여라.

21. $G=\langle a\rangle$, $|a|=n$이다. r, s가 정수일 때 $\langle a^r\rangle \subset \langle a^s\rangle$일 필요충분조건을 구하여라.

22. G는 위수 n인 순환군이다. "$m|n$일 필요충분조건은 위수가 m인 원소가 G에 존재"할 때임을 보여라.

B 23. 부분군이 유한개인 군은 유한군임을 보여라.

24. G는 위수가 n인 순환군이다. $\gcd(m, n)=1$, $x^m=y^m$이면 $x=y$임을 보여라.

25. 위수가 6인 군의 진부분군은 순환군임을 보여라.

26. G의 부분군이 $\{e\}$와 G 자신뿐이면 G는 위수가 소수인 순환군임을 보여라.

27. H는 G의 부분군이고 $g \in G$이다.
(1) $S=\{ghg^{-1} | h \in H\}$는 G의 부분군임을 보여라.
(2) K가 H와 S를 모두 포함하는 G의 유한순환부분군이면 $H=S$임을 보여라.

B 28. G는 위수 n인 순환군이다. $m|n$일 때 $x^m=e$를 만족시키는 G의 원소는 꼭 m개 있음을 보여라.

제6장 순환군 연습문제 풀이

힌트 $|x| = n$이면 $x^m = \dfrac{n}{d}$, 단 $d = \gcd(m, n)$이다.

1. $x = \bar{1}$로 생각하면 $|x| = 10$이다. 우선 위수를 구하면

   $|\langle \bar{3} \rangle| = \dfrac{10}{\gcd(3,\ 10)} = 10$, $|\langle \bar{4} \rangle| = \dfrac{10}{\gcd(4,\ 10)} = 5$이다. 실제로 원소를 적어보면

$$\langle \bar{3} \rangle = \{\bar{0}, \bar{1}, \bar{2}, \bar{3}, \bar{4}, \bar{5}, \bar{6}, \bar{7}, \bar{8}, \bar{9}\},\ \langle \bar{4} \rangle = \{\bar{0}, \bar{2}, \bar{4}, \bar{6}, \bar{8}\}$$

2. 만일 $(\mathbb{Q}^+, \times)$가 순환군이면 $a > 0$, $a \neq 0$인 원소 a가 존재하여 $(\mathbb{Q}^+, \times) = \langle a \rangle$가 될 것이다. 따라서 $2 = a^m$인 정수 m이 존재할 것이고 $m = 1$, $a = 2$가 된다. 그러나

$$\langle 2 \rangle = \left\{\cdots, \frac{1}{4}, \frac{1}{2}, 1, 2, 4, \cdots\right\} \neq \mathbb{Q}^+$$

   가 되어 모순이다. 따라서, $(\mathbb{Q}^+, \times)$는 순환군이 아니다.

3. (1) 3장 연습문제, 18번 문제에서 $p = 7$로 생각하면 된다. 구체적으로 계산하면 $\mathbb{Z}_7^* = \{\bar{1}, \bar{2}, \bar{3}, \bar{4}, \bar{5}, \bar{6}\} = Z_7 - \{\bar{0}\}$. $\bar{a} * \bar{b} = \overline{ab}$이므로

   1) $\bar{a}, \bar{b} \in \mathbb{Z}_7^*$라고 하면 7은 소수이므로 ab는 7의 배수가 아니다. 따라서 $\bar{a} * \bar{b} = \overline{ab} \in \mathbb{Z}_7^*$

   2) $\bar{a}, \bar{b}, \bar{c} \in \mathbb{Z}_7^*$이면 $(\bar{a} * \bar{b}) * \bar{c} = \overline{ab} * \bar{c} = \overline{(ab)c} = \bar{a} * \overline{bc} = \bar{a} * (\bar{b} * \bar{c})$

   3) 임의의 $\bar{a} \in \mathbb{Z}_7^*$에 대해서 $\bar{a} * \bar{x} = \bar{x} * \bar{a} = \bar{a}$인 $\bar{x}$를 구하면 $\bar{x} = \bar{1} \in \mathbb{Z}_7^*$이다.

   4) 실제로 연산표를 만들면 다음과 같다.

$*$	$\bar{1}$	$\bar{2}$	$\bar{3}$	$\bar{4}$	$\bar{5}$	$\bar{6}$
$\bar{1}$	$\bar{1}$	$\bar{2}$	$\bar{3}$	$\bar{4}$	$\bar{5}$	$\bar{6}$
$\bar{2}$	$\bar{2}$	$\bar{4}$	$\bar{6}$	$\bar{1}$	$\bar{3}$	$\bar{5}$
$\bar{3}$	$\bar{3}$	$\bar{6}$	$\bar{2}$	$\bar{5}$	$\bar{1}$	$\bar{4}$
$\bar{4}$	$\bar{4}$	$\bar{1}$	$\bar{5}$	$\bar{2}$	$\bar{6}$	$\bar{3}$
$\bar{5}$	$\bar{5}$	$\bar{3}$	$\bar{1}$	$\bar{6}$	$\bar{4}$	$\bar{2}$
$\bar{6}$	$\bar{6}$	$\bar{5}$	$\bar{4}$	$\bar{3}$	$\bar{2}$	$\bar{1}$

따라서 $(\mathbb{Z}_7^*, *)$는 군이 된다.

힌트 $G=\langle x\rangle$, $|G|=n$, $\gcd(m, n)=1$이면 $G=\langle x^m\rangle$이고 그 역도 성립한다.

(2)
$$\langle\bar{3}\rangle=\{\bar{3}, \overline{9}=\bar{2}, \bar{6}, \overline{18}=\bar{4}, \overline{12}=\bar{5}, \overline{15}=\bar{1}\}=\mathbb{Z}_7^*$$

이므로 $\bar{3}$가 생성원이 됨을 알 수 있다. 즉 $(\mathbb{Z}_7^*, *)=\langle\bar{3}\rangle$가 되어 생성원이 존재하므로 순환군이다.
물론 다른 생성원 (예를 들면 $\bar{3}^{-1}=\bar{5}$)도 존재한다. 그러나 $G\cong(Z_6, \oplus)$이므로 이외의 생성원은 존재하지 않는다. 실제로 $\mathbb{Z}_6$의 생성원은 $\bar{1}, \bar{5}$이다.
$\langle\bar{2}\rangle=\{\bar{2}, \bar{4}, \bar{1}\}$이므로 $\bar{2}$는 생성원이 아니다.

참고 일반적으로 3장 문제 18번의 모든 소수 p에 대해서 군 $\mathbb{Z}_p^*=\mathbb{Z}_p-\{\bar{0}\}$는 순환군이 된다. 그러나 생성원을 찾기는 쉽지 않다. 자세한 내용은 [4], 37장 유한체 부분을 참고할 것.

4. 힌트 $(\mathbb{Z}, +)$는 순환군임은 쉽게 알 수 있다. 항등원은 0, 생성원은 1이다. 따라서 $(\mathbb{Z}, *)$는 보통의 $+$연산에 1을 뺀 연산이므로 생성원은 2가 될 것으로 짐작할 수 있다. 물론 항등원은 1이다.

1) $a, b\in\mathbb{Z}$면 $a*b=a+b-1\in\mathbb{Z}$이다.
2) $a, b, c\in\mathbb{Z}$면 $a*(b*c)=a*(b+c-1)=a+(b+c-1)-1)=(a*b)*c$이다.
3) 임의의 $a\in\mathbb{Z}$에 대해서 $a*1=a+1-1=a=1*a$이므로 항등원이 존재한다.
4) $a*(-a+2)=a+(-a+2)-1=1$이므로 $a^{-1}=-a+2$이다.
$a^n=na-(n-1)$이므로 임의의 $m\in\mathbb{Z}$에 대해서 $m=(m-1)2-(m-1-1)$이다.
따라서 $m=2^{m-1}\in\langle 2\rangle$이다. 구체적으로 표시하면

$$2^1=2,\ 2^2=2*2=3,\ 2^3=3*2=4,\ 2^4=4*2=5,$$
$$2^0=1,\ 2^{-1}=0,\ 2^{-2}=-1,\ 2^{-3}=-2$$

이다. 따라서 $(\mathbb{Z}, *)=\langle 2\rangle$로 순환군이다.

5. 힌트 5장 연습문제 1을 이용

$ab=ba$, $|a|=m$, $|b|=n$, $\gcd(m, n)=1$이면 $|ab|=mn$이므로 $G=\langle ab\rangle$가 됨을 알 수 있다. 즉 $H=\langle ab\rangle$라고 두면 $|H|=|ab|=mn=|G|$가 되고 $H\subset G$이므로 결국 $H=G=\langle ab\rangle$가 되어 G는 순환군이다.

6. x를 G의 생성원이라고 하면 $G=\langle x\rangle=\langle a\rangle$이므로 $x=a^m$, $a=x^n$으로 적을 수 있다. $m, n\in\mathbb{Z}$. 따라서 $a=a^{mn}$이고 $a^{mn-1}=e$로부터 $mn-1\neq 0$이면 a는 유한위수가 되어 모순이다. 따라서 $mn=1$로부터 $m=\pm 1$이 되어 $x=a$ 또는 $x=a^{-1}$이다.

7. (1) 16의 약수는 1, 2, 4, 8, 16이므로 위수가 i인 부분군을 H_i라고 하면

$H_{16}=\langle\bar{1}\rangle=\mathbb{Z}_{16}$

$H_8=\langle\bar{2}\rangle=\{\bar{0}, \bar{2}, \bar{4}, \bar{6}, \bar{8}, \overline{10}, \overline{12}, \overline{14}\}$

$H_4=\langle\bar{4}\rangle=\{\bar{0}, \bar{4}, \bar{8}, \overline{12}\}$

$H_2=\langle\bar{8}\rangle=\{\bar{0}, \bar{8}\}$

$H_1=\langle\bar{0}\rangle=\{\bar{0}\}$

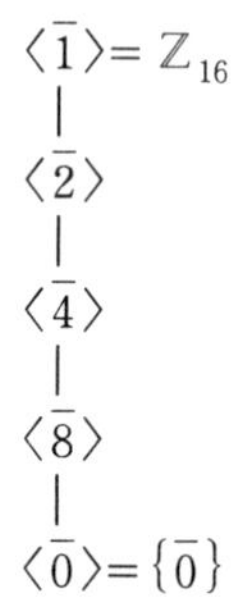

(2) 36의 약수는 1, 2, 3, 4, 6, 8, 9, 12, 18, 36이므로 위수가 i인 부분군을 H_i라고 하면

$H_{36}=\langle\bar{1}\rangle=\mathbb{Z}_{36}$

$H_{18}=\langle\bar{2}\rangle=\{\bar{0}, \bar{2}, \bar{4}, \bar{6}, \bar{8}, \cdots\cdots, \overline{30}, \overline{32}, \overline{34}\}$

$H_{12}=\langle\bar{3}\rangle=\{\bar{0}, \bar{3}, \bar{6}, \bar{9}, \overline{12}, \cdots\cdots, \overline{30}, \overline{33}\}$

$H_9=\langle\bar{4}\rangle=\{\bar{0}, \bar{4}, \bar{8}, \overline{12}, \overline{16}, \cdots\cdots, \overline{28}, \overline{32}\}$

$H_6=\langle\bar{6}\rangle=\{\bar{0}, \bar{6}, \overline{12}, \overline{18}, \overline{24}, \overline{30}\}$

$H_4=\langle\bar{9}\rangle=\{\bar{0}, \bar{9}, \overline{19}, \overline{27}\}$

$H_3=\langle\overline{12}\rangle=\{\bar{0}, \overline{12}, \overline{24}\}$

$H_2=\langle\overline{18}\rangle=\{\bar{0}, \overline{18}\}$

$H_1=\langle\bar{0}\rangle=\{\bar{0}\}$

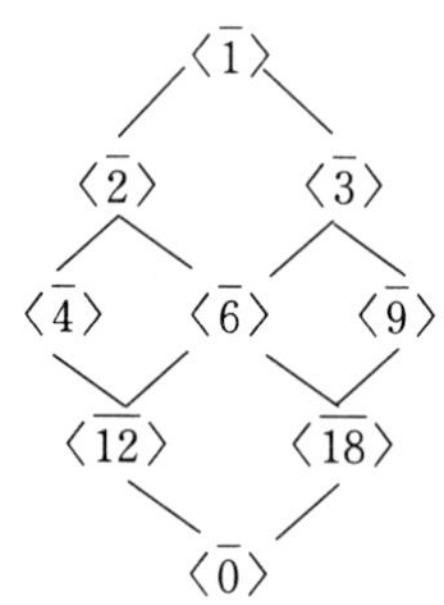

이다. 그림으로 표시하면 다음과 같다.

8. (1) $24=2^3\times 3$이다. 한편 $\varphi(p^n)=(p-1)p^{n-1}$이므로

$$\varphi(24)=\varphi(2^3\times 3)=\varphi(2^3)\times\varphi(3)=2^2\times 2=8$$

이다. 실제로 $\gcd(x, 24)=1$인 x, $1\le x\le 24$를 구하면 1, 5, 7, 11, 13, 17, 19, 23 이다.

(2) $\gcd(i, 24)=1$, $1\le i\le 24$인 $\overline{i}$를 구하면 된다.
$\overline{1}$, $\overline{5}$, $\overline{7}$, $\overline{11}$, $\overline{13}$, $\overline{17}$, $\overline{19}$, $\overline{23}$이 생성원이다.

9.
$$|H|=|\langle x^{26}\rangle|=\frac{143}{\gcd(143,\ 26)}=11$$

10. $G=\langle a\rangle$라 하자. $X=\{x\in G|x^n=e\}$라 하고 $(a^t)^n=e$가 되는 t중 최소의 양의 정수를 m이라고 하면

$$a^m,\ a^{2m},\ \cdots,\ a^{nm}=e\text{는 모두 } X\text{의 원소이다.}$$

또 만일 $x\in X$이면 $x^n=(a^k)^n=e$이고 $k=mq+r(0\le r<m)$라 두면 $e=(a^k)^n=(a^{mq+r})^n=a^{rn}=(a^r)^n$. 따라서 $r=0$이 되어서 k는 m의 배수가 된다. 즉 $x=a^k=a^{mq}$이다.

한편 $a^{mn}=e$이므로 q를 n으로 나누어 $q=ns+r(0\le r<n)$이 되었다고 하면 $mq=mns+rm$이므로 $a^{mq}=(a^{mn})^s\cdot a^{rm}=a^{rm}$이다. 따라서 $x=a^k=a^{rm}$, $(0\le r<n)$ 되어 결국 $|X|\le n$임을 알 수 있다. 실제로 $X=\langle a^m\rangle$이다.

11. 60과 서로소인 60보다 적은 정수를 찾으면 된다. 그 개수는 $\varphi(60)=16$. 마찬가지로 해서 $\varphi(8)=4$이다.

12. (1)
$$|H|=|\overline{25}|=\frac{30}{\gcd(30,\ 25)}=\frac{30}{5}=6$$

(2)
$$|H|=|\overline{30}|=\frac{42}{\gcd(42,\ 30)}=\frac{42}{6}=7$$

13. $V_4=\{e, a, b, ab\}$ (단, $a^2=b^2=e$)라고 하면 모든 진부분군
$\{e, a\}$, $\{e, b\}$, $\{e, ab\}$, $\{e\}$는 모두 순환군이나 klein 4－군 자신은 순환군이 아니다.

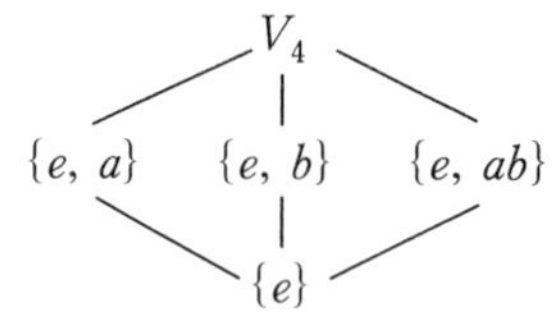

14.

$$\varphi(pq)=\varphi(p)\varphi(q)=(p-1)(q-1)$$

15.

$$\varphi(p^r)=(p-1)p^{r-1}$$

16. $\mathbb{Z}_p$의 부분군의 위수는 p의 약수이다. 그러나 p가 소수이므로 결국 $\mathbb{Z}_p$의 부분군은 $\{\overline{0}\}$와 $\mathbb{Z}_p$ 자신뿐이다.

17. **힌트** 5장 연습문제, 23을 이용한다.

$H=\langle a\rangle$, $K=\langle b\rangle$라고 하면 $|a|=r$, $|b|=s$이다. 먼저 (2)번부터 증명하자.

(2) $\mathrm{lcm}(r, s)=t$라고 두면 앞 5장 문제 23에서 위수가 t인 원소 $x\in G$가 존재한다. $H=\langle x\rangle$라고 두면 $|H|=|x|=t$가 되어 H가 구하는 순환부분군이다.

(1) r, s가 서로소이면 $\mathrm{lcm}(r, s)=rs$가 되어 (2)의 특별한 경우이다.

18. (1) $$25\mathbb{Z}=\{\cdots, -50, -25, 0, 25, 50, \cdots\}$$

(2) $$\{\pi n \mid n\in\mathbb{Z}\}=\{\cdots, -2\pi, \pi, 0, \pi, 2\pi, \cdots\}=\pi\mathbb{Z}$$

(3) $$\pi\mathbb{Q}=\left\{\pi\frac{n}{m}\,\middle|\, m, n\in\mathbb{Z}, m\neq 0\right\}$$
$$=\left\{\cdots, -\frac{25}{31}\pi, \cdots, 0, \pi, \frac{1}{2}\pi, \frac{1}{3}\pi, \cdots, \frac{83}{100}\pi, \cdots\right\}$$

19. $G=\langle a\rangle$라 하자. $|a|=|a^{-1}|$이므로 a^{-1}도 G의 생성원이다. 따라서 $a=a^{-1}$이고 $a^2=e$, 즉 $|G|=|a|=2$이다.

20. $G=\{e\}$면 당연하므로 $G\neq\{e\}$라 한다. $a\in G$, $a\neq e$, $H=\langle a\rangle$라고 하자. $H\neq\{e\}$이므로 $H=G$이고 따라서 $G=\langle a\rangle$가 된다. G가 순환군이면 G의 위수의 약수 개수만큼 부분군이 존재하므로 위수는 소수이다.

다시 말해서 $|G|=p$라고 하자. 만일 $p=mn$이라면 $|H|=m$인 부분군이 존재한다. 가정에서 $H=\{e\}$ 또는 G이므로 결국 $m=1$ 또는 $m=p$가 되어 p는 소수이다.

21. $\langle a^r\rangle\subset\langle a^s\rangle \Leftrightarrow a^r\in\langle a^s\rangle \Leftrightarrow a^r=a^{st}\,(t\in\mathbb{Z}) \Leftrightarrow n\,|\,r-st \Leftrightarrow \gcd(s,n)=r$

22. $G=\langle x\rangle$라고 하자. $m|n$이면 $n=mk\,(k\in\mathbb{Z})$이다. 따라서

$$|x^k|=\frac{n}{\gcd(n,k)}=\frac{n}{k}=m$$

이다. 역으로 또 만일 $|a|=m$이라면 n을 m으로 나누어 $n=mt+s\ (0\le s<m)$으로 두면 $a^n=a^s$이다. 그런데 $a=x^t$꼴이므로 $a^s=a^n=(x^t)^n=e$이므로 결국 $s=0$이 될 수밖에 없다.

23. 무한군은 부분군이 무한개임을 보이면 된다.

1) G의 원소중 위수가 ∞인 원소가 존재할 경우. $|a|=\infty$라고 하자.

$$H_0=\langle a\rangle,\ H_1=\langle a^2\rangle,\ H_2=\langle a^4\rangle,\ \cdots,\ H_n=\langle a^{2n}\rangle\cdots$$

라고 하면 $H_0\supset H_1\supset H_3\supset\cdots\cdots$ 이고 $H_i\neq H_{i+1}$이 된다.

2) G의 모든 원소의 위수가 유한일 경우, $x_1\in G$를 한 개 취한다.

$H_1=\langle x_1\rangle$라면 $|H_1|$은 유한이므로 $x_2\not\in H_1$인 원소를 취한다.

$H_2=\langle x_2\rangle$라면 $|H_2|$은 유한이므로 $x_3\not\in H_1\bigcup H_2$인 원소 x_3를 취한다.

$H_3=\langle x_3\rangle$라면 $\bigcup_{i=1}^{3}H_i$은 유한이므로 $x_4\not\in\bigcup_{i=1}^{3}H_i$인 원소 x_4를 취한다.

$H_4=\langle x_4\rangle\cdots\cdots$

이와 같이하여 서로 다른 무한개의 부분군 $H_1, H_2, H_3, \cdots$를 취할 수 있다.

24. G는 아벨군이므로

$$(xy^{-1})^m=x^m(y^{-1})^m=e$$

이다. G의 생성원을 a, 즉 $G=\langle a\rangle$라고 하면 $xy^{-1}=a^t$꼴로 쓸 수 있다. 따라서

$$e=(xy^{-1})^m=(a^t)^m$$

이므로 $n|tm$이다. 한편 $\gcd(m, n)=1$이므로 $n|t$, 즉 $t=nk$ $(k\in\mathbb{Z})$로 쓸 수 있고 따라서

$$xy^{-1}=a^t=a^{nk}=(a^n)^k=e$$

가 되어서 결국 $x=y$이다.

25. $|G|=6$이므로 H를 G의 진 부분군이라고 하면 $|H|=1, 2$ 또는 3이다. 어느 경우나 H는 순환군이 됨은 소수의 성질로부터 당연하다.

26. $G\neq\{e\}$라고 하자. $a\neq e$, $a\in G$를 임의의 G의 원소라고 하면 $H=\langle a\rangle$는 G의 부분군이다. 가정에 의해서 $H=G$가 되므로 G는 순환군이 된다. $|G|=mn$, $m\neq 1$, $n\neq 1$이라고 하면 순환군의 성질에 의해서 위수가 m인 G의 부분군이 존재한다. 또 이 부분군은 G의 진부분군이 되므로 결국 G의 위수는 소수이거나 혹은 무한 순환군일 수 밖에 없다. 만일 $G=\langle a\rangle$가 $|G|=\infty$이면 $\langle a^2\rangle$은 역시 G의 부분군이고 $\langle a^2\rangle\neq\{e\}$, $a\notin\langle a^2\rangle$이므로 $\langle a^2\rangle$은 G의 진부분군이 된다. 따라서 G는 위수가 소수인 순환군이다.

27. (1) gag^{-1}, $gbg^{-1}\in S$라고 하자.

$$(gag^{-1})(gbg^{-1})^{-1}=gag^{-1}gb^{-1}g^{-1}=gab^{-1}g^{-1}$$

이다. 그런데 $a, b\in H$, H는 G의 부분군이므로 $ab^{-1}\in H$이다. 따라서 $gab^{-1}g^{-1}\in S$가 되어서 S는 G의 부분군이다.

(2) 임의의 $h, k\in H$에 대해서 $ghg^{-1}=gkg^{-1}$일 필요충분조건은 $h=k$이므로 S의 원소의 개수와 H의 원소의 개수가 같음을 알 수 있다.

$K=\langle a\rangle$라고 하면 $H\subset K$, $S\subset K$이고 $|H|=|S|$이므로 유한 순환부분군의 성질에 의해서 위수가 같은 순환부분군은 같은 집합이므로 결국 $H=S$이다.

28. $G=\langle a\rangle$, $mk=n$이라고 하자.

$$H=\{a^k, a^{2k}, \cdots, a^{mk}=e\}=\langle a^k\rangle$$

이라고 하면 $(a^{ik})^m=e\,(1\leq i\leq m)$이 된다. 따라서 a^{ik}는 $x^m=e$를 만족시킨다. 또 H

의 원소는 모두 다르다는 것을 보이자.

만일 $a^{ik}=a^{jk}$ $(1\leq i<j\leq m)$이라면 $a^{(j-i)k}=e$이므로 $n|(j-i)k$이다. 따라서 $m|j-i$가 되어 모순이 됨을 알 수 있다. 즉 $x^m=e$를 만족시키는 원소는 m개 이상이다. 한편 10번에서 m개 이하라는 사실을 알고 있으므로 결국 꼭 m개만 존재한다.

7 군의 직적
(Direct Product of Groups)

연습문제

1. 다음에서 x의 위수를 구하여라.

   (1) $x=(\overline{4}, \overline{9}) \in \mathbb{Z}_{18} \times \mathbb{Z}_{18}$

   (2) $x=(\overline{8}, \overline{6}, \overline{4}) \in \mathbb{Z}_{18} \times \mathbb{Z}_{9} \times \mathbb{Z}_{8}$

   (3) $x=(\overline{8}, \overline{6}, \overline{4}) \in \mathbb{Z}_{9} \times \mathbb{Z}_{17} \times \mathbb{Z}_{10}$

2. 다음 중 순환군을 구하여라.

   (1) $\mathbb{Z}_{12} \times \mathbb{Z}_{9}$ (2) $\mathbb{Z}_{4} \times \mathbb{Z}_{25} \times \mathbb{Z}_{6}$

   (3) $\mathbb{Z}_{10} \times \mathbb{Z}_{85}$ (4) $\mathbb{Z}_{22} \times \mathbb{Z}_{21} \times \mathbb{Z}_{65}$

3. $\mathbb{Z} \times \mathbb{Z}$는 순환군인가?

4. 위수가 각각 16, 24인 비아벨군(non abelian group)을 구하여라.

5. 항등원이 아닌 모든 원소의 위수가 3이고 위수가 81인 군을 만들어라.

6. (1) $\mathbb{Z}_2 \times \mathbb{Z}_4$의 모든 부분군을 구하여라.
(2) $\mathbb{Z}_2 \times \mathbb{Z}_2 \times \mathbb{Z}_2$의 모든 부분군을 구하여라.

7. G, H는 유한군이다. 만일 $G \times H$가 순환군이면
(1) G와 H는 각각 순환군임을 보여라.
(2) $G \times H$의 모든 부분군은 G의 부분군 A와 H의 부분군 B의 직적 $A \times B$로 표시됨을 보여라.

8. A는 G의 부분군, B는 H의 부분군이면 $A \times B$는 $G \times H$의 부분군임을 보여라.

9. $Z(G_1 \times \cdots \times G_n) = Z(G_1) \times \cdots \times Z(G_n)$임을 보여라.

10. (중국인의 나머지 정리)
$m_1, \cdots, m_n$은 양의 정수로서 $i \neq j$면 $\gcd(m_i, m_j) = 1$이다. 임의의 정수 $k_1, \cdots, k_n$에 대해서 $m_i | x - k_i$ $(1 \leq i \leq n)$이 되는 정수 x가 존재함을 증명하여라.

11. $\mathbb{Z}_2 \times \mathbb{Z}_4$에서 위수가 4인 원소를 모두 구하여라.

12. $\mathbb{Z}_6 \times \mathbb{Z}_8$에서 원소의 위수가 가장 큰 것은 얼마인가?

13. $\mathbb{Z}_{12} \times \mathbb{Z}_{15}$의 순환부분군 중 위수가 최대인 것을 구하여라.

14. $\mathbb{Z}_2 \times \mathbb{Z}_2$의 모든 부분군을 구하여라.

15. $\overline{18}$에 의해서 생성되는 $\mathbb{Z}_{24}$의 부분군을 구하라.

16. $\mathbb{Z}_2 \times \mathbb{Z} \times \mathbb{Z}_4$의 원소 중 유한 위수인 것은 몇 개인가?

17. 5로 나누면 3이 남고 8로 나누면 나머지가 7인 수를 구하여라.

B 18. 정수 x는 다음과 같은 성질이 있다. $2x$를 8로 나누면 나머지가 4, $3x$를 5로 나누면 나머지는 1이다. 이러한 정수 x는 존재하는가?

제7장 군의 직적 연습문제 풀이

1. (1) $|\bar{4}| = \dfrac{18}{\gcd(4,\ 18)} = 9$, $|\bar{9}| = \dfrac{18}{\gcd(9,\ 18)} = 2$이므로 $\text{lcm}(9,\ 2) = 18$이다.

   (2) $\bar{8} = \dfrac{18}{\gcd(8,\ 18)} = 9$, $\bar{6} = \dfrac{9}{\gcd(6,\ 9)} = 3$, $\bar{4} = \dfrac{8}{\gcd(4,\ 8)} = 2$이므로
   $\text{lcm}(9,\ 3,\ 2) = 18$이다.

   (3) $\bar{8} = \dfrac{9}{\gcd(8,\ 9)} = 9$, $\bar{6} = \dfrac{17}{\gcd(6,\ 17)} = 17$, $\bar{4} = \dfrac{10}{\gcd(4,\ 10)} = 5$이므로
   $\text{lcm}(9,\ 17,\ 5) = 765$이다.

2.
$$\gcd(12,\ 9) = 3 \neq 1,\ \gcd(4,\ 6) = 2 \neq 1,\ \gcd(10,\ 85) = 5 \neq 1$$

이다. 따라서 (1), (2), (3)은 모두 순환군이 아니다. 그러나

$$\gcd(22,\ 21) = \gcd(21,\ 65) = \gcd(22,\ 65) = 1$$

이므로 (4)는 순환군이다.

3. 만일 $\mathbb{Z}\times\mathbb{Z}$가 순환군이면 $\langle(m,\ n)\rangle = \mathbb{Z}\times\mathbb{Z}$인 $(m,\ n)$이 존재해야만 한다. $(1,\ 1) \in \langle(m,\ n)\rangle$이므로 $(1,\ 1) = t(m,\ n)$인 $t \in \mathbb{Z}$가 존재한다. 따라서 $tm = tn = 1$로부터 $m = 1$ 또는 -1, $n = 1$ 또는 -1이다. $(3,\ 5) \in \mathbb{Z}\times\mathbb{Z}$이다. 그러나 어느 경우나 $(3,\ 5) \notin \langle(m,\ n)\rangle$이므로 모순이다. 따라서 $\mathbb{Z}\times\mathbb{Z}$는 순환군이 아니다.

4. (1) $|G| = 16$일 때 $16 = 2\times 8 = 4\times 4$ 등이다. 그러나 위수 4인 군은 항상 아벨군이므로 비아벨군은 $G \cong \mathbb{Z}_2\times D_4$ 또는 $G \cong \mathbb{Z}_2\times Q_8$, $\cdots$ 등이다. [4], 15장 예제 15에 의해서 위수 8인 비아벨군은 두 종류뿐이다.

   (2) $|G| = 24$일 때 $24 = 3\times 8 = 6\times 4 = 2\times 12 = \cdots$이므로 G는 $\mathbb{Z}_3\times D_4$ 또는 $S_3\times\mathbb{Z}_4$ 또는 $\mathbb{Z}_2\times A_4$ 또는 $\mathbb{Z}_3\times Q_8$, $\mathbb{Z}_2\times\mathbb{Z}_3\times S_3\cdots$ 등이다.

참고1

여기서 D_4는 4차의 정이면체군인데 다음 장에서 나오는 치환의 특수한 형태이다. Q_8, A_4, S_3도 모두 치환을 이용한 군이다. 간단히 설명하면

$$D_4=\left\{\begin{pmatrix}1&2&3&4\\2&3&4&1\end{pmatrix},\begin{pmatrix}1&2&3&4\\3&4&1&2\end{pmatrix},\begin{pmatrix}1&2&3&4\\4&1&2&3\end{pmatrix},\begin{pmatrix}1&2&3&4\\1&2&3&4\end{pmatrix},\begin{pmatrix}1&2&3&4\\1&4&3&2\end{pmatrix},\begin{pmatrix}1&2&3&4\\3&2&1&4\end{pmatrix},\right.$$
$$\left.\begin{pmatrix}1&2&3&4\\2&1&4&3\end{pmatrix},\begin{pmatrix}1&2&3&4\\4&3&2&1\end{pmatrix}\right\}\subset S_4$$

라 하자. 만일 $a=(1\ 2\ 3\ 4)$, $b=(2\ 4)$로 두면

$$(1\ 2)(3\ 4)=ab,\ (1\ 3)=a^2b,\ (1\ 4)(2\ 3)=a^3b$$

가 되므로

$$\begin{aligned}D_4&=\{e=a^4,\ a,\ a^2,\ a^3,\ (2\ 4),\ (1\ 3),\ (1\ 2)(3\ 4),\ (1\ 4)(2\ 3)\}\\&=\{e,\ a,\ a^2,\ a^3,\ b,\ ab,\ a^2b,\ a^3b\}\end{aligned}$$

가 된다. 단 $a^4=e$, $b^2=e$, $ba=a^3b=a^{-1}b$이다. 보다 자세한 내용은 [4], 8장과 35장 참조.

참고2 $a=\begin{pmatrix}0&1\\-1&0\end{pmatrix}$이라고 하면 $a^4=\begin{pmatrix}1&0\\0&1\end{pmatrix}$이다. 또 $b=\begin{pmatrix}0&i\\i&0\end{pmatrix}$라고 하면 $b^4=\begin{pmatrix}1&0\\0&1\end{pmatrix}$이다. $i^2=-1$이고 또 $ba=a^3b=a^{-1}b$가 된다.

$Q_8=\{e,\ a,\ a^2,\ a^3,\ b,\ ab,\ a^2b,\ a^3b\}$, 단 $a^4=e$, $b^4=e$, $ba=a^3b=a^{-1}b$라고 하면 Q_8은 군이 된다. 이 군을 quaternion군이라고 부른다.

5. $G=\mathbb{Z}_3\times\mathbb{Z}_3\times\mathbb{Z}_3\times\mathbb{Z}_3$라 두면 G의 위수는 $3^4=81$이다. 임의의 $g=(\bar{x},\ \bar{y},\ \bar{z},\ \bar{w})\in G$에 대해서

$$(\bar{x},\ \bar{y},\ \bar{z},\ \bar{w})\oplus(\bar{x},\ \bar{y},\ \bar{z},\ \bar{w})\oplus(\bar{x},\ \bar{y},\ \bar{z},\ \bar{w})=(3\bar{x},\ 3\bar{y},\ 3\bar{z},\ 3\bar{w})=(\bar{0},\ \bar{0},\ \bar{0},\ \bar{0})$$

이다. 따라서 $|g|=3$ 또는 1이다.

6. (1) 위수가 8인 것; 1) $\mathbb{Z}_2\times\mathbb{Z}_4=\langle\bar{1}\rangle\times\langle\bar{1}\rangle$

위수가 4인 것; 2) $\{\bar{0}\}\times\mathbb{Z}_4=\langle\bar{0}\rangle\times\langle\bar{1}\rangle$

3) $\mathbb{Z}_2\times\langle\bar{2}\rangle=\langle\bar{1}\rangle\times\langle\bar{2}\rangle$

위수가 2인 것; 4) $\mathbb{Z}_2\times\langle\bar{0}\rangle=\langle\bar{1}\rangle\times\langle\bar{0}\rangle=\{(\bar{0},\ \bar{0}),\ (\bar{1},\ \bar{0})\}$

5) $\{\bar{0}\}\times\langle\bar{2}\rangle=\langle\bar{0}\rangle\times\langle\bar{2}\rangle=\{(\bar{0},\ \bar{0}),\ (\bar{0},\ \bar{2})\}$

위수가 1인 것; 6) $\{\bar{0}\}\times\{\bar{0}\}=\{(\bar{0}, \bar{0})\}$

모두 6개다. 4)와 5)는 동형이다.

(2) 위수가 8인 것; 1) $\mathbb{Z}_2\times\mathbb{Z}_2\times\mathbb{Z}_2$

위수가 4인 것; 2) $\mathbb{Z}_2\times\mathbb{Z}_2\times\{\bar{0}\}\cong\mathbb{Z}_2\times\mathbb{Z}_2$

3) $\mathbb{Z}_2\times\{\bar{0}\}\times\mathbb{Z}_2\cong\mathbb{Z}_2\times\mathbb{Z}_2$

4) $\{\bar{0}\}\times\mathbb{Z}_2\times\mathbb{Z}_2\cong\mathbb{Z}_2\times\mathbb{Z}_2$

위수가 2인 것; 5) $\mathbb{Z}_2\times\{\bar{0}\}\times\{\bar{0}\}\cong\mathbb{Z}_2$

6) $\{\bar{0}\}\times\mathbb{Z}_2\times\{\bar{0}\}\cong\mathbb{Z}_2$

7) $\{\bar{0}\}\times\{\bar{0}\}\times\mathbb{Z}_2\cong\mathbb{Z}_2$

8) $\{(\bar{0}, \bar{0}, \bar{0}), (\bar{1}, \bar{1}, \bar{1})\}\cong\mathbb{Z}_2$

위수가 1인 것; 9) $\{(\bar{0}, \bar{0}, \bar{0})\}$

모두 9개이다. 2), 3), 4)는 서로 동형, 5), 6), 7), 8)은 서로 동형이다.

7. (1) 순환군이므로 $G\times H=\langle(x, y)\rangle=\{(e, e), (x, y), \cdots, (x^{n-1}, y^{n-1})\}$로 적을 수 있다. $G=\langle x\rangle$임을 보이자. 임의의 $g\in G$에 대해서 $(g, e')\in G\times H$이므로 $(g, e')=(x, y)^k$, $k\in\mathbb{Z}$가 된다. 따라서 $g=x^k$가 되어 $g\in\langle x\rangle$, 따라서 $G=\langle x\rangle$이다. 마찬가지로 $H=\langle y\rangle$임을 보일 수 있다.

(2) 틀리는 풀이

K를 $G\times H$의 부분군이라고 하면 K도 역시 순환군이다. 따라서 $K=\langle(x, y)^m\rangle$으로 둘 수 있다. 그러면 $\langle(x, y)^m\rangle=\langle x^m\rangle\times\langle y^m\rangle$이다. 그 이유는 "$\subset$"는 당연. "$\supset$" $a=(x^{mt}, y^{mk})\in\langle x^m\rangle\times\langle y^m\rangle$라고 하면 $a\in G\times H$이므로 $a=(x, y)^l$, $l\in\mathbb{Z}$ 꼴로 표시된다. 따라서 $mt=l=mk$이 되어 $t=k$가 되므로 결국 $a=(x^m, y^m)^t\in\langle(x, y)^m\rangle$이 됨을 알 수 있다. $A=\langle x^m\rangle$, $B=\langle y^m\rangle$라 두면 A는 G의 부분군이고 B는 H의 부분군이고 $K=A\times B$이다. (어디가 틀렸을까?)

참고3 $a, b\in G$이다.

1) $\gcd(|a|, |b|)=1$일 필요충분조건은 $\langle a\rangle\times\langle b\rangle=\langle(a, b)\rangle$이다.

2) $\gcd(|a|, |b|)=1$이면 임의의 $m\in\mathbb{Z}$에 대해서 $\gcd(|a^m|, |b^m|)=1$이다.

3) $\langle a\rangle\times\langle b\rangle=\langle(a, b)\rangle$이면 임의의 $m\in\mathbb{Z}$에 대해서 $\langle a^m\rangle\times\langle b^m\rangle=\langle(a, b)^m\rangle$이다.

증명 1) (⇒) "⊃" 당연.

$|\langle a\rangle\times\langle b\rangle| = |a|\times|b|$이다. 한편

$$|(a, b)| = \mathrm{lcm}\{|a|, |b|\} = |a|\times|b|$$

이다. 따라서, 부분집합이 원집합과 개수가 같으므로 $\langle a\rangle\times\langle b\rangle=\langle(a, b)\rangle$이다.

(⇐) $\mathrm{lcm}\{|a|, |b|\}=|a|\times|b|$로부터 $\gcd(|a|, |b|)=1$이 된다.

2) $|a^m| = \dfrac{|a|}{\gcd(|a|, m)}$, $|b^m| = \dfrac{|b|}{\gcd(|b|, m)}$, d가 $|a^m|$, $|b^m|$의 공약수이면

$$|a| = |a^m|\times\gcd(|a|, m),\ |b| = |b^m|\times\gcd(|b|, m)$$

으로부터 d는 $|a|$, $|b|$의 공약수가 된다. 따라서 $\gcd(|a^m|, |b^m|)=1$이다.

3) 1), 2)에 의해서 $\gcd(|a^m|, |b^m|)=1$이고 다시 1)에 의해서 3)을 얻을 수 있다.

옳은 풀이

(1)에서 $G\times H=\langle(x, y)\rangle=\langle x\rangle\times\langle y\rangle$이다.

K는 $G\times H$의 부분군이므로 $K=\langle(x, y)^m\rangle$로 둘 수 있다.

참고 3의 3)에 의해서

$$K=\langle x^m\rangle\times\langle y^m\rangle$$

이 된다. $A=\langle x^m\rangle$라 두면 A는 G의 부분군이고 $B=\langle y^m\rangle$라 두면 B는 H의 부분군이다. 따라서 $K=A\times B$로 표시된다.

8. 1) $(a_1, b_1), (a_2, b_2)\in A\times B$면

$$(a_1, b_1)(a_2, b_2) = (a_1a_2, b_1b_2)\in A\times B$$

따라서 $A\times B$는 닫혀있다.

2) e와 e'를 G와 H의 항등원이라고 하면 A, B는 부분군이므로 $(e, e')\in A\times B$이다.

3) $(a, b)\in A\times B$에 대하여 $a\in A$, $b\in B$이므로 $a^{-1}\in A$, $b^{-1}\in B$이다. 따라서

$$(a, b)^{-1} = (a^{-1}, b^{-1})\in A\times B$$

가 되어 역원이 존재한다.

9. **참고** $Z(G)=\{x\in G\,|\,$모든 $g\in G$에 대해서 $gx=xg\}$이다.

$x \in Z(G_1 \times \cdots \times G_n)$라고 하자.

$$x = (x_1, x_2, \cdots, x_n) \in G_1 \times G_2 \times \cdots \times G_n$$

라 하면 임의의 $g_i \in G_i$에 대해서 $g = (g_1, g_2, \cdots, g_n) \in G_1 \times \cdots \times G_n$이므로

$$\begin{aligned}(x_1g_1, x_2g_2, \cdots, x_ng_n) &= (x_1, x_2, \cdots, x_n)(g_1, g_2, \cdots, g_n) = xg = gx \\ &= (g_1x_1, g_2x_2, \cdots, g_nx_n)\end{aligned}$$

이다. 따라서 $x_ig_i = g_ix_i\ (1 \le i \le n)$이므로 $x_i \in Z(G_i)$이다. 따라서 $x \in Z(G_1) \times \cdots \times Z(G_n)$이다. 역으로

$$x = (x_1, x_2, \cdots, x_n) \in Z(G_1) \times Z(G_2) \times \cdots \times Z(G_n)$$

라고 하면 $x_1 \in Z(G_1), \cdots, x_n \in Z(G_n)$이다. 임의의 $g = (g_1, g_2, \cdots, g_n) \in G_1 \times \cdots \times G_n$에 대해서 $g_i \in G_i$이므로 $x_ig_i = g_ix_i$이다. 따라서

$$\begin{aligned}xg &= (x_1, x_2, \cdots, x_n)(g_1, g_2, \cdots, g_n) \\ &= (x_1g_1, \cdots, x_ng_n) \\ &= (g_1x_1, \cdots, g_nx_n) \\ &= (g_1, \cdots, g_n)(x_1, \cdots, x_n) = gx\end{aligned}$$

따라서 $x \in Z(G_1 \times G_2 \times \cdots \times G_n)$이다.

10. $G = \mathbb{Z}_{m_1} \times \mathbb{Z}_{m_2} \times \cdots \times \mathbb{Z}_{m_n}$라고 하면 $\gcd(m_i, m_j) = 1$이므로 G는 순환군이다.

$G = \langle \bar{1} \rangle \times \langle \bar{1} \rangle \times \cdots \times \langle \bar{1} \rangle$이고 위수가 각각 서로소이므로 참고 3을 이용하면 $G = \langle (\bar{1}, \bar{1}, \cdots, \bar{1}) \rangle$가 됨을 알 수 있다. 임의의 정수 $k_1, k_2, \cdots, k_n$에 대해서

$$g = (\overline{k_1}, \overline{k_2}, \cdots, \overline{k_n}) \in \mathbb{Z}_{m_1} \times \cdots \times \mathbb{Z}_{m_n} = G$$

라고 하면 $g = (\bar{1}, \bar{1}, \cdots, \bar{1})^x,\ x \in \mathbb{Z}$ 꼴로 쓸 수 있다(원칙은 $x(\bar{1}, \bar{1}, \cdots, \bar{1})$로 표시해야 한다). 따라서 $\mathbb{Z}_{m_i}$에서 $\overline{k_i} = \underbrace{\bar{1} + \cdots + \bar{1}}_{x\text{개}} = \bar{x}\ (1 \le i \le n)$이므로 $m_i | x - k_i$가 된다.

11. $\mathbb{Z}_2 = \{\bar{0}, \bar{1}\},\ \mathbb{Z}_4 = \{\bar{0}, \bar{1}, \bar{2}, \bar{3}\}$ 이므로

$$\mathbb{Z}_2\times\mathbb{Z}_4=\{(\bar{0},\ \bar{0}),\ (\bar{0},\ \bar{1}),\ (\bar{0},\ \bar{2}),\ (\bar{0},\ \bar{3}),\ (\bar{1},\ \bar{0}),\ (\bar{1},\ \bar{1}),\ (\bar{1},\ \bar{2}),\ (\bar{1},\ \bar{3})\}$$

이다. 위수가 1인 원소는 $(\bar{0},\ \bar{0})$,
위수가 2인 원소는 $(\bar{0},\ \bar{2})$, $(\bar{1},\ \bar{0})$, $(\bar{1},\ \bar{2})$,
위수가 4인 원소는 $(\bar{0},\ \bar{1})$, $(\bar{0},\ \bar{3})$, $(\bar{1},\ \bar{1})$, $(\bar{1},\ \bar{3})$이다.

12. 순환군이 아니므로 위수가 48인 것은 존재하지 않는다. 위수가 24인 것을 구해보면 $(\bar{1},\ \bar{1})$의 위수는 $\text{lcm}(6,\ 8)=24$이다. 물론 이외에도 많이 있다. 따라서 24가 최대위수이다.

13. $H=A\times B\subset\mathbb{Z}_{12}\times\mathbb{Z}_{15}$가 순환군이 되기 위해서는 $|A|$, $|B|$의 위수가 서로소이어야 한다. 또, $|A|\,|\,12$, $|B|\,|\,15$이므로 여기서 구하면 12×5가 최대이다. 또는 $|A|=4$, $|B|=15$로 해도 된다. 따라서 $H=\mathbb{Z}_{12}\times\{\bar{0},\ \bar{3},\ \bar{6},\ \bar{9},\ \overline{12}\}$ 또는 $K=\{\bar{0},\ \bar{3},\ \bar{6},\ \bar{9}\}\times\mathbb{Z}_{15}$를 택한다.

14. $\mathbb{Z}_2\times\mathbb{Z}_2=\{(\bar{0},\ \bar{0}),\ (\bar{0},\ \bar{1}),\ (\bar{1},\ \bar{0}),\ (\bar{1},\ \bar{1})\}$이므로 부분군은

$\{(\bar{0},\ \bar{0}),\ (\bar{0},\ \bar{1})\}=\{\bar{0}\}\times\mathbb{Z}_2$,
$\{(\bar{0},\ \bar{0}),\ (\bar{1},\ \bar{0})\}=\mathbb{Z}_2\times\{\bar{0}\}$,
$\{(\bar{0},\ \bar{0}),\ (\bar{1},\ \bar{1})\}=\langle(\bar{1},\ \bar{1})\rangle$,
$\{(\bar{0},\ \bar{0})\}$, 그리고
$\mathbb{Z}_2\times\mathbb{Z}_2$ 자신

모두 5개이다.

15. 위수는 $\dfrac{24}{\gcd(18,\ 24)}=4$이다. 실제로 $H=\langle\overline{18}\rangle=\{\bar{0},\ \bar{6},\ \overline{12},\ \overline{18}\}$이다.

16. $\mathbb{Z}$에서 위수가 유한인 것은 0뿐이다. 따라서 $\mathbb{Z}$의 원소는 무조건 0이어야 한다. 나머지 $\mathbb{Z}_n$의 원소는 모두 유한이므로 $\mathbb{Z}_2\times\{0\}\times\mathbb{Z}_4$의 모든 원소는 유한 위수이므로 8개다.

17. $x=5k+3=8t+7$꼴이다. $k,\ t\in\mathbb{Z}$. 따라서 $\mathbb{Z}_5$에서 $\bar{x}=\bar{3}$, $\mathbb{Z}_8$에서 $\bar{x}=\bar{7}$이다.

$$(\bar{x},\ \bar{x})=(\bar{3},\ \bar{7})\in\mathbb{Z}_5\times\mathbb{Z}_8$$

이 되는 x를 찾으면 된다. $\mathbb{Z}_5\times\mathbb{Z}_8=\langle(\bar{1},\ \bar{1})\rangle$이므로 $(\bar{3},\ \bar{7})=x(\bar{1},\ \bar{1})$가 되는 x가 존재한다. $5\times8=40$이므로 $x\le40$이다. $x=23$이다. 실제로 구하는 법은 생략. ([10], M. Burton 참조)

18.

$$2x=8k+4,\ 3x=5t+1,\ k,\ t\in\mathbb{Z}$$

이다. 한편 $x=4k+2$이므로 $\mathbb{Z}_4$에서 $\bar{x}=\bar{2}$, $\mathbb{Z}_5$에서 $\overline{3x}=\bar{1}$이다.

$$(\bar{x},\ \overline{3x})=(\bar{2},\ \bar{1})\in\mathbb{Z}_4\times\mathbb{Z}_5$$

이 되는 x를 구해보자. $(\bar{1},\ \bar{3})$는 $\mathbb{Z}_4\times\mathbb{Z}_5$의 생성원이므로 $x(\bar{1},\ \bar{3})=(\bar{2},\ \bar{1})$인 정수 x가 있다. 또 $x\le20$이다. 실제로 구해보면 $x=2$이다.

참고 18장에서 자세히 배우겠는데 먼저 이용해보자.
17번 문제에서 $5k+3=8t+7$이므로 $5k-8t=4$. 따라서 $\mathbb{Z}_5$에서 $\overline{-8t}=\bar{4}$ 즉 $\overline{-3}\ \bar{t}=\bar{2}\ \bar{t}=\bar{4}$이다.
$\bar{3}\ \bar{2}=\bar{1}$이므로 $\bar{3}\ \bar{2}\ \bar{t}=\bar{3}\ \bar{4}$가 되어 결국 $\bar{t}=\overline{12}=\bar{2}$이다. 따라서 $t=5i+2$ 꼴의 수이므로 이 식을 원식에 대입하면

$$x=8(5i+2)+7=40i+23\ (i=0,\ \pm1,\ \cdots)$$

꼴이다. 18번도 이와 같이 하면 된다.

주의 여기서 17번 문제에서 $\mathbb{Z}_8$에서 계산하면 안되는 수가 있다. 가능하면 $\mathbb{Z}_p$, p가 소수꼴이 되도록 하면 좋다. 그 이유는 p가 소수이면 $\bar{i}\in\mathbb{Z}_p^*$에 대해서 $\bar{j}\ \bar{i}=\bar{1}$인 $\bar{j}\in\mathbb{Z}_p$가 반드시 존재한다(3장 연습문제, 18). 안되면 할 수 없다.

8 치환

(Permutations)

연습문제

1. $f=\begin{pmatrix}1&2&3&4&5&6\\6&1&3&5&4&2\end{pmatrix}$, $g=\begin{pmatrix}1&2&3&4&5&6\\2&3&1&6&5&4\end{pmatrix}$, $h=\begin{pmatrix}1&2&3&4&5&6\\3&1&6&4&5&2\end{pmatrix}$이다. 다음을 구하라.

   (1) $f^{-1}=\begin{pmatrix}1&2&3&4&5&6\\ & & & & & \end{pmatrix}$, $g^{-1}=\begin{pmatrix}1&2&3&4&5&6\\ & & & & & \end{pmatrix}$, $h^{-1}=\begin{pmatrix}1&2&3&4&5&6\\ & & & & & \end{pmatrix}$

   (2) $f\circ g=\begin{pmatrix}1&2&3&4&5&6\\ & & & & & \end{pmatrix}$, $g\circ f=\begin{pmatrix}1&2&3&4&5&6\\ & & & & & \end{pmatrix}$

   (3) $f\circ(g\circ h)$

   (4) $g\circ h^{-1}$

   (5) $h\circ g^{-1}\circ f^{-1}$

   (6) $g\circ g\circ g$

2. $f=\begin{pmatrix}1&2&3&4\\2&1&4&3\end{pmatrix}$, $g=\begin{pmatrix}1&2&3&4\\3&4&1&2\end{pmatrix}$, $h=\begin{pmatrix}1&2&3&4\\4&3&2&1\end{pmatrix}$이다.

   (1) 1번의 (1)~(6)을 마찬가지로 해서 구하여라.

(2) 다음 표를 완성하라.

$\circ$	e	f	g	h
e				
f				
g				
h				

3. $f: \mathbb{R} \to \mathbb{R}, f_n(x) = x + n$이다. (단, n은 정수)

(1) $f_n \in S_{\mathbb{R}}$임을 보여라.

(2) $f_n \circ f_m = f_{n+m}, f_n^{-1} = f_{-n}$임을 보여라.

4. S_9에서 다음을 구하여라.

(1) $(1\ 4\ 5)(3\ 7)(6\ 8\ 2)$

(2) $(7\ 1\ 8\ 2\ 5)(3\ 6)(4\ 9)$

(3) $(1\ 4\ 7)(1\ 6\ 7\ 8)(7\ 4\ 1\ 3\ 2)$

(4) $(6\ 1\ 4\ 8)(2\ 3\ 4\ 5)(1\ 2\ 4\ 9\ 3)$

5. 서로소인 순환의 곱으로 쓰라.

(1) $\begin{pmatrix} 1 & 2 & 3 & 4 & 5 & 6 & 7 & 8 & 9 \\ 4 & 9 & 2 & 5 & 1 & 7 & 6 & 8 & 3 \end{pmatrix}$

(2) $\begin{pmatrix} 1 & 2 & 3 & 4 & 5 & 6 & 7 & 8 & 9 \\ 7 & 4 & 9 & 2 & 3 & 8 & 1 & 6 & 5 \end{pmatrix}$

(3) $\begin{pmatrix} 1 & 2 & 3 & 4 & 5 & 6 & 7 & 8 & 9 \\ 7 & 9 & 5 & 3 & 1 & 2 & 4 & 8 & 6 \end{pmatrix}$

(4) $\begin{pmatrix} 1 & 2 & 3 & 4 & 5 & 6 & 7 & 8 & 9 \\ 1 & 2 & 5 & 4 & 7 & 6 & 9 & 3 & 8 \end{pmatrix}$

(5) $\begin{pmatrix} 1 & 2 & 3 & 4 & 5 & 6 \\ 3 & 6 & 1 & 4 & 2 & 5 \end{pmatrix} \circ \begin{pmatrix} 1 & 2 & 3 & 4 & 5 & 6 \\ 5 & 4 & 3 & 2 & 1 & 6 \end{pmatrix}$

(6) $\begin{pmatrix} 1 & 2 & 3 & 4 & 5 & 6 & 7 & 8 & 9 & 10 & 11 & 12 \\ 6 & 7 & 5 & 9 & 8 & 4 & 11 & 3 & 1 & 12 & 2 & 10 \end{pmatrix}$

6. S_8에서 호환의 곱으로 고쳐 쓰라.

(1) $(1\ 3\ 7\ 4\ 2\ 8)$

(2) $(1\ 2\ 3)(4\ 5\ 6)(1\ 5\ 7\ 4)$

(3) $\begin{pmatrix} 1 & 2 & 3 & 4 & 5 & 6 & 7 & 8 \\ 3 & 1 & 4 & 2 & 8 & 7 & 6 & 5 \end{pmatrix}$

7. $a = (3\ 7\ 1\ 4)$, $b = (1\ 2\ 3)$, $c = (2\ 4\ 1\ 3\ 5)$이다. 다음을 구하여라.

(1) $a^{-1}b$

(2) $c^{-1}a$

(3) a^2b

(4) b^2ac

(5) c^4

(6) c^3a^{-1}

(7) $b^{-1}c$

(8) $a^{-1}b^2a$

8. 다음에서 a^{-1}, a^2, a^3, a^5을 각각 구하여라.

(1) $a=(1\ 2\ 3)$

(2) $a=(1\ 2\ 3\ 4)$

(3) $a=(1\ 2\ 3\ 4\ 5\ 6)$

A 9. θ는 길이가 t인 순환이다.

(1) t가 홀수면 θ^2은 순환이고 또 그 역도 성립함을 보여라.

(2) t가 홀수면 $\theta=\alpha^2$, α는 길이가 t인 순환 α를 찾아라.

(3) t가 짝수면 $\theta^2=\alpha\beta$, α, β는 길이가 $\frac{t}{2}$인 순환 α, β를 찾아라.

(4) t가 소수면 θ^n은 순환임을 보여라.

(5) $t=kl$면 θ^k는 길이가 l인 k개의 순환의 곱으로 표시할 수 있음을 보여라.

10. $f\in S_8$이다. 다음은 우치환인가 기치환인가?

(1) $f=\begin{pmatrix}1&2&3&4&5&6&7&8\\7&4&1&5&6&2&3&8\end{pmatrix}$

(2) $f=(7\ 1\ 8\ 6\ 4)$

(3) $f=(1\ 2)(3\ 2\ 4\ 1)(7\ 8\ 1\ 2)(1\ 2\ 7\ 6)$

(4) $f=(1\ 2\ 3)(2\ 3\ 4\ 5)(1\ 3\ 5\ 7)$

B 11. f, g는 서로소인 순환이다. 다음을 증명하라.

(1) $fg=e$이면 $f=g=e$이다.

(2) $(fg)^n=e$이면 $f^n=g^n=e$이다.

(3) fgh가 순환인 호환 h가 존재한다.

12. $f=(a_1\ a_2\ \cdots\ a_t)\in S_n$이 순환이면 임의의 $g\in S_n$에 대해서 $gfg^{-1}=(g(a_1)\ \ g(a_2)\ \ \cdots\ \ g(a_t))$임을 보여라.

13. 다음 함수의 위수를 구하여라.

(1) $f=(1\ 2)(3\ 4\ 5)\in S_9$

(2) $f=(1\ 2)(3\ 4\ 5\ 6)\in S_9$

(3) $f=(1\ 2\ 3\ 4)(5\ 6\ 7\ 8\ 9)\in S_9$

(4) $f=(1\ 4\ 5\ 7)\in S_8$

(5) $f=(4\ 5)(2\ 3\ 7)\in S_8$

14. (1) $f_1, f_2, \cdots, f_n$은 서로 다른 우치환이고 g는 기치환이다. $f_1g, f_2g, \cdots, f_ng$는 서로 다른 기치환임을 보여라.

(2) $f_1, f_2, \cdots, f_n$은 서로 다른 기치환이면 $f_1f_1, f_1f_2, \cdots, f_1f_n$은 서로 다른 우치환임을 보여라.

(3) (1), (2)를 써서 S_n에서 우치환의 개수와 기치환의 개수가 같음을 보여라.

B 15. f_1, f_2는 길이가 같은 순환이다. 또 g_1, g_2도 길이가 같은 순환이고 f_1, g_1은 서로소, f_2, g_2도 서로소이다. $f_1g_1=hf_2g_2h^{-1}$인 치환 h를 찾아라.

16. f, g가 서로소인 순환이면 임의의 $h\in S_n$에 대해서 hfh^{-1}와 hgh^{-1}는 서로소인 순환임을 보여라.

17. f, g가 길이가 같은 순환이면 $f=hgh^{-1}$인 치환 h를 찾아라.

18. f, g는 길이가 홀수인 순환이고 $f^2=g^2$이다. $f=g$임을 보여라.

19. 서로소인 순환의 곱으로 표시하여라.

(1) $(1\ 4)(2\ 7)(5\ 2\ 3)(3\ 4)(1\ 4\ 7\ 2)$

(2) $(7\ 2\ 3\ 6)(8\ 5)(5\ 7\ 1)(1\ 5\ 3\ 7)(4\ 8\ 6)$

(3) $(1\ 2\ 3)(4\ 5)(1\ 6\ 7\ 8\ 9)(1\ 5)$

20. $\theta=\begin{pmatrix}1&2&3&4&5&6&7&8&9\\3&7&8&9&4&5&2&1&6\end{pmatrix}$이다. $|\theta^{100}|$을 구하여라. 또 $\theta^{2008}(9)$를 구하여라.

21. $\theta=(1\ 2\ 3\ 4\ 5\ 6)$이다. θ^2, θ^3, θ^4, θ^5, θ^6을 각각 구하여라.

22. 다음 θ의 위수를 구하여라.

(1) $\theta=(1\ 2)(2\ 3)(3\ 4)$

(2) $\theta=(2\ 4\ 6)(1\ 4\ 7)(1\ 3\ 5)$

(3) $\theta=(1\ 2)(5\ 3\ 2\ 1\ 4)(2\ 3)$

(4) $\theta=(1\ 2\ 3\ 4)(2\ 3\ 4\ 5)$

(5) $\theta=\begin{pmatrix}1&2&3&4&5&6&7&8\\8&2&6&3&7&4&5&1\end{pmatrix}$　　(6) $\theta=\begin{pmatrix}1&2&3&4&5&6&7&8\\3&1&4&7&2&5&8&6\end{pmatrix}$

23. $f\in S_5$이다. $f(1\ 2\ 3)f^{-1}=(1\ 2)(3\ 4\ 5)$인 f가 존재하는가?

24. $n\geq 3$이면 S_n은 아벨군이 아님을 보여라.

25. $x=(1\ 3\ 5)$, $y=(1\ 5\ 7\ 9)$이다. $x^{-1}yx$를 구하여라.

26. (1) $x=(1\ 2)(3\ 4)$, $y=(5\ 6)(1\ 3)$이다. $a^{-1}xa=y$인 a를 구하여라.
(2) $a^{-1}(1\ 2)a=(3\ 4)(1\ 2)$인 a는 존재하지 않음을 보여라.

27. S_8에서 다음을 계산하고 우치환인지 기치환인지 구하여라.
(1) $(1\ 4\ 5)(7\ 8)(2\ 5\ 7)$
(2) $(1\ 2)(4\ 7\ 8)(2\ 1)(7\ 2\ 8\ 1\ 5)$

28. $\theta,\ \phi\in S_n$는 서로소인 순환이다. $|\theta\circ\phi|=\text{lcm}(|\theta|,\ |\phi|)$임을 보여라.

29. $Z(S_3)$를 구하여라.

30. 아벨군 G에서는 $H=\{x\in G\,|\,x^n=e\}$은 G의 부분군이 됨을 알 수 있다.
$H=\{x\in G\,|\,x^n=e\}$이 부분군이 되지 않는 군 G를 구하여라.

31. $f:A\to A,\ a\in A$이다. $f(a)\neq a$일 때 f는 a를 이동시킨다라고 부른다. 유한집합 A에서 길이 n인 순환에 의해서 이동되는 원소는 모두 몇 개인가?

32. S_3의 모든 원소를 순환으로 표시하여라. 또 A_3도 구하여라.

33. H는 S_n의 부분군이다. H의 모든 원소는 최소한 절반이 우치환임을 보여라.

34. S_n의 임의의 치환은 $n-1$개 이하의 호환의 곱으로 표시할 수 있음을 증명하여라.

35. 순환이 아닌 S_n의 치환은 $n-2$개 이하의 호환의 곱으로 표시할 수 있음을 증명하여라.

36. S_n의 임의의 치환은 $2n+3$개 또는 $2n+8$개의 호환의 곱으로 표시할 수 있음을 증명하여라.

37. $\phi \in S_n$ $(n \geq 2)$은 주어진 기치환이다. 모든 S_n의 기치환은 ϕ와 우치환의 곱(합성)으로 표시할 수 있음을 보여라.

B 38. f, g는 서로소인 호환이다. $f \circ g$를 길이 3인 두 개의 순환의 곱으로 표시하여라.

39. f, g는 서로소가 아닌 호환이다. $f \circ g$를 길이 3인 순환으로 표시하여라.

40. $n \geq 3$일 때 S_n의 모든 우치환은 길이 3인 순환의 곱으로 나타낼 수 있음을 보여라.

B 41. $x, y \in S_A$이다. 각각의 위수는 유한이나 xy의 위수는 무한이 되는 x, y를 구하여라.

A 42. p는 소수이다. H는 한 호환과 길이 p인 순환을 포함한 S_p의 부분군이다. $H = S_p$임을 보여라.

43. $n \geq 5$일 때 S_n의 정규부분군을 구하여라.

B 44. 임의의 $\theta \in S_n$은 $\{(k \;\; k+1) \mid 1 \leq k \leq n-1\}$의 곱으로 표시됨을 보여라.

A 45. $(1 \;\; 2)$와 $(1 \;\; 2 \;\; \cdots \;\; n)$을 포함하는 S_n의 최소의 부분군을 구하여라.

46. $\theta \in S_p$, p는 소수이다. $|\theta| = p$이면 θ는 순환임을 보여라.

47. $A = \mathbb{R} - \{0, 1, 2\}$, $f, g : A \to A$, $f(x) = 2 - x$, $g(x) = \dfrac{2}{x}$이다. f와 g를 포함하는 S_A의 최소의 부분군을 $G = \langle f, g \rangle \subset S_A$라고 할 때 $(G, \cdot)$을 구하라.

제8장 치환 연습문제 풀이

1. (1) $f^{-1}=\begin{pmatrix}1&2&3&4&5&6\\2&6&3&5&4&1\end{pmatrix}$ $g^{-1}=\begin{pmatrix}1&2&3&4&5&6\\3&1&2&6&5&4\end{pmatrix}$ $h^{-1}=\begin{pmatrix}1&2&3&4&5&6\\2&6&1&4&5&3\end{pmatrix}$

(2) $f\circ g=\begin{pmatrix}1&2&3&4&5&6\\1&3&6&2&4&5\end{pmatrix}$ $g\circ f=\begin{pmatrix}1&2&3&4&5&6\\4&2&1&5&6&3\end{pmatrix}$

(3) $f\circ(g\circ h)=\begin{pmatrix}1&2&3&4&5&6\\6&1&5&2&4&3\end{pmatrix}$

(4) $g\circ h^{-1}=\begin{pmatrix}1&2&3&4&5&6\\3&4&2&6&5&1\end{pmatrix}$

(5) $h\circ g^{-1}\circ f^{-1}=\begin{pmatrix}1&2&3&4&5&6\\3&4&1&5&2&6\end{pmatrix}$

(6) $g\circ g\circ g=\begin{pmatrix}1&2&3&4&5&6\\1&2&3&6&5&4\end{pmatrix}$

2. (1) $f^2=h^2=g^2=e$가 됨을 알 수 있다.

$f=(1\ 2)(3\ 4)$, $g=(1\ 3)(2\ 4)$, $h=(1\ 4)(3\ 2)$이다. 따라서

1) $f^{-1}=f$, $g^{-1}=g$, $h^{-1}=h$

2) $f\circ g=\begin{pmatrix}1&2&3&4\\4&3&2&1\end{pmatrix}=h$, $g\circ f=\begin{pmatrix}1&2&3&4\\4&3&2&1\end{pmatrix}=h$

3) $f\circ(g\circ h)=(f\circ g)\circ h=h^2=e$

4) $g\circ h^{-1}=g\circ h=g^{-1}\circ h=f$

5) $h\circ g^{-1}\circ f^{-1}=h^{-1}\circ g^{-1}\circ f^{-1}=(f\circ g\circ h)^{-1}=e$

6) $g\circ g\circ g=g$

(2)

·	e	f	g	h
e	e	f	g	h
f	f	f	h	g
g	g	h	e	f
h	h	g	f	e

3. (1) f_n은 1차 함수이므로 전단사이다. 따라서 $f_n\in S_{\mathbb{R}}$ 이다.

(2) 모든 $x\in\mathbb{R}$ 에 대해서

$$(f_n \circ f_m)(x) = f_n(x+m) = x + (m+n) = f_{n+m}(x),\ (f_n^{-1})(x) = x - n = f_{-n}(x)$$

이다.

4. (1) $(1\ 4\ 5)(3\ 7)(6\ 8\ 2) = \begin{pmatrix} 1 & 2 & 3 & 4 & 5 & 6 & 7 & 8 & 9 \\ 4 & 6 & 7 & 5 & 1 & 8 & 3 & 2 & 9 \end{pmatrix}$

(2) $(7\ 1\ 8\ 2\ 5)(3\ 6)(4\ 9) = \begin{pmatrix} 1 & 2 & 3 & 4 & 5 & 6 & 7 & 8 & 9 \\ 8 & 5 & 6 & 9 & 7 & 3 & 1 & 2 & 4 \end{pmatrix}$

(3) $(1\ 4\ 7)(1\ 6\ 7\ 8)(7\ 4\ 1\ 3\ 2) = \begin{pmatrix} 1 & 2 & 3 & 4 & 5 & 6 & 7 & 8 & 9 \\ 3 & 8 & 2 & 6 & 5 & 1 & 7 & 4 & 9 \end{pmatrix}$

(4) $(6\ 1\ 4\ 8)(2\ 3\ 4\ 5)(1\ 2\ 4\ 9\ 3) = \begin{pmatrix} 1 & 2 & 3 & 4 & 5 & 6 & 7 & 8 & 9 \\ 3 & 5 & 4 & 9 & 2 & 1 & 7 & 6 & 8 \end{pmatrix}$

5. (1) (1 4 5)(2 9 3)(6 7)
(2) (1 7)(2 4)(3 9 5)(6 8)
(3) (1 7 4 3 5)(2 9 6)
(4) (3 5 7 9 8)
(5) (1 2 4 6 5 3)
(6) (1 6 4 9)(2 7 11)(3 5 8)(10 12)

6. (1) (1 8)(1 2)(1 4)(1 7)(1 3)
(2) (1 3)(1 2)(4 6)(4 5)(1 4)(1 7)(1 5)
(3) (1 3 4 2)(5 8)(6 7)=(1 2)(1 4)(1 3)(5 8)(6 7)

7. (1) $a^{-1}b$=(4 1 7 3)(1 2 3)=(1 2 4)(3 7)
(2) $c^{-1}a$=(5 3 1 4 2)(3 7 1 4)=(1 2 5 3 7 4)
(3) a^2b=(3 1)(4 7)(1 2 3)=(1 2)(3)(4 7)
(4) b^2ac=(1 3 2)(3 7 1 4)(2 4 1 3 5)=(1 7 3 5)
(5) $c^4=c^{-1}$=(5 3 1 4 2)
(6) c^3a^{-1}=(2 3 4 5 1)(4 1 7 3)=(4 2 3 5 1 7)
(7) $b^{-1}c$=(3 2 1)(2 4 1 3 5)=(2 4 3 5 1)
(8) $a^{-1}b^2a$=(4 1 7 3)(3 2 1)(3 7 1 4)=(2 7 4)

8. (1) $a^{-1}=(3\ 2\ 1)$, $a^2=a^{-1}=(3\ 2\ 1)$, $a^3=e$, $a^5=a^2=(3\ 2\ 1)$

(2) $a^{-1}=(4\ 3\ 2\ 1)$, $a^2=(1\ 3)(2\ 4)$, $a^3=a^{-1}=(4\ 3\ 2\ 1)$, $a^5=a=(1\ 2\ 3\ 4)$

(3) $a^{-1}=(6\ 5\ 4\ 3\ 2\ 1)$, $a^2=(1\ 3\ 5)(2\ 4\ 6)$, $a^3=(1\ 4)(2\ 5)(3\ 6)$, $a^5=a^{-1}=(6\ 5\ 4\ 3\ 2\ 1)$

9. **힌트** $\theta=(a_1\ a_2\ \cdots\ a_t)$는 길이가 t인 순환이라고 하면 $|\theta|=t$이다. 임의의 $i\in\mathbb{Z}$에 대해서 θ^i를 구해보면 $\theta^i=(a_1\ a_{1+i}\ a_{1+2i}\ \cdots)$와 같은데 첨수 $1+ki$가 t보다 커지면 다시 앞으로 돌아와야 한다. 따라서 우리는 $\mathbb{Z}_t$에서 생각하면 좋다. 즉 $a_1=\overline{1}$, $a_2=\overline{2}$, $\cdots$ $a_t=\overline{0}$와 같이 생각해서 θ^i를 서로소인 순환의 곱으로 고치면 $\theta=(\overline{1}\ \overline{2}\ \cdots\ \overline{t-1}\ \overline{0})=(\overline{0}\ \overline{1}\ \overline{2}\ \cdots\ \overline{t-1})$이고 $\theta^i=(\overline{0}\ \overline{i}\ \overline{2i}\ \cdots)(\quad)\cdots(\quad)$꼴로 분해할 수 있다.

(1) t가 홀수라고 하면

$$\theta^2=(\overline{0}\ \overline{2}\ \overline{4}\ \cdots\ \overline{t-1}\ \overline{t+1}=\overline{1}\ \overline{3}\ \cdots\ \overline{t-2})$$

이 되어 θ^2은 순환이다.

역으로 θ^2가 순환이라고 하자. 만일 t가 짝수면

$$\theta^2=(\overline{0}\ \overline{2}\ \overline{4}\ \cdots\ \overline{t-2})(\overline{1}\ \overline{3}\ \overline{5}\ \cdots\ \overline{t-1})$$

꼴로 분해되므로 순환이 아니다. 따라서 t는 홀수이다.

(2) $\theta=\theta^{t+1}$이고 $t+1$은 짝수이다. 따라서 $\theta^{\frac{t+1}{2}}=\alpha$로 두면 $\theta=\alpha^2$이다. 또

$$|\alpha|=\left|\theta^{\frac{t+1}{2}}\right|=\frac{t}{\gcd\left(\frac{t+1}{2},\ t\right)}$$

이다. 그런데 $\frac{t+1}{2}$과 t는 서로소이다. 그 이유는 d를 공약수라고 하면 $t+1=2di$, $t=dj$꼴이 되는데 이 식에서 t를 소거하면 $1=d(2i-j)$가 되어 $d=1$이 됨을 알 수 있다. 따라서 $|\alpha|=t$이므로 α는 길이 t인 순환이다.

(3) $\theta=(\overline{0}\ \overline{1}\ \overline{2}\ \cdots\ \overline{t-1})$이므로 t가 짝수면

$$\theta^2=(\overline{0}\ \overline{2}\ \overline{4}\ \cdots\ \overline{t}=\overline{0})(\overline{1}\ \overline{3}\ \overline{5}\ \cdots\ \overline{t-1})$$

꼴이 된다.

$$\alpha=(\bar{0}\ \bar{2}\ \bar{4}\ \cdots\ \overline{t-2}),\ \beta=(\bar{1}\ \bar{3}\ \bar{5}\ \cdots\ \overline{t-1})$$

로 두면 $\theta^2=\alpha\beta$이고 $|\alpha|=|\beta|=\dfrac{t}{2}$이다.

(4) $|\theta^n|=\dfrac{t}{\gcd(n,\ t)}$인데 t가 소수이면 $|\theta^n|=t$가 된다. 따라서 θ^n은 순환이 됨을 알 수 있다.

(5) $t=kl$이면

$$\alpha_0=(\bar{0}\ \bar{k}\ \overline{2k}\ \cdots\ \overline{(l-1)k}),$$

$$\alpha_1=(\bar{1}\ \overline{k+1}\ \overline{2k+1}\ \cdots\ \overline{(l-1)k+1}),$$

$$\vdots$$

$$\alpha_i=(\bar{i}\ \overline{k+i}\ \overline{2k+i}\ \cdots\ \overline{(l-1)k+i}),\ \overline{lk+i}=\bar{i}$$

$$\vdots$$

라 두면$(0\le i\le k)$ $|\alpha_i|=l$인 순환이다. 실제로 θ^k를 계산해 보면 $\theta^k=\alpha_0\ \alpha_1\ \cdots\ \alpha_k$가 됨을 알 수 있다.

10. (1) $f=(1\ 7\ 3)(2\ 4\ 5\ 6)=(1\ 3)(1\ 7)(2\ 6)(2\ 5)(2\ 4)$, 따라서 기치환이다.

(2) $f=(7\ 4)(7\ 6)(7\ 8)(7\ 1)$이므로 우치환.

(3) $f=(1\ 2)(3\ 1)(3\ 4)(3\ 2)(7\ 2)(7\ 1)(7\ 8)(1\ 6)(1\ 7)(1\ 2)$이므로 우치환.

(4) $f=(1\ 3)(1\ 2)(2\ 5)(2\ 4)(2\ 3)(1\ 7)(1\ 5)(1\ 3)$이므로 우치환.

11. (1) 만일 $f\neq e$이면 $f(a)=b,\ a\neq b$인 원소가 존재한다. $(fg)(a)=f(g(a))=f(a)=b$가 되어 $fg\neq e$가 되어 모순. 마찬가지로 해서 $g=e$가 된다.

(2) $(fg)^n=f^ng^n=e$이므로 (1)에서 $f^n=g^n=e$이다.

(3) $f=(a_1\ a_2\ \cdots\ a_n)$, $g=(b_1\ b_2\ \cdots\ b_m)$라고 하자. $h=(a_1\ b_1)$라고 두면

$$fgh=(a_1\ b_2\ b_3\ \cdots\ b_m\ b_1\ a_2\ \cdots\ a_n)$$

이 되어 길이가 $m+n$인 순환이 된다.

12. [4] 35장 대칭군의 성질 정리 35.1 참조.

13. (1) $|f| = \text{lcm}(2, 3) = 6$

(2) $|f| = \text{lcm}(2, 4) = 4$

(3) $|f| = \text{lcm}(4, 5) = 20$

(4) $|f| = 4$

(5) $|f| = \text{lcm}(2, 3) = 6$

14. **힌트** f_i, g를 모두 군 S_n의 원소로 보면 쉽다.

(1) 우선 $f_i \neq f_j$이므로 $f_i g \neq f_j g$이다. 짝수+홀수=홀수이므로 당연히 $f_j g$는 기치환이다.

(2) $f_1 f_i \neq f_1 f_j$이고 홀수+홀수=짝수이므로 우치환이다.

(3) $S_n = S_o \cup S_e$, S_o는 기치환의 집합, S_e는 우치환의 집합이라고 하자. $S_o = \{f_1, \cdots, f_m\}$, $S_e = \{g_1, g_2, \cdots, g_k\}$ 라고 하면 $f_1 S_o \subset S_e$, $f_1 S_e \subset S_o$이다. 따라서 위수를 비교하면

$$|f_1 S_o| = |S_o| \leq |S_e|,\ |f_1 S_2| = |S_e| \leq |S_o|$$

가 되어 $|S_o| = |S_e|$가 된다.

15. **힌트** 12번 이용

$f_1 = (a_1\ a_2\ \cdots\ a_n)$, $f_2 = (b_1\ b_2\ \cdots\ b_n)$, $g_1 = (c_1\ c_2\ \cdots\ c_m)$, $g_2 = (d_1\ d_2\ \cdots\ d_m)$

라고 하자. 물론 $a_i \neq c_j$, $b_i \neq d_j$이다$(1 \leq i \leq n,\ 1 \leq j \leq m)$.

$hf_2 g_2 h^{-1} = (h\, f_2\, h^{-1})(h\, g_2\, h^{-1})$이므로 $hf_2 h^{-1} = f_1$, $hg_2 h^{-1} = g_1$이 되도록 하면 된다.

$$hf_2 h^{-1} = (h(b_1)\ h(b_2)\ \cdots\ h(b_n)),\quad hg_2 h^{-1} = (h(d_1)\ h(d_2)\ \cdots\ h(d_n))$$

이므로 $h(b_i) = a_i$, $h(d_j) = c_j$로 두면 $hf_2 g_2 h^{-1} = f_1 g_1$이 된다.

16. $f = (a_1\ \cdots\ a_m)$, $g = (b_1\ \cdots\ b_k)$라 하자. 앞 12번에서 $|hfh^{-1}| = |f|$이므로 f가 순환이면 hfh^{-1}도 순환이다. 또 만일 hfh^{-1}와 hgh^{-1}가 서로소가 아니면

$$h(a_i) = h(b_j),\ 1 \leq i \leq m,\ 1 \leq j \leq k$$

인 a_i, b_j가 존재할 것이고 이것은 f와 g가 서로소라는 사실에 모순이다.

17. $f=f_1$, $g=f_2$로 생각해서 앞 15번 문제와 같은 식으로 하면 된다.

18. $|f|=|g|=2t+1$이라고 하면 $f^{2t+2}=f$, $g^{2t+2}=g$이다. 따라서

$$f=(f^2)^{t+1}=(g^2)^{t+1}=g.$$

19. (1) $(1\ 4)(2\ 7)(5\ 2\ 3)(3\ 4)(1\ 4\ 7\ 2)=(1\ 5\ 7\ 3)(2\ 4)$

(2) $(7\ 2\ 3\ 6)(8\ 5)(5\ 7\ 1)(1\ 5\ 3\ 7)(4\ 8\ 6)=(1\ 2\ 3)(4\ 5\ 6)(7\ 8)$

(3) $(1\ 2\ 3)(4\ 5)(1\ 6\ 7\ 8\ 9)(1\ 5)=(1\ 4\ 5\ 6\ 7\ 8\ 9\ 2\ 3)$

20. 힌트 모든 치환은 정수를 소인수분해하는 것처럼 서로소인 순환의 곱으로 고치면 쉽다.

$\theta=(1\ 3\ 8)(2\ 7)(4\ 9\ 6\ 5)$이므로 $|\theta|=\text{lcm}(3,\ 2,\ 4)=12$이다.

$$|\theta^{100}|=\frac{12}{\gcd(100,\ 12)}=3$$

$2008=12\times167+4$이므로 $\theta^{2008}=\theta^4$과 같음을 알 수 있다. 따라서

$$\theta^{2008}(9)=\theta^4(9)=9$$

21. 힌트 $\theta=(a_1\ a_2\ \cdots\ a_n)$이면 $\mathbb{Z}_n$에서 $\theta^i=(\overline{1},\ \overline{1+i},\ \overline{1+2i},\ \cdots)$로 생각하면 쉽다.

$$\theta^2=(1\ 3\ 5)(2\ 4\ 6),\ \theta^3=(1\ 4)(2\ 5)(3\ 6)$$
$$\theta^4=(1,\ 5,\ \overline{5+4}=\overline{9}=3,\ \overline{3+4}=\overline{7}=1)(2,\ 6,\ \overline{6+4}=\overline{10}=4,\ \overline{4+4}=\overline{8}).$$

따라서 $\theta^4=(1\ 5\ 3)(2\ 6\ 4)$, $\theta^5=\theta^{-1}$이므로 $\theta^5=(6\ 5\ 4\ 3\ 2\ 1)$, $\theta^6=e$

22. 주의 그냥 $\text{lcm}(i\ j\ k)$라고 하면 안된다. 반드시 서로소인 순환의 곱으로 고쳐야 한다.

(1) $\theta=(1\ 2\ 3\ 4)$이므로 $|\theta|=4$이다.

(2) $\theta=(1\ 3\ 5\ 6\ 2\ 4\ 7)$이므로 $|\theta|=7$이다.

(3) $\theta=(1\ 4\ 5\ 3\ 2)$이므로 $|\theta|=5$

(4) $\theta=(1\ 2\ 4\ 5\ 3)$이므로 $|\theta|=5$

(5) $\theta=(1\ 8)(3\ 6\ 4)(5\ 7)$이므로 $|\theta|=6$

(6) $\theta=(1\ 3\ 4\ 7\ 8\ 6\ 5\ 2)$이므로 $|\theta|=8$

23. $|f(1\ 2\ 3)f^{-1}|=|(1\ 2\ 3)|=3$이다. 그러나 $|(1\ 2)(3\ 4\ 5)|=6$이므로 만족시키는 f는 없다.

24. $a=(1\ 2\ 3)$, $b=(1\ 2)\in S_n$을 생각하면 $ab=(1\ 3)$, $ba=(2\ 3)$이다. 따라서 $ab\neq ba$이므로 S_n은 아벨군이 아니다.

25. 힌트 직접 계산해도 되지만 문제 12번을 이용.

$$x^{-1}yx=x^{-1}(1\ 5\ 7\ 9)x=(x^{-1}(1)\ x^{-1}(5)\ x^{-1}(7)\ x^{-1}(9))=(5\ 3\ 7\ 9)$$

이다. 실제로 x, y가 아주 길 때는 이 방법이 유용하다. 직접 계산으로 구해보면 $x^{-1}=(5\ 3\ 1)=(1\ 5\ 3)$이므로

$$x^{-1}yx=(1\ 5\ 3)(1\ 5\ 7\ 9)(1\ 3\ 5)=\begin{pmatrix}1&2&3&4&5&6&7&8&9\\1&2&7&4&3&6&9&8&5\end{pmatrix}=(3\ 7\ 9\ 5)$$

가 되어 일치한다.

26. (1) $a^{-1}xa=y$이면 $x=aya^{-1}$이다. 따라서

$$(1\ 2)(3\ 4)=a(5\ 6)(1\ 3)a^{-1}=(a(5\ 6)a^{-1})(a(1\ 3)a^{-1})=(a(5)\ a(6))(a(1)\ a(3))$$

이므로

$$(a(5)\ a(6))=(1\ 2),\ (a(1)\ a(3))=(3\ 4)$$

또는

$$(a(5)\ a(6))=(3\ 4),\ (a(1)\ a(3))=(1\ 2)$$

이다. 만일 $a(5)=1$, $a(6)=2$, $a(1)=3$, $a(3)=4$이면 $a=\begin{pmatrix}1&2&3&4&5&6\\3&5&4&6&1&2\end{pmatrix}=(1\ 3\ 4\ 6$ $2\ 5)$이다. 물론 $a(2)$와 $a(4)$는 5, 6 중 아무거나 택했다. 이때는

$$aya^{-1}=(1\ 3\ 4\ 6\ 2\ 5)(5\ 6)(1\ 3)(1\ 5\ 2\ 6\ 4\ 3)=\begin{pmatrix}1&2&3&4&5&6\\2&1&4&3&5&6\end{pmatrix}=(1\ 2)(3\ 4)$$

가 성립한다. 물론 a는 이외에도 여러 가지로 정할 수 있다.

(2) $a^{-1}(1\ 2)a$는 기치환이다. 그러나 $(3\ 4)(1\ 2)$는 우치환이므로 이 식이 성립하는 a는 존재하지 않는다.

참고 (2)에서 양쪽의 위수를 비교하면 모두 2가 되어 같다. 그러나 위수가 같은 것만으로는 a가 존재한다고 할 수 없다. 따라서 존재하는 것을 보이기 위해서는 구체적으로 찾아야 되고 존재하지 않음을 보이기 위해서는 여러 가지 다양한 방법을 동원해야 한다.

27. (1)
$$\begin{aligned}(1\ 4\ 5)(7\ 8)(2\ 5\ 7)&=\begin{pmatrix}1&2&3&4&5&6&7&8\\4&1&3&5&8&6&2&7\end{pmatrix}=(1\ 4\ 5\ 8\ 7\ 2)(3)(6)\\&=(1\ 2)(1\ 7)(1\ 8)(1\ 5)(1\ 4).\end{aligned}$$

따라서 기치환

(2)
$$\begin{aligned}(1\ 2)(4\ 7\ 8)(2\ 1)(7\ 2\ 8\ 1\ 5)&=\begin{pmatrix}1&2&3&4&5&6&7&8\\5&4&3&7&8&6&2&1\end{pmatrix}=(1\ 5\ 8)(2\ 4\ 7)(3)(6)\\&=(1\ 8)(1\ 5)(2\ 7)(2\ 4).\end{aligned}$$

따라서 우치환

28. $|\theta|=m$, $|\psi|=n$라고 하자. $\theta=(a_1\ a_2\ \cdots\ a_m)$, $\psi=(b_1\ b_2\ \cdots\ b_n)$로 쓸 수 있다.
$|\theta\psi|=k$, $l=\text{lcm}(m, n)$라고 하자. θ, ψ는 서로소이므로 $\theta\psi=\psi\theta$이다.
$(\theta\psi)^k=e$이면 $\theta^k\psi^k=e$이다. $\psi(a_i)=a_i$이므로 $(\theta^k\psi^k)(a_i)=a_i$로부터 $\theta^k(a_i)=a_i$이다 $(1\le i\le m)$. 따라서 $\theta^k=e$가 된다. 마찬가지로 $\psi^k=e$가 됨도 알 수 있다.
$|\theta|=m$, $\theta^k=e$이므로 $m|k$이다.
$|\psi|=n$, $\psi^k=e$이기 때문에 $n|k$이고 따라서 $k\ge\text{lcm}(m, n)=l$이다.
한편 l은 m, n의 배수이므로 $(\theta\psi)^l=\theta^l\psi^l=e$로부터 $k\le l$이다.
따라서 $k=l=\text{lcm}(|\theta|, |\psi|)$이다.

29. $Z(S_3)=\{a\in S_3 |$ 임의의 $b\in S_3$에 대해서 $ab=ba\}$이므로 $a\in S_3$일 필요충분조건은 모든 $b\in S_3$에 대해서 $aba^{-1}=b$이다.

$$S_3=\{e,\ (1\ 2\ 3),\ (1\ 3\ 2),\ (2\ 3),\ (1\ 3),\ (1\ 2)\}$$

1) $a=e$면 $eb=be$
2) $a=(1\ 2\ 3)$라면, $b=(2\ 3)$로 두면
$(1\ 2\ 3)(2\ 3)(1\ 3\ 2)=(1\ 3)\neq(2\ 3)$. 따라서 $(1\ 2\ 3)\notin Z(S_3)$
3) $a=(1\ 3\ 2)$라면, $b=(2\ 3)$로 두면
$(1\ 3\ 2)(2\ 3)(1\ 2\ 3)=(1\ 2)\neq(2\ 3)$. 따라서 $(1\ 3\ 2)\notin Z(S_3)$
4) $a=(2\ 3)$이면, $b=(1\ 3)$로 두면
$(2\ 3)(1\ 3)(3\ 2)=(1\ 2)\neq(1\ 3)$. 따라서 $(2\ 3)\notin Z(S_3)$
5) $a=(1\ 3)$이면, $b=(2\ 3)$로 두면
$(1\ 3)(2\ 3)(3\ 1)=(1\ 2)\neq(2\ 3)$. 따라서 $(1\ 3)\notin Z(S_3)$
6) $a=(1\ 2)$이면, $b=(2\ 3)$로 두면
$(1\ 2)(2\ 3)(2\ 1)=(1\ 3)\neq(2\ 3)$. 따라서 $(1\ 2)\notin Z(S_3)$이다. 따라서

$$Z(S_3)=\{e\}$$

이다. 보다 세련된 증명은 $\theta\in S_n$, $\theta\neq e$라고 하자. $\theta=\alpha_1\alpha_2\cdots\alpha_k$로 서로소인 순환의 곱으로 표시할 수 있다. $\alpha_1=(a_1\ a_2\ \cdots\ a_m)$이라고 하자. $m\geq 3$이면

$$\theta(a_1\ a_2)\theta^{-1}=(\theta(a_1)\ \theta(a_2))=(\alpha_1(a_1)\ \alpha_1(a_2))=(a_2\ a_3)$$

이므로 $\theta\notin Z(S_n)$이다. 만일 $m=2$이면

$$\theta(a_1\ a_2\ k)\theta^{-1}=(\theta(a_1)\ \theta(a_2)\ \theta(k))=(a_2\ a_1\ b)$$

여기서 k는 a_1, a_2가 아닌 임의의 수이다. 물론 $\theta(k)=b$도 a_1, a_2와는 다른 값이다.

$$\theta(a_1\ a_2\ k)=(a_2\ a_1\ b)\theta$$

이므로 $\theta\notin Z(S_n)$이다. 따라서 $Z(S_n)=\{e\}$가 될 수밖에 없다.

30. $$S_3=\{e,\ a,\ a^2,\ b,\ ab,\ a^2b\}=\{e,\ (1\ 2\ 3),\ (1\ 3\ 2),\ (2\ 3),\ (1\ 3),\ (1\ 2)\}$$

$H=\{e, (1\ 2), (1\ 3), (2\ 3)\}$로 두면 H는 $x^2=e$인 집합이다. 그러나 H는 S_3의 부분군이 되지는 않는다. $(1\ 2)(1\ 3)\notin H$임.

31. $\theta=(a_1\ a_2\ \cdots\ a_n)$라면

$$a_1 \to a_2 \to a_3 \cdots \to a_n \to a_1$$

이므로 θ에 의해서 n개의 원소가 이동한다.

32.

$$\begin{aligned} S_3 &= \left\{\begin{pmatrix}1&2&3\\1&2&3\end{pmatrix}, \begin{pmatrix}1&2&3\\2&3&1\end{pmatrix}, \begin{pmatrix}1&2&3\\3&1&2\end{pmatrix}, \begin{pmatrix}1&2&3\\2&1&3\end{pmatrix}, \begin{pmatrix}1&2&3\\3&2&1\end{pmatrix}, \begin{pmatrix}1&2&3\\1&3&2\end{pmatrix}\right\} \\ &= \{e,\ (1\ 2\ 3)=(1\ 3)(1\ 2),\ (1\ 3\ 2)=(1\ 2)(1\ 3),\ (1\ 2),\ (1\ 3),\ (2\ 3)\} \end{aligned}$$

이다. $(1\ 2\ 3)=a$, $(1\ 2)=b$라 두면 $S_3=\{e, a, a^2, b, ab, a^2b\}$이다. 군표를 만들어 보면

$\cdot$	e	a	a^2	b	ab	a^2b
e	e	a	a^2	b	ab	a^2b
a	a	a^2	e	ab	a^2b	b
a^2	a^2	e	a	a^2b	b	ab
b	b	a^2b	ab	e	a^2	a
ab	ab	b	a^2b	a	e	a^2
a^2b	a^2b	ab	b	a^2	a	e

$$ba=a^2b=a^{-1}b, \qquad b^2=a^3=e$$

이다. 예를 들면

$$(ab)(ab)=a(a^2b)b=a^3b^2=e, \quad (ab)(a^2)=a(ba)a=a(a^2b)a=ba=a^2b$$

등이다. 또 이 표에서 알 수 있는 바와 같이 e의 위수는 1, a, a^2의 위수는 3이고 나머지는 모두 위수가 2이다. 교대군은

$$A_3=\left\{\begin{pmatrix}1&2&3\\1&2&3\end{pmatrix} \begin{pmatrix}1&2&3\\2&3&1\end{pmatrix} \begin{pmatrix}1&2&3\\3&1&2\end{pmatrix}\right\}=\{e,\ (1\ 2\ 3),\ (1\ 3\ 2)\}$$

이고 군표를 만들면

	e	a	a^2
e	e	a	a^2
a	a	a^2	e
a^2	a^2	e	a

와 같다.

33. H의 모든 원소가 우치환이라면 증명할 필요가 없다. 따라서, 적어도 한 개의 기치환 a가 H에 존재한다고 가정하자.

$$E_H = \{\theta \in H \mid \theta\text{는 우치환}\}, \quad O_H = \{\pi \in H \mid \pi\text{는 기치환}\}$$

라 하고 문제 14번을 이용하면 $aE_H = \{a\theta \mid \theta \in H\}$의 수는 $|E_H|$와 같다. 마찬가지로 $|aO_H| = |O_H|$이고 또 $aE_H \subset O_H$, $aO_H \subset E_H$이므로 결국 $|E_H| = |O_H|$이다.

34. S_n의 임의의 치환 θ는 서로 소인 순환들의 곱으로 표시하면 $\theta = \pi_1 \pi_2 \cdots \pi_k$로 표시된다($k \ge 1$). 또 π_i의 길이를 m_i라고 하면 π_i는 $m_i - 1$개의 호환의 곱으로 표시된다. 모든 π_i의 길이의 합은 n을 넘지 못하므로 결국 호환도 $n-1$을 넘지 못한다. 즉 π_i의 길이를 $|\pi_i|$로 적으면 서로소 이므로

$$|\pi_1| + |\pi_2| + \cdots + |\pi_k| = m_1 + m_2 + \cdots + m_k \le n$$

따라서 θ는 $(m_1 - 1) + (m_2 - 1) + \cdots + (m_k - 1) \le n - 1$개의 호환의 곱으로 표시된다.

35. 34번과 같이 생각하면 순환이 아닌 θ는 서로소인 순환의 곱 $\theta = \pi_1 \pi_2 \cdots \pi_k$ (단, $k \ge 2$)으로 표시할 수 있다. 따라서

$$|\pi_1| + |\pi_2| + \cdots + |\pi_k| = m_1 + m_2 + \cdots + m_k \le n$$

이고 $k \ge 2$이므로 θ는 $(m_1 - 1) + (m_2 - 1) + \cdots \le n - 2$개의 이하의 호환으로 표시된다.

36. 1) 임의의 치환 θ는 $\theta = \theta(1\ 2)(2\ 1)$과 같이 짝수개의 호환을 항상 더 첨가할 수 있다. θ가 기치환이면 θ는 $2m-1$개의 호환의 곱으로 표시된다 $\left(1 \le m \le \dfrac{n}{2}\right)$. 여기에 $2(n-m+2)$개의 호환을 합치면 $2m - 1 + 2(n - m + 2) = 2n + 3$개의 호환

의 곱이 된다.

2) θ가 우치환이면 θ는 $2m$개의 호환의 곱으로 표시된다 $\left(1 \le m \le \frac{n-1}{2}\right)$.
여기서 $2(n-m+4)$개의 호환을 합치면 $2m+2(n-m+4)=2n+8$개의 호환의 곱이 된다.

37. 임의의 θ를 $\theta \in S_n$인 기치환이라 하자. 조건에서 $\phi \in S_n$ $(n \ge 2)$은 기치환이라고 하였으므로 ϕ^{-1}도 기치환이고 $\phi^{-1}\theta$는 우치환이다. 따라서 $\theta=\phi(\phi^{-1}\theta)$이므로 θ는 ϕ와 우치환의 곱으로 표시할 수 있다.

38. $f=(a\ b)$, $g=(c\ d)$라고 하면

$$f \circ g=(a\ b)[(b\ c)(b\ c)](c\ d)=[(a\ b)(b\ c)][(b\ c)(c\ d)]=(b\ c\ a)(c\ d\ b)$$

39. $f=(a\ b)$, $g=(a\ c)$라고 하면 $f \circ g=(a\ b)(a\ c)=(a\ c\ b)$

40. $\theta=\pi_1\ \pi_2 \cdots \pi_{2n}$($\pi_i$는 호환)로 두면 두 개씩 묶은 쌍들은 문제 38과 39에 의해 길이 3인 순환의 곱으로 표시할 수 있다. 따라서 θ는 길이 3인 순환의 곱이 된다.

이 사실로부터 길이 3인 순환을 모두 포함하는 최소의 부분군을 H라 하면 $A_n \subset H$가 됨을 알 수 있다. 한편 임의의 $(a\ b\ c)$는 우치환이므로 $H \subset A_n$이다. 결국 $H=A_n$이다. 즉 A_n은 길이 3인 순환군에 의해서 생성된다고 볼 수 있다.

41.
$$f:\ \mathbb{Z} \to \mathbb{Z},\ f(2n)=2n-1,\ f(2n+1)=2n+2,$$
$$g:\ \mathbb{Z} \to \mathbb{Z},\ g(2n)=2n+1,\ g(2n+1)=2n$$

라고 하면 $f^2=g^2=1_{\mathbb{Z}}$이다. 그러나

$$gf(2n)=2n-2, \quad gf(2n+1)=2n+2$$

이므로 $|gf|=\infty$이다.

42. $(a_i\ a_j)$를 호환이라 하고 길이 p인 순환 θ을 $(a_1 \cdots a_p) \in S_p$라고 하면$(1 \le i < j \le p)$

$$\theta=(a_1 \cdots a_p)=(a_i\ a_{i+1} \cdots a_p\ a_1 \cdots a_{i-1})$$

과 같이 a_i를 맨 앞으로 끌어낼 수 있다.

$\{(a_i\ a_j), (a_i\ a_{i+1} \cdots\ a_p\ a_1 \cdots\ a_{i-1})\}$이 S_p를 생성함을 증명하자.

편의상 a를 생략하고 그냥 첨수만으로 나타내면 $(a_i\ a_j)=(i\ j)$, $\theta=(i \cdots p\ 1 \cdots i-1)$로 나타낼 수 있다.

$i \neq j$이므로 $j=i+t(1 \leq t \leq p-1)$로 표시할 수 있다. H는 $(i\ j)$와 $\theta=(i \cdots i-1)$을 포함하는 S_p의 부분군이므로

$$\theta(i\ j)\theta^{-1}=\theta(i\ i+t)\theta^{-1}=(\theta(i)\ \theta(i+t))=(i+1\ i+t+1) \in H$$
$$\theta(i+1\ i+t+1)\theta^{-1}=(i+2\ i+t+2) \in H$$
$$\cdots\cdots\cdots\cdots\cdots$$

따라서 $(n\ n+t)$, $(1 \leq n \leq p)$꼴의 호환은 모두 H에 들어간다. 단 여기서 $n+t$가 p보다 커질 수 있다. 이 때는 p로 나눈 나머지를 나타내는 것으로 한다.

즉 $\mathbb{Z}_p$의 원소로 생각하면 된다. 예를 들어서 $p=7$이라고 하고 $t=3$이라면 $(1\ 4)$, $(2\ 5)$, $(3\ 6)$, $(4\ 7)$, $(5\ 8)=(5\ 1)$, $(6\ 9)=(6\ 2)$, $(7\ 10)=(7\ 3)$, $(8\ 11)=(1\ 4)$, $\cdots$가 된다. 한편 임의의 $m \in \mathbb{Z}$에 대해서

$$(b\ b+mt)=(b\ b+(m-1)t)(b+(m-1)t\ b+mt)(b\ b+(m-1)t)$$

가 성립함은 오른편을 풀어보면 알 수 있다. 이 식에 $m=2$를 대입하면

$$(b\ b+2t)=(b\ b+t)(b+t\ b+2t)(b\ b+t)$$

이다. 그런데 $(b\ b+t)$, $(b+t\ b+2t) \in H$이므로 $(b\ b+2t) \in H$, $m=3$을 대입하면

$$(b\ b+3t)=(b\ b+2t)(b+2t\ b+3t)(b\ b+2t)$$

이므로 역시 $(b\ b+3t) \in H$이다. 이와 같이 하면

$$\{b\ b+mt \mid m \in \mathbb{Z},\ 1 \leq b \leq p\} \subset H$$

가 됨을 알 수 있다.

$H=S_p$임을 보이기 위해서 임의의 호환 $(c\ d)$에 대해서 $(c\ d) \in H$를 보이면 증명은 끝난다. $1 \leq t \leq p-1$, p는 소수이므로 $\gcd(t, p)=1$이다. 서로소일 때는 약방의 감초로 등장하는 공식 $tx+py=1$이 되는 정수 x, y가 존재한다.

$d-c=tx(d-c)+py(d-c)$로부터

$$(c\ d)=(c\ c+tx(d-c)+py(d-c))=(c\ c+tk)\in H$$

가 된다.

43. $\{e\}$, A_n, S_n은 모두 S_n의 정규부분군이다. H를 S_n의 정규부분군이라고 하면 $H\cap A_n$은 A_n의 정규부분군이다. A_n은 단순군이므로([4], 35장 정리 35.8)

$$H\cap A_n=\{e\} \text{ 또는 } H\cap A_n=A_n$$

이다. 만일 $H\cap A_n=A_n$이면 집합의 성질에서 $A_n\subset H$이다. 만일 $A_n\subsetneq H$면 어떤 기치환 $\theta\in H$가 존재할 것이다. 임의의 기치환 $\alpha\in S_n$에 대해서 $\alpha=(\alpha\theta^{-1})\theta$이고 $\alpha\theta^{-1}$는 우치환이므로 결국 $\alpha\theta^{-1}\in A_n\subset H$, $\theta\in H$이므로 $\alpha\in H$가 되어 $S_n=H$이다. 결국 $H=A_n$ 또는 $H=S_n$이 될 수 밖에 없다.

만일 $H\cap A_n=\{e\}$이면 $H=\{e\}$임을 보이자.

$H\neq\{e\}$이면 임의의 $e\neq x\in H$에 대해서 x^2은 우치환이므로 $x^2\in H\cap A_n$이다. 따라서 $x^2=e$, 즉 $|x|=2$가 된다. 만일 $a, b\in H$, $a\neq e$, $b\neq e$라고 하면 $a=a^{-1}$, $b=b^{-1}$, a, b는 모두 기치환이다. 그러나 ab는 $ab\in H$, 우치환이므로 $ab\in H\cap A_n=e$이다. 결국 $a=b^{-1}=b$가 되어서 $|H|\leq 2$가 됨을 알 수 있다. $H=\{e, a\}$라고 하자.
29번 세련된 증명법에서 본 바와같이 $Z(S_n)=\{e\}$이므로 $a\notin Z(S_n)$이다.
따라서 $ac\neq ca$인 원소 $c\in S_n$가 존재한다. 그러나 H는 S_n의 정규부분군이므로 $cac^{-1}\in H$, 따라서 $cac^{-1}=e$ 또는 $cac^{-1}=a$일 수 밖에 없고 $cac^{-1}\neq a$이므로 $ca=c$에서 $a=e$가 되어 모순이다. 따라서 $H=\{e\}$이다.
즉 S_n의 정규부분군은 $\{e\}$, A_n, S_n 밖에 없다.

44. $\theta\in S_n$이라고 하면 임의의 θ는 호환의 곱으로 표시할 수 있다.
$(a\ b)$를 한 호환이라고 하면 $(a\ b)=(1\ a)(1\ b)(1\ a)$로 표시되므로 θ는 $(1\ i)$꼴의 호환의 곱으로 표시된다. 임의의 $(1\ a)$꼴의 호환은

$$(1\ a)=(1\ a-1)(a-1\ a)(1\ a-1)$$

꼴로 표시되고 오른편 식의 중간 호환은 $(i\ i+1)$꼴이다. 좌우의 $(1\ a-1)$도 이와 같은 식을 계속 반복하면 결국 $(1\ a)$는 $(j\ j+1)$꼴의 호환의 곱으로 나타나므로 θ는 $(k\ k+1)$꼴의 호환의 곱으로 표시된다.

45. $\pi=(1\ 2\ 3\ \cdots\ n)$이라고 하면 임의의 호환 $(a\ b)\in S_n$에 대해서

$$\pi(a\ b)\pi^{-1}=(\pi(a)\ \pi(b))=(a+1\ b+1)$$

이 됨을 알 수 있다. 이 식을 반복하면

$$\begin{aligned}&\pi(1\ 2)\pi^{-1}=(2\ 3),\\&\pi^2(1\ 2)\pi^{-2}=\pi(2\ 3)\pi^{-1}=(3\ 4),\\&\qquad\vdots\\&\pi^k(1\ 2)\pi^{-k}=\pi(k\ k+1)\pi^{-1}=(k+1\ k+2)\end{aligned}$$

이다. 앞 문제 44에 의해서 임의의 $\theta\in S_n$는 $(k\ k+1)$, $1\le k\le n-1$의 곱으로 나타낼 수 있으므로 결국 $(1\ 2)$와 π, π^{-1}의 곱으로 표시할 수 있다.

따라서 $(1\ 2)$와 π를 포함하는 최소의 부분군을 H라고 하면 $\theta\in H$가 되므로 H는 S_n자신이다.

46. θ를 서로소인 순환으로 분해해서 $\theta=f_1f_2\cdots f_t$가 되었다고 하면 $l\text{cm}(|f_1|, |f_2|, \cdots, |f_t|)=p$이다. p는 소수이므로 결국 $|f_1|=|f_2|=\cdots=|f_t|=p$이고 모든 f_i는 서로소인 순환이고 $f_i\in S_p$이므로 결국 $t=1$이 되어 $\theta=f_1$은 순환이다.

참고 $X\subset G$일때 X를 포함하는 G의 최소의 부분군을 X에 의해서 생성(generated by X)되는 부분군이라고 하고 $\langle X\rangle$로 표시한다. 한 원소 $\{x\}$에 의해서 생성되는 부분군은 순환부분군 $\langle x\rangle$이다. D_4, Q_8은 모두 두 원소에 의해서 생성된다. S_n도 두 원소에 의해서 생성된다.

47. $|f|=|g|=2$이다. $f\circ g=2-\dfrac{2}{x}$, $g\circ f=\dfrac{2}{2-x}$이므로 G는 아벨군이 아니다.

$$G=\{e, f, g, fg, gf, fgf, gfg, ffg, \cdots\}$$

이므로 만일 $|fg|=\infty$이면 G는 무한군이다. 차례로 위수를 구해보면 $fgf=\dfrac{2-2x}{2-x}$이고 $|fgf|=|g|=2$이다. $fgfg=\dfrac{x-2}{x-1}$, $(fgfg)^2=1_A$이므로 결국 $|fg|=|gf|=4$가 됨을 알 수 있다. $fg=h$라 두면 $h^4=e$이므로 $h^2=h^{-2}=gfgf$이다. 따라서

$$g=h^3f,\ gf=h^3,\ gh=gfg=h^2f,\ fgfg=h^2,\ gfgf=h^2,$$
$$gh^2=gfgfg=g(gfgf)=fgf=hf,\ gh^3=gh^{-1}=g(gf)=f,\ \cdots$$

이다. 임의의 $n\geq 4$에 대해서 $gh^n=gh^{n-4}$이므로 결국

$$G=\{e,\ h,\ h^2,\ h^3,\ f,\ hf,\ h^2f,\ h^3f\},\ |h|=4,\ |f|=2,\ fh=h^3f$$

이므로 $G\cong D_4$가 된다.

9 잉여류 및 유한군 (Cosets and Finite Groups)

연습문제

1. (1) $G=(\mathbb{Z}_{48}, \oplus)$에서 $H=\langle\overline{32}\rangle$일 때 $[G:H]$를 구하여라.
   (2) $G=(\mathbb{Z}_{54}, \oplus)$에서 $H=\langle\overline{24}\rangle$일 때 $[G:H]$를 구하여라.

2. $G=\mathbb{Z}_6\times\mathbb{Z}_4$이다. $H=\langle\overline{2}\rangle\times\langle\overline{2}\rangle$일 때 $[G:H]$를 구하여라.

3. $|G|=8$이고 G는 순환군이 아니다. 모든 $g\in G$에 대해서 $g^4=e$임을 보여라.

4. H, K는 G의 부분군이고 $|H|=12$, $|K|=5$이다. $H\cap K=\{e\}$임을 보여라.

5. $|G|=pq$, $p\neq q$, p, q는 소수이다. G의 모든 진부분군은 순환군임을 보여라.

6. $|G|=p^2$, p는 소수이다. G는 위수 p인 부분군을 가짐을 보여라.

7. $G=S_3$, $H=\langle(1\ 2)\rangle$, $K=\langle(1\ 2\ 3)\rangle$이다.
(1) $Ha\cap aH=\{a\}$인 $a\in G$를 구하여라.
(2) $\{g\in G|gH=Hg\}=H$임을 보여라.
(3) 모든 $x\in G$에 대해서 $xK=Kx$임을 보여라.

8. 위수가 4인 군은 두 종류밖에 없음을 보여라.

9. $[G:H]=m$, $[G:K]=n$이고 $\gcd(m, n)=1$이면 $G=HK$임을 보여라.

10. $|G|=2(2n+1)$, G는 아벨군이다. 위수가 2인 원소는 단 한 개 있음을 보여라.

11. $|G|=pq$, $p>q$, p, q는 소수이다. 위수가 p인 부분군은 기껏해야 한 개임을 보여라.

12. H는 G의 부분군이다. $Ha\neq H$이면 Ha는 G의 부분군이 아님을 증명하여라.

A 13. 위수가 6인 군은 두 종류밖에 없음을 증명하여라.

14. G는 위수가 홀수인 아벨군이다. G의 모든 원소의 곱은 e임을 보여라.

15. 군 G에서 $Z(G)=C(g)$인 원소 g가 존재하면 G는 아벨군임을 보여라.
단 $C(g)=\{x\in G|xg=gx\}$이다.

16. G는 유한군이다. $[G:Z(G)]$는 소수가 아님을 증명하여라.

B 17. (Wilson 정리) p가 소수이면 $(p-1)!\equiv -1\pmod p$임을 보여라.

18. 위수가 17인 군은 모두 몇 가지인가?

B 19. φ는 Euler 함수이다. $n = \sum_{d|n} \varphi(d)$을 증명하여라.

20. G가 진부분군이 없다면 G는 위수가 소수인 유한군임을 보여라.

B 21. $|G| = n$이고 n은 3의 배수가 아니다. 모든 $a, b \in G$에 대해서 $(ab)^3 = a^3b^3$이면 G는 아벨군임을 증명하여라.

22. $a \in G$, $|a|$는 p의 배수, p는 소수이다. G는 위수 p인 원소를 가짐을 보여라.

23. $[G : H]$는 유한이다. aHa^{-1}꼴의 부분군은 유한개만 존재함을 보여라.

24. G는 아벨군, H, K는 G의 부분군으로 $|H| = m$, $|K| = n$이다. 위수가 $\mathrm{lcm}(m, n)$인 부분군을 찾아라.

제9장 잉여류 및 유한군 연습문제 풀이

1. (1) $|G|=48$, $|H|=\dfrac{48}{\gcd(32,\ 48)}=\dfrac{48}{16}=3$이다. 따라서

$$[G:H]=\frac{|G|}{|H|}=\frac{48}{3}=16$$

(2) $|G|=54$, $|H|=\dfrac{54}{\gcd(24,\ 54)}=\dfrac{54}{6}=9$이다. 따라서

$$[G:H]=\frac{|G|}{|H|}=\frac{54}{9}=6$$

2. $|G|=6\times4=24$, $H=\{\bar{0},\ \bar{2},\ \bar{4}\}\times\{\bar{0},\ \bar{2}\}=\{(\bar{0}\ \bar{0}),\ (\bar{0}\ \bar{2}),\ (\bar{2}\ \bar{0}),\ (\bar{2}\ \bar{2}),\ (\bar{4}\ \bar{2}),\ (\bar{4}\ \bar{0})\}$

이므로 $|H|=6$이다. 따라서

$$[G:H]=\frac{|G|}{|H|}=\frac{24}{6}=4$$

3. G는 순환군이 아니다. 임의의 $g\in G$에 대해서 $H=\langle g\rangle$라하면
$|H|=1$ 또는 2 또는 4 또는 8이다.
1) $|H|=1$이면 $g=e$
2) $|H|=2$이면 $g^2=e$
3) $|H|=4$이면 $g^4=e$이다.
만일 $|H|=8$이면 $G=H=\langle g\rangle$가 되어 G는 순환군이 되므로 가정에 모순이다. 따라서 $|H|\neq8$이고 결국 모든 $g\in G$에 대해서 $g^4=e$이다.

4. $H\cap K$는 H의 부분군이므로 $|H\cap K|$는 12의 약수이다. 또 $H\cap K$는 K의 부분군이므로 $|H\cap K|$는 5의 약수이므로 결국 12와 5의 공약수이다. 따라서 $|H\cap K|=1$이므로 $H\cap K=\{e\}$이다.

5. 힌트 정리 9.10을 이용.

H를 G의 진부분군이라고 하자. $|H|\,|\,|G|=pq$이면 Lagrange정리에 의해서 $|H|=1$ 또는 p 또는 q이다.

1) $|H|=1$이면 $H=\{e\}$이므로 순환군이다.

2) $|H|=p$이면 p는 소수이므로 H는 순환군이다.

3) $|H|=q$이면 q는 소수이므로 H는 순환군이다.

결국 1), 2), 3)에 의해서 G의 모든 진부분군은 순환군이 된다.

6. 임의의 $a\neq e\in G$에 대해서 $|a|=p$ 또는 p^2이다.

1) $|a|=p$이면

$H=\{e,\ a,\ a^2,\ \cdots,\ a^{p-1}\}=\langle a\rangle$라고 하면 $|H|=p$이다.

2) $|a|=p^2$이면

$|a^p|=\dfrac{p^2}{\gcd(p^2,\ p)}=\dfrac{p^2}{p}=p$이므로 $H=\langle a^p\rangle$로 두면 $|H|=|a^p|=p$이다.

어느 경우나 G는 위수 p인 부분군을 가진다. (나중에 Caucy정리에서도 나옴)

7. (1) $G=S_3=\{e,\ (1\ 2\ 3),\ (1\ 3\ 2),\ (1\ 2),\ (1\ 3),\ (2\ 3)\}$, $H=\langle(1\ 2)\rangle=\{e,\ (1\ 2)\}$

1) $a=e$면

$$Ha=\{e,\ (1\ 2)\}e=\{e,\ (1\ 2)\},\ aH=e\{e,\ (1\ 2)\}=\{e,\ (1\ 2)\}.$$

따라서 $Ha\cap aH=\{e,\ (1\ 2)\}=H\neq\{a\}$이므로 성립안함.

2) $a=(1\ 2\ 3)$면

$$Ha=\{e,\ (1\ 2)\}(1\ 2\ 3)=\{(1\ 2\ 3),\ (1\ 2)(1\ 2\ 3)\}=\{(1\ 2\ 3),\ (2\ 3)\},$$
$$aH=(1\ 2\ 3)\{e,\ (1\ 2)\}=\{(1\ 2\ 3),\ (1\ 2\ 3)(1\ 2)\}=\{(1\ 2\ 3),\ (1\ 3)\}.$$

따라서 $Ha\cap aH=\{(1\ 2\ 3)\}=\{a\}$이므로 성립.

3) $a=(1\ 3\ 2)$면

$$Ha=\{e,\ (1\ 2)\}(1\ 3\ 2)=\{(1\ 3\ 2),\ (1\ 3)\},$$
$$aH=(1\ 3\ 2)\{e,\ (1\ 2)\}=\{(1\ 3\ 2),\ (2\ 3)\}.$$

따라서 $Ha\cap aH=\{(1\ 3\ 3)\}=\{a\}$이므로 성립.

4) $a=(1\ 2)$면

$$Ha=\{e,\ (1\ 2)\}(1\ 2)=\{(1\ 2),\ e\},$$
$$aH=(1\ 2)\{e,\ (1\ 2)\}=\{(1\ 2),\ e\}.$$

따라서 $Ha\cap aH=\{(1\ 2),\ e\}=\{a,\ e\}$ 이므로 성립 안됨.

5) $a=(1\ 3)$면

$$Ha=\{e,\ (1\ 2)\}(1\ 3)=\{(1\ 3),\ (1\ 3\ 2)\},$$
$$aH=(1\ 3)\{e,\ (1\ 2)\}=\{(1\ 3),\ (1\ 2\ 3)\}.$$

따라서 $Ha\cap aH=\{(1\ 3)\}=\{a\}$ 이므로 성립.

6) $a=(2\ 3)$면

$$Ha=\{e,\ (1\ 2)\}(2\ 3)=\{(2\ 3),\ (1\ 2\ 3)\},$$
$$aH=(2\ 3)\{e,\ (1\ 2)\}=\{(2\ 3),\ (1\ 3\ 2)\}.$$

따라서 $Ha\cap aH=\{(2\ 3)\}=\{a\}$ 이므로 성립.

따라서 구하는 a는 아래와 같다. 보다 세련된 증명은 참고에 있다.

$$(1\ 2\ 3),\ (1\ 3\ 2),\ (1\ 3),\ (2\ 3)$$

(2) $N(H)=\{g\in G|gH=Hg\}$ 라고 하면 4장 연습문제, 12에서 $N(H)$는 H를 포함하는 G의 부분군이다. 따라서 $|N(H)|=2$ 또는 6이다.
그런데 $|N(H)|=6$이면 $N(H)=G$가 되어 모든 $g\in G$에 대해서 $gH=Hg$가 되는데 그러면 $(1\ 2)\in Z(G)$가 된다. 그런데 S_n에서 $Z(G)=\{e\}$ 뿐이므로 모순이다. 따라서 $|N(H)|=2$가 되어 $N(H)=H$가 된다.

(3) $\theta=(1\ 2\ 3)$은 우치환이고 θ^n도 항상 우치환이다. $|K|=3$이므로 결국 $K=\langle\theta\rangle$는 S_3의 우치환들의 집합이다. 임의의 $x\in G,\ k\in K$에 대해서 xkx^{-1}는 우치환이므로 $xkx^{-1}\in K$이다. 따라서 $xKx^{-1}\subset K$이고 $|xKx^{-1}|=K$이므로 $xKx^{-1}=K$, 즉 $xK=Kx$가 성립한다.

참고 (2)에 의하면 $N(H)=H$이므로 $gH=Hg$일 필요충분조건은 $g\in H$이다.
그런데 $g\in gH\cap Hg$이고 $|gH\cap Hg|=1$ 또는 2이므로 $gH\cap Hg=g$ 또는 $gH=Hg$이다. 결국 $g\in H$면 $gH\cap Hg=H$이고 $g\notin H$면 $gH\cap Hg=g$이다.

8. $|G|=4$이므로 $G=\{e,\ a,\ b,\ c\}$로 두자.

1) 위수가 4인 원소가 있으면 G는 위수 4인 순환군이다.

2) 위수 4인 원소가 없으면 e가 아닌 모든 원소의 위수가 2, 즉 $a^2=b^2=c^2=e$이다. 또 $ab\neq a$, $ab\neq b$이므로 $ab=c$가 된다. 즉 연산이 한 개밖에 없다(a, b가 생성원). 이 군은 $V_4(\cong \mathbb{Z}_2\times\mathbb{Z}_2)$이다.

9. $\dfrac{|G|}{|H|}=m$, $\dfrac{|G|}{|K|}=n$, $\gcd(m, n)=1$이므로 $x\dfrac{|G|}{|H|}+y\dfrac{|G|}{|K|}=1$인 정수 x, y가 존재한다. 따라서

$$|G|(x|K|+y|H|)=|H||K|$$

이다. $x|K|+y|H|=t$라 두면 즉 $|H||K|=|G|t$가 되고 이 사실로부터 $|K|=mt$, $|H|=nt$이다.

$$mnt=|G|\geq|HK|=\frac{|H||K|}{|H\cap K|}=\frac{mnt^2}{|H\cap K|}$$

이므로 $|H\cap K|\geq t$이다. 한편 $|H\cap K|$는 mt, nt의 공약수이고 $\gcd(m, n)=1$이므로 $|H\cap K|=t$이다. 따라서 $|HK|=mnt$이므로 $G=HK$이다.

10. $S_2=\{x\in G|x=x^{-1}\}$라 하자. 3장 연습문제, 10 (3)에 의해서 $g\neq e$, $g=g^{-1}$인 원소가 존재한다. 만일 $|a|=|b|=2$이면 a, b, $ab\in S_2$이다. 따라서 $V=\{a, b, ab, e\}$는 G의 부분군이 된다. 따라서 $4||G|$이므로 $2|2n+1$이 되어 모순이다.

11. H, K를 $|H|=|K|=p$인 G의 부분군이라고 하자 (단 $H\neq K$). $|H\cap K|=1$ 또는 p이므로 당연히 $H\cap K=\{e\}$이다. 따라서

$$pq=|G|\geq|HK|=\frac{|H||K|}{|H\cap K|}=p^2$$

이므로 $p>q$에 모순된다.

12. $Ha\neq H$이므로 $a\notin H$임은 쉽게 알 수 있다. 만일 $e\in Ha$이면 $e=ha$, $h\in H$가 되어 $a=h^{-1}\in H$이므로 결국 $e\notin Ha$이다. 따라서 Ha는 G의 부분군이 아니다.

13. 1) 위수가 6인 원소가 있으면 G는 위수 6인 순환군이다.

2) G가 순환군이 아니면 G의 모든 원소의 위수는 2 또는 3이다. $a, b \in G$라고 하자.
만일 e 이외의 모든 원소의 위수가 2이면 G는 아벨군이고 $V=\{e, a, b, ab\}$는 G의 부분군이 되므로 $4|6$이 되어 모순이다. 따라서 위수 3인 원소가 적어도 1개는 존재한다. $|x|=3$이라면 $H=\{e, x, x^2\}$는 G의 순환부분군이다.
$y \not\in H$라면 $Hy=\{y, xy, x^2y\}$이고 $y \not\in H$이므로 $Hy \neq H$이다. 따라서 $H \cap Hy = \varnothing$이다. 결국

$$G = H \cup Hy = \{e, x, x^2, y, xy, x^2y\}$$

이다. 한편 $|y^2| = \dfrac{|y|}{\gcd(|y|, 2)}$에서 $|y|=2$만 성립한다. $|y|=3$이면 $|y|=|y^2|$이 되어 모순이다. 따라서 $y^2=e$이다. 또 $yx \not\in \{e, x, x^2, y, xy\}$이므로 결국 $yx=x^2y$이다. 만일 $yx=xy$이면 $|xy|=6$이 된다. $x=(1\ 2\ 3)$, $y=(1\ 2)$로 두면 이 군은 S_3과 동치가 됨을 알 수 있다. 따라서

$$G=\{e, x, x^2, y, xy, x^2y\},\ x^3=y^2=e,\ yx=x^{-1}y=x^2y$$

으로 쓸 수 있다. G는 x, y에 의해서 생성된다. G의 모든 원소의 연산은 x, y의 성질을 이용한다. 예를 들어

$$yx^2=(yx)x=(x^2y)x=x^2(x^2y)=x^4y=xy$$

가 된다. 따라서 위수가 6인 군은 $\mathbb{Z}_6$ 또는 S_3, 두 종류뿐이다.

14. $a=a^{-1}$, $a \neq e$인 원소가 있으면 $|a|=2$이다. 3장 연습문제, 11을 이용하면 $a \neq e \in S_2$이면 $\{e, a\}$는 G의 부분군이 되어 $2|2n+1$이 되어 모순이므로 위수 2인 원소는 존재하지 않는다. 따라서 $|S_2|=1$이다. 11 (2)에 의해서 증명끝.

15. $a, b \in G$라고 하자. $g \in C(g)$이므로 $g \in Z(G)$이다. 따라서 $ga=ag$, $gb=bg$이다. 또 $g(ga)=g(ag)=(ga)g$로부터 $ga \in C(g)=Z(G)$이고 따라서 $(ga)b=b(ga)$이다.

$$g(ab)=(ga)b=b(ga)=(bg)a=(gb)a=g(ba)$$

이므로 $ab=ba$가 된다.

16. 만일 $[G : Z(G)]$가 소수면 $G/Z(G)$는 순환군이 된다. $G/Z(G)$가 순환군이면 G는

아벨군이 되므로 $G=Z(G)$가 되어 모순이다. 다른 증명 방법도 많이 있다.

17. $G=\{\bar{1}, \bar{2}, \cdots, \overline{p-1}\}=\mathbb{Z}_p-\{\bar{0}\}$라고 하면 3장 연습문제, 18번에서 G는 연산 $\bar{i}\cdot\bar{j}=\overline{ij}$에 관하여 군이 된다. ($\bar{1}$는 항등원이고, 임의의 $\bar{i}\in G$에 대해서 $\gcd(i, p)=1$이므로 $ix+py=1$인 정수 x, y가 존재한다. 따라서 $\bar{i}\cdot\bar{x}=\bar{1}$인 $\bar{x}\in G$가 존재한다)
$x=x^{-1}$인 원소는 $\bar{1}$, $\overline{p-1}$뿐임을 밝히자.
만일 $(\bar{x})^2=\bar{1}$라면 $p|(x-1)(x+1)$이므로 결국 $p|x-1$ 또는 $p|x+1$이다. 따라서 $\bar{x}=\bar{1}$ 또는 $\bar{x}=\overline{-1}=\overline{p-1}$이다. 즉 위수가 2인 원소는 $\overline{-1}=\overline{p-1}$ 하나 뿐이다.
3장 연습문제, 11(3)에 의해서 G의 모든 원소의 곱은 $\bar{1}\,\bar{2}\cdots\overline{p-1}=\overline{-1}$이므로

$$(p-1)!\equiv -1 \pmod p$$

이다.

18. 17은 소수이므로 위수가 17인 군 G는 순환군이다. 따라서 $G\cong(\mathbb{Z}_{17}, \oplus)$이다. 즉 1종류밖에 없다.

19. $G=(\mathbb{Z}_m, \oplus)$이라고 하고 $X=\{d_1, d_2, \cdots, d_k\}$는 m의 모든 약수들의 집합이다. G는 순환군이므로 위수가 d_i인 부분군 $H_i (1\le i\le k)$가 존재한다.

$$X_i=\{x\in G \,|\, x\text{는 } H_i\text{의 생성원}\}$$

이라고 하면 $G=\bigcup_{i=1}^{k} X_i$이다. 왜냐하면 임의의 $x\in G$에 대해서 $H=\langle x\rangle$라고 하면 $|H|=d_j\ (1\le j\le k)$일 것이다. $|H_j|=d_j$이므로 순환군의 성질에 의해서 $H=H_j$가 되어 $x\in X_j$임을 알 수 있다.
물론 $X_i\cap X_j=\varnothing\ (i\neq j)$는 당연하다. 또 $|H_i|=d_i$이므로 $H_i\cong\mathbb{Z}_{d_i}$로 생각할 수 있다. 한편 $|X_i|=\varphi(d_i)$이다. 따라서

$$|G|=\sum_{i=1}^{k}|X_i|=\sum_{i=1}^{k}\varphi(d_i)=\sum_{d|n}\varphi(d)$$

예) $n=12$이면 $d=1, 2, 3, 4, 6, 12$이다.

$$\sum_{d|n}\varphi(d)=\varphi(1)+\varphi(2)+\varphi(3)+\varphi(4)+\varphi(6)+\varphi(12)$$
$$=1+1+2+2+2+4$$
$$=12$$

참고 이것은 정수의 중요한 성질중 하나이다.

20. $e\neq g\in G$에 대하여 $\langle g\rangle$는 G의 부분군이므로 $\langle g\rangle=G$이고 따라서 G는 순환군이다. 만일 $|G|=\infty$이면 $H=\langle g^2\rangle$로 두면 $g\notin H$이다. 따라서 H는 진부분군이 되어 모순이다. 따라서 G는 유한군이다. 만일 $|G|=mn$, $m\neq 1$, $n\neq 1$이면 $|H|=m$인 G의 부분군이 존재한다. 따라서 $|G|$는 소수이다.

21. $a, b\in G$라 하자.

1) $n=3m+1$일 경우 일단 $(ab)^{3m+1}=e$이다.

$$\begin{aligned}(ab)^2=((ab)^3)^m(ab)^3&=(a^3b^3)^m(a^3b^3)\\&=a^3\underbrace{((b^3a^3)b^3\cdots a^3(b^3a^3)}_{m\text{개}}b^3\\&=a^3(b^3a^3)^mb^3\\&=a^3\{(ba)^3\}^mb^3\\&=a^3(ba)^{-1}b^3\\&=a^3a^{-1}b^{-1}b^3\\&=a^2b^2\end{aligned}$$

$(ab)^2=a^2b^2$이므로 $abab=aabb$로부터 $ba=ab$이다.

2) $n=3m+2$일 경우 $(ab)^{3m+2}=e$이다.

$$\begin{aligned}(ab)^4=(ab)^{3m+6}&=(ab)^{3m}((ab)^3)^2\\&=((ab)^3)^m(a^3b^3)^2\\&=(a^3b^3)^ma^3b^3a^3b^3\\&=a^3(b^3a^3)^{m+1}b^3\\&=a^3(ba)^{3m+3}b^3\\&=a^3bab^3\end{aligned}$$

그런데 $(ab)^4=(ab)^3(ab)=a^3b^3(ab)$이므로 $a^3bab^3=a^3b^3ab$로부터 $ab^2=b^2a$를 얻을 수 있다. 한편

$$b(ab^2)a^2=b^3a^3=(ba)^3=bababa$$

이므로 소거법칙에 의해서 $ba=ab$가 된다.

22. $|a|=pk$라고 하자. $H=\langle a\rangle$라고 하면 H는 위수 pk인 순환군이다. $K=\langle a^k\rangle$라고 하면

$$|K|=|a^k|=\frac{|a|}{\gcd(k,\ pk)}=\frac{pk}{k}=p$$

가 되어 a^k의 위수는 p이다.

23. $A=\{Ha|a\in G\}$는 유한개이다. $A=\{Ha_1,\ Ha_2,\ \cdots,\ Ha_n\}$라 두자. 마찬가지로 $B=\{aH|a\in G\}$도 유한개이므로 $B=\{b_1H,\ b_2H,\ \cdots,\ b_nH\}$가 된다.
$aHa^{-1}=(aH)(Ha^{-1})$이므로 B의 원소와 A의 원소의 곱으로 표시할 수 있다. 즉 $aH\in B$이므로 $aH=b_iH$, $Ha^{-1}\in A$이므로 $Ha^{-1}=Ha_j\ (1\le i,\ j\le n)$이다.
따라서 임의의 $a\in G$에 대해서 $aHa^{-1}=b_iHHa_j\ (1\le i,\ j\le n)$이므로 $\{aHa^{-1}|a\in G\}$는 n^2개 이하가 된다. 따라서 유한개이다.

24. $\gcd(m,\ n)=d$, $dp=m$, $dq=n$, $\gcd(p,\ q)=1$이라고 하면

$$\gcd(m,\ n)=d,\ \mathrm{lcm}(m,\ n)=dpq$$

가 된다. $|H\cap K|$는 m과 n의 공약수이므로 $|H\cap K|=t$라고 하면 $t|d$가 된다.

$$|HK|=\frac{|H||K|}{|H\cap K|}=\frac{mn}{t}=\frac{dpdq}{t}$$

에서 HK는 G의 부분군이고 pdq는 $|HK|$를 나누므로 아벨군의 성질에 의해서 HK는 위수 pdq인 부분군을 가진다.
따라서 G는 위수가 $\mathrm{lcm}(m,\ n)$인 부분군을 가진다.

10 준동형사상 (Homomorphism)

연습문제

1. 다음 중 동형, 준동형사상을 각각 골라라.

   (1) $G=(\mathbb{R}^*, \times)$, $H=(\mathbb{R}^+, \times)$, $\phi : G \to H$, $\phi(x)=|x|$

   (2) $G=(\mathbb{R}^+, \times)$, $\phi : G \to G$, $\phi(x)=x^{1/2}$

2. G는 아벨군이고 n은 정수이다. $\phi : G \to G$, $\phi(x)=x^n$은 준동형사상인가?

3. 다음 두 군은 동형인지 아닌지 조사하여라. 또 그 이유를 말하라.

   (1) $\mathbb{Z}_{12}$, $\mathbb{Q}^+$

   (2) $2\mathbb{Z}$, $3\mathbb{Z}$

   (3) $(\mathbb{R}-\{0\}, \times)$, $(\mathbb{R}, +)$

   (4) $\mathbb{Z}_3 \times \mathbb{Z}_3$, $\mathbb{Z}_9$

   (5) $(\mathbb{R}-\{0\}, \times)$, $(\mathbb{R}^+, \times) \times \mathbb{Z}_2$

   (6) $(\mathbb{Z}, +)$, $(\mathbb{Z}, *)$ 단, $a*b=a+b-1$

4. $\mathbb{Z}_{14}$는 $\mathbb{Z}_{35}$의 부분군과 동형일 수 있는가?

5. $f : G \to G$, $f(x) = x^2$이다.
G가 아벨군일 필요충분조건은 f가 준동형사상임을 보여라.

6. (1) $\phi : \mathbb{Z}_{12} \to \mathbb{Z}_6$인 준동형사상은 몇 개인가?
(2) $\phi : \mathbb{Z}_{12} \to \mathbb{Z}_{16}$인 준동형사상은 몇 개인가?
(3) $\phi : \mathbb{Z} \to \mathbb{Z}_8$인 준동형사상은 몇 개인가?
(4) $\phi : \mathbb{Z} \to \mathbb{Z}$인 준동형사상은 몇 개인가? 또 동형사상은 몇 개인가?

7. $\phi : G \to H$는 준동형사상이다. 다음을 증명하여라.
(1) H가 아벨군, ϕ가 단사이면 G도 아벨군이다.
(2) G가 아벨군, ϕ가 전사이면 H도 아벨군이다.
(3) ϕ가 동형이면 G가 아벨군일 필요충분조건은 H가 아벨군이다.
(4) ϕ가 전사이고 G가 순환군이면 H도 순환군이다.

8. $G \cong H$이면 $Z(G) \cong Z(H)$를 증명하여라.

9. g를 G의 원소라 할 때 G에서 G로의 함수 ϕ_g를 $\phi_g : G \to G$, $\phi_g(x) = gxg^{-1}$라 하면 ϕ_g는 동형사상임을 보여라.
(이 자동사상 ϕ_g를 특히 내자동사상(inner automorphism)이라고 부른다)

10. p는 소수이다. 위수 p인 군 G에서 자동사상은 몇 개인가?

11. H는 G의 부분군이고, ϕ는 $\phi \neq 1_H$인 H의 자동사상이다. $f : G \to G$를

$$f(x) = \begin{cases} \phi(x), & x \in H \\ x, & x \notin H \end{cases}$$

라고 하면 f는 G의 자동사상인가?

12. $sgn : S_n \to (\{1, -1\}, \times)$를 $sgn\ \theta = \begin{cases} 1, & \theta \in A_n \text{일 경우} \\ -1, & \theta \notin A_n \text{일 경우} \end{cases}$
라고 할 때 sgn의 핵(kernel)을 구하여라.

13. a를 G의 임의의 원소라 할 때 $\phi : (\mathbb{Z}, +) \to G$를 $\phi(n) = a^n$라고 하면
(1) ϕ는 준동형사상임을 보여라.
(2) $\mathrm{Im}\,\phi$와 $\ker\phi$를 각각 구하여라.

B 14. $\mathbb{Z}-\{-1\}$의 연산을 $a \circ b = a+b+ab$라 하면 $(\mathbb{Z}-\{-1\}, \circ)$는 군이다. 또 $\mathbb{Z}-\{1\}$의 연산 $*$를 $a*b=a+b-ab$라 하면 역시 $(\mathbb{Z}-\{1\}, *)$는 군이다. $(\mathbb{Z}-\{-1\}, \circ)$와 $(\mathbb{Z}-\{1\}, *)$는 동형임을 보여라.

15. A_3의 자동사상을 모두 구하여라.

16. G는 위수 n인 순환군이고 H는 위수 m인 순환군이다. $m|n$이면 G에서 H로의 준동형사상이 존재함을 보여라. 또 이 준동형사상의 핵을 구하여라.

제10장 준동형사상 연습문제 풀이

1. (1) 1) $x,\ y \in \mathbb{R}-\{0\}$에 대하여

$$\phi(xy)=|xy|=|x|\times|y|=\phi(x)\times\phi(y)$$

이다. 그러나

2) $-1,\ 1\in\mathbb{R}-\{0\}$에 대하여 $\phi(-1)=|-1|=1$이고 $\phi(1)=|1|=1$이므로 $-1\neq 1,\ \phi(-1)=\phi(1)$. 단사가 안된다.

따라서 준동형사상이지만 동형사상은 아님.

(2) 1) $x,\ y\in\mathbb{R}^+$에 대하여

$$\phi(xy)=(xy)^{1/2}=x^{1/2}y^{1/2}=\phi(x)\phi(y)$$

이므로 준동형사상이다.

2) $$\phi(x_1)=x_1^{1/2}=\sqrt{x_1},\ \phi(x_2)=x_2^{1/2}=\sqrt{x_2}$$

이므로 $\phi(x_1)=\phi(x_2)$이면 $x_1=x_2$이다. 따라서 단사이다.

3) 또 임의의 $y\in G$에 대해서 $\phi(y^2)=(y^2)^{1/2}=y,\ y^2\in G$이므로 전사이다. 따라서 ϕ는 동형사상이다. 그림표를 생각해보면 더 쉽게 알 수 있다.

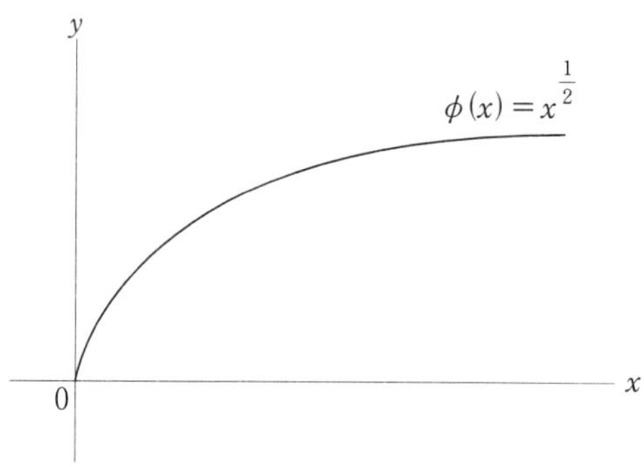

2. $x,\ y\in G$에 대해서

$$\phi(xy)=(xy)^n=x^ny^n=\phi(x)\phi(y)$$

이므로 준동형사상이다.

3. (1) $|\mathbb{Z}_{12}|=12$, $|\mathbb{Q}^+|=\infty$이다. 위수가 다르므로 동형이 아니다.

(2) $\phi: 2\mathbb{Z} \to 3\mathbb{Z}$를 임의의 $n \in \mathbb{Z}$에 대해서 $\phi(2n)=3n$라고 하면 $x, y \in 2\mathbb{Z}$에 대해서

$$\phi(x+y)=\phi(2t+2s)=\phi(2(t+s))=3(t+s)=3t+3s=\phi(2t)+\phi(2s)=\phi(x)+\phi(y)$$

이므로 준동형사상이다.

만일 $2t \neq 2s$이면 $t \neq s$이고 따라서 $\phi(2t)=3t \neq \phi(2s)=3s$이므로 단사가 된다. 또 전사가 되는 것도 쉽게 알 수 있다. 따라서 동형이다.

(3) $(\mathbb{R}-\{0\}, \times)$에는 위수가 2인 원소 -1이 있다. 그러나 $(\mathbb{R}, +)$에는 위수가 2인 원소가 없다. 따라서 동형이 아니다.

(4) $\mathbb{Z}_3 \times \mathbb{Z}_3 = \{\bar{0}, \bar{1}, \bar{2}\} \times \{\bar{0}, \bar{1}, \bar{2}\}$

$$= \{(\bar{0}, \bar{0}), (\bar{0}, \bar{1}), (\bar{0}, \bar{2}), (\bar{1}, \bar{0}), (\bar{1}, \bar{1}), (\bar{1}, \bar{2}), (\bar{2}, \bar{0}), (\bar{2}, \bar{1}), (\bar{2}, \bar{2})\}$$

이고 생성원이 존재하지 않는다. 따라서 순환군이 아니다(모든 항등원이 아닌 원소의 위수는 3이다). 그러나 $\mathbb{Z}_9$는 순환군이다. 따라서 동형이 아니다.

(5)
$$\phi: (\mathbb{R}^+, \times) \times \mathbb{Z}_2 \to (\mathbb{R}-\{0\}, \times),\ \phi(x, \bar{0})=x,\ \phi(x, \bar{1})=-x$$

로 정의하면 ϕ는 동형사상이 됨을 알 수 있다. 따라서 두 군은 동형이다.
실제로

$$\phi((x, \bar{i})(y, \bar{j}))=\phi(xy, \bar{i} \oplus \bar{j})=\begin{cases} xy & i=j \\ -xy & i \neq j \end{cases} \text{ 일 경우}$$

가 된다.

(6) $\phi: (\mathbb{Z}, +) \to (\mathbb{Z}, *)$, $\phi(x)=x+1$로 정의한다. 왜냐하면 준동형사상이 되기 위해서는 항등원 0가 항등원 1로 가야하기 때문이다. 그래서 $\phi(0)=1$이 되는 함수를 생각했다. 우선

1) $x, y \in \mathbb{Z}$에 대해서

$$\phi(x+y)=x+y+1=(x+1)+(y+1)-1=(x+1)*(y+1)=\phi(x)*\phi(y)$$

2) $\phi(x)=x+1$, $\phi(y)=y+1$이므로 $\phi(x)=\phi(y)$이면 $x+1=y+1$이고 따라서 $x=y$이므로 단사이다.

3) 임의의 $x \in (\mathbb{Z}, *)$에 대해서 $\phi(x-1)=x$이므로 전사이다.

따라서 동형이다. 실제로 $(\mathbb{Z},\ *)$는 생성원이 2인 순환군이다.

4. $\mathbb{Z}_{35}$의 부분군은 위수가 항상 35의 약수이어야 한다. 14는 35로 나누어지지 않으므로 부분군과 동형이 될 수 없다.

5. $(\Rightarrow)$ $x, y \in G$에 대해서

$$f(xy) = (xy)^2 = (xy)(xy) = xxyy = x^2y^2 = f(x)f(y)$$

이므로 f는 준동형사상이다.

$(\Leftarrow)$ $x, y \in G$라고 하자. $f(xy) = (xy)^2 = (xy)(xy)$이고 $f(x)f(y) = x^2y^2 = xxyy$이다. $f(xy) = f(x)f(y)$이므로 $xyxy = xxyy$에서 $yx = xy$이다.

6. **힌트** $\pi : \mathbb{Z}_m \to \mathbb{Z}_n$인 준동형사상은 $\bar{1}$가 생성원이므로 $\phi(\bar{1})$의 값만 정해주면 된다. 가능성은 n개다. 그런데 $\phi(\bar{1}) = \bar{i}$ 라면 $\bar{0} = \phi(\overline{m}) = \overline{mi}$, 즉 mi가 n의 배수가 되어야 한다. 따라서 $n|mi$이 되는 i의 개수가 준동형사상의 개수이다 $(0 \le i < n)$.

(1) $\phi(\bar{0}) = \bar{0}$라야 하므로 $\phi(\bar{1}) = \bar{i}$ 라고 하면 $\phi(\bar{0}) = \phi(\overline{12}) = \overline{12i} = \bar{0} \in \mathbb{Z}_6$.
따라서 생성원 $\bar{1}$에 대해서만 생각하면 되므로 $6|12i$에서 $i=0,\ 1,\ 2,\ 3,\ 4,\ 5$ 모두 다 된다. 따라서 준동형사상은 6개이다.

(2) 마찬가지로 하면 $16|12i$에서 $4|3i$이므로 i는 4의 배수이다$(0 \le i < 16)$. 따라서 $i=0,\ 4,\ 8,\ 12$가 되므로 준동형 사상은 4개이다.

(3) $\mathbb{Z}$의 생성원은 1이므로 $\phi(1)$의 값만 정해주면 된다. 이 경우는 아무리 가도 0으로 돌아오지 않으므로 따라서 $\phi(1)$이 취할 수 있는 값은 8개이므로 답은 8이다.

(4) 준동형사상은 $\phi(1)$이 취할 수 있는 값은 $\mathbb{Z}$의 개수만큼 있다.
동형사상은 $\phi(1) = i$라고 하면 전사이므로 $\phi(k) = 1$이 되는 k가 있어야 한다. $ik = 1$이므로 $i = \pm 1$. 따라서 2개이다.

7. (1) $a, b \in G$에 대해서

$$\phi(ab) = \phi(a)\phi(b) = \phi(b)\phi(a) = \phi(ba)$$

이고 ϕ가 단사이므로 $ab = ba$가 된다. 따라서 G는 아벨군이다.

(2) $a', b' \in H$라면 ϕ가 전사이므로 $\phi(a) = a'$, $\phi(b) = b'$인 $a, b \in G$가 존재한다.

$$a'b' = \phi(a)\phi(b) = \phi(ab) = \phi(ba) = \phi(b)\phi(a) = b'a'$$

이므로 H는 아벨군이다.

(3) (1), (2)에 의해서 당연.

(4) $G=\langle x\rangle=\{x^n | n\in\mathbb{Z}\}$라고 두면 $\phi(G)=H$이므로 $\phi(G)=\langle\phi(x)\rangle$임을 보이면 된다. $y=\phi(g)$, $g\in G$라 하면 $g=x^m$이므로

$$y=\phi(g)=\phi(x^m)=(\phi(x))^m\in\langle\phi(x)\rangle.$$

따라서 $\phi(G)=H\subset\langle\phi(x)\rangle$이다.

또 임의의 $y=(\phi(x))^n\in\langle\phi(x)\rangle$는 $y=\phi(x^n)\in\phi(G)$이다.

8. $\phi: G\to H$가 동형사상이라고 하자. ϕ를 $Z(G)$로 축약(restriction)한 함수 $\phi|_{Z(G)}: Z(G)\to H$는 단사 준동형사상이고 상이 $Z(H)$가 됨을 보이자.

1) $a\in Z(G)$, $y\in H$라면 $\phi(x)=y$인 $x\in G$가 존재한다.

$$(\phi|_{Z(G)}(a))y=\phi(a)y=\phi(a)\phi(x)=\phi(ax)=\phi(xa)=y(\phi|_{Z(G)}(a))$$

따라서 $\phi|_{Z(G)}$의 상은 $Z(H)$이다.

2) ϕ가 동형사상이므로 $\phi|_{Z(G)}$은 준동형사상이고 $\phi|_{Z(G)}$은 단사이다.

9. 1) $\phi_g(x)=\phi_g(y)$라면 $gxg^{-1}=gyg^{-1}$이고 소거법칙에 의해서 $x=y$이고 따라서 단사이다.

2) 임의의 $u\in G$에 대해서 $\phi_g(g^{-1}ug)=g(g^{-1}ug)g^{-1}=u$. 따라서 전사이다.

3) $$\phi_g(xy)=g(xy)g^{-1}=g(xg^{-1}gy)g^{-1}=(gxg^{-1})(gyg^{-1})=\phi_g(x)\phi_g(y).$$

따라서 준동형사상이다.

10. $G\cong\mathbb{Z}_p$이므로 $\phi:\ \mathbb{Z}_p\to\mathbb{Z}_p$인 동형사상을 구하면 된다.

$\phi(\bar{1})=\bar{i}$라고 하면 $|\bar{1}|=|\bar{i}|$이므로 $\bar{i}$가 $\mathbb{Z}_p$의 생성원이 되어야 한다. p가 소수이므로 $i=1, 2, \cdots, p-1$이 되어 $p-1$개다.

참고 $f: X\to X$, X가 유한집합이면 전사와 단사는 동치이다.

11. 아니다. 예를 들어서 $G=\mathbb{Z}$, $H=2\mathbb{Z}$라 하고 $\phi: 2\mathbb{Z} \to 2\mathbb{Z}$, $\phi(m)=-m$이라고 하면 ϕ는 H의 자동사상이다. 그러나

$$f(3+5)=f(8)=-8, \quad f(3)+f(5)=3+5=8$$

이므로 $f(3+5) \neq f(3)+f(5)$이 되어 f는 G에서 준동형사상이 아니다.

12. $\ker(sgn)=\{\theta \in S_n \mid sgn(\theta)=1\}=\{\theta \in S_n \mid \theta \in A_n\}=A_n$이다.

13. (1) 임의의 $n,\ m \in \mathbb{Z}$에 대해서

$$\phi(n+m)=a^{n+m}=a^n a^m=\phi(n)\phi(m)$$

이므로 ϕ는 준동형사상이다.

(2) $|a|=k$라 하자.

$$\ker\phi=\{n \in \mathbb{Z} \mid \phi(n)=e\}=\{n \in \mathbb{Z} \mid a^n=e\}=\{n \in \mathbb{Z} \mid n\text{은 } k\text{의 배수}\}=\langle k \rangle$$

이다. 만일 $k=\infty$이면 $\ker\phi=\{0\}$이다.
$\mathrm{Im}\phi=\phi(\mathbb{Z})=\phi(\langle 1 \rangle)=\langle \phi(1) \rangle$이다. 그런데 $\phi(1)=a$이므로 결국 $\mathrm{Im}\phi=\langle a \rangle$이다.

14. $\phi: (\mathbb{Z}-\{-1\}, \circ) \to (\mathbb{Z}-\{1\}, *)$를 $\phi(x)=-x$라 하면

1) ϕ는 함수가 된다.

2) $\phi(a \circ b)=\phi(a+b+ab)=-(a+b+ab)$이고

$$\phi(a)*\phi(b)=(-a)*(-b)=(-a)+(-b)-((-a)(-b))=-(a+b+ab)$$

이다. 따라서 ϕ는 준동형사상이다.

3) 임의의 $a \in \mathbb{Z}-\{1\}$에 대해서 $-a \in \mathbb{Z}-\{-1\}$이고 $\phi(-a)=a$이므로 ϕ는 전사이다.

4) 만일 $\phi(a)=\phi(b)$이면 $-a=-b$이고 따라서 $a=b$이므로 ϕ는 단사이다.
위의 사실로 ϕ는 동형사상이 되므로

$$(\mathbb{Z}-\{-1\}, \circ) \cong (\mathbb{Z}-\{1\}, *)$$

이다.

15. $a=(1\ 2\ 3)\in A_3$라 하면 $A_3=\{a, a^2, e\}$이다. $\phi: A_3 \to A_3$가 자동사상이라고 하면 $\phi(a)$의 위수는 a의 위수와 같으므로 결국 $\phi(a)=a$ 또는 $\phi(a)=a^2$ 밖에 없다. 즉 자동사상은 항등함수와 $\phi(a)=a^2=a^{-1}$인 함수(역원으로 보내는 함수)뿐이다.

16. $G=\langle a\rangle$, $H=\langle b\rangle$라고 하자. $|a|=n$, $|b|=m$이고 $m|n$이다.

$\phi: G\to H$, $\phi(a^i)=b^i\ (0\le i\le n-1)$라 정의하자.

1) $a^i=a^j$라고 하면 $n|i-j$이므로 $m|i-j$이다. 따라서 $b^i=b^j$이다. 따라서 ϕ는 잘 정의된다.

2) 임의의 $a^i, a^j\in G$에 대해서 $i+j=nq+r$, $0\le r\le n-1$로 표시되었다면

$$\phi(a^i\ a^j)=\phi(a^{i+j})=\phi(a^{nq+r})=\phi(a^{nq}\ a^r)=\phi(a^r)=b^r$$

이다. 한편

$$\phi(a^i)\ \phi(a^j)=b^i\ b^j=b^{i+j}=(b^n)^q\ b^r$$

이다. 그런데 $m|n$이므로 $b^n=e$가 된다. 따라서

$$(b^n)^q\ b^r=b^r$$

이 되어 ϕ는 준동형사상이 됨을 알 수 있다.

3) $a^i\in\ker\phi$라면 $\phi(a^i)=b^i=e$이므로 $|b|=m$으로부터 $m|i$이 된다. 따라서

$$a^i\in\{a^m, a^{2m}, \cdots, a^n=e\}=\langle a^m\rangle$$

이다. 한편 임의의 정수 t에 대해서

$$\phi(a^{tm})=b^{tm}=(b^m)^t=e$$

이다. 따라서 $\ker\phi=\langle a^m\rangle$이다.

11 정규부분군 (Normal Subgroups)

연습문제

1. G가 아벨군, H가 G의 부분군이면 H는 G의 정규부분군임을 보여라.

2. $Z(G)$는 G의 정규부분군임을 보여라.

3. H는 G의 부분군이다.
   H가 G의 정규부분군일 필요충분조건은 $ab \in H$면 $ba \in H$임을 증명하라.

4. $a \in Z(G)$면 $\langle a \rangle$는 G의 정규부분군임을 보여라.

5. $a \in G$. 임의의 $x \in G$에 대해서 $xa = a^n x$인 정수 n이 존재하면 $\langle a \rangle$는 G의 정규부분이고 그 역도 성립함을 보여라.

6. H는 G의 부분군이고 집합 S는

$$S = \cup \{a | Ha = aH\}$$

이면 S는 G의 부분군이고 H는 S의 정규부분군임을 보여라.

7. H는 G의 부분군, $a \in G$이다. $aHa^{-1} = \{axa^{-1} | x \in H\}$ 이면 $aHa^{-1} \cong H$을 증명하라.

8. G는 유한군, H는 G의 부분군, $C(H) = \{a \in G | aHa^{-1} \subset H\}$ 이다. 다음을 증명하라.
(1) $a \in C(H)$면 $aHa^{-1} = H$이다.
(2) $C(H)$는 G의 부분군이다.
(3) H는 $C(H)$의 정규부분군이다.

9. (1) $G = \mathbb{Z}_4 \times \mathbb{Z}_{12} / \langle (\bar{2}, \bar{2}) \rangle$의 위수를 구하여라.
(2) $G = \mathbb{Z}_4 \times \mathbb{Z}_{12} / \langle \bar{2} \rangle \times \langle \bar{2} \rangle$의 위수를 구하여라.

10. A, B는 G의 정규부분군, $A \cap B = \{e\}$ 이다. $a \in A$, $b \in B$이면 $ab = ba$임을 보여라.

B 11. $A \subset B \subset G$이다. A는 B의 정규부분군, B는 G의 정규부분군이나 A는 G의 정규부분군이 아닌 보기를 들어라.

12. $G = GL(2, \mathbb{R})$, $H = \left\{ \begin{pmatrix} a & b \\ 0 & d \end{pmatrix} \in G \,\middle|\, ad \neq 0 \right\}$ 이다(4장 문제 16 참조).
(1) H는 G의 정규부분군인가?
(2) $K = \left\{ \begin{pmatrix} a & b \\ 0 & d \end{pmatrix} \,\middle|\, ad = 1 \right\}$은 G의 정규부분군임을 보여라.

13. H는 G의 정규부분군, $|H| = 2$이다. H는 $Z(G)$의 부분군임을 보여라.

14. $|G| = pq$, p, q는 소수이다. G가 아벨군이 아니면 $Z(G) = \{e\}$ 임을 보여라.

15. $G/Z(G)$는 아벨군이 되나 G는 비아벨군이 되는 보기를 들어라.

16. H는 G의 정규부분군, $[G : H] = n$이다. 임의의 $x \in G$에 대해서 $x^n \in H$임을 보여라.

17. G는 유한군이다. H는 G의 정규부분군, $[G : H] = 20$이다. $x^7 = e$이면 $x \in H$임을 보여라.

B 18. A_4는 위수 6인 부분군을 가지지 않음을 증명하여라. (16번 응용)

19. N은 G의 정규부분군, $[G : N] = p$, p는 소수이다. $a \notin N$이면 $p \mid |a|$임을 보여라.

20. $G/Z(G)$가 순환군이면 G는 아벨군임을 증명하여라.

21. H는 G의 부분군, $N(H) = \{g \in G \mid gHg^{-1} = H\}$이다. (이 $N(H)$를 H의 정규화부분군(normalizer)이라고 부른다)
   (1) $N(H)$는 G의 부분군임을 보여라.
   (2) H는 $N(H)$의 정규부분군임을 보여라.
   (3) H가 K의 정규부분군이면 $K \subset N(H)$임을 보여라.
   (4) H가 G의 정규부분군이면 $G = N(H)$임을 보여라.

22. H는 G의 정규부분군, $Hg \in G/H$의 위수는 n이다. $n \mid |g|$를 증명하여라.

23. 군 $\mathbb{Z}_{12}/\langle \overline{4} \rangle$에서 $\overline{3} + \langle \overline{4} \rangle$의 위수를 구하여라.

24. H, K가 G의 정규부분군이면 $H \cap K$도 G의 정규부분군임을 보여라.

25. H는 G의 부분군, N은 G의 정규부분군이다. 다음을 증명하라.
   (1) $H \cap N$은 H의 정규부분군이다.
   (2) $HN = NH$
   (3) HN는 G의 부분군이다.
   (4) N은 HN의 정규부분군이다.

26. H는 G의 부분군이다. 위수가 $|H|$인 G의 모든 부분군들의 공통부분은 G의 정규

부분군이 됨을 보여라.

27. A는 G의 정규부분군이고 B는 H의 정규부분군이다. $A\times B$는 $G\times H$의 정규부분군임을 보여라.

28. N은 G의 정규부분군이다. N이 순환군이면 N의 모든 부분군은 G의 정규부분군이 됨을 보여라.

※ A는 B의 정규부분군, B는 C의 정규부분군이나 A는 C의 정규부분군이 되지 않는 경우도 있다(연습문제 11).

B 29. N은 G의 정규부분군, H는 N의 정규부분군이다. 만일 $[N:H]=p$, p는 소수이면 H는 G의 정규부분군이 되는냐? 맞으면 증명하고 틀리면 예를 찾아라.

B 30. S_3의 정규부분군을 모두 구하여라.

31. $T=\{g^2|g\in G\}$, H를 T에 의해서 생성되는 부분군(T를 포함하는 가장 작은 부분군)이라고 하면 H는 G의 정규부분군임을 보여라.

제11장 정규부분군 연습문제 풀이

1. 임의의 $g \in G$, $a \in H$에 대해서 $gag^{-1} = g(g^{-1}a) = a \in H$이므로 H는 G의 정규부분군이다.

2. 임의의 $g \in G$, $a \in Z(G)$에 대해서 $gag^{-1} = (ag)g^{-1} = a \in Z(G)$이므로 $Z(G)$는 G의 정규부분군이다.

3. H가 G의 정규부분군이라고 하자. $ab \in H$면 $a^{-1}(ab)a \in H$이다. 따라서 $ba \in H$이다. 역으로 임의의 $g \in G$, $a \in H$에 대해서 $g^{-1}(ga) = ea \in H$이므로 가정에 의해서 $(ga)g^{-1} \in H$이다. 따라서 H는 G의 정규부분군이다.

4. $a \in Z(G)$이므로 임의의 $g \in G$, 임의의 $a^n \in \langle a \rangle$에 대해서

$$ga^n g^{-1} = a^n gg^{-1} = a^n \in \langle a \rangle$$

이다. 따라서 $\langle a \rangle$는 G의 정규부분군이다.

5. 임의의 $g \in G$, $a^i \in \langle a \rangle$에 대해서

$$ga^i = (ga)a^{i-1} = a^n(ga^{i-1}) = a^{2n}ga^{i-2} = \cdots = a^{in}g$$

이다. 따라서 $ga^i g^{-1} = (a^{in}g)g^{-1} = a^{in} \in \langle a \rangle$가 되어 $\langle a \rangle$는 G의 정규부분군이다. 역으로 $\langle a \rangle$가 G의 정규부분군이면 임의의 $g \in G$에 대해서 $gag^{-1} \in \langle a \rangle$이므로 $gag^{-1} = a^t$로 두면 $ga = a^t g$, t는 정수꼴로 표시된다.

6. $a, b \in S$라고 하면 $Ha = aH$, $Hb = bH$이다. 따라서

$$H(ab) = (Ha)b = (aH)b = a(Hb) = a(bH) = (ab)H$$

가 되어 $ab \in S$이다. $Ha = aH$의 양쪽에 a^{-1}를 곱하면

$$a^{-1}(Ha)a^{-1} = a^{-1}(aH)a^{-1}$$

로부터 $a^{-1}H=Ha^{-1}$가 되어 $a^{-1}\in S$이다. 따라서 S는 G의 부분군이다. 또 임의의 $h\in H$에 대해서 $Hh=H=hH$이므로 $h\in S$가 되어 H는 S의 부분군이 된다.
임의의 $g\in S,\ h\in H$에 대해서

$$H(ghg^{-1})=(gH)hg^{-1}=(gH)g^{-1}=(Hg)g^{-1}=H$$

이고, 따라서

$$ghg^{-1}=e(ghg^{-1})\in H(ghg^{-1})=H$$

이므로 H는 S의 정규부분군이다.

7. $f: aHa^{-1}\to H,\ f(axa^{-1})=x$라 하고 f가 동형사상임을 보이자. 우선 aHa^{-1}는 G의 부분군이 됨은 쉽게 알 수 있다.

1) 임의의 $axa^{-1},\ aya^{-1}\in aHa^{-1}$에 대해서

$$f((axa^{-1})(aya^{-1}))=f(axya^{-1})=xy=f(axa^{-1})f(aya^{-1})$$

이므로 f는 준동형사상이다.

2) 만일 $x=y$면 당연히 $axa^{-1}=aya^{-1}$이므로 단사이다.

3) 임의의 $h\in H$에 대해서 $aha^{-1}\in aHa^{-1}$이고 $f(aha^{-1})=h$이므로 f는 전사이다.

따라서 f는 동형사상이므로 $aHa^{-1}\cong H$이다.

8. (1) 우선 $C(H)$의 정의에서 $aHa^{-1}\subset H$이다. 그런데 G는 유한군이므로 H와 aHa^{-1}는 모두 유한집합이다. 또 $|aHa^{-1}|=|H|$가 됨은 쉽게 알 수 있다. (문제 7번) 유한부분집합이면서 기수가 같으므로 결국 $aHa^{-1}=H$가 된다.

(2) $a,\ b\in C(H)$라고 하면 $aHa^{-1}\subset H,\ bHb^{-1}\subset H$이다. 따라서

$$(ab)H(ab)^{-1}=a(bHb^{-1})a^{-1}\subset aHa^{-1}\subset H$$

이므로 $ab\in C(H)$이다. 또 (1)에 의해서 $aHa^{-1}=H$이므로 $a^{-1}Ha=H$가 되어 $a^{-1}\in C(H)$이다. 따라서 $C(H)$는 G의 부분군이다.

(3) 임의의 $h\in H$에 대해서 $hHh^{-1}=H$이므로 $h\in C(H)$이다.
또 $h\in H,\ a\in C(H)$라 하면

$$aha^{-1} \in aHa^{-1} \subset H$$

이므로 H는 $C(H)$의 정규부분군이다.

9. (1) $$\langle(\bar{2}, \bar{2})\rangle = \{(\bar{2}, \bar{2}), (\bar{0}, \bar{4}), (\bar{2}, \bar{6}), (\bar{2}, \bar{8}), (\bar{2}, \overline{10}), (\bar{0}, \bar{0})\}$$

이므로 G의 위수는 $48/6=8$이다. 계산상으로만 하면

$$|(\bar{2}, \bar{2})| = \mathrm{lcm}(|\bar{2}|, |\bar{2}|) = \mathrm{lcm}\left(\frac{4}{\gcd(4, 2)}, \frac{12}{\gcd(12, 2)}\right) = \mathrm{lcm}(2, 6) = 6$$

이므로 $48/6=8$이다.

(2) $\langle\bar{2}\rangle = \{\bar{0}, \bar{2}\}$, 뒤의 $\langle\bar{2}\rangle = \{\bar{0}, \bar{2}, \bar{4}, \bar{6}, \bar{8}, \overline{10}\}$이 된다. $|\langle\bar{2}\rangle \times \langle\bar{2}\rangle|$는 $2\times6=12$이다. 계산상으로 앞의 $|\langle\bar{2}\rangle| = \dfrac{4}{\gcd(4, 2)} = 2$이고 뒤의 $|\langle\bar{2}\rangle| = \dfrac{12}{\gcd(12, 2)} = 6$이므로 $|\langle\bar{2}\rangle \times \langle\bar{2}\rangle| = 2\times6 = 12$이므로 G의 위수는 $48/12=4$이다.

10. B는 G의 정규부분군이므로 $aba^{-1} \in B$이다. 따라서 $(aba^{-1})b^{-1} \in B$이다. 또 A는 G의 정규부분군이므로 $ba^{-1}b^{-1} \in A$이다. 따라서 $a(ba^{-1}b^{-1}) \in A$. 결국 $aba^{-1}b^{-1} \in A \cap B = e$이므로 $aba^{-1}b^{-1} = e$가 된다. 따라서 $aba^{-1} = b$가 되고 결국 $ab = ba$이다.

11. $$G = D_4 = \{e, a, a^2, a^3, b, ab, a^2b, a^3b\},\ a^4 = e,\ b^2 = e,\ ba = a^3b = a^{-1}b$$

라고 하고 $B = \{e, a^2, b, a^2b\}$, $A = \{e, b\}$라고 하면 A, B는 G의 부분군이 된다. 또 $[D_4 : B] = 2$이므로 B는 D_4의 정규부분군이 됨을 알 수 있다. 또 $[B : A] = 2$이므로 A는 B의 정규부분군이다. 그러나

$$a^{-1}ba = a^{-2}b = a^2b \notin A$$

이므로 A는 D_4의 정규부분군이 되지 않는다.

12. (1) $h_1, h_2 \in H$라고 하면 $h_1 = \begin{pmatrix} a & b \\ 0 & d \end{pmatrix}$, $h_2 = \begin{pmatrix} e & f \\ 0 & g \end{pmatrix}$, $ad \neq 0$, $eg \neq 0$꼴이다.

$$h_1h_2 = \begin{pmatrix} a & b \\ 0 & d \end{pmatrix}\begin{pmatrix} e & f \\ 0 & g \end{pmatrix} = \begin{pmatrix} ae & af+bg \\ 0 & dg \end{pmatrix}$$

이고 $aedg \neq 0$이므로 H는 따라서 닫혀 있다. 또 $h = \begin{pmatrix} a & b \\ 0 & c \end{pmatrix} \in H$에 대해서 $ac \neq 0$이므로 $h^{-1} = \frac{1}{ac}\begin{pmatrix} c & -b \\ 0 & a \end{pmatrix}$가 되어 $h^{-1} \in H$이다. 따라서 H는 G의 부분군이 된다. 그러나

$$\begin{pmatrix} 1 & 0 \\ 1 & 1 \end{pmatrix}\begin{pmatrix} 1 & 1 \\ 0 & 1 \end{pmatrix}\begin{pmatrix} 1 & 0 \\ 1 & 1 \end{pmatrix}^{-1} = \begin{pmatrix} 1 & 1 \\ 1 & 2 \end{pmatrix}\begin{pmatrix} 1 & 0 \\ -1 & 1 \end{pmatrix} = \begin{pmatrix} 0 & 1 \\ -1 & 2 \end{pmatrix} \notin H$$

이므로 H는 G의 정규부분군이 아니다.

(2) 행렬식의 성질을 이용하자. 실제로 $K = \{A \in G \mid |A| = 1\}$이다.

1) $A,\ B \in K$면 $|AB| = |A||B| = 1$, 따라서 $AB \in K$이다.

2) $|E| = 1$이므로 $E \in K$이다.

3) $|A^{-1}| = \frac{1}{|A|} = 1$이므로 $A^{-1} \in K$이다.

따라서 K는 G의 부분군이다. 또 $A \in K$, $X \in G$라고 하면

$$|XAX^{-1}| = |X||A||X^{-1}| = |X|\frac{1}{|X|} = 1$$

이므로 $XAX^{-1} \in K$이다.

13. $H = \{e, a\}$, $a \neq e$라고 하자. H는 G의 정규부분군이므로 임의의 $g \in G$에 대해서 $gag^{-1} = e$ 또는 $gag^{-1} = a$이다. 그런데 $gag^{-1} = e$이면 $ga = eg$, $a = e$이므로 모순이다. 따라서 $gag^{-1} = a$ 즉 $ga = ag$이므로 $a \in Z(G)$가 되어 H는 $Z(G)$의 부분군이 된다.

14. $|Z(G)| = 1$, p, q 또는 pq이다.

만일 $|Z(G)| = pq$이면 $Z(G) = G$가 되어 G는 아벨군이 되어 안된다.

따라서 $|Z(G)| = 1$, p 또는 q이다.

만일 $|Z(G)| = p$이면 $|G/Z(G)| = q$이고 q는 소수이므로 $G/Z(G)$는 순환군이다. 따라서 G는 아벨군이 된다 (문제 20 참조). 마찬가지로 해서 $|Z(G)| = q$일 때도 모순이 생긴다. 따라서 결국 $|Z(G)| = 1$ 밖에 될 수 없다.

15. 앞 문제 11의 풀이와 마찬가지로 $G=D_4$라고 하면 $|G|=2^3$이므로 $|Z(D_4)|$는 2의 배수이다. 따라서 $|G/Z(D_4)|\le 4$이다. 그런데 위수가 4이하인 군은 아벨군이므로 $G/Z(G)$는 아벨군이다. 물론 G는 비 아벨군이다.

16. 임의의 $x\in G$에 대해서 $\bar{x}=xH\in G/H$, $|G/H|=n$이므로 라그랑즈의 정리에 의해서 $(\bar{x})^n=(xH)^n=x^nH=H$이므로 $x^n\in H$이다.

17. 앞 문제 16에 의해서 임의의 $x\in G$에 대해서 $x^{20}\in H$이 된다. 그런데

$$x^{20}=(x^7)^3x^{-1}=x^{-1}$$

이므로 결국 $x\in H$이다.

18. $|A_4|=\dfrac{|S_4|}{2}=\dfrac{4!}{2}=12$이다. 만일 $|H|=6$인 A_4의 부분군 H가 존재한다면 $[A_4 : H]=2$이므로 H는 A_4의 정규부분군이다. 문제 16에서 임의의 $\theta\in A_4$에 대해서 $\theta^2\in H$이다. 그런데 A_4에는 길이 3인 순환은 모두 8개이다. 즉 집합으로

$$\{\langle(1\ 2\ 3)\rangle, \langle(1\ 2\ 4)\rangle, \langle(1\ 3\ 4)\rangle, \langle(2\ 3\ 4)\rangle\}-\{e\}$$

이다. 따라서 이 중에는 H에 속하지 않는 원소가 있을 것이다. 그 원소를 $(a\ b\ c)$라고 하면 $(a\ b\ c)=(a\ c\ b)(a\ c\ b)$이므로 $(a\ b\ c)=(a\ c\ b)^2\in H$가 되어 모순이다.

참고에서 H에는 길이 3인 순환이 적어도 1개 포함된다는 사실로 증명할 수도 있다.

참고1 $a, b\in\{1, 2, \cdots, n\}$, $a\neq b$이면 $A_n(n\ge 3)$은 길이 3인 순환의 집합

$$\{(a\ b\ k)\,|\,1\le k\le n,\ k\neq a, b\}$$

에 의해서 생성된다. $a=1$, $b=2$로 택하면 $A_n(n\ge 3)$은 $\{(1\ 2\ 3), (1\ 2\ 4), \cdots, (1\ 2\ n)\}$에 의해서 생성된다.

참고2 N은 $A_n(n\ge 3)$의 정규부분군이다. 만일 N이 길이 3인 순환 $(a\ b\ c)$를 포함하면 $N=A_n$이다.

증명 $(a\ b)(c\ k)(a\ b\ c)^2(c\ k)(a\ b)=(a\ b\ k)$이고 $(a\ b)=(a\ b)^{-1}$이므로 임의의 $k\neq a,\ b,\ c$에 대해서 $(a\ b\ k)\in N$이 된다.

또 $(a\ b\ k)$꼴 $(k\neq a,\ b)$의 순환은 A_n을 생성하므로 결국 $N=A_n$이 됨을 알 수 있다.

18의 다른 증명법([4], 35장 대칭군의 성질 참조)

우선 S_4의 켤레류를 구해보자. $\bar{a}=\bar{b}$면 $|a|=|b|$이다(역은 성립안함).

S_4의 켤레류는 모두 5개이다. 각각을 실제로 구해보면

1) 위수 1인 것은 항등원 1개

2) 위수가 2인 것은

2)-① $(a\ b)$꼴은 ${}_4C_2=6$개, 2)-② $(a\ b)(c\ d)$꼴은 ${}_4C_2\times\frac{1}{2}=3$개

3) 위수가 3인 것은 $(a\ b\ c)$꼴이고 ${}_4C_2\times 2=8$개

4) 위수가 4인 것은 $(a\ b\ c\ d)$꼴이고 $2\times{}_3C_1=6$개다.

이중 우치환은 1), 2)-②, 3)이다.

A_4가 만일 위수 6인 부분군을 가진다면 이 부분군은 지수가 2이므로 정규부분군이다. 또 정규부분군은 겹치는 켤레류를 모두 포함한다. 즉 N이 G의 정규부분군이면 $N\cap\bar{x}\neq\varnothing$면 $\bar{x}\subset N$이므로 $|N|=\sum_{x\in N}|\bar{x}|$이다.

따라서 A_4에서 위수 6인 정규부분군은 6이 1, 8, 3의 적당한 합으로 표시되어야 하는데 이것은 불가능하다. 따라서 A_4에서 위수 6인 부분군을 가질 수 없다. 그러나 위수 4인 A_4의 정규부분군은 $4=1+3$로 표시되므로 존재한다. (e와 $(a\ b)(c\ d)$꼴)

19. $|G/N|=p$이므로 $G/N=\langle x\rangle$로 생각할 수 있다. $a\notin N$이므로 $\bar{a}\neq\bar{e}$, 즉 $|\bar{a}|\neq 1$이다. $|a|=n$이라고 하면 $a^nN=(aN)^n=N$이 된다. 따라서 $|\bar{a}|$는 n의 약수이다. 한편 G/N은 위수가 p인 순환군이므로 임의의 $\bar{g}\neq\bar{e}\in G/N$의 위수는 p이다. 따라서 $p|n$가 될 수밖에 없다.

20. $G/Z(G)=\langle\bar{a}\rangle$라고 하자. $x\in G$라고 하면 $\bar{x}=(\bar{a})^m$인 정수 m이 존재한다.
따라서 $x^{-1}a^m\in Z(G)$이므로 임의의 $g\in G$에 대해서 $x^{-1}a^mg=gx^{-1}a^m$이다.
따라서 특히 $g=a^{m-1}x$로 두면 $x^{-1}ax=a$이므로 $ax=xa$가 되어 $a\in Z(G)$가 된다.

따라서 $\bar{a}=aZ(G)=Z(G)=\bar{e}$, 즉 $|G/Z(G)|=1$이므로 $G=Z(G)$가 되어 G는 아벨군이다.

다른 방법

$G/Z(G)=\langle\bar{a}\rangle$라고 두자. 임의의 $x, y\in G$에 대해서

$$\bar{x}=xZ(G)=a^mZ(G),\ \bar{y}=yZ(G)=a^nZ(G),\ m, n\in Z$$

꼴로 쓸 수 있다. 따라서 $x=a^mt$, $y=a^ns$ $(t, s\in Z(G))$이다.

$$xy=(a^mt)(a^ns)=a^m(ta^n)s=a^m(a^nt)s=a^n(a^mt)s=(a^ns)(a^mt)=yx$$

21. (1) $x, y\in N(H)$면

$$(xy)H(xy)^{-1}=x(yHy^{-1})x^{-1}=xHx^{-1}=H$$

이므로 $xy\in N(H)$이다. $H=x^{-1}Hx=x^{-1}H(x^{-1})^{-1}$이므로 $x^{-1}\in N(H)$이다.
따라서 $N(H)$는 G의 부분군이다.

(2) $x\in H$면 $xHx^{-1}=H$이므로 $x\in N(H)$이다. 따라서 $H\subset N(H)$이다. $x\in H$, $g\in N(H)$라면 $gxg^{-1}\in gHg^{-1}=H$이고 따라서 H는 $N(H)$의 정규부분군이다.

(3) $x\in K$라면 H는 K의 정규부분군이므로 $xHx^{-1}=H$이다. 따라서 $x\in N(H)$이다.

(4) (3)에서 $K=G$로 두면 $G=N(H)$가 된다.

22. $|g|=m$라고 하자.

$$(\bar{g})^m=(Hg)^m=Hg^m=He=\bar{e}\in G/H$$

에서 $\bar{g}$의 위수는 m의 약수이다. 따라서 $n\,|\,|g|$이다.

23. 위 문제 22에서 $|\bar{3}+\langle\bar{4}\rangle|$는 $|\bar{3}|=4$의 약수이다. 따라서 1, 2, 4중 하나이다.
$\bar{3}+\bar{3}\not\in\langle\bar{4}\rangle$이므로 결국 위수는 4이다.

24. $H\cap K$는 G의 부분군이 됨을 쉽게 알 수 있다. $a\in H\cap K$면 $a\in H$, $a\in K$이다. 따라서 임의의 $g\in G$에 대해서 $gag^{-1}\in H$, $gag^{-1}\in K$이므로 따라서 $gag^{-1}\in H\cap K$가 되어 $H\cap K$는 G의 정규부분군이다.

25. 참고 제2동형사상정리에서 쉽게 얻을 수 있다. 그러나 구체적으로 증명해 본다.

(1) $h \in H$, $n \in H \cap N$라고 하면 $hnh^{-1} \in N$, $hnh^{-1} \in H$이다. 따라서 $hnh^{-1} \in H \cap N$가 되어 $H \cap N$은 H의 정규부분군이다.

(2) "$\subset$" $x \in HN$라면 $x = ab$, $a \in H$, $b \in N$꼴이다. $xa^{-1} = aba^{-1} \in N$이므로 $xa^{-1} = m$, $m \in N$라 둘 수 있다. 따라서 $x = ma \in NH$이다. 역으로

"$\supset$" $x \in NH$라면 $x = cd$, $c \in N$, $d \in H$로 쓸 수 있다. 따라서 $d^{-1}x = d^{-1}cd \in N$이므로 $x \in dN \subset HN$이다.

(3) $x, y \in HN$라고 하면 $x = ab$, $y = cd$, $a, c \in H$, $b, d \in N$꼴이다.

$$xy^{-1} = ab(cd)^{-1} = a(bd^{-1})c^{-1} \in HNH = HHN = HN$$

이다. 따라서 $xy^{-1} \in HN$이므로 HN는 G의 부분군이다.

(4) 1) N은 HN의 부분군임은 자명하다.

2) $g \in HN$, $n \in N$라면 $g = ab$, $a \in H$, $b \in N$꼴이다. 따라서

$$gng^{-1} = abn(ab)^{-1} = abn(b^{-1}a^{-1}) = a(bnb^{-1})a^{-1} \in aNa^{-1} = N$$

이 된다.

26. $$X = \{K_i \mid K_i\text{는 위수가 } |H| \text{인 } G\text{의 부분군}\},\ M = \cap\{K_i \mid K_i \in X\}$$

라고 하자. M은 G의 부분군이 됨은 너무나 당연한다. 또 H는 G의 부분군이므로 $M \neq \varnothing$이다. $x \in M$, $g \in G$라면 임의의 $K_i \in X$에 대해서 $g^{-1}K_ig$는 G의 부분군이고 $|g^{-1}K_ig| = |H|$이므로 $g^{-1}K_ig \in X$이다. 따라서 $x \in g^{-1}K_ig$이므로 $x = g^{-1}kg$, $k \in K_i$꼴이고 따라서 $gxg^{-1} \in K_i$이므로 $gxg^{-1} \in \cap K_i$가 되어 M은 G의 정규부분군이다.

27. 1) $A \times B$는 $G \times H$의 부분군이 됨은 너무 쉽다.

2) $(g, h) \in G \times H$, $(a, b) \in A \times B$라고 하면 $gag^{-1} \in A$, $hbh^{-1} \in B$이므로

$$(g, h)(a, b)(g, h)^{-1} = (gag^{-1}, hbh^{-1}) \in A \times B$$

이다. 따라서 $A \times B$는 $G \times H$의 정규부분군이다.

28. $N=\langle a\rangle$라고 하자. H를 N의 임의의 부분군이라고 하면 $H=\langle a^m\rangle$꼴이 될 것이다. 임의의 $g\in G$에 대해서 N은 G의 정규부분군이므로 $gag^{-1}\in N$이다. 따라서 $gag^{-1}=a^t$, $t\in Z$꼴이 된다. 임의의 $x\in H$에 대해서 $x=(a^m)^n$꼴이 되고 따라서

$$gxg^{-1}=ga^{mn}g^{-1}=(gag^{-1})^{mn}=a^{tmn}=(a^m)^{tn}\in H,$$

따라서 H는 G의 정규부분군이다.

29. (틀린 증명) $|N/H|=p$, p는 소수이므로 N/H는 순환군이다. 따라서 N/H는 위수가 p인 아벨군이 된다.

임의의 $g\in G$, $a\in H$에 대해서 $\bar{g}\,\bar{a}=\bar{a}\,\bar{g}$이므로 $(ga)(ag)^{-1}\in H$.

따라서 $gag^{-1}a^{-1}=h\in H$로 두면 $gag^{-1}=ha\in H$가 되어 H는 G의 정규부분군이다. (틀리는 부분을 찾으라)

반례 1 : 문제 11의 D_4에서 $A=H$, $B=N$으로 생각. 이때 $p=2$이다.

반례 2 : $G=A_4$라고 하자.

$$N=\{e,\ (1\ 2)(3\ 4),\ (1\ 3)(2\ 4),\ (1\ 4)(2\ 3)\},\ H=\{e,\ (1\ 2)(3\ 4)\}$$

라고 하면 $H\subset N\subset G$이고 N, H는 G의 부분군이다. 또 $[N:H]=2$이므로 H는 N의 정규부분군, 18번의 다른 증명법에서 N은 G의 정규부분군이다. 그러나

$$(1\ 2\ 3)(1\ 2)(3\ 4)(1\ 2\ 3)^{-1}=(1\ 4)(2\ 3)\notin H$$

이므로 H는 G의 정규부분군이 아니다.

30. $\{e\}$와 S_3 자신은 자명한 S_3의 정규부분군이다. N을 S_3의 정규부분군이라고 하자. 먼저 N이 위수 2인 원소를 가지면 $N=S_3$가 됨을 보이자. [4]에서도 예제로 나와 있지만 다른 방법으로 증명하겠다.

$|x|=2$, $x\in N$이라고 하면 $x=(a\ b)$꼴의 호환이다. 따라서 임의의 $g\in S_3$에 대해서 gxg^{-1}도 $(m\ n)$꼴이 된다(같은 켤레).

S_3에 $(m\ n)$꼴의 원소는 3개이므로 $|N|\geq 4$가 됨을 알 수 있다(항등원 포함).

또 $|N|$은 6의 약수라야 하므로 결국 $|N|=6$이 되어 $N=S_3$가 된다.

따라서 $N\neq e$, $N\neq S_3$인 정규부분군 N에는 반드시 위수 3인 원소가 포함되어 있다

(S_3에는 원소의 위수는 1, 2, 3 밖에 없다). $|x|=3$, $x \in N$이라고 하면 $x=(a\ b\ c)$ 꼴이고 임의의 $g \in S_3$에 대해서 gxg^{-1}도 길이 3인 순환이므로 결국 모든 우치환은 N의 원소이다. 따라서 $N=A_3$가 될 수 밖에 없다.
결론적으로 S_3의 정규부분군은 $\{e\}$, A_3, S_3, 3개이다.

참고 위의 방법은 일반적인 S_n에서도 많이 이용된다.

31. $x \in H$라고 하면

$$x=a_1 a_2 \cdots a_n,\ a_i \in T,\ (1 \le i \le n)$$

꼴이다(실제로 T의 원소의 역원도 T의 원소가 된다). 임의의 $g \in G$에 대해서

$$gxg^{-1}=g(a_1 a_2 \cdots a_n)g^{-1}=(ga_1 g^{-1})(ga_2 g^{-1}) \cdots (ga_n g^{-1})$$

이고 $a_i \in T$이므로 $a_i=b_i^2$꼴로 쓸 수 있다. 따라서

$$ga_i g^{-1}=ab_i^2 g^{-1}=(gb_i g^{-1})(gb_i g^{-1})=(gb_i g^{-1})^2 \in T \subset H$$

이다. 따라서 $1 \le i \le n$에 대해서

$$ga_i g^{-1} \in H$$

이므로 $gxg^{-1} \in H$가 되므로 H는 G의 정규부분군이다.

12 기본 준동형사상 정리 (The Fundamental Homomorphism Theorem)

연습문제

1. $\mathbb{Z}_{14}$는 $\mathbb{Z}_{56}$에 매입되는가?

A 2. 위수 8인 군의 종류는 5가지임을 보여라.

3. G는 유한아벨군이고, $\gcd(n, |G|)=1$이다.
   (1) $f(x)=x^n$은 G의 자동사상임을 보여라.
   (2) 임의의 $x \in G$는 $x=y^n$을 만족시키는 $y \in G$가 존재함을 보여라.

4. $G=\mathbb{Z}_3$이다. $\mathrm{Aut}\, G=\{\phi : G \to G | \phi$는 동형사상$\}$는 S_G의 정규부분군이 아님을 보여라.

5. p는 소수이다. 위수 p인 순환군의 자동사상은 $p-1$개임을 보여라.

6. $\phi : \mathbb{Z}_8 \to \mathbb{Z}_4$, $\phi(\bar{n})=\bar{n}$이다. Ker ϕ를 구하여라. 또 $\mathbb{Z}_8/\text{Ker}\,\phi$를 구하여라.

7. $\mathbb{R}$은 실수, $G=\{f \mid f : \mathbb{R} \to \mathbb{R}\}$, $f, g \in G$에 대해서 $(f+g)(x)=f(x)+g(x)$로 정의하면 $(G, +)$는 군이다. $H=\{f \in G \mid f(0)=0\}$ 라고 하면 H는 G의 정규부분군임을 보여라.

8. $G=(\mathbb{Z}/12\mathbb{Z})/(3\mathbb{Z}/12\mathbb{Z})$이다. $|G|$를 구하여라.

9. G는 아벨군, $a \in G$, $|a|=pq$, $(p,q)=1$이다. $a=bc$, $|b|=p$, $|c|=q$인 b, $c \in G$를 찾아라.

10. G, H는 유한군, $f : G \to H$는 전사인 준동형사상이다. $|H|$는 $|G|$의 약수임을 보여라.

11. $\mathbb{Z}_n$에서 $\mathbb{Z}_m$으로의 전사인 준동형사상이 존재할 필요충분조건은 $m|n$임을 보여라.

12. $\mathbb{Z}$에서 $\mathbb{Z}_8$로의 준동형사상은 몇 개인가? 전사인 준동형사상은 몇 개인가?

13. $\mathbb{Z}_2 \times \mathbb{Z}_2$에서 $\mathbb{Z}_6$으로의 준동형사상은 몇 개인가?

14. $U=\{xyx^{-1}y^{-1} \mid x, y \in G\}$, G'는 U에 의해서 생성되는 부분군이다(가환자부분군(commutator subgroup)이라고 부름). 다음을 증명하여라.
   (1) G'는 G의 정규부분군이다.
   (2) G/G'는 아벨군이다.
   (3) N이 G의 정규부분군, G/N이 아벨군이면 $G' \subset N$이다.
   (4) H가 G'를 포함하는 G의 부분군이면 H는 G의 정규부분군이다.
   (5) G가 아벨군일 필요충분조건은 $G'=\{e\}$ 이다.

15. $H \subset K \subset G$, H는 G의 정규부분군, K는 G의 부분군이다. $K/H=\{Ha \in G/H \mid a \in K\}$

는 G/H의 부분군임을 보여라.

A 16. $G=(\mathbb{Q}^+, \times)$, $H=\left\{\frac{a}{b}>0 \mid a, b\text{는 홀수}\right\}$이다. $G/H \cong (\mathbb{Z}, +)$를 증명하여라.

17. K는 G의 정규부분군, H는 G의 부분군이다.
$HK=G$, $H \cap K=\{e\}$이면 $G/K \cong H$를 증명하여라.

18. $G=S_4$, $K=\{e, (1\ 2)(3\ 4), (1\ 3)(2\ 4), (1\ 4)(2\ 3)\}$이다.
(1) K는 G의 정규부분군이 됨을 보여라.
(2) $G/K \cong S_3$임을 보여라.

19. A는 G의 정규부분군, B는 H의 정규부분군이다. $(G \times H)/(A \times B) \cong (G/A) \times (H/B)$가 되는가? 되면 증명하고, 안 되면 안 되는 예를 들어라.

20. G는 비아벨군, H는 아벨군, $f: G \to H$는 전사인 준동형사상이 되는 예를 들어라.

21. $\phi : G \to K$는 전사인 준동형사상이고 J는 K의 정규부분군이다. $G/H \cong K/J$인 G의 정규부분군 H가 존재함을 보여라.

22. $\phi : G \to K$는 전사인 준동형사상이다. K가 아벨군이면 $\mathrm{Ker}\,\phi$를 포함하는 G의 모든 부분군은 정규부분군임을 보여라.

23. $\phi : G \to K$는 전사인 준동형사상이다. N은 G의 정규부분군, $N \subset \mathrm{Ker}\,\phi$이다. G/N에서 K로의 전사인 준동형사상을 찾아라. 또 G는 아벨군은 아니면서 H는 G의 아벨정규부분군이고, G/H는 아벨군이 되는 군 G와 H를 찾아라.

24. H는 G의 부분군, $X=\{aH \mid a \in G\}$이다. $N \subset H$이고 G/N이 S_X에 매입되는 G의 정규부분군 N을 구하여라. ($\phi : G \to S_X$를 $(\phi(g))(aH)=(ga)H$로 정의한다.)

25. 문제 24를 이용하여 $|G|=10$이고 위수 2인 정규가 아닌 G의 부분군이 존재하면

$G \subset S_5$임을 증명하여라.

26. G는 군, H는 G의 부분군이고 $[G:H]=n$이다. $N \subset H$이고 $[G:N]$은 $n!$의 약수인 정규부분군 N이 존재함을 보여라. (24번 이용)

B 27. G는 유한군, p는 $|G|$를 나누는 최소의 소수이다. H는 G의 부분군이고 $[G:H]=p$이면 H는 G의 정규부분군임을 증명하여라. (26번 이용)

28. N, H, K는 G의 부분군, N은 H의 정규부분군이다. $N \cap K$는 $H \cap K$의 정규부분군임을 보여라.

29. H, K, L은 G의 정규부분군이고, $H \subset K \subset L$이다. $A=G/H, B=K/H, C=L/H$라 하면
   (1) B는 C의 부분군이고, B, C는 A의 정규부분군임을 보여라.
   (2) $(A/B)/(C/B)$와 동형인 군을 찾아라.

30. $\phi : \mathbb{Z}_{12} \to \mathbb{Z}_3$은 $\phi(\overline{1})=\overline{2}$이다.
   (1) $K=\text{Ker}\,\phi$를 구하여라.
   (2) $\mathbb{Z}_{12}/K$의 원소를 적어라.
   (3) $\mathbb{Z}_{12}/K \cong \mathbb{Z}_3$인 동형사상을 찾아라.

31. $\phi : \mathbb{Z}_{18} \to \mathbb{Z}_{12}$은 $\phi(\overline{1})=\overline{10}$이다.
   (1) $K=\text{Ker}\,\phi$를 구하여라.
   (2) $\mathbb{Z}_{18}/K$의 원소를 적어라.
   (3) $\text{Im}\,\phi$를 적어라.
   (4) $\mathbb{Z}_{18}/K \cong \text{Im}\,\phi$인 동형사상을 찾아라.

32. $G=\mathbb{Z}_{24}, H=\langle \overline{4} \rangle, N=\langle \overline{6} \rangle$이다.
   (1) HN(이때는 $H \oplus N$)과 $H \cap N$을 구하여라.
   (2) HN/N을 써라.
   (3) $H/(H \cap N)$의 원소를 써라.

(4) $HN/N \cong H/(H \cap N)$인 동형사상을 찾아라.

33. $G = \mathbb{Z}_{36}$, $H = \langle \bar{6} \rangle$, $N = \langle \bar{8} \rangle$일 때 문제 32의 (1), (2), (3), (4)와 마찬가지로 계산하여라.

34. $G = \mathbb{Z}_{24}$, $H = \langle \bar{4} \rangle$, $K = \langle \bar{8} \rangle$이다.

(1) G/H의 원소를 써라.
(2) G/K의 원소를 써라.
(3) H/K의 원소를 써라.
(4) $(G/K)/(H/K)$의 원소를 써라.
(5) $G/H \cong (G/K)/(H/K)$인 동형사상을 찾아라.

35. $G = \mathbb{Z}_{36}$, $H = \langle \bar{9} \rangle$, $K = \langle \overline{18} \rangle$일 때 문제 34의 (1)~(5)와 마찬가지로 계산하여라.

36. $(\mathbb{Q}/\mathbb{Z}, +)$와 $(\mathbb{Q}, +)$는 동형이 될 수 있는가?

37. S_3'를 구하여라.(문제 14번 참조)

38. $G' \subset Z(G)$, $a \in G$이다. $\theta : G \to G$, $\theta(x) = xax^{-1}a^{-1}$는 준동형사상이 됨을 보여라. 또 $\operatorname{Ker}\theta$를 구하여라.

39. $G = \langle a \rangle$, $|a| = 12$, $M = \langle a^2 \rangle$, $N = \langle a^6 \rangle$이다. $(G/N)/(M/N)$의 원소를 써라.

40. $G = S_n$, $a = (1\ 2)$, $H = \langle a \rangle$라면 HA_n/A_n는 위수 2인 순환군임을 보여라. (여기서 A_n은 교대군이다.)

41. N은 G의 정규부분군, G/N, N은 아벨군이다. G의 임의의 부분군 H에 대해서 H/K, K가 아벨군이 되는 H의 정규부분군 K가 존재함을 보여라.

42. G는 아벨군은 아니면서 H는 G의 아벨정규부분군이고, G/H는 아벨군이 되는 군 G와 H를 찾아라. 또 H가 핵이 되는 전사인 준동형사상을 구하라.

제12장 기본 준동형사상 정리 연습문제 풀이

1. $|\mathbb{Z}_{14}|=14$, $|\mathbb{Z}_{56}|=56$, $14|56$이다. 따라서

$\phi : \mathbb{Z}_{14} \to \mathbb{Z}_{56}$, $\phi(\bar{i})=\overline{4i}$라고 하면 ϕ는 준동형사상이다.

또 $\phi(\bar{i})=\phi(\bar{j})$이면 $\overline{4i}=\overline{4j}$이고 따라서 $54|4(i-j)$이므로 $14|i-j$이다. 따라서 $\bar{i}=\bar{j} \in \mathbb{Z}_{14}$이므로 ϕ는 단사가 되어 $\mathbb{Z}_{14}$는 $\mathbb{Z}_{56}$에 매입된다.

2. 우선 $\mathbb{Z}_8$, $\mathbb{Z}_4 \times Z_2$, $\mathbb{Z}_2 \times Z_2 \times Z_2$가 있다. 각각은 모든 원소의 위수를 보면 최대위수가 8, 4, 2이다.

또 비-아벨군으로 D_4가 있다. 마지막으로 quaternion군 Q_8이 있다.

$$Q_8=\{e,\ a,\ a^2,\ a^3,\ b,\ ab,\ a^2b,\ a^3b\} \text{ 단 } a^4=b^4=e,\ ba=a^3b$$

이다. 특히 $a=\begin{pmatrix} 0 & 1 \\ -1 & 0 \end{pmatrix}$, $b=\begin{pmatrix} 0 & i \\ i & 0 \end{pmatrix}$인 $2\times 2-$행렬을 생각하면 된다.

이 이외에는 위수 8인 군이 없음을 보이자.

위수 8인 아벨군은 제15장에서 알 수 있지만 3종류 밖에 없다.

비-아벨군 G에 대해서 생각해 보면 위수가 8인 원소는 있을 수 없다. 위수가 8인 원소가 있으면 순환군이므로 아벨군이다. 따라서 모든 원소의 위수는 4이하이다. 그런데 항등원을 제외한 모든 원소의 위수가 2이면 아벨군이 되므로 결국 G에는 반드시 위수 4인 원소 a가 존재한다.

$H=\langle a\rangle$라고 하면 $[G:H]=2$이므로 H는 G의 정규부분군이다.

$b \notin H$라고 하면 $bH \neq H$이다. $G/H=\{H,\ bH\}$이므로 $(bH)(bH)=H$이다. 따라서 $b^2H=H$이므로 $b^2=e$ 또는 $b^2=a$, $b^2=a^2$, $b^2=a^3$중 하나이다.

그런데 $b^2=a$ 또는 $b^2=a^3$이면 $|b|=8$이 되므로 결국 $b^2=e$이거나 $b^2=a^2$중 하나가 될 수밖에 없다.

또 H는 G의 정규부분군이므로 $bab^{-1} \in H=\langle a\rangle$이고 $|bab^{-1}|=|a|$이므로 bab^{-1}는 a, a^3중 1개이다. 따라서 $ba=ab$ 또는 $ba=a^3b=a^{-1}b$이다. 또

$$G=H \cup Hb=\{e,\ a,\ a^2,\ a^3,\ b,\ ab,\ a^2b,\ a^3b\}$$

로 나타낼 수 있다. 만일 $b^2=e$이면 $|b|=2$이므로 $G \cong D_4$이다. 또 만일 $b^2=a^2$이면

$|b|=4$이므로 $G \cong Q_8$이다. 물론 모든 경우 $ba=a^3b$이다. ($ba=ab$면 가환이 되어 모순)

3. (1) f는 준동형사상이 됨은 G가 아벨군이므로 쉽게 알 수 있다. f가 단사만 되면 G는 유한군이므로 전사는 자동으로 된다. f가 단사임을 보이자.
우선 $\gcd(n, |G|)=1$이므로 $sn+t|G|=1$이 되는 정수, s, t가 존재한다.
$a, b \in G$에 대해서 $f(a)=f(b)$라면 $a^n=b^n$이다. 또 $a^{|G|}=b^{|G|}=e$가 됨을 명심하자.

$$a=a^{sn+t|G|}=(a^n)^s(a^{|G|})^t=(b^n)^s e=b^{sn+t|G|}=b$$

따라서 f는 단사이다.
(2) $f(x)=x^n$은 전사이므로 임의의 $x \in G$에 대해서 $f(y)=x$가 되는 $y \in G$가 존재한다. 따라서 $y^n=x$인 y가 존재한다.

4. $\phi(\bar{1})=\bar{2}$, $\phi(\bar{2})=\bar{1}$, $\phi(\bar{0})=\bar{0}$, 즉 $\phi=\begin{pmatrix}\bar{0} & \bar{1} & \bar{2} \\ \bar{0} & \bar{2} & \bar{1}\end{pmatrix}=(\bar{1}\ \bar{2})$는 $\mathbb{Z}_3$에서 $\mathbb{Z}_3$에로의 동형사상 이므로 $\phi \in \text{Aut}\, G$이다.

$$f: Z_3 \to Z_3,\ f(\bar{0})=\bar{1},\ f(\bar{1})=\bar{0},\ f(\bar{2})=\bar{2}$$

인 $f \in S_G$에 대해서

$$f\phi f^{-1}(\bar{0})=f[\phi(f^{-1}(\bar{0}))]=f[\phi(\bar{1})]=\bar{2}$$

이므로 $f\phi f^{-1}$는 준동형사상이 될 수 없다. 따라서 $f\phi f^{-1} \notin \text{Aut}\, G$이다.

5. $G=\langle a \rangle$, $|G|=p$라고 하자.
$\phi: G \to G$가 자동사상이면 $\phi(a)$의 값만 정해지면 나머지 함수값은 결정된다.
$\phi(a)=a^n$라고 하면 $p=|a|=|a^n|$에서 $\gcd(n, p)=1$이다. 따라서 모든 $1 \le n \le p-1$이 가능하므로 결국 모두 $p-1$개의 자동사상이 존재한다.

6. 1) $\text{Ker}\,\phi=\{\bar{x} \in \mathbb{Z}_8 | \phi(\bar{x})=\bar{0}\}$이므로 $\bar{x} \in \text{Ker}\,\phi$라면 $\bar{x}=\phi(\bar{x})=\bar{0}$이다.
(여기서 왼편의 $\bar{x}$는 $\mathbb{Z}_4$의 원소, $\phi(\bar{x})$의 $\bar{x}$는 $\mathbb{Z}_8$의 원소이므로 틀린다)

따라서 $\bar{x}=\bar{0}\in\mathbb{Z}_4$에서 $4|x$이다. $(0\le x\le 7)$

이 식을 만족시키는 $\mathbb{Z}_8$의 원소는 $\bar{x}=\bar{0},\ \bar{4}$이므로 $\mathrm{Ker}\ \phi=\{\bar{0},\ \bar{4}\}$이다.

2) $\mathbb{Z}_8/\mathrm{Ker}\ \phi=\mathbb{Z}_8/\{\bar{0},\ \bar{4}\}=\{\bar{1}\oplus\{\bar{0},\ \bar{4}\},\ \bar{2}\oplus\{\bar{0},\ \bar{4}\},\ \bar{3}\oplus\{\bar{0},\ \bar{4}\},\ \bar{0}\oplus\{\bar{0},\ \bar{4}\}\}$

$=\{\{\bar{1},\ \bar{5}\},\ \{\bar{2},\ \bar{6}\},\ \{\bar{3},\ \bar{7}\},\ \{\bar{0},\ \bar{4}\}\}$

즉 4개의 원소(class)로 구성되어 있다.

7. 임의의 $f,\ g\in H$에 대해서

$$(f+g)(0)=f(0)+g(0)=0,\quad (-f)(0)=-f(0)=0$$

따라서 H는 G의 부분군이다. $f\in H,\ g\in G$라고 하면

$$(g+f-g)(0)=g(0)+f(0)-g(0)=g(0)-g(0)=0$$

따라서 $g+f-g\in H$이므로 H는 G의 정규부분군이다.

8. $|\mathbb{Z}/12\mathbb{Z}|=12,\ |3\mathbb{Z}/12\mathbb{Z}|=4$이다. 따라서 $|G|=\dfrac{12}{4}=3$이다. 또는 제3 동형사상 정리에서

$$(\mathbb{Z}/12\mathbb{Z})/(3\mathbb{Z}/12\mathbb{Z})\cong\mathbb{Z}/3\mathbb{Z}$$

이므로 $|\mathbb{Z}/3\mathbb{Z}|=3$이다.

9. $\gcd(p,\ q)=1$이므로 $px+qy=1$인 정수 $x,\ y$가 존재한다. $a^{px}a^{qy}=a$이므로 $a^{px}=c$, $a^{qy}=b$라고 두면 $bc=a$이다.

$$|c|=|a^{px}|=\frac{|a|}{\gcd(px,\ |a|)}=\frac{pq}{\gcd(px,\ pq)}$$

다. 그런데 x와 q는 서로소이므로 $\gcd(px,\ pq)=p$이다. 따라서 $|c|=q$이다. 마찬가지로 $|b|=p$가 됨을 알 수 있다.

10. $f:G\to H$는 전사이므로 제1동형사상 정리에 의해서 $G/\mathrm{Ker}\,f\cong H$이다. 따라서 $|H|=|G/\mathrm{Ker}\,f|=[G:\mathrm{Ker}\,f]$이므로 $|H|$는 $|G|$의 약수이다.

11. (⇒) 문제 10번에서 $m|n$이다.

(⇐) $n=md$라고 하자.

$\phi : \mathbb{Z}_n \to \mathbb{Z}_m$, $\phi(\bar{i})=\bar{i}$라고 하면 ϕ는 잘 정의되고 준동형사상이다.

$$\bar{i} \in \text{Ker}\,\phi \Leftrightarrow \phi(\bar{i})=\bar{i}=\bar{0} \in \mathbb{Z}_m \Leftrightarrow m|i \text{ (단 } 0 \le i < n)$$

따라서

$$\text{Ker}\,\phi = \{\bar{0}, \overline{m}, \overline{2m}, \cdots, \overline{(d-1)m}\}$$

이 되고 $|\text{Ker}\,\phi|=d$이 됨을 알 수 있다. 제1동형사상정리에 의해서

$$|\phi(\mathbb{Z}_n)| = \frac{md}{d} = m \le |\mathbb{Z}_m| = m$$

이므로 $\phi(\mathbb{Z}_n)=\mathbb{Z}_m$이다. 따라서 ϕ는 전사이다.

12. 1) 준동형사상은 $\phi(1)$만 정해주면 된다. ($\phi(1)=\bar{i}$라면 $\phi(n)=\overline{in}$가 된다) 그런데 $\bar{i}$가 취할 수 있는 값은 $0 \le i < 8$이므로 모두 8개이다.

이때 Ker $\phi=\{n \in \mathbb{Z} \,|\, in$이 8의 배수$\}$이다. 예를 들면 $i=2$이면 Ker $\phi = 4\mathbb{Z}$ 이다.

2) $\phi : \mathbb{Z} \to \mathbb{Z}_8$이 전사인 준동형사상이면 $\phi(a)=\bar{1}$가 되는 $a \in \mathbb{Z}$가 존재해야 한다.

또 역으로 $\phi(a)=\bar{1}$인 준동형사상이면 $\phi(2a)=\bar{2}$, $\cdots$, $\phi(8a)=\bar{0}$가 되어 전사가 된다. $\phi(a)=\bar{1}$이고 $\phi(1)=\bar{i}$인 i를 고르자 $(0 \le i < 8)$. 단 a는 정수이다.

$\phi(1)=\bar{i}$이므로 $\phi(a)=\overline{ai}$이다. 따라서 $\overline{ai}=\bar{1}$로부터 $8|ai-1$이 되고 $ai-8k=1$ $(k \in \mathbb{Z})$이 된다. 이러한 식을 만족시키는 i는 8과 서로소, 즉 $\gcd(i, 8)=1$이라야 한다. 만일 $\gcd(i, 8)=d>1$이면 $d|ai-8k$이므로 $d|1$이 되어 모순이다. 따라서 i는 1, 3, 5, 7가 되어 모두 4개이다.

이 때의 a와 k는 유클리드호제법을 써서 구할 수 있다(예를 들어 $i=3$이라면 $(-5)3-8(-2)=1$. 따라서 $\phi(1)=\bar{3}$면 전사인 준동형사상이 되고 $\phi(-5)=\bar{1}$이다).

13. $\phi : \mathbb{Z}_2 \times \mathbb{Z}_2 \to \mathbb{Z}_6$이 준동형사상이면 일단 $\phi(\bar{0}, \bar{0})=\bar{0}$가 되어야 한다.

$\phi(\bar{1}, \bar{0})=\bar{i}$, $\phi(\bar{0}, \bar{1})=\bar{j}$라고 하면 $\phi(\bar{1}, \bar{1})=\bar{i} \oplus \bar{j}$가 된다. $0 \le i, j \le 5$

또 $2\bar{i}=\bar{0}$, $2\bar{j}=\bar{0}$가 성립되어야 하므로 $6|2i$, $6|2j$. 따라서 i, j가 취할 수 있는

값은 $i=0, 3$, $j=0, 3$이 되어 모두 4개이다. 즉

1) $\phi(\bar{0}, \bar{0})=\phi(\bar{1}, \bar{0})=\phi(\bar{0}, \bar{1})=\phi(\bar{1}, \bar{1})=\bar{0}$인 경우

2) $\phi(\bar{1}, \bar{0})=\bar{0}$, $\phi(\bar{0}, \bar{1})=\bar{3}$인 경우

3) $\phi(\bar{1}, \bar{0})=\bar{3}$, $\phi(\bar{0}, \bar{1})=\bar{0}$인 경우

4) $\phi(\bar{1}, \bar{0})=\phi(\bar{0}, \bar{1})=\bar{3}$인 경우

각각의 Ker ϕ를 구해 보면

1)의 경우 Ker $\phi=\mathbb{Z}_2\times\mathbb{Z}_2$

2)의 경우 Ker $\phi=\mathbb{Z}_2\times\{\bar{0}\}$

3)의 경우 Ker $\phi=\{\bar{0}\}\times\mathbb{Z}_2$

4)의 경우 Ker $\phi=\{(\bar{0}, \bar{0}), (\bar{1}, \bar{1})\}$

14. (1) $g\in G$, $u\in G'$라고 하자.

u는 $xyx^{-1}y^{-1}$꼴의 원소들의 유한개의 곱으로 표시된다. 즉

$$u=(x_1\, y_1\, x_1^{-1}\, y_1^{-1})(x_2\, y_2\, x_2^{-1}\, y_2^{-1})\cdots\cdots(x_n\, y_n\, x_n^{-1}\, y_n^{-1})$$

이다. $gug^{-1}\in G'$를 보이기 위해서 gug^{-1}를

$$gug^{-1}=g(x_1\, y_1\, x_1^{-1}\, y_1^{-1})g^{-1}g(x_2\, y_2\, x_2^{-1}\, y_2^{-1})g^{-1}g\cdots g^{-1}g(x_n\, y_n\, x_n^{-1}\, y_n^{-1})g^{-1}$$

와 같이 사이사이에 $g^{-1}g$를 첨가시킨다.

$g(x_i\, y_i\, x_i^{-1}\, y_i^{-1})g^{-1}$ 한 개만 생각해 보면 $(1\le i\le n)$

$$\begin{aligned} g(x_i\, y_i\, x_i^{-1}\, y_i^{-1})g^{-1} &= gx_iy_ix_i^{-1}(g^{-1}\, y_i^{-1}\, y_i\, g)y_i^{-1}\, g^{-1} \\ &= (gx_i)y_i(gx_i)^{-1}\, y_i^{-1}\, y_ig\, y_i^{-1}\, g^{-1} \\ &= [(gx_i)y_i(gx_i)^{-1}\, y_i^{-1}](y_ig\, y_i^{-1}\, g^{-1})\in G' \end{aligned}$$

따라서 $gug^{-1}\in G'$가 됨을 알 수 있고 결국 G'는 G의 정규부분군이다.

(2) $\bar{a}, \bar{b}\in G/G'$라고 하면 $\bar{a}=G'a$, $\bar{b}=G'b$이다. 따라서

$$\bar{a}\bar{b}=\overline{ab}=(G'a)(G'b)=G'ab,\ \ \bar{b}\bar{a}=\overline{ba}=(G'b)(G'a)=G'ba$$

이다. 그런데 $aba^{-1}b^{-1}\in G'$이므로

$$(ab)(ba)^{-1} \in G' \Leftrightarrow G'ab = G'ba$$

에 의해서 $\overline{a}\overline{b}=\overline{b}\overline{a}$가 되어 G/G'는 아벨군이다.

(3) $u \in G'$라고 하면 u는 (1)의 $\prod_{i=1}^{n} x_i y_i x_i^{-1} y_i^{-1}$꼴이다.
한편 G/N은 아벨군이므로

$$\overline{x_i y_i} = (Nx_i)(Ny_i) = (Ny_i)(Nx_i) = \overline{y_i x_i}$$

이다. 따라서 [4] 정리 9.2에 의해서

$$Nx_i y_i = Ny_i x_i \Leftrightarrow (x_i y_i)(y_i x_i)^{-1} \in N$$

즉 u의 각 인수 $x_i y_i x_i^{-1} y_i^{-1} (1 \le i \le n)$가 N의 원소이므로 $u \in N$이 됨을 알 수 있다. 따라서 $G' \subset N$이다.

(4) $a \in H$, $g \in G$라고 하자. $gag^{-1}a^{-1} \in G'$이므로 $gag^{-1}a^{-1} \in H$이다.
$gag^{-1}a^{-1}=h$라고 두면 $gag^{-1}=ha \in H$이고 따라서 H는 G의 정규부분군이다.

(5) ($\Rightarrow$) G가 아벨군이면 $U=\{e\}$이므로 G'는 $\{e\}$에 의해서 생성되는 부분군이다. 따라서 $G'=\{e\}$이다.
($\Leftarrow$) (2)에 의해서 $G/G'=G/\{e\}=G$이므로 G는 아벨군이다.

15. $\overline{a}, \overline{b} \in K/H$라면 $\overline{a}=Ha$, $\overline{b}=Hb$, $a, b \in K$이다. $\overline{ab}=(Ha)(Hb)=Hab$이고 $ab \in K$이므로 $\overline{ab} \in K/H$이다.

또 $(\overline{a})^{-1}=(Ha)^{-1}=Ha^{-1}$이고 $a^{-1} \in K$이므로 역시 $(\overline{a})^{-1} \in K/H$이다. 따라서 K/H는 G/H의 부분군이다.

16. **힌트** $\phi : \mathbb{Q}^+ \to \mathbb{Z}$는 전사인 준동형사상으로서 $\operatorname{Ker}\phi = H$인 것을 찾아야 한다. 먼저 이러한 성질을 만족시키는 ϕ가 있다고 가정하자.

1) 우선 정수 $x \in \mathbb{Q}^+$가 홀수면 $x=\frac{x}{1}$꼴이므로 $\phi(x)=0$라야 한다.

2) $x \in \mathbb{Q}^+$가 짝수이면 $\phi(x) \ne 0$이다. 그 이유는 $\frac{n}{m} \in \mathbb{Q}^+$는 m, n이 모두 홀수이면 $\phi\left(\frac{n}{m}\right)=0$이다. 임의의 홀수 m에 대해서

$$\phi\left(\frac{x}{m}\right)=\phi(x)+\phi\left(\frac{1}{m}\right)=\phi(x)+0=\phi(x)$$

이므로 만일 $\phi(x)=0$이면 결국 $\phi(\mathbb{Q}^+)=0$이 되어버린다. (m, n 둘다 짝수인 경우는 없다.)

3) $\phi(1)=0$이므로 $\phi(2^0)=0$이다.

위의 사실에서 ϕ: $(\mathbb{Q}^+, \times) \to (\mathbb{Z}, +)$를 다음과 같이 정의하자.

$\dfrac{n}{m} \in \mathbb{Q}^+$를 n, m을 2로 계속 나누어 $n=2^t n_1$, $m=2^s m_1$, n_1, m_1은 홀수로 분해한다. 이때 만일 홀수면 $2^0\times$ 홀수로 생각한다. 분자 분모중 한 개는 반드시 이런 꼴이다.

$\dfrac{n}{m}=\dfrac{2^t n_1}{2^s m_1}=2^{t-s}\dfrac{n_1}{m_1}$ 꼴이므로 $\phi\left(\dfrac{n}{m}\right)=t-s$로 한다.

실제로 m이 홀수면 $\phi\left(\dfrac{n}{m}\right)=t$, n이 홀수면 $\phi\left(\dfrac{n}{m}\right)=-s$, 둘 다 홀수면 $\phi\left(\dfrac{n}{m}\right)=0$ 이다.

ϕ는 물론 잘 정의됨을 알 수 있다.

이 함수 ϕ는 과연 우리가 구하고자 하는 조건을 만족시키는지 확인해 보자. 우선 임의의 $k\in\mathbb{Z}$에 대해서 $\phi(2^k)=k$이므로 전사이다.

$\dfrac{b}{a}$, $\dfrac{d}{c}\in\mathbb{Q}^+$라고 하고

$$\phi\left(\frac{b}{a}\times\frac{d}{c}\right)=\phi\left(\frac{bd}{ac}\right)=\phi(bd(ac)^{-1})$$

이다. $\dfrac{b}{a}=2^s\dfrac{b_1}{a_1}$, $\dfrac{d}{c}==2^u\dfrac{d_1}{c_1}$ (a_1, b_1, c_1, d_1은 모두 홀수)라고 하면

$$\frac{bd}{ac}=2^{s+u}\frac{b_1 d_1}{a_1 c_1}$$

이므로 $\phi\left(\dfrac{b}{a}\times\dfrac{d}{c}\right)=s+u$이다. 한편 $\phi\left(\dfrac{b}{a}\right)+\phi\left(\dfrac{d}{c}\right)=s+u$이므로 준동형사상이 된다.

마지막으로 $\operatorname{Ker}\phi=\left\{\dfrac{b}{a}\,\middle|\,a, b>0,\ a, b\text{는 홀수}\right\}$임을 보이자.

우선 a, b가 홀수이면 $\phi\left(\dfrac{b}{a}\right)=\phi\left(2^0\dfrac{b}{a}\right)=0$이다. 역으로 $\dfrac{n}{m}\in\operatorname{Ker}\phi$라고 하자.

만일 m, n중 짝수가 있다면(둘다 짝수 일 수는 없다)

$\frac{n}{m}=2^k\frac{n_1}{m_1}(k\neq0,\ n_1,\ m_1$은 홀수)꼴로 나타난다. 따라서

$$\phi\left(\frac{n}{m}\right)=\phi\left(2^k\frac{n_1}{m_1}\right)=k\neq0$$

이 되어 모순이다. 따라서 제1동형사상 정리에 의해서 $\mathbb{Q}^+/H\cong\mathbb{Z}$이다.

17. $\phi: H\to G/K$, $\phi(a)=Ka$라고 하자.

1) $\phi(a)=\phi(b)$라면 $Ka=Kb$이고 따라서 $ab^{-1}\in K$이다. 그런데 $a, b\in H$이므로 $ab^{-1}\in K\cap H$이고 가정에서 $K\cap H=\{e\}$이므로 결국 $ab^{-1}=e$, 즉 $a=b$가 되어 ϕ는 단사이다.

2) ϕ는 준동형사상은 당연하다.

3) 임의의 $Kg\in G/K$에 대해서 $g\in G=HK$이므로 $g=ab$, $a\in H$, $b\in K$로 쓸 수 있다. $b\in K$이고 K는 G의 정규부분군이므로 $bK=Kb=K$이다. 따라서

$$\phi(a)=Ka=aK=a(bK)=gK=Kg$$

이므로 ϕ는 전사이다. 따라서 $H\cong G/K$가 된다.

18. **참고** S_4의 임의의 원소는 위수가 4이하이다. 구체적으로 살펴보면

1) 위수가 4인 것은 $(a\ b\ c\ d)$꼴인데 모두 $3!=6$개이고 기치환.

2) 위수가 3인 것은 $(a\ b\ c)$꼴인데 모두 ${}_4C_3\times2=8$개이고 우치환.

3) 위수가 2인 것은 $(a\ b)$꼴, ${}_4C_2=6$개이고 기치환인 경우와

$$(a\ b)(c\ d)\text{꼴},\ \frac{{}_4C_2}{2!}=3\text{개이고 우치환인 경우.}$$

4) 위수가 1인 것은 항등원 1개이다. 물론 우치환.

(1) K는 위수가 2 이하인 우치환의 집합, 즉 $K=\{x\in S_4\mid x\text{는 우치환},\ |x|\leq2\}$이다. $x\in K$는 $x=x^{-1}$이므로 $K\cong V$가 됨을 쉽게 알 수 있다. 따라서 K는 G의 부분군이 되고 임의의 $x\in K$, $g\in G$에 대해서 $|gxg^{-1}|=|x|\leq2$, gxg^{-1}는 우치환이므로 $gxg^{-1}\in K$가 되어 K는 G의 정규부분군이다.

(2) $|G/K|=6$, G/K는 아벨군이 아니다. 따라서 $G/K\cong S_3$이다.

참고 S_5의 원소의 위수를 살펴보면

1) 위수가 1인 것은 항등원 1개.
2) $(a\ b)$꼴은 모두 ${}_5C_2 \times \frac{1}{2} = 10$개.
3) $(a\ b\ c)$꼴은 모두 ${}_5C_3 \times 2! = 20$개.
4) $(a\ b)(c\ d)$꼴은 모두 $({}_5C_2 \times {}_3C_2) \times \frac{1}{2!} = 15$개.
5) $(a\ b\ c)(d\ e)$꼴은 모두 ${}_5C_3 \times 2! = 20$개.
6) $(a\ b\ c\ d\ e)$꼴은 모두 $4! = 24$개.
7) $(a\ b\ c\ d)$꼴은 모두 ${}_5C_4 \times 3! = 30$개.

이중 우치환은 1), 3), 4), 6)이고 나머지는 가치환이다.

각각의 위수를 살펴보면 위수가 2인 것은 2), 4), 위수가 3인 것은 3), 위수가 4인 것은 7), 위수가 5인 것은 6), 위수가 6인 것은 5)이다.

마찬가지로 해서 A_5를 살펴보면 5개의 켤레를 가진다. (계산법은 [4], 부록 35장 참조).

각 켤레류의 개수는 1, 20, 15, 12, 12개이다.

G가 유한군, N이 G의 정규부분군이면

$$N = \sum_{a \in N} \bar{a},\ \bar{a}\text{는 } a\text{의 켤레류}$$

이고 $|N|\,|\,|G|$이므로 S_5의 정규부분군은 e, A_5, S_5 밖에 없다. 또 A_5의 정규부분군은 e, A_5밖에 없음을 알 수 있다.

19.

$$\pi_1 : G \to G/A,\ \pi_1(x) = Ax,\quad \pi_2 : H \to H/B,\ \pi_2(x) = Bx$$

를 각각 G, H에서의 전형적 전사라고 하자.

$$\phi : G \times H \to G/A \times H/B,\ \phi(a,\ b) = (\pi_1(a),\ \pi_2(b))$$

즉 $\phi = \pi_1 \times \pi_2$라고 하면 π_1, π_2가 각각 전사인 준동형사상이므로 ϕ도 전사인 준동형사상이 됨을 알 수 있다. ϕ의 핵을 구해보자. $(a,\ b) \in \mathrm{Ker}\ \phi$라면 $\phi(a,\ b) = (A,\ B)$이다. 그런데

$$\phi(a,\ b) = (\pi_1(a),\ \pi_2(b)) = (Aa,\ Bb)$$

이므로 $A=Aa$, $B=Bb$에서 $a\in A$, $y\in B$이다. 따라서 $\text{Ker}\,\phi\subset A\times B$이다. 역으로 $(x, y)\in A\times B$라면 $x\in A$, $y\in B$이므로 $Ax=A$, $By=B$이고 따라서 $\phi(x, y)=(A, B)$는 $G/A\times H/B$에서 항등원이므로 $(x, y)\in\text{Ker}\,\phi$이다. $\text{Ker}\,\phi=A\times B$이므로 동형사상정리에서

$$(G\times H)/A\times B\cong(G/A)\times(H/B)$$

이다.

20. $f: S_3\to\mathbb{Z}_2$, f(우치환)$=\bar{0}$, f(기치환)$=\bar{1}$라고 하면 된다.

21. J는 K의 정규부분군이므로 $\pi: K\to K/J$는 자연적 투사(전형적 전사)가 존재한다. $\phi: G\to K$는 전사인 준동형사상이므로 합성함수 $\pi\phi: G\to K/J$는 역시 전사인 준동형사상이다. $\text{Ker}(\pi\phi)=H$라고 하면 동형사상 정리에서 $G/H\cong K/J$이고 H는 G의 정규부분군이다.

22. H는 G의 부분군, $\text{Ker}\,\phi\subset H$라고 하자. $g\in G$, $a\in H$라고 하면 K는 아벨군이므로

$$\phi(gag^{-1}a^{-1})=\phi(g)\phi(a)\phi(g)^{-1}\phi(a)^{-1}=e$$

이고 따라서 $gag^{-1}a^{-1}\in\text{Ker}\,\phi\subset H$이다. 그런데 $gag^{-1}\in Ha=H$이므로 따라서 H는 G의 정규부분군이 된다.

23. (1) $f: G/N\to K$, $f(Na)=\phi(a)$라고 하자.

1) 만일 $Na=Nb$이면 $ab^{-1}\in N\subset\text{Ker}\,\phi$이다. 따라서 $\phi(ab^{-1})=e$이므로 $\phi(a)=\phi(b)$가 되어 f는 잘 정의된다(well-defined).

2) 임의의 $y\in K$에 대해서 $\phi: G\to K$는 전사이므로 $\phi(x)=y$인 $x\in G$가 존재한다. 따라서

$$f(Nx)=\phi(x)=y,\ Nx\in G/N$$

이므로 f는 전사이다.

3) $$f[(Na)(Nb)]=f(Nab)=\phi(ab)=\phi(a)\phi(b)=f(Na)f(Nb)$$

이다. 따라서 f는 전사인 준동형사상이다.

24.

$$\phi_g : X \to X,\ \phi_g(aH) = (ga)H$$

인 함수 ϕ_g를 정의한다. 만일 $\phi_g(aH) = \phi_g(bH)$이면 $(ga)H = (gb)H$로부터 $aH = bH$이므로 ϕ_g는 단사이다.

또 임의의 $xH \in X$에 대해서 $\phi_g((g^{-1}x)H) = xH$이므로 ϕ_g는 전사이다. 따라서 $\phi_g \in S_X$가 됨을 알 수 있다. 또

$$\phi_{gh}(aH) = (gha)H = g(haH) = \phi_g(haH) = \phi_g\phi_h(aH)$$

이므로 $\phi_{gh} = \phi_g \cdot \phi_h$이다. 다시 처음으로 돌아가서

$$\phi : G \to S_X,\ \phi(g) = \phi_g$$

로 정의하면 ϕ는 준동형사상이 된다. 제1동형사상정리에서 $G/\text{Ker}\,\phi$는 S_X에 매입된다. $\text{Ker}\,\phi = N$이라고 두면 N은 G의 정규부분군이 되고 $g \in N$면 $\phi_g = 1_X$이므로 임의의 $aH \in X$에 대해서 $\phi_g(aH) = aH$이다. $(ga)H = aH$가 성립한다. 특히 $a = e$라 두면 $gH = H$가 되어 $g \in H$가 된다.

따라서 $\text{Ker}\,\phi = N \subset H$이다. 물론 $[G : H] = |X|$이다.

25. H를 위수가 2인 정규가 아닌 G의 부분군이라고 하면 24번 문제 의해서 $|X| = [G : H] = 5$이다. G의 정규부분군 N가 존재하여 $N \subset H$이고 $|H| = 2$이므로 $N = \{e\}$ 또는 $N = H$이다. 그러나 H는 정규부분군이 아니므로 $N = \{e\}$가 될 수밖에 없다. 따라서 $G \cong G/N$는 S_5에 매입된다.

26. 24번 문제에 의해서 G/N은 S_n에 매입된다. 따라서 라그랑즈의 정리에 의해서 $|G/N| = [G : N]$, $|S_n| = n!$이므로 $[G : N] | n!$이다.

27. 26번 문제에 의해서 $N \subset H$, $[G : N] | p!$인 G의 정규부분군 N이 존재한다. $|G|$를 소인수분해하여 $|G| = pp_1p_2 \cdots p_m$라면 $p \le p_i\ (1 \le i \le m)$이 되고 $|H| = p_1p_2 \cdots p_m$이 된다. $p!$를 소인수분해하여 $p! = pq_1q_2 \cdots q_t$라고 하면 $q_i < p(1 \le i \le t)$가 된다. $k|G| = p!|N|$, $k \in \mathbb{Z}$로 둘 수 있고 따라서 $kpp_1p_2 \cdots p_m = pq_1q_2 \cdots q_t|N|$이다.

p를 양변에서 소거하고 p_i $(1 \leq i \leq m)$는 좌변을 나누므로 우변도 나누어야 한다. 그러나 $q_j < p \leq p_i$, $1 \leq j \leq t$이므로 p_i는 q_j를 나눌 수 없다.
따라서 결국 $p_i \mid |N|$이다. 다시 말하면 $|N|$는 $p_1 p_2 \cdots p_m$의 배수가 된다.
그러나 $|N| \leq |H|$이므로 $|N| = p_1 p_2 \cdots p_m$이 되어 $N = H$가 됨을 알 수 있고 따라서 H는 G의 정규부분군이다.

28. $N \cap K$는 $H \cap K$의 부분군이다. $g \in H \cap K$, $x \in N \cap K$라고 하자. gxg^{-1}는 $g \in K$, $x \in K$이므로 $gxg^{-1} \in K$이다. 또 N은 H의 정규부분군이고 $g \in H$, $x \in N$이므로 $gxg^{-1} \in N$이다. 따라서 $gxg^{-1} \in N \cap K$이므로 $N \cap K$는 $H \cap K$의 정규부분군이다.

29. (1) $A = G/H = \{gH \mid g \in G\}$, $B = K/H = \{gH \mid g \in K\}$, $C = L/H = \{gH \mid g \in L\}$

이므로 $B \subset C \subset A$이다. 또 K는 L의 부부군이므로 B는 C의 부분군이다.
$\bar{g} \in A$, $\bar{x} \in B$라고 하면 $\bar{g} = gH$, $\bar{x} = xH$, $g \in G$, $x \in K$이다.

$$\bar{g}\,\bar{x}\,\bar{g}^{-1} = (gH)(xH)(g^{-1}H) = gxg^{-1}H$$

이고 $x \in K$, K는 G의 정규부분군이므로 $gxg^{-1} \in K$이다. 따라서 $\bar{g}\,\bar{x}\,\bar{g}^{-1} \in B$가 되어 B는 A의 정규부분군이 된다.
마찬가지로 C도 A의 정규부분군이 됨을 증명할 수 있다.

(2)
$$\phi : A/B \to A/C,\ \phi(aB) = aC$$

라고 하면 ϕ는 전사인 준동형사상이 된다. $\mathrm{Ker}\,\phi = C/B$가 됨을 보이자.
$\bar{a} \in \mathrm{Ker}\,\phi$라면 $\bar{a} \in A/B$이므로 $\bar{a} = aB$, $a \in A$이다. $\phi(\bar{a}) = \bar{0} \in A/C$에서 $aC = C$이므로 $a \in C$이다. 따라서 $\bar{a} = aB \in C/B$이다.
역으로 $\bar{a} = C/B$라고 하면 $\bar{a} = aB$, $a \in C$이다. $a \in C$이므로 $aC = C = \bar{0} \in A/C$이고, 따라서 $\phi(\bar{a}) = aC = \bar{0}$가 되어 $\bar{a} \in \mathrm{Ker}\,\phi$가 된다. 제1동형사상 정리에 의해서

$$(A/B)/\mathrm{Ker}\,\phi = (A/B)/(C/B) \cong A/C$$

이다.

30. (1) $\phi(\bar{1}) = \bar{2}$이므로 $\phi(\bar{3}) = 3\bar{2} = \bar{0}$, 따라서 $\phi(\overline{3t}) = 3t\bar{2} = \bar{0}$이다$(t = 0,\ 1,\ 2,\ \cdots)$.

역으로 $\phi(\bar{i})=\bar{0}$라고 하면 $\bar{2}i=\overline{2i}=\bar{0}$이므로 $3|2i$. 그런데 $\gcd(3, 2)=1$이므로 $3|i$이다.

위의 사실에서 $K=\text{Ker}\,\phi=\{\bar{0}, \bar{3}, \bar{6}, \bar{9}\}$이다.

(2)
$$\mathbb{Z}_{12}/K=\{\bar{a}\oplus K|\bar{a}\in\mathbb{Z}_{12}\}=\{K, \bar{1}\oplus K, \bar{2}\oplus K\}$$

실제로 $|\mathbb{Z}_{12}/K|=\dfrac{12}{4}=3$이다.

(3) 원소가 3개인 군은 항상 동형이다. 실제로

$$f: \mathbb{Z}_{12}/K\to\mathbb{Z}_3, f(\bar{i}\oplus K)=\bar{i}$$

로 하면 된다.

31. $\phi(\bar{i})=\bar{0}$라고 하면 $\overline{10}i=\bar{0}\in\mathbb{Z}_{12}$에서 $12|10i$이므로 $6|5i$이다(단, $0\le i<18$). $\gcd(6, 5)=1$이므로 $6|i$에서 $i=0, 6, 12$이다. 따라서

(1) $K=\text{Ker}\,\phi=\{\bar{0}, \bar{6}, \overline{12}\}$이다.

(2) $|\mathbb{Z}_{18}/K|=\dfrac{18}{3}=6$이다. 원소는

$$\{K, \bar{1}\oplus K, \bar{2}\oplus K, \bar{3}\oplus K, \bar{4}\oplus K, \bar{5}\oplus K\}$$

(3) $\phi(\bar{i})=\overline{10}i$, $0\le i<18$이다. 실제로 $\mathbb{Z}_{18}/K\cong\text{Im}\,\phi$이므로 $\text{Im}\,\phi$의 원소는 6개이다. 원소가 6개인 $\mathbb{Z}_{12}$의 부분군은 $\{\bar{0}, \bar{2}, \bar{4}, \bar{6}, \bar{8}, \overline{10}\}$이다.

(4)
$$f: \mathbb{Z}_{18}/K\to\text{Im}\,\phi, f(\bar{i}\oplus K)=\overline{2i}$$

로 하면 된다.

32. $H=\{\bar{0}, \bar{4}, \bar{8}, \overline{12}, \overline{16}, \overline{20}\}=\{\bar{4}t|t\in\mathbb{Z}\}$, $N=\{\bar{0}, \bar{6}, \overline{12}, \overline{18}\}=\{\bar{6}t|t\in\mathbb{Z}\}$이다.

(1)
$$HN=\bar{4}t\oplus\bar{6}s=\{\bar{2}(2t+3s)|t, s\in\mathbb{Z}\}$$

이다. $\gcd(2, 3)=1$이므로 $2x+3y=1$인 $x, y\in\mathbb{Z}$가 있다. 임의의 $n\in\mathbb{Z}$에 대해서 $t=xn$, $s=yn$으로 두면 $2t+3s=2xn+3yn=n$이 되어 결국 $HN=\{\bar{2}n|n\in\mathbb{Z}\}$ 꼴이 되어 $HN=\{\bar{0}, \bar{2}, \bar{4}, \cdots, \overline{22}\}$이다. 물론 H의 원소와 N의 원소를 하나하

나 합쳐서 $\bar{4}\oplus\bar{6}=\overline{10}$, $\cdots$와 같이 계산해도 된다.

$H\cap N=\{\bar{0},\ \overline{12}\}$이다. 실제로 $\bar{x}\in H\cap N$라고 하면 $\bar{x}=\bar{4}i=\bar{6}j$, $i, j\in\mathbb{Z}$는 $\bar{4}$와 $\bar{6}$의 공배수이다. $\mathrm{lcm}(4,\ 6)=12$이므로 $\bar{x}=\overline{12}n$꼴이 된다.

(2) $|HN/N|=\dfrac{12}{4}=3$이다. 원소는 $\bar{g}\oplus N$, $\bar{g}\in HN$꼴이고

$$\bar{a}\oplus N=\bar{b}\oplus N \Leftrightarrow \bar{a}-\bar{b}\in N \Leftrightarrow 6|a-b$$

이므로 $\{N,\ \bar{2}\oplus N,\ \bar{4}\oplus N\}$이다.

(3) $|H/(H\cap N)|=\dfrac{6}{2}=3$이다. 원소는 $\bar{g}\oplus(H\cap N)$, $g\in H$꼴이므로

$$\{H\cap N,\ \bar{4}\oplus(H\cap N),\ \bar{8}\oplus(H\cap N)\}$$

뿐이다. 예를 들면 $\overline{16}-\bar{4}=\overline{12}\in H\cap N$이므로 $\overline{16}\oplus(H\cap N)=\bar{4}\oplus(H\cap N)$이다.

(4) $$f: HN/N\to H/(H\cap N),\ f(\bar{a}\oplus N)=\overline{2a}\oplus(H\cap N)$$

으로 하면 된다.

33. $$H=\{\bar{0},\ \bar{6},\ \cdots,\ \overline{30}\}=\{\bar{6}t|t\in\mathbb{Z}\},\ N=\{\bar{0},\ \bar{8},\ \overline{16},\ \overline{24},\ \cdots\}=\{\bar{8}t|t\in\mathbb{Z}\}$$

이다. 실제로 $|H|=6$, $|N|=\dfrac{36}{\gcd(8,\ 36)}=9$이다. 또 $|\bar{4}|=9$이므로 $\langle\bar{8}\rangle=\langle\bar{4}\rangle$이다.

(1) $$HN=\{\bar{6}t\oplus\bar{8}s|t,\ s\in\mathbb{Z}\}=\{\bar{2}(3t+4s))|t,\ s\in\mathbb{Z}\}$$

이다. 따라서 $HN\equiv\{\bar{2}n|n\in\mathbb{Z}\}$꼴이 되어 $\{\bar{0},\ \bar{2},\ \bar{4},\ \bar{6},\ \cdots,\ \overline{34}\}$이다.

$\bar{x}\in H\cap N$라면 $\bar{x}=\bar{6}t=\bar{8}s$꼴이므로 $\bar{x}$는 $\bar{6}$과 $\bar{8}$의 공배수이므로 $H\cap N=\langle\overline{24}\rangle$가 되어 $H\cap N=\{\bar{0},\ \overline{24},\ \overline{12}\}$이다.

실제로 $|\overline{24}|=\dfrac{36}{\gcd(24,\ 36)}=3$이므로 $H\cap N=\langle\overline{24}\rangle=\langle\overline{12}\rangle$이다.

(2) $|HN/N|=\dfrac{18}{9}=2$이다. 원소는 $\{N,\ \bar{2}\oplus N\}$.

(3) $|H/H\cap N|=\dfrac{6}{3}=2$이다. 원소는 $\{H\cap N,\ \bar{6}\oplus(H\cap N)\}$.

(4) $$f: HN/N\to H/H\cap N,\ f(\bar{i}\oplus N)=\overline{3i}\oplus(H\cap N)$$

으로 하면 된다.

34. $H=\{\bar{0}, \bar{4}, \bar{8}, \overline{12}, \overline{16}, \overline{20}\}$, $K=\{\bar{0}, \bar{8}, \overline{16}\}$ 이다.

(1) $G/H=\{\bar{0}\oplus H, \bar{1}\oplus H, \bar{2}\oplus H, \bar{3}\oplus H\}$.

(2) $G/K=\{K, \bar{1}\oplus K, \bar{2}\oplus K, \cdots, \bar{7}\oplus K\}$.

(3) $H/K=\{K, \bar{4}\oplus K\}$.

(4) $(G/K)/(H/K)=\{\overline{K}, \overline{\bar{1}\oplus K}, \overline{\bar{2}\oplus K}, \overline{\bar{3}\oplus K}\}$ 이다.

예를 들어

$$(\bar{5}\oplus K)-(\bar{1}\oplus K)=\bar{4}\oplus K\in H/K$$

이므로 $\overline{\bar{5}\oplus \overline{K}}=\overline{\bar{1}\oplus K}$가 된다. 물론

$$\overline{\bar{1}\oplus K}=(\bar{1}\oplus K)\oplus H/K=\{\bar{1}\oplus K, \bar{5}\oplus K\}$$

이다.

(5) $$f: G/H\to (G/K)(H/K), f(\bar{i}\oplus H)=\overline{\bar{i}\oplus K}$$

로 하면 된다.

35. $H=\{\bar{0}, \bar{9}, \overline{18}, \overline{24}\}$, $K=\{\bar{0}, \overline{18}\}$ 이다.

(1) $|G/H|=\dfrac{36}{4}=9$, 원소는 $\{H, \bar{1}\oplus H, \bar{2}\oplus H, \cdots, \bar{8}\oplus H\}$.

(2) $|G/K|=\dfrac{36}{2}=18$, 원소는 $\{K, \bar{1}\oplus K, \bar{2}\oplus K, \cdots, \overline{17}\oplus K\}$.

(3) $|H/K|=\dfrac{4}{2}=2$, 원소는 $\{K, \bar{9}\oplus K\}$.

(4) $(G/K)/(H/K)=\{\overline{K}, \overline{\bar{1}\oplus K}, \overline{\bar{2}\oplus K}, \cdots, \overline{\bar{8}\oplus K}\}$ 이다. 원소의 개수는 $\dfrac{18}{2}=9$개다.

(5) $$f: G/H\to (G/K)(H/K), f(\bar{i}\oplus H)=\overline{\bar{i}\oplus K}$$

로 하면 된다. 예를 들면

$$\bar{2}\oplus H=\{\bar{2}, \overline{11}, \overline{20}, \overline{26}\},\ \bar{2}\oplus K=\{\bar{2}, \overline{20}\},\ \bar{9}\oplus K=\{\bar{9}, \overline{27}\},$$

$$\overline{\overline{3}\oplus K} = (\overline{3}\oplus K)\oplus H/K = \{\overline{3}\oplus K,\ \overline{12}\oplus K\} = \{\{\overline{3},\ \overline{21}\},\ \{\overline{12},\ \overline{30}\}\}$$

이다.

36. $\mathbb{Q}/\mathbb{Z}$의 모든 원소의 위수는 유한이다. 그러나 $\mathbb{Q}$의 원소는 $\{0\}$ 외에는 위수가 모두 무한이다. 따라서 $\mathbb{Q}/\mathbb{Z}$와 $\mathbb{Q}$는 동형이 될 수 없다. 구체적으로 증명해 보면 $\theta : \mathbb{Q}/\mathbb{Z} \to \mathbb{Q}$가 동형사상이라고 하자. $q\in\mathbb{Q}$, $q\neq 0$인 q에 대해서 적당한 $\mathbb{Q}/\mathbb{Z}$의 원소 $\bar{r}$가 존재하여 $\theta(\bar{r})=q$가 될 것이다. 그런데 $\bar{r}$의 위수는 유한이므로 $n\bar{r}=\bar{0}$인 정수 $n>0$이 존재한다. 따라서 $\theta(n\bar{r})=nq$, $\theta(\bar{0})=0$이므로 $nq=0$이다. 그러나 $q\neq 0$이므로 이것은 모순이 된다.

37. 문제 14번의 정의에 따라서 S_3'는 S_3의 정규부분군이다. 그런데 S_3의 정규부분군은 $\{e\}, A_3, S_3$뿐이다. ([4], 부록 35장 대칭군의 성질 참조)
$S_3'=\{e\}$이면 14번 (5)에 의해서 S_3가 아벨군이 되므로 안된다. 또 $S_3'=S_3$이면 14번 (3)을 자세히 보면 A_3는 S_3의 정규부분군이고 S_3/A_3는 아벨군이다. 따라서 $S_3'\subset A_3$가 되어야 하므로 모순이다. 결국 $S_3'=A_3$가 될 수 밖에 없다.

38. 1) 임의의 $x, y\in G$에 대해서

$$\theta(xy)=xyay^{-1}x^{-1}a^{-1}=xyay^{-1}(a^{-1}x^{-1}xa)x^{-1}a^{-1}=x(yay^{-1}a^{-1})x^{-1}(xax^{-1}a^{-1})$$

이다. 그런데 $yay^{-1}a^{-1}\in G'\subset Z(G)$이므로

$$x(yay^{-1}a^{-1})=(yay^{-1}a^{-1})x$$

가 되므로 결국

$$\theta(xy)=(yay^{-1}a^{-1})(xax^{-1}a^{-1})=(xax^{-1}a^{-1})(yay^{-1}a^{-1})=\theta(x)\theta(y)$$

가 되어 θ는 준동형사상이 된다.

2) $x\in \mathrm{Ker}\,\theta$라면 $xax^{-1}a^{-1}=e$이므로 $xa=ax$, 즉 $x\in Z(a)$이고 $x\in Z(a)$이면 당연히 $x\in\mathrm{Ker}\,\theta$이다. 따라서 $\mathrm{Ker}\,\theta=Z(a)$가 된다.

39. G/N의 원소를 구해보면 $N=\{e, a^6\}$이므로 G/N의 원소는

$$\bar{e}=Ne=\{e, a^6\}=\overline{a^6}, \quad \bar{a}=Na=\{a, a^7\}=\overline{a^7}, \quad \overline{a^2}=Na^2=\{a^2, a^8\}=\overline{a^8},$$
$$\overline{a^3}=Na^3=\{a^3, a^9\}=\overline{a^9}, \quad \overline{a^4}=Na^4=\{a^4, a^{10}\}=\overline{a^{10}}, \quad \overline{a^5}=Na^5=\{a^5, a^{11}\}=\overline{a^{11}}$$

이다. 한편 $M=\{e, a^2, a^4, a^6, a^8, a^{10}\}$ 이므로

$$M/N=\{\bar{e}, \overline{a^2}, \overline{a^4}\}=\{\{e, a^6\}, \{a^2, a^8\}, \{a^4, a^{10}\}\}$$

이다. $|G/N|=6$, $|M/N|=3$이고 M/N은 G/N의 정규부분군이다.
또 $(G/N)/(M/N)$의 원소를 살펴보면 우선 위수는 2이고

$$\bar{\bar{e}}=(M/N)\bar{e}=\{\bar{e}, \overline{a^2}, \overline{a^4}\}, \quad \bar{\bar{a}}=(M/N)\bar{a}=\{\bar{a}, \overline{a^3}, \overline{a^5}\}$$

이다.

$$\bar{\bar{a}}\,\bar{\bar{a}}=(M/N)\overline{a^2}=\{\overline{a^2}, \overline{a^4}, \overline{a^6}\}$$

인데

$$\overline{a^6}=Na^6=\{e, a^6\}=N=\bar{e}$$

이므로, 결국 $\bar{\bar{a}}\,\bar{\bar{a}}=\bar{\bar{e}}$가 됨을 알 수 있다. 실제로 $(G/N)/(M/N)=\langle\bar{\bar{a}}\rangle$는 위수 2인 순환군이다.
한편 G/M을 살펴보면 $M=\{e, a^2, a^4, a^6, a^8, a^{10}\}$ 이므로

$$\bar{e}=Me=M, \ \bar{a}=Ma=\{a, a^3, a^5, a^7, a^9, a^{11}\}, \ \overline{a^2}=Ma^2=M=\bar{e}$$

이다. 따라서 $G/M=\langle\bar{a}\rangle$인 위수 2인 순환군이다.

$$G/M\cong(G/N)/(M/N)$$

은 당연한 결과이다.

40. 제2동형사상 정리에 의해서

$$HA_n/A_n\cong H/(H\cap A_n)$$

이다. $H=\{e, a\}$ 이고 a는 기치환이므로 $|H\cap A_n|=1$이다. 따라서 $|HA_n/A_n|=2$이므로 위수 2인 순환군이다.

41. $H \cap N = K$으로 두면 K은 H의 정규부분군이다. 또 제2동형사상 정리에 의해서

$$H/K = H/(H \cap N) \cong HN/N$$

이다. 그런데 HN/N은 G/N의 부분군이고 G/N이 아벨군이므로 HN/N도 아벨군이다. 따라서 H/K은 아벨군이다. $K \subset N$이므로 K은 당연히 아벨군이다.

42. $G = S_3$, $H = A_3$라고 하면 G는 비아벨군, $|H| = 3$이므로 H는 아벨군이다.
또 $|G/H| = 2$이므로 H는 G의 정규부분군이고 또 $|G/H| = 2$이므로 G/H는 아벨군이다.

$$sgn : S_3 \rightarrow (\{-1, 1\}, \times), \ sgn(\theta) = \begin{cases} \theta\text{가 기치환이면} & -1 \\ \theta\text{가 우치환이면} & 1 \end{cases}$$

라고 하면 sgn은 전사인 준동형사상이고 $\mathrm{Ker}(sgn) = A_3 = H$이므로 모든 조건을 충족시킨다.

13 여러 가지 동형사상 (More on Isomorphisms)

연습문제

1. G는 아벨군이다. $H=\{x^2 | x \in G\}$, $K=\{x \in G | x^2=e\}$이다.
   (1) $f : G \to H$, $f(x)=x^2$은 전사인 준동동형사상임을 보여라.
   (2) $\text{Ker}\, f$를 구하여라.
   (3) $H \cong G/K$를 증명하라.

2. G, H는 군, I는 G의 정규부분군, K는 H의 정규부분군이다.
   (1) $f : G \times H \to G/I \times H/K$, $f(a, b)=(Ia, Kb)$는 전사인 준동형사상임을 보여라.
   (2) $\text{Ker}\, f$를 구하여라.
   (3) $(G \times H)/(I \times K) \cong G/I \times H/K$임을 증명하라.

3. $f : \mathbb{R} \to \mathbb{C}^*$, $f(x) = \cos x + i \sin x$이다.
   (1) $f(x+y) = f(x)f(y)$임을 보여라.
   (2) $\mathrm{Im} f$을 구하라.
   (3) $\mathrm{Ker} f = \{2n\pi \mid n \in \mathbb{Z}\} = \langle 2\pi \rangle$임을 보여라.
   (4) 만일 $g(x) = \cos 2\pi x + i \sin 2\pi x$이면 $\mathrm{Ker}\, g$를 구하여라.

4. 다음 성질을 만족시키는 준동형사상은 모두 몇 개인가?
   (1) $f : \mathbb{Z}_{12} \to \mathbb{Z}_5$는 전사
   (2) $f : \mathbb{Z}_{12} \to \mathbb{Z}_6$
   (3) $f : \mathbb{Z}_{12} \to \mathbb{Z}_6$는 전사
   (4) $f : \mathbb{Z}_{12} \to \mathbb{Z}_{16}$
   (5) $f : \mathbb{Z}_{12} \to \mathbb{Z}_{14}$

5. G는 유한군이고 T는 G의 자동사상이고 $T(x) = x$일 필요충분조건은 $x = e$이다.
   (1) 임의의 $g \in G$는 $g = T(x)x^{-1}$꼴로 쓸 수 있음을 증명하여라.
   (2) $T \circ T = 1_G$이면 G는 아벨군임을 보여라.

A 6. G는 유한군이고 T는 G의 자동사상으로 G의 원소의 3/4 이상$\left(> \frac{3}{4}|G|\right)$을 그 원소의 역원으로 보낸다. 모든 $x \in G$에 $T(x) = x^{-1}$이고 G는 아벨군임을 보여라.

B 7. 위의 문제 6에서 G의 원소의 오직 3/4만을 그 역원으로 보내면 G는 아벨군이 안 되는 경우도 있는가?

8. 위수가 3 이상인 원소가 존재하는 유한군은 2개 이상의 자동사상을 가짐을 보여라.

9. G는 유한군, H는 G의 부분군, $[G : H] = 2$, $H = \{x \in G \mid |x| \neq 2\}$이다. 다음을 증명하여라.
   (1) $x \notin H$, $y \in H$면 $xy \notin H$이다.
   (2) $x \notin H$, $y \notin H$면 $xy \in H$이다.
   (3) H는 위수가 홀수이다.
   (4) H는 G의 아벨부분군이다.

A 10. φ는 Euler함수이다. $n \mid \varphi(a^n - 1)$임을 증명하여라. (단, $a > 1$인 정수)

11. T는 G의 자동사상이다. $T(Z(G)) \subset Z(G)$를 증명하여라.

12. H, K는 G의 부분군이고 H는 K의 정규부분군이다. K는 $N(H)$의 부분군임을 보여라.

13. $a \in G$이고 a의 켤레인 원소는 단 2개이다. $N \neq \{e\}$인 정규부분군을 찾아라.

14. $N = \{\theta \in S_4 | \theta(4) = 4\}$이다. N은 S_4의 정규부분군이 되는가?

15. $S_n (n > 2)$에서 $Z(S_n) = \{e\}$임을 보여라.

16. N은 G의 정규부분군. $[G : N]$은 유한, H는 G의 부분군, $|H|$는 유한, $\gcd([G : N], |H|) = 1$이다. H는 N의 부분군임을 보여라.

17. $\mathrm{Inn}(G) = \{f : G \to G | f$는 G의 내자동사상$\}$이면 $\mathrm{Inn}(G)$는 $\mathrm{Aut}\ G$의 정규부분군이 됨을 보여라.

18. $\mathbb{Z}_6$에서 자동사상은 되나 내자동사상이 아닌 함수 f를 찾아라.

19. G는 유한군이다. $\gcd(n, |G|) = 1$이면 임의의 $g \in G$는 $g = x^n$, $x \in G$꼴로 표시됨을 보여라.

20. $\theta : G \to K$는 전사인 준동형사상, K는 아벨군이다. H가 $\ker\theta$를 포함하는 G의 부분군이면 H는 G의 정규부분군임을 보여라.

21. $|G| = pn$, $p > n$, p는 소수이다. H가 위수 p인 G의 부분군이면 H는 G의 정규부분군이 됨을 보여라.

B 22. $|G| = p^n$ (p는 소수), N은 G의 정규부분군이고 $|N| = p$이다. $N \subset Z(G)$를 보여라. (류방정식 이용)

23. 문제 22번을 이용하여 위수가 p^2(p는 소수)인 군은 아벨군임을 보여라.

24. 위수가 $2p$(p는 소수)인 군 G는 반드시 위수가 p인 부분군을 가짐을 보이고 또 이 부분군은 G의 정규부분군이 됨을 보여라.

25. G는 아벨군, $|G|=pq$, $p\neq q$는 소수이다. G는 순환군이 됨을 보여라.

26. $|G|=pq$, $p\neq q$는 소수이다. $|H|=p$, $|K|=q$인 G의 정규부분군 H, K가 존재하면 G는 순환군임을 보여라.

27. $|G|=p^2$, H는 G의 부분군, $|H|=p$(p는 소수)이면 H는 G의 정규부분군임을 보여라.

28. $n\geq 5$이면 $S_n'=A_n$임을 보여라. (여기서 S_n'은 S_n의 교환자부분군이다.)

29. p는 소수이고 $|G|$의 약수면 $|a|=p$인 원소 $a\in G$가 존재함을 다음과 같이 증명하라. $Z(G)$는 G의 중심, $C(a)$는 G의 중심화군, $[G:C(a_i)]=k_i$

$$|G|=|Z(G)|+k_1+k_2+\cdots+k_n,\quad ki\geq 2$$

은 G의 류방정식이다.

(1) $|G|=k$라고 하고 위수가 k보다 작은 군에서는 위의 정리가 성립한다고 가정한다.

(2) p가 어떤 k_i의 약수가 아니면 정리가 성립한다.

(3) p가 모든 $k_i(1\leq i\leq n)$의 약수면 p는 $Z(G)$의 약수이다.

30. $|G|=p^k$이면 $|N|=p^m$, $1\leq m\leq k$인 G의 정규부분군 N이 존재함을 다음과 같이 증명하라. $|G|=p^k$라 하고 위수가 p^k 보다 작은 군에서는 위의 정리가 성립한다고 가정한다.

(1) $|a|=p$인 $a\in Z(G)$가 존재한다.

(2) $\langle a\rangle$는 G의 정규부분군이다.

(3) $G/\langle a\rangle$의 위수는 p^{k-1}이다.

(4) 따라서 G는 위수 p^m인 정규부분군을 가진다.

31. G는 유한아벨군이고 $|a|$는 모든 $x\in G$에 대해서 $|x|$의 배수이다. $H=\langle a\rangle$라고 하

면 임의의 $x \in G$에 대해서 $y \in Hx$이고 $|y| = |Hx|$인 $y \in G$가 존재함을 보이고자 한다.

(1) $x \in G$, $|a| = t$, $|x| = s$, $|Hx| = r$라고 하면 r은 $x^r \in H$가 되는 최소의 양수임을 보여라.

(2) r은 s의 약수, s는 t의 약수임을 보여라. 따라서 $s = ru$, $t = sv$ 꼴이다.

(3) $x^r = a^m$라 두면 $a^{mu} = e$이고 m은 rv의 배수임을 보여라.

(4) $y = xa^{-\frac{m}{r}}$으로 두면 $Hx = Hy$, $|y| = r$임을 보여라.

(5) 임의의 잉여류 $Hx \in G/H$에 대해서 Hx의 위수와 같은 위수를 가지는 원소 $y \in Hx$가 존재함을 보여라.

제13장 여러 가지 동형사상 연습문제 풀이

1. (1) 임의의 $a, b \in G$에 대해서

$$f(ab) = (ab)^2 = a^2b^2 = f(a)f(b)$$

이므로 f는 준동형이다. 또 전사는 H의 성질로부터 당연하다.

(2) $f(a) = e$일 필요충분조건은 $a^2 = e$이고 이것은 $a \in K$를 의미한다. 따라서 $\operatorname{Ker} f = K$가 된다.

(3) 동형사상정리에서 $G/K \cong H$이다.

2. (1) $\pi_1 : G \to G/I$, $\pi_2 : H \to H/K$를 전형적 전사라고 하면

$$f : G \times H \to G/I \times H/K,\ f(a, b) = (Ia, Kb)$$

는 $f = \pi_1 \times \pi_2$로 볼 수 있다. 각각이 전사인 준동형이므로 f도 전사인 준동형이다.

(2)
$$\operatorname{Ker} f = \operatorname{Ker} \pi_1 \times \operatorname{Ker} \pi_2 = I \times K$$

(3) 동형사상정리에서 $(G \times H)/(I \times K) \cong G/I \times H/K$이다.

3. 우선 $f(x)$는 편각이 x이고 길이가 1인 복소수임을 알 수 있다.

(1) $f(x+y)$는 편각이 $x+y$이고 길이가 1인 복소수이므로 이것은 편각이 각각 x, y인 단위길이의 복소수의 곱과 같다. 따라서 $f(x+y) = f(x)f(y)$이다.

(2)
$$\operatorname{Im} f = \{\cos x + i \sin x \mid x \in \mathbb{R}\}$$

은 원점이 중심이고 길이가 1인 단위원이다.

(3) $x \in \operatorname{Ker} f$일 필요충분조건은

$$\cos x + i \sin x = 1 \Leftrightarrow \cos x = 1,\ \sin x = 0$$

이고 따라서 이 식을 만족시키는 x는 $x \in \{2n\pi \mid n \in \mathbb{Z}\} = 2\mathbb{Z}\pi = \langle 2\pi \rangle$이다.

(4) 마찬가지로 $\cos 2\pi x + i \sin 2\pi x = 1$을 만족시키는 x를 구하면 된다. $Ker\, g = \{x \mid 2\pi x = 2n\pi,\ n \in \mathbb{Z}\}$이므로 x는 모든 정수이다. 따라서 $\operatorname{Ker} g = \mathbb{Z}$이다.

4. (1) 만일 f가 전사인 준동형사상이면 $\mathbb{Z}_{12}/\mathrm{Ker}\, f \cong \mathbb{Z}_5$인데 5는 12의 약수가 아니므로 이러한 함수는 없다.

(2) $f(\bar{1})=\bar{i}$ 라고 하면 $\bar{0}=f(\overline{12})=\overline{12i}\in\mathbb{Z}_6$. 따라서 $6|12i$이므로 모든 i가 다 가능하다. 따라서 6개

(3) $f(\bar{1})=\bar{i}$ 라고 하면 $\bar{i}$는 $\mathbb{Z}_6$의 생성원이다. 따라서 $\bar{i}$는 $\bar{1}$ 또는 $\bar{5}$로 두 개이다.

(4) $f(\bar{1})=\bar{i}$ 라고 하면 $\mathbb{Z}_{12}$에서 $\overline{12i}=\bar{0}$이므로 $16|12i$이므로 $4|i$이다. 따라서 $i=0,\ 4,\ 8,\ 12$. 네 개이다.

(5) 마찬가지로 $14|12i$인 $0\le i<14$를 구하면 된다. $7|6i$, $\gcd(7,\ 6)=1$이다. 따라서 $i=0,\ 7$ 두 개이다.

5. **힌트** G의 임의의 원소 $g\in G$에 대해서 $g=p(y)$, $y\in G$꼴일 때는 $G\subset\{p(y)|y\in G\}$이다. 또 보통 유한군에서는 $G=\{p(y)|y\in G\}$을 증명하는 데는 $\{p(y)|y\in G\}\subset G$이고 $a\neq b$이면 $p(a)\neq p(b)$을 보이면 된다. 즉 Y가 유한집합이고 $X\subset Y$, $|X|=|Y|$면 $X=Y$이다.

(1)
$$H=\{T(x)x^{-1}|x\in G\}$$

라고 하고

$$f: G\to H,\ f(x)=T(x)x^{-1}$$

라고 정의한다. 만일 $f(x)=f(y)$라면 $T(x)x^{-1}=T(y)y^{-1}$이고 따라서 $T(y^{-1})T(x)=y^{-1}x$이다. $T(y^{-1}x)=y^{-1}x$이므로 따라서 $y^{-1}x=e$가 되어 $y=x$, 즉 f는 단사가 됨을 알 수 있다. 따라서 $|G|\le|H|$이다. 한편 $H\subset G$이므로 $|H|\le|G|$이다. 따라서 $|H|=|G|$이고 $H\subset G$, G는 유한이므로 $H=G$이다.

따라서 임의의 $g\in G$는 $g=T(x)x^{-1}$꼴이 된다.

(2) 임의의 $g\in G$에 대해서 $T(g)=T(x)x^{-1}$꼴이므로 $T\cdot T=1_G$이면

$$g=T\cdot T(g)=T(T(x)x^{-1})=xT(x)^{-1}=(T(x)x^{-1})^{-1}=(T(g))^{-1}$$

즉 $T(g)=g^{-1}$인 함수이다. 따라서 임의의 $a,\ b\in G$에 대해서

$$ab=T((ab)^{-1})=T(b^{-1}a^{-1})=T(b^{-1})T(a^{-1})=ba$$

이다.

6. $$A=\{x \mid T(x)=x^{-1}\}$$

라고 하자. $|G|=n$이라고 하면 $|A|>\frac{3}{4}n$이다. b를 A의 임의의 원소라고 하면 $|bA|=|A|>\frac{3}{4}n$이므로 집합의 성질로부터 $(A\cap bA)^C=A^C\cup(bA)^C$이고 $|A^C|\le\frac{1}{4}n$, $|(bA)^C|\le\frac{1}{4}n$이므로

$$|(A\cap bA)^C|\le\frac{1}{4}n+\frac{1}{4}n=\frac{1}{2}n$$

결국 $|(A\cap bA)|>\frac{1}{2}n$이 성립한다. $g\in A\cap bA$라면 $g=bx$, $x\in A$꼴이 되고

$$T(gb)=T(bxb)=T(b)\,T(x)\,T(b)=b^{-1}x^{-1}b^{-1}=b^{-1}(bx)^{-1}=T(b)T(g)=T(bg)$$

이므로 $gb=bg$가 성립한다. 즉 $A\cap bA\subset Z(b)$이고 $Z(b)$는 G의 부분군이므로 n의 약수이다. $\frac{1}{2}n<|A\cap bA|\le|Z(b)|$,

즉 $|Z(b)|>\frac{1}{2}n$이고 n의 약수이므로 결국 $Z(b)=G$가 될 수밖에 없다. 따라서 임의의 $g\in G$에 대해서 $gb=bg$이므로 $b\in Z(G)$이다. 그런데 b는 A의 임의의 원소이므로 $A\subset Z(G)$이다. $\frac{3}{4}n<|A|\le|Z(G)|$이므로 따라서 $Z(G)=G$가 되어 G는 아벨군이다. 아벨군에서는 A가 G의 부분군이 됨을 쉽게 알 수 있다.
따라서 $A=G$가 되어 모든 $x\in G$에 대해서 $T(x)=x^{-1}$가 성립한다.

7. $T:D_4\to D_4$, $T(x)=x$라고 하면 T는 자동사상이고, D_4의 원소 8개 중 5개는 위수가 2이므로 항등원을 포함한 6개의 원소는 $T(x)=x=x^{-1}$이다.

나머지 2개는 위수가 4이므로 $T(x)=x\ne x^{-1}$이므로 $\frac{3}{4}$만이 역원인 함수값을 가지며 D_4는 아벨군이 아니다.

8. 위수가 3 이상인 원소가 존재하므로 $|G|\ge 3$이다.
   1) G가 아벨군이 아닐 경우는 $Z(G)\ne G$이므로 $I(G)\cong G/Z(G)$로부터 $|I(G)|\ge 2$이다. 따라서 내자동사상은 2개 이상이 된다.
   2) G가 아벨군일 경우는 $\phi:G\to G$, $\phi(x)=x^{-1}$라고 하면 ϕ는 자동사상이다. 또

ϕ는 항등함수가 아님도 당연하다.

9. $A=\{x\in G \mid |x|=2\}$라고 하면 $G=A\cup H$, $A\cap H=\varnothing$이다. 3장 18번과 같이 S_1, S_2를 만들면 $A\cup\{e\}=S_2$, $S_1\cup\{e\}=H$이다.
$|S_1|$은 짝수이므로 $|H|$는 홀수가 된다. 따라서 $|G|=2(2n+1)$꼴이다.
(1) 만일 $xy\in H$면 $x=(xy)y^{-1}\in H$이므로 모순.
(2) 만일 $xy\notin H$면 $\{e, x, y, xy\}$는 G의 부분군이 된다. $4|2(2n+1)$이 되어 모순.
(3) H의 위수는 당연히 홀수이다.
(4) 또 $[G:H]=2$이므로 H는 G의 정규부분군이다.
(1)에서 $a\notin H$면 $aH\subset A$이고 $|aH|=|H|=|A|$이므로 $aH=A$이다.

$$H=aHa^{-1}=aHa=Aa$$

로부터 $x\in H$라 하면 $x=ma$, $m\in A$로 둘 수 있고

$$xax=maax=mx=m(ma)=m^2a=a$$

를 얻을 수 있다. 따라서 임의의 $x\in H$, $a\in A$에 대해서 $xa=ax^{-1}$가 성립한다.
$x, y\in H$라고 하면 $(xy)a=a(xy)^{-1}$이고 한편

$$x(ya)=x(ay^{-1})=(xa)y^{-1}=ax^{-1}y^{-1}$$

따라서 $(xy)^{-1}=x^{-1}y^{-1}$가 되어 $xy=yx$를 얻는다.

10. [9] D. M. Burton 참조.

11. $x\in Z(G)$, $g\in G$라고 하자. T는 전단사함수이므로 $T(a)=g$인 $a\in G$가 존재한다.

$$gT(x)g^{-1}=T(a)T(x)T(a^{-1})=T(axa^{-1})=T(x)$$

따라서 $gT(x)=T(x)g$이므로 $T(Z(G))\subset Z(G)$가 된다.

12. $N(H)=\{x\in G \mid xH=Hx\}$인 집합이다. $x\in K$라고 하면 H는 K의 정규부분군이므로 $xH=Hx$가 성립한다. 따라서 $x\in N(H)$. 즉 $K\subset N(H)$이다.

13. $\bar{a}=\{gag^{-1}|g\in G\}$는 모두 a와 켤레인 원소이다. $\bar{a}=\{a, b\}$라고 두자. 물론 $a\neq b$이다. G의 부분군 $C(a)=\{x|xa=ax\}$에 대해서 살펴보면 $[G:C(a)]=|\bar{a}|$임을 류방정식에서 쉽게 알 수 있다. 따라서 $C(a)$는 G의 정규부분군이다. 또 $a\neq e$, $a\in C(a)$이므로 $C(a)\neq e$이다.

14. $N\cong S_3$임은 쉽게 알 수 있다. 따라서 $|N|=6$이다. 그러나 $(1, 4)(1, 2)(1, 4)=(2, 4)$가 되어 정규부분군은 되지 않는다. 물론 부분군이 됨은 당연하다.

15. $\phi\in Z(S_n)$, $\phi(1)\neq 1$이라고 하자. $\phi(1\ 2)=(1\ 2)\phi$이다. 만일 $\phi(1)\neq 2$이면

$$[\phi(1\ 2)](1)=\phi(2),\ [(1\ 2)\phi](1)=\phi(1),$$

이 되어 모순이다. 따라서 $\phi(1)=2$이다. 또 $\phi(1\ 3)=(1\ 3)\phi$이므로, 마찬가지로 생각하면 $\phi(1)=3$이 된다. 즉 $\phi(1)\neq 1$이면 $\phi(1)=2$, $\phi(1)=3$이 되므로 모순이다. 결국 $\phi(1)=1$이 됨을 알 수 있다.
임의의 $1\leq i\leq n$에 대해서도 같은 방법으로 $\phi(i)=i$가 됨을 쉽게 증명할 수 있다. 따라서 ϕ는 항등함수가 되어 $Z(S_n)=\{e\}$가 성립한다.
보다 세련된 증명법은 8장 연습문제 29의 풀이에 있다.

16. 만일 $H\not\subset N$이라면 $a\in H$, $a\notin N$인 원소 $a\in G$가 존재한다. G/N에서 라그랑즈의 정리에 의해서 $[G:N]=t$라고 하면 $(aN)^t=N$이 된다.
다시 말하면 $a^t\in N$이다. 한편 $a\in H$이므로 $a^{|H|}=e$가 됨은 당연하다.
한편 $\gcd(t, |H|)=1$이므로 $mt+n|H|=1$인 정수 m, n이 존재한다. 따라서

$$a=a^{mt}a^{n|H|}=(a^t)^m\in N$$

이 되어 모순이다. 따라서 $H\subset N$이 됨을 알 수 있다.

다른 방법

제2동형사상 정리에 의해서 $H/(H\cap N)\cong HN/N$이므로

$$[H:H\cap N]=[HN:N]$$

이다. 또 $N\subset HN\subset G$이므로 $[G:N]=[G:HN][HN:N]$이기 때문에 $[G:N]$은

$[H : H\cap N]$의 배수가 된다. 따라서 $[G : N]=\dfrac{|H|}{|H\cap N|}t$로 쓸 수 있고

$$[G : N]\times|H\cap N|=|H|t$$

이므로 $|H|$는 $[G : N]\times|H\cap N|$의 약수이다. 그런데 $|H|$와 $[G : N]$은 서로소이므로 $|H|$는 $|H\cap N|$의 약수가 될 수밖에 없고 이 말은 $H=H\cap N$이라는 말이다. 따라서 $H\subset N$이다.

17. $f\in \mathrm{Aut}\,G$, $\phi_g\in I(G)$라고 하면 임의의 $x\in G$에 대해서

$$(f\phi_g f^{-1})(x)=f(gf^{-1}(x)g^{-1})=f(g)xf(g)^{-1}=(\phi_{f(g)})(x)$$

따라서 $f\phi_g f^{-1}=\phi_{f(g)}\in I(G)$이므로 $I(G)$는 $\mathrm{Aut}\,G$의 정규부분군이다.

18. $$\phi : \mathbb{Z}_6\to\mathbb{Z}_6,\ \phi(\bar{1})=\bar{5},\ \phi(\bar{2})=\bar{4},\ \phi(\bar{3})=\bar{3}\cdots$$

즉 $\overline{6-i}=-\bar{i}$로 정의하면 ϕ는 자동사상이다. 그러나 $\mathbb{Z}_6$은 아벨군이므로 내자동사상은 항등함수 밖에 없으므로 ϕ는 내자동사상이 아니다.

19. $\phi : G\to G$, $\phi(x)=x^n$이라고 하면 ϕ가 단사임을 보이자.
$\phi(a)=\phi(b)$라면 $a^n=b^n$이다. 한편 $\gcd(n, |G|)=1$이므로 $nx+|G|y=1$인 $x, y\in\mathbb{Z}$가 존재한다. 따라서 $(a^n)^x(a^{|G|})^y=a$에서 $a=(a^n)^x$이다. 마찬가지로 $b=(b^n)^x$이므로 $a=b$가 되어 ϕ는 단사이다.
한편 G는 유한군이므로 ϕ는 전사가 된다. 따라서 임의는 $g\in G$는 $\phi(x)=g$인 $x\in G$가 존재하므로 $x^n=g$가 된다.

20. $g\in G$, $h\in H$라고 하자. $\theta(g)\theta(h)=\theta(h)\theta(g)$이므로 $\theta(ghg^{-1}h^{-1})$는 K에서 항등원이다. 따라서 $ghg^{-1}h^{-1}\in \mathrm{Ker}\,\theta\subset H$이므로 $ghg^{-1}\in Hh\subset H$가 되어 H는 G의 정규부분군이다.

21. 임의의 $g\in G$에 대해서 $|gHg^{-1}|=|H|=p$이다. 또 $K=gHg^{-1}$라고 하면 K는 G의 부분군이 됨을 알 수 있다. 만일 $K\neq H$라면

$$|KH| = \frac{|K||H|}{|K\cap H|} = \frac{pp}{1} = p^2 > pn = |G|$$

가 되어 모순이다. 따라서 $gHg^{-1}=H$가 되어 H는 G의 정규부분군이다.

22. 류방정식으로부터 $|Z(G)|$는 p의 배수가 됨을 알 수 있다.
먼저 $|N\cap Z(G)|\geq 2$인 것을 보이자.
임의의 $a\in G$에 대해서 $\bar{a}=\{gag^{-1}|g\in G\}$의 개수는 류방정식으로부터 p^n의 약수가 된다. 또 $a\in N$이면 $\bar{a}\subset N$이 됨도 알 수 있다.
만일 $N\cap Z(G)=\{e\}$이라면 $N=\bigcup_{a\in N}\bar{a}$로 나타낼 수 있으므로

$$N=\{\bar{a}|a\in N-Z(G)\}\cup\{e\}$$

이다. $a\in Z(G)$일 필요충분조건은 $\bar{a}=\{a\}$이므로 $a\notin Z(G)$이면 $|\bar{a}|$는 p의 배수가 된다. 따라서 $p=1+(p$의 배수$)$가 되어 모순이다. 결국 $N\cap Z(G)\neq e$이다.
그런데 $|N|=p$이므로 $|N\cap Z(G)|$는 p의 약수이므로 $|N\cap Z(G)|=p$가 되어 $N\cap Z(G)=N$이 될 수밖에 없다. 결국 $N\subset Z(G)$가 된다.

다른 방법

N는 위수가 소수이므로 순환군이 된다. 따라서 $N=\langle a\rangle$로 두자. 또 N는 정규부분군이므로 임의의 $q\in G$에 대해서 $qaq^{-1}\in N$이므로 $qaq^{-1}=a^t\,(1\leq t\leq p)$로 둘 수 있다. 한편 $q^{p^n}=e$이므로 $p^n=k$로 두면 $q^k=e$이다.

$$\begin{aligned} a &= q^k a q^{-k} \\ &= q^{k-1}(qaq^{-1})q^{-(k-1)} = q^{k-1}a^t q^{-(k-1)} \\ &= (q^{k-1}aq^{-(k-1)})^t \\ &= [(q^{k-2}aq^{-(k-2)})^t]^t \\ &= \cdots \\ &= a^{t^k} \end{aligned}$$

따라서 $p|t^{p^n}-1$이다.

한편 Fermat의 정리에 의해서 $p|t^p-t$이므로 이 사실로부터 $p|t-1$가 되어 따라서 $t=1$이 된다.

$qaq^{-1}=a$이므로 $a\in Z(G)$이다. $N=\langle a\rangle$이므로 $N\subset Z(G)$도 당연하다.

23. $|Z(G)|=p$ 또는 p^2이다. $|Z(G)|=p^2$이면 $G=Z(G)$가 되어 G는 아벨군이다.
$|Z(G)|=p$라고 하자. $a\notin Z(G)$를 취하여 $H=\langle a\rangle$라고 하면 $|H|=p$ 또는 p^2가 된다.
$|H|=p^2$이면 G는 순환군이 되므로 아벨군이다.
$|H|=p$이면 H는 문제 27에서 정규부분군이므로 22번에 의해서 $H\subset Z(G)$이다.
그러나 $a\in H$, $a\notin Z(G)$이므로 불가능하다.

다른 방법

$|H|=p$이면 $|Z(G)H|=\dfrac{|Z(G)|\times|H|}{|Z(G)\cap H|}=p^2$, 따라서 $G=Z(G)H$이므로 임의의 $g\in G$는 $g=ba^m$, $b\in Z(G)$꼴이다. 이 사실로부터 G가 아벨군이 됨을 알 수 있다. 모순

24. 코시 정리에서 위수가 p인 부분군이 존재한다. 또 문제 21에서 이 부분군은 정규부분군이 된다.

다른 방법

만일 모든 $a\neq e\in G$에 대해서 $|a|=2$이면 $a=a^{-1}$이므로 G는 아벨군이 된다. 따라서 끝. 25번 참조.

$a\neq e\in G$, $|a|\neq 2$, $H=\langle a\rangle$라고 하자. H는 위수는 p 또는 $2p$이다.

만일 $|H|=2p$이면 $G=H$는 순환군이 되고 따라서 위수가 p인 부분군이 존재하며 정규부분군이다.

만일 $|H|=p$이면 $[G:H]=2$이므로 H는 정규부분군이 된다.

25. $a\neq e\in G$, $H=\langle a\rangle$라고 하면 $|H|=p$, q 또는 pq이다.
만일 $|H|=pq$이면 G는 순환군이므로 증명은 끝이다.
1) $|H|=p$인 경우

$b\notin H$인 b를 취하여 $K=\langle b\rangle$라고 하면 $|K|=p$ 또는 q이다.

다시 만일 $|K|=p$이면 $|H\cap K|=1$ 또는 p인데 $|H\cap K|=1$이면 $|HK|=p^2$이고 HK는 G의 부분군이므로 $p^2|pq$가 되어 모순이다.

물론 $|H\cap K|=p$이면 $H=K$이므로 될 수 없다.

만일 $|K|=q$이면 $|H\cap K|=1$이 되므로 $HK=G$가 되어 $G\cong H\times K$이다.

따라서 $G \cong \mathbb{Z}_p \times \mathbb{Z}_q \cong \mathbb{Z}_{pq}$가 되어 순환군이다.

2) $|H| = q$인 경우도 1)과 마찬가지로 하면 G는 순환군이 된다.

26. $|H \cap K| = 1$이므로 $|HK| = \dfrac{|H||K|}{|H \cap K|}$로부터 $G = HK$가 된다. 따라서 $G \cong H \times K \cong \mathbb{Z}_{pq}$ 이므로 순환군이다.

27. 모든 $g \in G$에 대해서 $gHg^{-1} = H$가 됨을 보이자.
만일 $gHg^{-1} \neq H$인 $g \in G$가 존재한다면 $g \notin H$이다. $K = gHg^{-1}$라고 하면 $|K| = |H| = p$이고 K는 G의 부분군이다. 또 $K \cap H = \{e\}$이다.
$|KH| = \dfrac{|K||H|}{|K \cap H|}$이므로 $|KH| = p^2$이 되어 $G = KH$가 된다. $g = ab$, $a \in K$, $b \in H$로 쓸 수 있고 또 $a = ghg^{-1}$, $h \in H$꼴이 되므로 결국 $g = ghg^{-1}b$에서 $hg^{-1}b = e$가 되어 $g = (h^{-1}b^{-1})^{-1} = bh \in H$가 되어 모순이다.

28. $[S_n : A_n] = 2$이므로 A_n은 S_n의 정규부분군이고 S_n/A_n은 위수 2인 순환군이므로 아벨군이다. 앞 12장 연습문제 14의 (3)에 의해서 $S_n{}' \subset A_n$이다. 한편 S_n은 아벨군이 아니므로 $S_n{}' \neq \{e\}$이다. 그러나 $S_n{}'$는 S_n의 정규부분군이고 S_n의 정규부분군은 3개뿐이므로 $S_n{}' = A_n$이 된다.

29. $|G| = k$, k는 p의 배수라 하자. 류방정식

$$|G| = |Z(G)| + k_1 + k_2 + \cdots + k_n \quad (k_i \geq 2)$$

에서

1) 모든 $k_i (1 \leq i \leq n)$가 p의 배수이면 $|Z(G)|$도 p의 배수이다. 또 $|Z(G)| \leq k$이다.
만일 $|Z(G)| = k$이면 G가 아벨군이고 이때는 아벨군의 성질에 의해서 G는 위수 p인 원소를 가진다.
만일 $Z(G) < k$이면 가정에 의해서 $Z(G)$는 위수 p인 원소 a를 가지고 $a \in G$이므로 정리는 성립한다.

2) 만일 어떤 k_j가 p의 배수가 아니면 $k_j = [G : C(a_j)]$라 하면 $|C(a_j)|$가 p의 배수가 된다. $|C(a_j)| < k$이므로 따라서 $C(a_j)$는 위수 p인 원소를 가질 것이고 따라

서 정리가 성립한다.

30. $|Z(G)|$는 p의 배수이다(9장 연습문제 1). $Z(G)$는 아벨군이므로 따라서 위수 p인 원소 $a \in Z(G)$가 존재한다. $a \in Z(G)$이므로 $H = \langle a \rangle$는 G의 정규부분군이 됨은 당연하다. $G_1 = G/H$라 두면 $|G_1| = p^{k-1}$이고 따라서 가정에서 G_1은 위수가 $p^i (1 \le i \le k-1)$인 정규부분군 N_1을 가진다.

$\pi : G \to G_1$을 전형적 전사라고 하고 $\pi^{-1}(N_1) = N$라고 하면 N은 G의 정규부분군이고 $|N| = p^{i+1}$이 됨을 알 수 있다. 또 $H = \pi^{-1}(e)$는 위수가 p인 G의 정규부분군이다.

31. (1) $|Hx| = r$이므로 $Hx^r = H$이다. 따라서 $x^r \in H$이다.
만일 $x^t \in H$라면 $Hx^t = H$이고 결국 $(Hx)^t = H$로부터 t는 r의 배수가 된다.
따라서 성립

(2) 가정에서 t는 s의 배수이다. 또 $|x| = s$이므로 $x^s = e$이다. 따라서 $x^s \in H$이고 (1)에 의해서 s는 r의 배수이다.

(3) $x^r \in H = \langle a \rangle$이므로 $x^r = a^m$라 두면 $a^{mu} = x^{ru} = x^s = e$이므로 mu는 $t = sv = ruv$의 배수이다. 따라서 m은 rv의 배수이다.

(4) $y = xa^{-\frac{m}{r}}$로 두면

$$y^r = \left(xa^{-\frac{m}{r}}\right)^r = x^r a^{-m} = e$$

이고, 만일 $y^k = e$라면 $(Hy)^k = H$이다. 그런데 $y \in xH = Hx$이므로 $Hy \subset Hx$이다.
또 $x = a^{\frac{m}{r}} y$이므로 $Hx \subset Hy$도 된다. 따라서 $Hx = Hy$이다.
결국 $(Hx)^k = H$가 되어 $x^k \in H$이고 (1)에 의해서 k는 r의 배수이다. 따라서 $|y| = r$이 됨을 알 수 있다.

(5) 따라서 임의의 $Hx \in G/H$에 대해서 $y \in Hx$, $|y| = |Hx|$이다.

참고 이 문제는 유한 아벨군의 성질을 조사하는 데 이용된다.

14 실로우의 정리와 그 응용 (Sylow theorems and It's Applications)

연습문제

B 1. $|G|=p^n$, $0 \le k \le n$이면 G는 위수가 p^k인 정규부분군을 가짐을 보여라.

2. S_3, S_4, S_5의 실로우 3-부분군과 실로우 2-부분군을 각각 구하여라.

3. p가 소수일 때 위수가 p^2인 군은 항상 아벨군이 됨을 실로우정리를 써서 증명하여라.

4. N은 G의 정규부분군이고, N과 G/N은 모두 p-군이다. G는 p-군임을 보여라.

B 5. G는 유한 p-군이고 $H \neq \{e\}$는 G의 정규부분군이다. $H \cap Z(G) \neq \{e\}$임을 보여라.

6. $p>q$는 모두 소수이고 $|G|=p^n q$이다. G는 지수(index)가 q인 유일한 정규부분군을 가짐을 보여라.

7. 위수가 각각 12, 56, 200인 군은 단순군이 아님을 보여라. (정규 실로우 p-부분군을 가진다.)

8. N은 G의 정규부분군, H는 G의 부분군, $[G:H]$은 유한이다. 만일 $[G:H]$과 $|N|$가 서로소이면 $N\subset H$임을 보여라.

9. 위수가 45인 군은 위수가 9인 정규부분군을 가짐을 보여라.

10. 위수가 1225인 군은 아벨군임을 보여라.

11. 위수가 $(35)^3$인 군은 위수가 125인 정규부분군을 가짐을 보여라.

B 12. K는 G의 실로우 p-부분군이다. $a\in G$의 위수가 p의 거듭제곱이고 $aKa^{-1}=K$이면 $a\in K$임을 보여라.

B 13. G는 위수가 231인 군이다. G의 실로우 11-부분군은 G의 중심에 포함됨을 보여라.

14. G는 위수가 108인 군이다. 위수가 $3^k(k\geq 2)$인 G의 정규부분군이 존재함을 보여라.

A 15. $|G|=pq$이며 $p<q$인 소수이다.

(1) $p\nmid q-1$이면 G는 순환군임을 보여라.

(2) $p\mid q-1$이면 위수가 pq인 비아벨군은 단 한 개뿐임을 보여라.

16. G는 위수 $p^2q(p,\ q$는 소수$)$인 군이다. G는 단순군이 아님을 보여라.

A 17. G는 유한군이고 G의 실로우 p-부분군 A는 G의 중심에 포함된다. $A\cap N=\{e\}$, $AN=G$인 G의 정규부분군 N이 존재함을 보여라.

B 18. A는 G의 실로우 p-부분군이고 $a, b \in Z(A)$이다. $a = xbx^{-1}$인 x가 존재하면 $a = yby^{-1}$인 y가 $N(A)$에 존재함을 보여라.

19. 위수가 168인 단순군에서 위수가 7인 원소는 모두 몇 개인가?

20. (1) 위수가 24인 군은 단순군이 아님을 보여라.
(2) 위수가 6인 군을 모두 구하여라.

21. $|G| = p^n$, H는 G의 부분이고 $|H| = p^m (1 \leq m \leq n)$이다. 임의의 $m \leq k \leq n$에 대해서 $|K| = p^k$, $H \subset K$인 G의 부분군 K가 존재함을 보여라.

B 22. 위수가 p^3(p는 소수)인 아벨이 아닌 군을 구하여라(문제 3번과 비교).

23. G는 유한아벨군이다. 소수 p가 $p \mid |G|$이면 G의 실로우 p-부분군은 유일하게 존재함을 보여라.

24. G는 위수 36인 아벨군이다.
(1) 임의의 $g \in G$에 대해서 $g = ab$, $|a|$는 9의 약수, $|b|$는 4의 약수 꼴로 쓸 수 있음을 보여라.
(2) $G = AB$, $A \cap B = \{e\}$, A는 실로우 2-부분군, B는 실로우 3-부분군으로 나타내어라.

25. $K \subset H \subset G$, K는 H의 정규부분군, H는 G의 정규부분군이다. 만일 K가 H의 p-실로우 부분군이면 K는 G의 정규부분군이 됨을 보여라.

26. 원소가 10개인 군을 모두 구하라.

27. $f : G \to H$는 준동형사상이다. G는 유한군, p는 소수, $p^2 \nmid |G|$, $b \in f(G)$, $|b| = p$면, $|a| = p$인 $a \in G$가 존재함을 보여라.

제14장 실로우의 정리와 그 응용 연습문제 풀이

1. 수학적 귀납법을 써서 증명해 보자.

1) 우선 $|G|=p$이면 당연히 $\{e\}$, G는 G의 정규부분군이므로 성립한다. 다음으로 $|G|=p^2$일 때를 보면 중심 $Z(G)$의 위수는 p 보다 크다. $|Z(G)|=p$이면 $Z(G)$는 G의 정규부분군이므로 증명 끝. 만일 $|Z(G)|=p^2$이면 G는 아벨군이므로 역시 증명 끝.

2) 일반적으로 $|G|=p^{n-1}$일 때 이 성질이 성립한다고 가정하자. 즉 위수가 p^{n-1}인 군에서는 위수가 p^k, $0 \le k \le n-1$인 G의 정규부분군이 존재한다고 가정한다.

3) $|G|=p^n$이라고 하자. $|Z(G)|>1$이므로

$$|Z(G)|=p^t \ (t \ge 1)$$

이다. 또 Cauchy 정리에 의해서 위수가 p인 $Z(G)$의 부분군 N이 존재한다. $N \subset Z(G)$이므로 당연히 N은 G의 정규부분군이다. 따라서

$$|G/N|=p^{n-1}$$

이고 2)의 가정에 의해서 위수가 $p^k (0 \le k \le n-1)$인 G/N의 정규부분군 N_k가 존재한다.
[5] 정리 11.9에도 있지만 G/N의 모든 부분군은 H/N, H는 N을 포함하는 G의 부분군 꼴로 표시되므로

$$N_k = H_k/N, \ H_k\text{는 } N\text{을 포함하는 } G\text{의 부분군}$$

이다. 또 N_k는 G/N의 정규부분군이므로 H_k는 G의 정규부분군이 됨을 쉽게 알 수 있다.

$$p^k = |N_k| = |H_k/N| = \frac{|H_k|}{p}$$

로부터 $|H_k|=p^{k+1}$이 된다. 따라서 위수가 p^{k+1} $(0 \le k \le n-1)$인 정규부분군이 존재한다.
물론 위수가 $p^0=1$인 정규부분군은 $\{e\}$이므로 당연히 존재한다. 따라서 위수

가 $p^k(0 \le k \le n)$인 G의 정규부분군이 존재한다.

2. (1) $|S_3|=6=2\times 3$이다.

실로우 3-부분군은 1개 밖에 없다. 따라서 A_3.

실로우 2-부분군은 실로우 정리에 의해서 1개 또는 3개이다. 실제로 위수가 2인 것은 3개, 즉 순환부분군 $\langle(1\ 2)\rangle$, $\langle(1\ 3)\rangle$, $\langle(2\ 3\rangle$이다.

(2) $|S_4|=4!=2^3\times 3$이다.

실로우 3-부분군은 위수 3인 것을 찾으면 되므로 ${}_4C_3$개,

$$\langle(1\ 2\ 3)\rangle,\ \langle(1\ 2\ 4)\rangle,\ \langle(1\ 3\ 4)\rangle,\ \langle(2\ 3\ 4)\rangle$$

4개가 된다. 실로우 2-부분군은 위수가 8이다.

제3-실로우 정리에 의해서 실로우 2-부분군의 개수는 $2k+1$꼴이고 24의 약수이므로 1, 3이나 D_4는 위수가 8이고 S_4의 정규부분군이 아니므로 결국 3개이다. $\theta=(a\ b\ c\ d)$인 길이 4인 순환이면 $\psi=(b\ d)$라 두면 $|\theta|^4=|\psi|^2=e$이고 $H=\{e, \theta, \theta^2, \theta^3, \psi, \theta\psi, \theta^2\psi, \theta^3\psi\}$는 위수 8인 S_4의 부분군이 된다. 단 $\psi\theta=\theta^{-1}4$. 따라서 길이 4인 순환으로 항상 위수 8인 부분군을 만들 수 있다. 길이 4인 순환은 모두 6개이다. 그러나 길이 4인 순환군은 2개씩 겹치므로 실제로는 3개이다. 즉 $\langle(a\ b\ c\ d)\rangle=\langle(d\ c\ b\ a)\rangle$

자세한 것은 [4], 부록 35장 대칭군의 성질 참조.

(3) $|S_5|=2^3\times 3\times 5$

실로우 3-부분군은 위수가 3인 순환부분군이므로 따라서 길이가 3인 순환으로 생성된다. $(a\ b\ c)$꼴의 순환은 모두 20개이나 $\langle(a\ b\ c)\rangle=\langle(a\ c\ b)\rangle$이므로 결국 10개의 부분군이 생긴다. 실제로 실로우 3-부분군의 개수는 $3k+1$이고 120의 약수이다.

실로우 2-부분군은 위수가 8이다. (2)와 같이 생각해서 D_4와 동형인 것을 구해보면 $(a\ b\ c\ d)$꼴은 30개이나 2개씩 겹치므로 15개가 생긴다. 15는 $2k+1$꼴이고 120의 약수이다.

3. $a\ne e\in G$, $H=\langle a\rangle$라고 하면 $|H|=p$ 또는 p^2이다.

만일 $|H|=p^2$이면 G는 순환군이므로 아벨군이다.

만일 $|H|=p$이면 $[G:H]=p$이고 $[G:H]-[N(H):H]$는 p의 배수이므로 $[N(H):H]>1$이다. 따라서 $N(H)=G$이므로 H는 G의 정규부분군이다. 마찬가지로 $b\notin H$를 취해서 $K=\langle b\rangle$라고 하면 K는 G의 정규부분군이고 $H\cap K=\{e\}$, $HK=G$가 되어 $G\cong H\times K=\mathbb{Z}_p\times\mathbb{Z}_p$가 되어 가환군이다.

4. $a\in G$라고 하자. $Na\in G/N$이고, G/N은 p-군이므로 $|Na|=p^t(t\in Z)$로 둘 수 있다. 따라서 $a^{p^t}\in N$이 된다. 또 N도 p-군이므로 결국 $|a^{p^t}|=p^m(m\in Z)$이 될 것이다. 따라서 $a^{p^{t+m}}=e$이므로 a의 위수는 p^n꼴이 됨을 알 수 있다.

5. (1) 류방정식을 이용하는 방법

$$|G|=|Z(G)|+k_1+k_2+\cdots+k_n \text{ (단 } k_i\geq 2)$$

에서 $k_i=[G:C(a_i)]$이므로 p의 배수이다. 또 $|Z(G)|>1$이다.

한편 H가 G의 정규부분군이면 $\{gag^{-1}|g\in G\}=\bar{a}$에서 $a\in H$면 $\bar{a}\subset H$이다. 따라서

$$k_i=[G:C(a_i)]=|\overline{a_i}|=|\{ga_ig^{-1}|g\in G\}|$$

이므로

$$|H|=k_{i_1}+k_{i_2}+\cdots+k_{i_t}+|H\cap Z(G)|$$

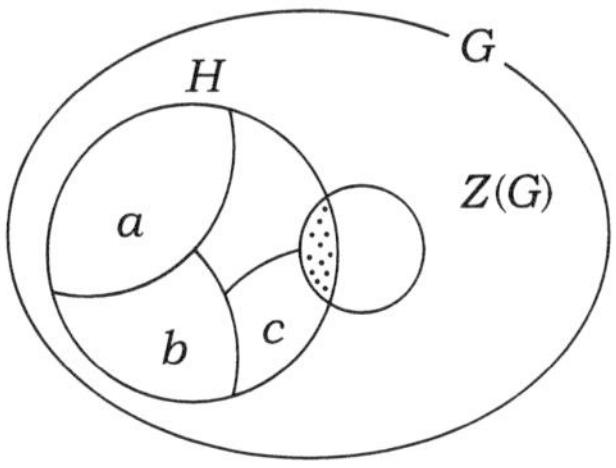

이다. 만일 $H\cap Z(G)=\{e\}$이면 $p^m=pt+1$꼴이 되어 모순이다. 따라서

$$H\cap Z(G)\neq\{e\}$$

이다.

참고 $Z_1 = Z(G)$를 G의 중심이라고 하면 Z_1은 G의 정규부분군이다. 따라서 다시 상군 G/Z_1의 중심 $Z(G/Z_1)$을 생각할 수 있다. $\pi : G \to G/Z_1$은 전형적 전사라고 했을 때 $Z_2 = \pi^{-1}(Z(G/Z_1))$은 G의 정규부분군이 됨을 알 수 있다.

또 $Z_1 \subset Z_2$가 된다. ($g \in Z_1$이라면 $\pi(g) = \bar{g} = gZ_1 = Z_1$은 G/Z_1의 항등원이다. 따라서 $\pi(g) \in Z(G/Z_1)$이 되므로 $g \in Z_2$이다.)

다시 $Z_3 = \pi^{-1}(Z(G/Z_2))$라고 하면 $Z_2 \subset Z_3$이다. 이와 같이 반복하여 G의 정규부분군의 증가 중심열(ascending central series) $e = Z_0 \subset Z_1 \subset Z_2 \subset \cdots\cdots$를 얻을 수 있다. 만일 이 열의 어떤 항이 G 자신이 될 때, 즉 $G = Z_n$이 될 때 군 G를 **멱영군**(nilpotent group)이라고 부른다.

예를 들면 G가 아벨군이면 $Z_1 = G$가 된다.

정리 유한 p-군은 멱영군이다.

증명 $|G| = p^n$이라고 하면 $|Z_1| \neq 1$이므로 $|Z_1| = p^i\,(i \geq 1)$이다. 만일 $G \neq Z_1$이면 $|G/Z_1| = p^{n-i}$이므로 G/Z_1은 p-군이다. 따라서 다시

$$Z(G/Z_1) \neq \{\bar{e}\}$$

이므로 $\bar{g} \neq \bar{e}$, $\bar{g} \in Z(G/Z_1)$인 $\bar{g} \in G/Z_1$가 존재한다.
$\bar{g} = gZ_1 \neq Z_1$이므로 $g \notin Z_1$이다. 한편

$$\pi(g) = \bar{g} \in Z(G/Z_1)$$

이므로 $g \in \pi^{-1}(Z(G/Z_1)) = Z_2$이다. 따라서 $Z_1 \neq Z_2$가 된다. 만일 $G \neq Z_2$이면 이와 같이하여 $Z_2 \neq Z_3$이다. 그런데 G는 유한군이므로 이와 같이 증가 중심열이 진부분집합을 이루며 무한히 항을 가질 수는 없다. 따라서 결국에 가서는 적당한 m째항에서 $G = Z_m$이 되어야 한다.

(2) 멱영군을 이용하는 방법

G는 유한 p-군이므로 앞 정리에서 멱영군이 된다. 따라서 $\{e\} \subset Z_1 \subset Z_2 \subset \cdots \subset Z_n = G$인 열이 존재한다. 각 열의 항과 H의 공통 열을 만들면

$$\{e\} = H \cap \{e\} \subset H \cap Z_1 \subset H \cap Z_2 \subset \cdots \subset H \cap Z_n = H$$

는 e에서부터 시작하여 H에서 끝나는 증가 부분군 열이다. 따라서 어느 항에서

$$H\cap Z_i=\{e\},\ H\cap Z_{i+1}\neq\{e\},\ (1\le i\le n-1)$$

이 되어야 할 것이다.

$a\neq e$, $a\in H\cap Z_{i+1}$이라면 $a\in Z_{i+1}=\pi^{-1}(Z(G/Z_i))$이다.

$$\pi(a)=\bar{a}\in Z(G/Z_i)$$

이므로, 따라서 임의의 $g\in G$에 대해서 $\bar{g}\in G/Z_i$이므로 $\bar{a}\,\bar{g}=\bar{g}\,\bar{a}$가 성립한다.

$\bar{a}\,\bar{g}=\bar{g}\,\bar{a}$로부터 $gag^{-1}a^{-1}\in Z_i$이다. $a\in H$, H는 G의 정규부분군이므로 $(gag^{-1})a^{-1}\in H$이다. 따라서

$$gag^{-1}a^{-1}\in H\cap Z_i=\{e\}$$

즉 $ga=ag$가 되어 $a\in Z(G)$가 된다. $a\in H\cap Z(G)$이므로 $H\cap Z(G)\neq\{e\}$이다.

6. $|N|=p^n$인 부분군 N이 존재한다. N은 G의 실로우 p-부분군이므로 실로우 정리에 의해서 실로우 p-부분군의 개수는 p^nq의 약수이고 $pk+1$ $(k\in Z)$꼴이다. 따라서 개수는 $1, p, p^2, \cdots, p^n, q, pq, \cdots, p^nq$ 중의 하나이다. $p>q$이므로 될 수 있는 것은 1밖에 없다. 따라서 이 부분군 N은 G의 정규부분군이 됨도 쉽게 알 수 있다.

만일 $[G:N_1]=q$인 G의 정규부분은 N_1이 존재한다면 $|N_1|=p^n$이 될 것이다. 그런데 위의 사실에서 위수가 p^n인 정규부분군은 N밖에 없으므로 결국 $N_1=N$이 되어 유일함을 알 수 있다.

7. 1) $|G|=12=2^2\times 3$

위수가 3인 부분군에 대해서 보면 그 개수는 12의 약수이고 $3k+1$꼴이다. 따라서 가능성이 있는 것은 1개 또는 4이다. 마찬가지로 또 위수가 4인 부분군에 대해서 살펴보면 그 개수는 1 또는 3이 됨을 알 수 있다.

어느 경우나 1이면 정규부분군이 되므로 더 이상 필요없다. 따라서 우리는 위수가 3인 것이 4개, 위수가 4인 것이 3개 있다면 어떤 일이 벌어지는지 살펴보자. 위수가 3인 부분군을 K_1, K_2, K_3, K_4라 하고 위수가 4인 부분군을 H_1, H_2, H_3라고 하면 과연 위수 12인 군 속에 이만한 부분군이 있을 수 있을까?

$i\neq j$면 $|K_i\cap K_j|=1$이고 K_i의 항등원을 제외한 원소들은 모두 위수가 3이다.

따라서 위수가 3인 원소는 8개가 존재한다.

또 H_1의 원소는 모두 위수가 $2^i(i=0, 1, 2)$꼴이므로 위수가 1, 2 또는 4인 원소는 최소한 4개(H_1만 계산)이므로 이것만해도 12개다. 그러나 $H_1 \neq H_2$이므로 H_2의 원소도 있고 H_3의 원소도 있으므로 결국 있을 수 없는 일이다.

2) $|G|=56=2^3 \times 7$.

G가 단순군이라고 가정하자.

실로우 7-부분군의 개수는 $7k+1$(k는 정수)꼴이고 56의 약수이므로 1개 또는 8개이다. 그러나 1개이면 정규부분군이 되므로 결국 8개가 존재한다. 이 8개의 실로우 7-부분군은 어느 것도 공통 부분은 항등원 밖에 없다. 따라서 모두 $8\times(7-1)=48$개의 원소가 위수가 7인 원소가 된다.

나머지 원소는 8개다. 실로우 2-부분군의 원소의 개수는 2^3개이고 각 원소의 위수는 $2^i\,(i=0, 1, 2, 3)$이므로 실로우 2-부분군은 1개 밖에 없다.

위의 사실로 결국 G는 단순군이 아님을 알 수 있다.

3) $|G|=200=5^2\times 2^3$

우선 실로우 5-부분군을 보면 그 개수는 $5k+1$꼴이고 200의 약수이므로 1뿐이다. 따라서 실로 5-부분군은 정규부분군이므로 G는 단순군이 아니다.

8. 제2동형사상 정리에 의해서 $HN/H \cong N/(H\cap N)$이므로

$$[HN : H]=[N : H\cap N]$$

이다. 또 $H\subset HN\subset G$이므로 $[HN : H]$는 $[G : H]$의 약수이다. 한편 $|N|$은 $[N : H\cap N]$의 배수이므로 결국 $[N : H\cap N]$은 $[G : H]$와 $|N|$의 공약수가 된다. 그런데 $[G : H]$와 $|N|$은 서로소이므로 $[N : H\cap N]=1$이 되어 $N\subset H$가 된다.

9. $|G|=45=5\times 3^2$

실로우 3 부분군을 살펴보면 그 개수는 $3k+1$이고 45의 약수이므로 결국 한 개 밖에 될 수 없다. 따라서 정리에 의해서 정규부분군이 된다.

10. $1225=5^2\times 7^2$이므로 실로우 5-부분군과 실로우 7-부분군에 대해서 생각해 본다.

먼저 실로우 5-부분군의 개수는 $5k+1$이고 $5^2\times 7^2$의 약수이므로 결국 $k=0$. 즉 1개 밖에 없다. 마찬가지로 실로우 7-부분군의 개수도 1개가 됨을 알 수 있다.

따라서 유일한 실로우 5-부분군 A와 실로우 7-부분군 B는 모두 G의 정규부분군이 된다. $A\cap B=\{e\}$는 너무도 당연.

$|AB|=\dfrac{|A||B|}{A\cap B}$이므로 $|AB|=5^2\times 7^2=|G|$이므로 결국 $G=AB$가 된다. 또 $|A|=5^2$, $|B|=7^2$은 모두 p^2꼴(p는 소수)이므로 각각 아벨군이다. 따라서 $G\cong A\times B$이므로 G는 아벨군이다.

좀 더 자세히 증명해 보면, $x, y\in G$라고 하면

$x=ab$, $y=cd$, a, $c\in A$, b, $d\in B$이므로

$$\begin{aligned} xyx^{-1}y^{-1} &= abcd(ab)^{-1}(cd)^{-1} \\ &= abc(db^{-1})a^{-1}d^{-1}c^{-1} \\ &= abcb^{-1}(da^{-1}d^{-1})c^{-1} \\ &= a(bcb^{-1})c^{-1}da^{-1}d^{-1} \\ &= bcb^{-1}c^{-1}ada^{-1}d^{-1} \end{aligned}$$

이다. 한편 $bcb^{-1}c^{-1}ada^{-1}d^{-1}$는

$$(bcb^{-1})(c^{-1}a)(da^{-1}d^{-1})\in A$$

이고 괄호를 다시하여 $b(cb^{-1}c^{-1})(ada^{-1})d^{-1}\in B$가 된다.

따라서 $A\cap B=\{e\}$이므로 $xyx^{-1}y^{-1}=e$로부터 $xy=yx$가 되어 G는 아벨군이다.

11. $|G|=(35)^3=5^3\times 7^3$

실로우 5-부분군의 개수는 $5k+1$이고 $(35)^3$의 약수이다. 따라서 $k=0$이 되어 결국 정규부분군이 된다.

12. $aKa^{-1}=K$이므로 $N(K)=\{g\in G\,|\,gKg^{-1}=K\}$라고 하면 $a\in N(K)$이다. 물론 $N(K)$는 K의 정규화부분군이다.

$|a|=p^t$라고 하자. 군 $G=N(K)/K$의 원소 Ka의 위수를 구해보면 $|Ka|=n$라고 하면 $(Ka)^{p^t}=Ke=K$이므로 $n|p^t$이다. 따라서 $n=p^i$로 둘 수 있다.

$$S=\langle Ka\rangle\subset N(K)/K$$

는 G의 순환부분군이므로 전형적 전사 $\pi : N(K)\rightarrow N(K)/K$의 S의 역상 $T=$

$\pi^{-1}(S)$는 역시 $N(K)$의 순환부분군이다. $|S|=p^i$이고 K는 실로우 p-군이므로 $|T|=|S||K|$는 p의 거듭제곱이다.

그런데 $T\supset K$이고 K는 p-실로우 부분군이므로 결국 $T=K$가 될 수밖에 없다. 따라서 $|S|=1$이고 결국 $Ka=K$가 되어 $a\in K$이다.

13. $|G|=3\times 7\times 11$

H를 G의 실로우 11-부분군이라고 하면 H는 G의 정규부분군이 됨은 쉽게 알 수 있다. 또 H는 위수가 11이므로 순환군이다.

$H=\langle a\rangle$로 두면 임의의 $g\in G$에 대해서 $gag^{-1}=a^t\,(0\le t<11)$꼴이 된다.

$$\begin{aligned} a=g^{231}ag^{-231}&=g^{230}(gag^{-1})g^{-230}\\ &=g^{230}a^tg^{-230}\\ &=(g^{230}ag^{-230})^t \end{aligned}$$

이와 같이 반복하면 결국 $a=a^{t^{231}}$이고 따라서 $t^{231}\equiv 1\,(\text{mod } 11)$이다. 즉 $11|t^{231}-1$이다. 한편 Fermat의 정리에 의해서 $\gcd(t,\,11)=1$이므로

$$t^{10}\equiv 1\,(\text{mod } 11)$$

이 됨을 알 수 있다. 이 사실로부터

$$t\equiv 1\,(\text{mod } 11)$$

이 된다. 따라서 $t=1$이 되어서 $gag^{-1}=a$이므로 $H\subset Z(G)$이다.

14. $|G|=2^2\times 3^3$

H를 G의 실로우 3-부분군이라고 하면 $|H|=27$이다. 한편 $|G/H|=4$에서 H의 잉여류의 개수는 4이므로 $N\subset H$, $[G:N]|4!$인 G의 정규부분군 N이 존재한다. (일반화된 케일리의 정리)

한편 $[G:N]$은 또 4의 배수이고 108의 약수이므로 $[G:N]=4$ 또는 12이다. 따라서 $|N|=27$ 또는 9이다.

참고 G, H는 군, $\theta:H\to \text{Aut}\,G$는 준동형사상이다. $G\times H$에 연산 $*_\theta$를 다음과 같이 정의한다.

$$(a, b) *_{\theta} (c, d) = (a[\theta(b)](c), bd) \text{ (단 } a, c \in G, b, d \in H)$$

이와 같이 정의하면 항등원은 (e, e')이고 $(a, b)^{-1} = ([\theta(b^{-1})](a^{-1}), b^{-1})$이다. 또 결합 법칙도 성립함을 알 수 있다. 만일 $\theta(H) = 1_G$이면 $[\theta(b)](c) = 1_G(c) = c$이므로 이 연산은 직적이 된다.

이와 같이 두 군 G, H의 곱 $G \times H$에 $*_{\theta}$를 정의하여 만든 군 $(G \times H, *_{\theta})$을 G, H의 **반직적**(semi direct product)이라고 부르고 $G \times_{\theta} H$로 표시한다.

15. (1) [4] 정리 14.12

(2) $\mathbb{Z}_q^* = \{\bar{1}, \bar{2}, \cdots, \overline{q-1}\}$는 q가 소수이므로 $\bar{i} \cdot \bar{j} = \overline{ij}$인 곱연산에 대하여 군이 된다. $|\mathbb{Z}_q^*| = q-1$, $p | q-1$이므로 아벨군의 성질에 의해서 $\mathbb{Z}_q^*$에는 위수가 p인 원소가 존재한다. 그 원소를 $\bar{s}$라고 하면 $1 < s < q$이고 $\bar{s}^p = \bar{1} \in \mathbb{Z}_q^*$이다.

한편 $(\mathbb{Z}_q, \oplus)$의 $\bar{0}$아닌 모든 원소는 생성원이므로 $f : \mathbb{Z}_q \to \mathbb{Z}_q$, $f(\bar{1}) = \bar{s}$는 동형사상이 된다.

$$\theta : (\mathbb{Z}_p, \oplus) \to \text{Aut}(\mathbb{Z}_q, \oplus), \ \theta(\bar{i}) = f^i$$

라고 정의하면 θ는 준동형사상이다. 따라서 $\mathbb{Z}_q \times_{\theta} \mathbb{Z}_p$는 위수가 pq인 군이 된다. 또 정의에 따라서

$$\begin{aligned}(\bar{0}, \bar{1}) *_{\theta} (\bar{1}, \bar{0}) &= (\bar{0} \oplus [\theta(\bar{1})](\bar{1}), \bar{1} \oplus \bar{0}) \\ &= (\bar{0} \oplus \bar{s}, \bar{1}) \\ &= (\bar{s}, \bar{1})\end{aligned}$$

이다. 또 $f^0 \in \text{Aut } \mathbb{Z}_q$는 항등함수이므로

$$\begin{aligned}(\bar{k}, \bar{0}) *_{\theta} (\bar{0}, \bar{1}) &= (\bar{k} \oplus [\theta(\bar{0})](\bar{0}), \bar{1}) \\ &= (\bar{k} \oplus \bar{0}, \bar{1}) \\ &= (\bar{k}, \bar{1})\end{aligned}$$

이다. $k=1$로 두면 $(\bar{1}, \bar{0}) *_{\theta} (\bar{0}, \bar{1}) = (\bar{1}, \bar{1})$, $k=s$면 $(\bar{s}, \bar{0}) *_{\theta} (\bar{0}, \bar{1}) = (\bar{s}, \bar{1})$이다.

$s \neq 1$이므로 $\mathbb{Z}_q \times_{\theta} \mathbb{Z}_p$는 위수가 pq인 비아벨군이다. 이 군을 특히 **범순환군**(meta cyclic group)이라고 부른다. 다음으로

위수가 pq인 비아벨군 G는 모두 동형임을 보이자. 물론 $p|q-1$이다.

이 군 G의 실로우 q-부분군은 G의 정규부분군이다. 이 부분군을 $\langle a\rangle$라고 하고 실로우 p-부분군을 $\langle b\rangle$라고 하면 $G=\langle a\rangle\langle b\rangle$가 됨은 당연하다.(물론 $\langle b\rangle$는 G의 정규부분군이 아님).

$a\in\langle a\rangle$이므로 $bab^{-1}=a^t$인 정수 t가 존재한다$(1<t<q)$. 앞 13번 풀이에서와 같이 하면 $a=b^pab^{-p}=a^{t^p}$이므로 $q|t^p-1$이다. 즉 $\bar{t}^p=\bar{1}\in Z_q^*$ 이다.

지금 $G=\langle a\rangle\langle b\rangle$에서 $\mathbb{Z}_q\times_\theta\mathbb{Z}_p$로의 함수 h를

$$h: G\to\mathbb{Z}_q\times_\theta\mathbb{Z}_p,\ h(a^mb^n)=(\bar{1},\ \bar{0})^m *_\theta(\bar{0},\ \bar{1})^n$$

로 정의하면

$$h(a)=(\bar{1},\ \bar{0}) *_\theta(\bar{0},\ \bar{0})=(\bar{1},\ \bar{0}),\ h(b)=(\bar{0},\ \bar{1})$$

이고 h는 전단사 함수이다. 또 $\bar{t}^p=\bar{s}^p=\bar{1}\in Z_q^*$를 써서 $(\bar{1},\ \bar{0})^t=(\bar{s},\ \bar{0})$가 됨을 알 수 있다. 따라서

$$\begin{aligned} h(ba)&=h(a^tb)\\ &=(\bar{1},\ \bar{0})^t * (\bar{0},\ \bar{1})\\ &=(\bar{s},\ \bar{0}) *_\theta(\bar{0},\ \bar{1})\\ &=(\bar{s},\ \bar{1})\\ &=(\bar{0},\ \bar{1}) *_\theta(\bar{1},\ \bar{0})\\ &=h(b) *_\theta h(a) \end{aligned}$$

가 됨으로 준동형사상이 된다. 따라서 $G\cong\mathbb{Z}_q\times_\theta\mathbb{Z}_p$가 되어 증명이 끝났다.

16. $p>q$일 경우는 6번에서 단순군이 아님이 밝혀졌다. 따라서 여기서는 $p<q$인 경우만 생각한다. 위수가 q인 G의 실로우 q-부분군은 실로우 정리에 의해서 1, p 또는 p^2개다. 1개만 있으면 증명 끝.

만일 p개라면 $qk+1=p(k\in\mathbb{Z})$이 되는데 $p<q$이므로 있을 수 없다. 따라서 p^2개 있다고 가정해 보자. 그러면 위수가 q인 원소는 모두 $p^2(q-1)=p^2q-p^2$개가 됨을 알 수 있다. 즉 전체 원소 p^2q 중에서 나머지 p^2개는 위수가 q가 아니다.

한편 G의 실로우 p-부분군의 원소는 p^2개이므로 결국 G의 실로우 p-부분군은

1개 밖에 없다는 사실을 알 수 있다. 즉 G의 나머지 원소들이 G의 실로우 p-부분군을 만든다.

따라서 G는 단순군이 아니다.

17. 매우 어렵다. 자세한 증명을 알고 싶은 사람은 [15] Dixon의 p.45 참조.

18. 임의의 $g \in A$에 대해서 $ag=ga$, $bg=gb$이므로

$$A \subset N(a) = \{x \in G \mid xa = ax\}$$

임을 알 수 있다. 또 한편

$$(xgx^{-1})a = xg(x^{-1}ax)x^{-1} = x(gb)x^{-1} = x(bg)x^{-1} = x(x^{-1}axg)x^{-1} = a(xgx^{-1})$$

이므로 $xgx^{-1} \in N(a)$, 즉 $xAx^{-1} \subset N(a)$가 됨을 알 수 있다. 그런데 A는 G에서 실로우 p-부분군이므로 xAx^{-1}, A 모두 $N(a)$에서 실로우 p-부분군으로 볼 수 있다. 실로우의 정리에 의해서 ($N(a)$를 전체군으로 생각함) $xAx^{-1} = uAu^{-1}$인 $u \in N(a)$가 존재한다. $u^{-1}xAx^{-1}u = A$이므로 $u^{-1}x \in N(A)$이고

$$(u^{-1}x)b(u^{-1}x)^{-1} = u^{-1}au = a$$

이다. 따라서 $u^{-1}x = y$로 생각하면 된다.

19. $168 = 7 \times 3 \times 2^3$이므로 위수가 7인 G의 부분군은 G의 실로우 부분군이다. 따라서 제3-실로우 정리에 의해서 G의 실로우 7-부분군의 개수는 $7k+1$꼴이고 168의 약수이어야 하므로 1 또는 8개이다. 그런데 1개뿐이면 정규부분군이 되어 단순군이 안된다. 따라서 단순군이라면 개수는 8개이다.

20. (1) $|G| = 24 = 2^3 \times 3$

실로우 2-부분의 개수는 $2k+1$꼴이고 24의 약수이므로 1 또는 3이다. 그러나 이것으로는 정규부분군이 되는지 알 수 없다. H를 G의 실로우 2-부분군이라고 하자. $|H| = 8$이고 앞의 일반화된 케일리의 정리에 의해서 G의 정규부분군 N이 존재해서

$$N \subset H,\ [G : N] \mid 3!$$

이 성립한다. 따라서 $|N|=1, 2, 4, 8$ 중 하나인데 이 중 이 식을 만족시키는 것은 $|N|=4$ 또는 $|N|=8$이다.

따라서 위수가 4 또는 8인 G의 정규부분군이 존재하므로 G는 단순군이 아니다.

(2) 위수가 2인 G의 부분군을 H라고 하면

1) H가 G의 정규부분군인 경우 : 위수가 3인 G의 실로우 3-부분군 K는 항상 G의 정규부분군이다. 따라서 $G=HK$, $H\cap K=\{e\}$이므로

$$G\cong H\times K\cong \mathbb{Z}_2\times\mathbb{Z}_3\cong\mathbb{Z}_6$$

2) H가 G의 정규부분군이 아닐 경우 : H의 G에서의 잉여류의 개수는 3개다. 따라서 일반화된 Cayley의 정리에 의해서 $\phi : G\to S_3$로의 단사인 준동형사상이 존재한다. 그런데 $|G|=6=|S_3|$이므로 결국 ϕ는 동형사상이 되어 $G\cong S_3$가 된다.

21. $|G|=p^n$, $|H|=p^m\,(1\le m<n)$라고 하자. $N(H)\neq H$이므로 $|N(H)/H|$는 p의 배수이다. Cauchy 정리에 의해서 K는 $N(H)/H$의 부분군이고, $|K|=p$가 되는 K가 존재한다. 한편

$$K=H_1/H,\ H\subset H_1\subset N(H)$$

꼴로 나타낼 수 있고 $|K|=\dfrac{|H_1|}{|H|}$이므로 $|H_1|=p^{m+1}$이다. 따라서 $H\subset H_1$, $|H_1|=p^{m+1}$인 G의 부분군 H_1이 존재한다. 또 다시 H_1에 대해서 생각하면 $H_1\subset H_2$, $|H_2|=p^{m+2}$인 G의 부분군 H_2가 존재한다.

이와 같이 수학적 귀납법을 사용하면 임의의 $m\le k\le n$에 대해서 위수가 p^k인 H를 포함하는 부분군이 존재함을 알 수 있다.

22. 1) $$p\text{는 소수},\ G=\{(a,\ b,\ c)\,|\,a,\ b,\ c\in\mathbb{Z}_p\}$$

라고 하자. G에 연산 $*$를 다음과 같이 정의한다.

$$(a,\ b,\ c)*(a',\ b',\ c')=(a\oplus a',\ b\oplus b',\ c\oplus c'-ba')$$

이와 같이 정의한 연산 $*$에 의해서 $(G,\ *)$는 군이 됨을 알 수 있다.

$(\bar{0},\ \bar{0},\ \bar{0})$은 항등원, $(a,\ b,\ c)$의 역원은 $(-a,\ -b,\ -c-ba)$이다.

$$(\bar{1},\ \bar{0},\ \bar{0}) * (\bar{0},\ \bar{1},\ \bar{0}) = (\bar{1},\ \bar{1},\ \bar{0}),\quad (\bar{0},\ \bar{1},\ \bar{0}) * (\bar{1},\ \bar{0},\ \bar{0}) = (\bar{1},\ \bar{1},\ \overline{-1})$$

이므로 가환이 아니다. 따라서 G는 위수가 p^3인 비－아벨군이다.

2) $Z_p = \{\bar{0},\ \bar{1},\ \cdots,\ \overline{p-1}\}$, $Z_{p^2} = \{\bar{0},\ \bar{1},\ \cdots,\ \overline{p^2-1}\}$에서

$$G = \{(a,\ b) \mid a \in Z_p,\ b \in \mathbb{Z}_{p^2}\} = \mathbb{Z}_p \times \mathbb{Z}_{p^2}$$

라 하면 $|G| = p^3$이다. 임의의 $(a,\ b),\ (c,\ d) \in G$에 대해서

$$(a,\ b) * (c,\ d) = (a \oplus c,\ b \oplus d \oplus bcd)$$

로 정의하면 $(G,\ *)$는 군이 된다. $(\bar{0},\ \bar{0})$가 항등원, $(i,\ j)$의 역원은 $(-i,\ -j \oplus jip)$이다. 그러나

$$(\bar{1},\ \bar{0}) * (\bar{0},\ \bar{1}) = (\bar{1},\ \bar{1}),\ (\bar{0},\ \bar{1}) * (\bar{1},\ \bar{0}) = (\bar{1},\ \overline{1+p})$$

이므로 역시 위수가 p^3인 비－아벨군이다.

23. $H,\ K$를 G의 sylow p–부분군이라고 하자. 제2실로우 정리에 의해서 $H,\ K$는 서로 켤레이다. 따라서 적당한 $g \in G$가 존재해서 $H = gKg^{-1}$꼴로 쓸 수 있는데 G는 아벨군이므로 결국 $H = K$가 된다.

24. (1) $36 = 2^2 \times 3^2$이므로 $|g| = 2^t 3^s$으로 둘 수 있다. $s,\ t = 0,\ 1,\ 2$

또 $\gcd(2^t,\ 3^s) = 1$이므로 $m2^t + n3^s = 1$인 정수 $m,\ n$이 존재한다.

$$g^{2^t m} = a,\ g^{3^s n} = b$$

로 두면

$$g = g^{2^t m + 3^s n} = g^{2^t m} g^{3^s n} = ab$$

이다.

$$a^{3^s} = (g^{2^t m})^{3^s} = (g^{2^t 3^s})^m = (g^{|g|})^m = e$$

이므로 a의 위수는 3^s의 약수이다. 따라서 $|a|$는 9의 약수이다.

마찬가지로 $b^{2^t} = e$가 되어 $|b|$는 4의 약수가 된다.

(2) A를 G의 실로우 2-부분군, B를 G의 실로우 3-부분군이라고 하면 $|A|=4$, $|B|=9$이다.

$A\cap B=\{e\}$는 당연하다. 또 $|AB|=\dfrac{|A||B|}{|A\cap B|}$에서 $|AB|=36$이므로 $G=AB$이다.

25. $x\in K$, $g\in G$라고 하면 $x\in H$, H는 G의 정규부분군이므로 $gxg^{-1}\in H$이다. 따라서 $gKg^{-1}\subset H$이다. 한편 gKg^{-1}도 군이므로 결국 gKg^{-1}는 H의 부분군이 된다. K와 gKg^{-1}는 H의 p-실로부분군이므로 제3-실로우 정리에 의해서

$$gKg^{-1}=hKh^{-1}$$

가 되는 $h\in H$가 존재한다. 그런데 K는 H의 정규부분군이므로 $hKh^{-1}=K$가 되므로 $gKg^{-1}=K$이다. 따라서 K는 G의 정규부분군이다.

26. $|G|=10=2\times 5$이므로 코시정리에서 $|a|=5$인 원소가 존재한다. 또 $H=\langle a\rangle$라 하면 $[G:H]=2$이므로 H는 G의 정규부분군이다. 또 $|b|=2$라고 하면 $\gcd(2, 5)=1$이므로 $a^ib^i(0\le i<5,\ 0\le j<1)$는 모두 다른 원소이다. 따라서

$$G=\{e,\ a,\ a^2,\ a^3,\ b,\ ab,\ a^2b,\ a^3b,\ a^4b\}$$

가 됨을 알 수 있다. $bab^{-1}\in H$이고 $|bab^{-1}|=|a|$이므로 $bab^{-1}=a$ 또는 $bab^{-1}=a^4=a^{-1}$이다. 만일 $ba=ab$이면 G는 가환군이고 $|ab|=10$이므로 $G=\langle ab\rangle\cong\mathbb{Z}_{10}$이 된다. $ba=a^4b$이면 D_5를 $\theta=(1\ 2\ 3\ 4\ 5)$, $\psi=(2\ 5)(3\ 4)$로 생성되는 S_5의 부분군이라 하고

$$f: G\to D_5,\ f(a)=\theta,\ f(b)=\psi$$

라 두면 f는 동형사상이다. 따라서 $G\cong D_5$와 동형이다.

27. $|G|$는 p의 배수가 됨은 쉽게 알 수 있다. $|G|=pt$라 하자. 만일 G의 모든 원소가 $a^t=e$면 $p|t$가 되어 p^2이 $|G|$의 약수가 된다. 따라서 $a\in G$, $a^t\neq e$인 원소를 취하면 $|a^t|=p$가 됨을 알 수 있다.

15 유한아벨군 (Finite Abelian Groups)

연습문제

1. 다음과 같은 위수를 가지는 아벨군을 모두 적어라.

   (1) 48　　(2) 72

   (3) 450　　(4) 900

2. G는 유한아벨군, $x \in G$는 모든 $y \in G$에 대해서 $|x| \geq |y|$이다. 다음을 보여라.
   $\langle x \rangle \cap N = \{e\}$, $\langle x \rangle N = G$인 정규부분군 N이 존재한다. 따라서 $G \cong \langle x \rangle \times N$이다.

3. G, H, K는 유한아벨군이다.

   (1) $G \times H \cong G \times K$이면 $H \cong K$을 증명하여라.

   (2) $G \times G \cong H \times H$이면 $G \cong H$임을 증명하여라.

4. 위의 문제 3. (1)에서 G가 무한군일 경우는 $H \cong K$가 안 되는 예를 들어라.

5. G는 위수 72인 아벨군이다.
(1) 위수 8인 부분군은 몇 개인가?
(2) 위수 4인 부분군은 몇 개인가?

6. 유한아벨군 G가 위수가 각각 m, n인 부분군을 가진다면 G는 위수가 m, n의 최소 공배수인 부분군을 가짐을 보여라.

7. G는 위수 p^n인 아벨군이다(p는 소수). $0 \le n_1 \le n_2 \le \cdots \le n_k$는 G의 불변인수이다. G의 임의의 원소의 최대 위수는 n_k임을 보여라.

8. 유한아벨군이 순환군이 아닐 필요충분조건은 $\mathbb{Z}_p \times \mathbb{Z}_p$($p$는 소수) 꼴의 부분군을 가짐을 보여라. (2번 문제)

B 9. $\mathbb{Q}/\mathbb{Z}$의 모든 유한부분군은 순환군임을 보여라.

10. (1) $\mathbb{Z}_2 \times \mathbb{Z}_9 \times \mathbb{Z}_{35}$의 기본약수를 구하여라. 또 불변인수를 구하여라.
(2) $\mathbb{Z}_{26} \times \mathbb{Z}_{42} \times \mathbb{Z}_{49} \times \mathbb{Z}_{200} \times \mathbb{Z}_{1000}$의 기본약수와 불변인수를 각각 구하여라.

11. G는 유한아벨군, H는 G의 부분군이다. G/H와 동형인 G의 부분군을 구하여라.

12. $\mathbb{Z}_{p^3} \times \mathbb{Z}_{p^2}$의 부분군 중 위수가 p^2인 것은 몇 개인가? (단, p는 소수)

13. G는 위수 m인 유한아벨군이다. $n|m$일 때 $x^n = e$를 만족시키는 x의 수는 n의 배수임을 보여라.

14. G는 아벨군이다. p는 소수, $H = \{x \in G \mid |x| = p^i,\ i \in \mathbb{Z}\}$인 H는 G의 부분군임을 보여라.

15. G는 유한아벨군이고 임의의 정수 n에 대해서 $x^n = e$를 만족시키는 G의 원소는 n

개보다 적다. G는 순환군임을 보여라.

16. p는 소수, G는 위수 p^3인 비-아벨군이다. 중심 $Z(G)$의 위수는 p임을 보여라. (14장 연습문제 22 참조)

17. p는 소수, G는 위수 p^3인 비-아벨군이다. $H=\{a\in G \mid \bar{a}\in Z(G/Z(G))\}$라고 하면 $H=G$임을 보여라.

B 18. G는 아벨군, H는 G의 부분군으로 G/H는 무한순환군이다. $G=HK$, $H\cap K=\{e\}$인 부분군 K가 존재함을 보여라.

제15장 유한아벨군 연습문제 풀이

1. (1) $48=2^4\times3$이므로 2^4은 $\{2^4\}$, $\{2, 2^3\}$, $\{2, 2, 2^2\}$, $\{2^2, 2^2\}$, $\{2, 2, 2, 2\}$, 5가지의 서로 다른 기본약수로 나타낼 수 있다. 따라서

$$\mathbb{Z}_{2^4}\times\mathbb{Z}_3,$$
$$\mathbb{Z}_2\times\mathbb{Z}_{2^3}\times\mathbb{Z}_3,$$
$$\mathbb{Z}_{2^2}\times\mathbb{Z}_{2^2}\times\mathbb{Z}_3,$$
$$\mathbb{Z}_2\times\mathbb{Z}_2\times\mathbb{Z}_{2^2}\times\mathbb{Z}_3,$$
$$\mathbb{Z}_2\times\mathbb{Z}_2\times\mathbb{Z}_2\times\mathbb{Z}_2\times\mathbb{Z}_3.$$ 모두 5종류이다.

(2) $72=2^3\times3^2$이므로 2^3은 $\{2^3\}$, $\{2, 2^2\}$, $\{2, 2, 2\}$로 모두 3가지, 3^2은 $\{3^2\}$, $\{3, 3\}$로 모두 2가지로 분류되므로 모두 6종류이다. 구체적으로 적어보면

$$\mathbb{Z}_{2^3}\times\mathbb{Z}_{2^2},$$
$$\mathbb{Z}_{2^3}\times\mathbb{Z}_3\times\mathbb{Z}_3,$$
$$\mathbb{Z}_2\times\mathbb{Z}_{2^2}\times\mathbb{Z}_{3^2},$$
$$\mathbb{Z}_2\times\mathbb{Z}_{2^2}\times\mathbb{Z}_3\times\mathbb{Z}_3,$$
$$\mathbb{Z}_2\times\mathbb{Z}_2\times\mathbb{Z}_2\times\mathbb{Z}_{3^2},$$
$$\mathbb{Z}_2\times\mathbb{Z}_2\times\mathbb{Z}_2\times\mathbb{Z}_2\times\mathbb{Z}_3\times\mathbb{Z}_3.$$

(3) $450=2\times3^2\times5^2$이므로 $1\times2\times2=4$가지이다.

$$\mathbb{Z}_2\times\mathbb{Z}_{3^2}\times\mathbb{Z}_{5^2},$$
$$\mathbb{Z}_2\times\mathbb{Z}_{3^2}\times\mathbb{Z}_5\times\mathbb{Z}_5,$$
$$\mathbb{Z}_2\times\mathbb{Z}_3\times\mathbb{Z}_3\times\mathbb{Z}_{5^2},$$
$$\mathbb{Z}_2\times\mathbb{Z}_3\times\mathbb{Z}_3\times\mathbb{Z}_5\times\mathbb{Z}_5.$$

(4) $900=2^2\times3^2\times5^2$이므로 $2\times2\times2=6$가지이다.

$$\mathbb{Z}_{2^2}\times\mathbb{Z}_{3^2}\times\mathbb{Z}_{5^2},$$
$$\mathbb{Z}_{2^2}\times\mathbb{Z}_{3^2}\times\mathbb{Z}_5\times\mathbb{Z}_5,$$

$$\mathbb{Z}_{2^2}\times\mathbb{Z}_3\times\mathbb{Z}_3\times\mathbb{Z}_{5^2},$$
$$\mathbb{Z}_{2^2}\times\mathbb{Z}_3\times\mathbb{Z}_3\times\mathbb{Z}_5\times\mathbb{Z}_5,$$
$$\mathbb{Z}_2\times\mathbb{Z}_2\times\mathbb{Z}_3\times\mathbb{Z}_3\times\mathbb{Z}_{5^2},$$
$$\mathbb{Z}_2\times\mathbb{Z}_2\times\mathbb{Z}_3\times\mathbb{Z}_3\times\mathbb{Z}_5\times\mathbb{Z}_5.$$

2. $G\cong\mathbb{Z}_{m_1}\times\mathbb{Z}_{m_2}\times\cdots\times\mathbb{Z}_{m_k}$로 둘 수 있다. 단 $m_i|m_{i+1}$, $1\le i\le k-1$.

임의의 $g\in G$에 대해서 $g^{m_k}=e$이므로 G의 원소중 최대 위수는 m_k이다. 따라서 가정에 의해서 $|x|=m_k$이고 $x=(\bar{0}, \bar{0}, \cdots, \bar{1})$로 보면 된다. 따라서

$$\langle x\rangle=\{\bar{0}\}\times\{\bar{0}\}\times\cdots\times\{\bar{0}\}\times\mathbb{Z}_{m_k}$$

로 쓸 수 있다.

$$N=\mathbb{Z}_{m_1}\times\mathbb{Z}_{m_2}\times\cdots\times\mathbb{Z}_{m_{k-1}}\times\{\bar{0}\}$$

로 두면 당연히 $\langle x\rangle\cap N=\{e\}$가 된다 ($e$는 실제로는 $(\bar{0}, \bar{0}, \cdots, \bar{0})$임). 또

$$|\langle x\rangle N|=\frac{|\langle x\rangle||N|}{|\langle x\rangle\cap N|}=\frac{m_k\times(m_1\times\cdots m_{k-1})}{1}=|G|$$

이므로 $\langle x\rangle N=G$가 된다. 물론 아벨군이므로 $\langle x\rangle$, N 모두 G의 정규부분군이다.

3. (1) $G\cong\mathbb{Z}_{m_1}\times\mathbb{Z}_{m_2}\times\cdots\times\mathbb{Z}_{m_t}$, $H\cong\mathbb{Z}_{n_1}\times\mathbb{Z}_{n_2}\times\cdots\times\mathbb{Z}_{n_s}$, $K\cong\mathbb{Z}_{l_1}\times\mathbb{Z}_{l_2}\times\cdots\times\mathbb{Z}_{l_k}$ 로 쓸 수 있으므로

$$(\mathbb{Z}_{m_1}\times\cdots\times\mathbb{Z}_{m_t})\times(\mathbb{Z}_{n_1}\times\cdots\times\mathbb{Z}_{n_s})\cong(\mathbb{Z}_{m_1}\times\cdots\times\mathbb{Z}_{m_t})\times(\mathbb{Z}_{l_1}\times\cdots\times\mathbb{Z}_{l_k})$$

이다. 그런데 함수

$$\pi_2:\mathbb{Z}_m\times G\to G,\ \pi_2(\bar{a}, g)=g$$

는 전사인 동형사상이므로 제1동형사상정리에서 $(\mathbb{Z}_m\times G)/\mathrm{Ker}\,\pi_2\cong G$이다. 또

$$\mathrm{Ker}\,\pi_2=\{(\bar{a}, e)|\bar{a}\in\mathbb{Z}_m\}\cong\mathbb{Z}_m$$

이므로 $(\mathbb{Z}_m\times G)/\mathbb{Z}_m\cong G$인 것을 알 수 있다.

$$(\mathbb{Z}_{m_1}\times(\mathbb{Z}_{m_2}\times\cdots\times\mathbb{Z}_{n_s}))/\mathbb{Z}_{m_1}\cong(\mathbb{Z}_{m_1}\times(\mathbb{Z}_{m_2}\times\cdots\times\mathbb{Z}_{l_k}))/\mathbb{Z}_{m_1}$$

이므로

$$\mathbb{Z}_{m_2}\times\cdots\times\mathbb{Z}_{n_s}\cong\mathbb{Z}_{m_2}\times\cdots\times\mathbb{Z}_{l_k}$$

이다. 이와 같이 반복하면 결국 $H\cong K$가 된다.

(2) $$G\times G\cong(\mathbb{Z}_{m_1}\times\mathbb{Z}_{m_2}\times\cdots\times\mathbb{Z}_{m_t})\times(\mathbb{Z}_{m_1}\times\mathbb{Z}_{m_2}\times\cdots\times\mathbb{Z}_{m_t})$$

를 다시 불변인수꼴로 적으면 $G\times G$의 불변인수는 $m_1, m_1, m_2, m_2, \cdots, m_t, m_t$이다. 마찬가지로 $H\times H$의 불변인수는 $n_1, n_1, n_2, n_2, \cdots, n_s, n_s$인데 불변인수는 단 한가지이므로 결국 $m_i=n_i$, $t=s(1\le i\le t)$가 되어 $G\cong H$가 됨을 알 수 있다. (불변인수의 유일성의 증명은 [21], 정리 2. 6 참조)

4. $G=\mathbb{Z}_5\times\mathbb{Z}_5\times\cdots\times\mathbb{Z}_5$($\mathbb{Z}_5$를 정수개 만큼 곱함). $H=\mathbb{Z}_5$, $K=\mathbb{Z}_5\times\mathbb{Z}_5$

라고 하면 $G\times H=G\times K$는 모두 역시 $\mathbb{Z}_5$를 정수 개 곱한 것이다. 그러나 $H\not\cong K$이다.

5. 위수가 72인 아벨군은 $72=2^3\times3^2$이므로 6종류가 있다.(문제 1. (2) 참조)

(1) 어느 경우나 위수가 8인 부분군은 1개뿐이다.

(2) $\mathbb{Z}_{72}$일 경우는 순환군이므로 위수 4인 부분군은 1개뿐이다. 그러나 $\mathbb{Z}_2\times\mathbb{Z}_{36}$일 경우는 $\mathbb{Z}_2\times\langle\overline{18}\rangle$, $\{\overline{0}\}\times\langle\overline{9}\rangle$는 모두 위수가 4이므로 위수 4인 부분군은 2개이다. ($\mathbb{Z}_4$ 또는 $\mathbb{Z}_2\times\mathbb{Z}_2$와 동형)

6. $\{m, n\}$의 최대공약수를 d, $\dfrac{m}{d}=m'$, $\dfrac{n}{d}=n'$라고 하면 $\{m, n\}$의 최소공배수는 $dm'n'$이다. $\{m', n'\}$은 서로소, $m\,|\,|G|$, $n\,|\,|G|$이므로 $|G|=nx$라고 하면 $dm'\,|\,dn'x$가 되어 $m'\,|\,n'x$이다. 그런데 $\gcd(m', n')=1$이므로 결국 $m'\,|\,x$가 되어 $x=m't$로 둘 수 있다. 즉

$$|G|=nm't=dn'm't$$

이므로 $\{m, n\}$의 최소공배수는 $|G|$의 약수가 되고 유한아벨군의 성질에 의해서

G는 위수가 $dm'n'$인 부분군을 가진다.

7. $$G \cong \mathbb{Z}_{n_1} \times \mathbb{Z}_{n_2} \times \cdots \times \mathbb{Z}_{n_k} (\text{단 } n_1 > 1,\ n_i | n_{i+1})$$

로 둘 수 있다. 또 $n_1 n_2 \cdots n_k = p^n$이다. $n_1 | p^n$이므로 $n_1 = p^{t_1}$꼴로 표시된다. 마찬가지로 $n_2 = p^{t_2}, \cdots, n_k = p^{t_k}$으로 나타낼 수 있다. 또 $n_i | n_{i+1}$이므로

$$t_i \le t_{i+1},\ t_1 + t_2 + \cdots + t_k = n$$

이다. 따라서

$$G \cong \mathbb{Z}_{p^{t_1}} \times \mathbb{Z}_{p^{t_2}} \times \cdots \times \mathbb{Z}_{p^{t_k}}$$

로 나타난다. 또 위수가 최대인 것은 $g = (\bar{0}, \bar{0}, \cdots, \bar{1}) \in G$가 되고 이것의 위수는 p^{t_k}이다. 임의의 $g \in G$에 대해서 $g^{p^{t_k}} = e$가 됨은 $n_i | n_{i+1}$로부터 쉽게 알 수 있다.

따라서 최대 위수는 $p^{t_k} = n_k$이다.

8. ($\Leftarrow$) 만일 G가 순환군이면 모든 부분군은 순환군이다. 그러나 $\mathbb{Z}_p \times \mathbb{Z}_p$는 순환군이 아니므로 따라서 G는 순환군이 될 수 없다.

($\Rightarrow$) G의 위수를 기본 약수로 분해하여 $p_1^{r_1} p_2^{r_2} \cdots p_n^{r_n}$라고 하자. 모든 p_i가 틀리면 G는 순환군이 된다. 따라서 $p_i = p_j (1 \le i < j \le n)$인 i, j가 존재할 것이다. 따라서 $H = \mathbb{Z}_{p_i} \times \mathbb{Z}_{p_j}$는 $G = \mathbb{Z}_{p_1^{r_1}} \times \cdots \times \mathbb{Z}_{p_n^{r_n}}$의 부분군이 된다(순서를 바꾸었음. 정확히 표현하면 $H = \{\bar{0}\} \times \cdots \times \mathbb{Z}_{p_i} \times \cdots \times \mathbb{Z}_{p_j} \times \cdots \times \{\bar{0}\}$꼴임).

9. $$H = \left\{ \frac{a_1}{b_1} + \mathbb{Z},\ \frac{a_2}{b_2} + \mathbb{Z},\ \cdots,\ \frac{a_n}{b_n} + \mathbb{Z} \right\}$$

를 $Q/\mathbb{Z}$의 유한 부분군이라고 하자.

$\dfrac{a_1}{b_1}, \dfrac{a_2}{b_2}, \cdots, \dfrac{a_n}{b_n}$을 통분하면 $\dfrac{a_1 d_1}{c}, \dfrac{a_2 d_2}{c}, \cdots, \dfrac{a_n d_n}{c}$으로 나타낼 수 있다.

$a_i d_i$ 중 최소의 양의 정수를 d라고 하면 $H = \left\langle \dfrac{d}{c} + \mathbb{Z} \right\rangle$가 됨을 보이자. 우선 임의의 $\dfrac{a_i d_i}{c} + \mathbb{Z}$는 $\dfrac{d}{c} + \mathbb{Z}$를 몇 번 연산하여 얻을 수 있다. 그 이유는 $a_i d_i$를 d로 나

누어 보면 알 수 있다. $\frac{d}{c}+\mathbb{Z}\in H$이므로 따라서 $H=\left\langle \frac{d}{c}+\mathbb{Z} \right\rangle$이다.

10. (1) $\mathbb{Z}_2\times\mathbb{Z}_{3^2}\times(\mathbb{Z}_5\times\mathbb{Z}_7)$이므로 기본 약수는 $\{2,\ 3^2,\ 5,\ 7\}$이다.
불변인수는 모두 소이므로 $2\times3^2\times5\times7=6300$이다.

(2)
$$(\mathbb{Z}_2\times\mathbb{Z}_{13})\times(\mathbb{Z}_2\times\mathbb{Z}_3\times\mathbb{Z}_7)\times(\mathbb{Z}_{7^2})\times(\mathbb{Z}_8\times\mathbb{Z}_{25})\times(\mathbb{Z}_8\times\mathbb{Z}_{125})$$

이것을 차례로 적으면

$$(\mathbb{Z}_2\times\mathbb{Z}_2\times\mathbb{Z}_8\times\mathbb{Z}_8)\times\mathbb{Z}_3\times(\mathbb{Z}_{25}\times\mathbb{Z}_{125})\times(\mathbb{Z}_7\times\mathbb{Z}_{7^2})\times\mathbb{Z}_{13}$$

이다. 따라서 기본 약수는 $\{2,\ 2,\ 8,\ 8,\ 3,\ 25,\ 125,\ 7,\ 7^2,\ 13\}$이다.
불면 인수는 $\{2,\ 2,\ 1400,\ 546000\}$이다.

11. $G=\mathbb{Z}_{p_1^{t_1}}\times\mathbb{Z}_{p_2^{t_2}}\times\cdots\times\mathbb{Z}_{p_n^{t_n}}$라고 하자. H는 G의 부분군이므로

$$H=H_1\times H_2\times\cdots\times H_m,\ H_i\text{는 } \mathbb{Z}_{p_i^{t_i}}\text{의 부분군}$$

으로 나타낼 수 있다, $1\le i\le n$. H_i는 순환군 $\mathbb{Z}_{p_i^{t_i}}$의 부분군이고 $|H_i|$는 $p_i^{t_i}$의 약수이므로 $H_i\cong\mathbb{Z}_{p_i^{r_i}}$, $r_i\le t_i$로 쓸 수 있다. N_i를 위수가 $p_i^{t_i-r_i}$인 $\mathbb{Z}_{p_i^{t_i}}$의 부분군이라고 하면 $N_1\times N_2\times\cdots\times N_n$은 G의 부분군이다.

$$N_i\cong\mathbb{Z}_{p_i^{t_i-r_i}},\ G/H\cong N_1\times N_2\times\cdots\times N_n$$

이 됨을 알 수 있다.

12. 1) $\mathbb{Z}_{p^3}$의 부분군으로 위수 p^2인 것 H가 존재한다. 따라서 $H\times\{\overline{0}\}$꼴.
2) $\mathbb{Z}_{p^3}$의 부분군으로 위수 p인 것을 H, $\mathbb{Z}_{p^2}$의 부분군으로 위수 p인 것을 K라고 하면 $H\times K$꼴.
3) $\mathbb{Z}_{p^2}$ 자신은 위수 p^2인 자신의 부분군이므로 $\{0\}\times\mathbb{Z}_{p^2}$꼴

13. 위수가 n인 G의 부분군 H가 존재한다. $K=\{x\in G|x^n=e\}$라고 하면 K는 G의 부분군이 된다. 또 임의의 $g\in H$에 대해서 $|H|=n$이므로 $g^n=e$이므로 $H\subset K$이고

따라서 $H \subset K \subset G$이다. H는 K의 부분군이므로 $|K|$는 n의 배수가 된다.

14. 임의의 $a, b \in H$에 대해서

$$|a| = p^i,\ |b| = p^j,\ i, j \in \mathbb{Z}$$

로 둘 수 있다.

$$(ab)^{p^{i+j}} = (ab)^{p^i p^j} = a^{p^i p^j} b^{p^i p^j} = (a^{p^i})^{p^j} (b^{p^i})^{p^j} = e$$

이므로 ab의 위수는 p^{i+j}의 약수이고 따라서 $|ab| = p^k$꼴이므로 H의 원소이다. $|-a| = |a| = p^i$이므로 $-a \in H$. 따라서 H는 G의 부분군이다.

15. 복잡하게 증명하는 방법도 있으나 지면관계상 유한아벨군의 성질을 이용하여 간단히 증명하자.

$$G \cong \mathbb{Z}_{m_1} \times \mathbb{Z}_{m_2} \times \cdots \times \mathbb{Z}_{m_t}\ \text{단}\ m_1 > 1,\ m_i | m_{i+1} (1 \le i < t)$$

로 나타낼 수 있다. 여기서 만일 $t \ge 2$라고 가정해 보자.

G의 임의의 원소 $(\overline{x_1}, \overline{x_2}, \cdots, \overline{x_t})$에 대해서

$$(\overline{x_1}, \overline{x_2}, \cdots, \overline{x_t})^{m_t} = (\overline{x_1}^{m_t}, \cdots, \overline{x_t}^{m_t}) = (\overline{0}, \cdots, \overline{0})$$

가 된다 (실제로는 $\overline{x_i}^{m_i} = m_t \overline{x_i}$임). 따라서 $G = \{g | g^{m_t} = e\}$가 되어 $m_1 m_2 \cdots m_t \le m_t$개인데 보시다시피 $m_1 > 1$, $t \ge 2$이므로 이 값은 $2m_t$보다 크다. 가정에 위배되므로 $t = 1$이 될 수밖에 없고 따라서 $G \cong \mathbb{Z}_{m_1}$이 되어 G는 순환군이다.

16. $Z(G) \ne \{e\}$이다. 따라서 $|Z(G)| = p, p^2, p^3$이다.

만일 $|Z(G)| = p^2$이면 $|G/Z(G)| = p$가 되어 $G/Z(G)$는 순환군이 된다. 그러나 이것은 11장 연습문제 20에서 본 바와 같이 G가 아벨군이 되므로 안된다.

또 $|Z(G)| = p^3$이면 $G = Z(G)$가 되어 역시 G가 아벨군이 된다. 결국 $Z(G)$는 위수가 p 밖에 될 수가 없다.

17. 문제 16에서 $|Z(G)| = p$이므로 $|G/Z(G)| = p^2$이 된다. 따라서 $G/Z(G)$는 아벨군이다.

$$Z(G/Z(G)) = G/Z(G)$$

이므로

$$H = \{a \in G \mid \bar{a} \in G/Z(G)\} = G$$

이다.

18. $G/H = \langle \bar{a} \rangle$라고 하자. $K = \langle a \rangle$를 a에 의해서 생성되는 G의 순환부군군이라고 하자. 임의의 $x \in H \cap K$에 대해서 $x \in K$이므로 $x = a^n$꼴이다. 또 $x \in H$이므로

$$H = a^n H = (aH)^n = (\bar{a})^n$$

즉

$$(\bar{a})^n = \bar{e} \in G/H$$

가 된다. 이 뜻은 $\bar{a}$의 위수가 n 이하란 말인데 가정에서 G/H는 위수가 무한인 순환군이므로 결국 $n=0$이 될 수밖에 없다. 즉 $x = a^n = a^0 = e$이므로 $H \cap K = \{e\}$이다. 또 임의의 $g \in G$에 대해서 $\bar{g} \in G/H$는

$$\bar{g} = gH = (\bar{a})^t = (aH)^t = a^t H,\ t \in \mathbb{Z}$$

으로 쓸 수 있으므로 $g = a^t h,\ h \in H$ 모양이다. $a^t h \in KH$이므로 $G = KH$이다.

16 환의 정의와 기본성질 (Definitions and Properties of Rings)

연습문제

1. 다음은 환이 됨을 보여라.

(1) $(\mathbb{Z}, \oplus, \odot)$, $a \oplus b = a+b-1$, $a \odot b = ab-(a+b)+2$

(2) $(\mathbb{R}, \oplus, *)$, $a \oplus b = a+b+1$, $a * b = ab+a+b$

(3) $(\mathbb{R}\times\mathbb{R}, \oplus, \odot)$, $(a, b)\oplus(c, d) = (a+c, b+d)$, $(a, b)\odot(c, d) = (ac-bd, ad+bc)$

(4) $A = \{a+b\sqrt{2} \mid a, b \in \mathbb{Z}\}$, 연산은 보통 수의 합과 곱.

2. 다음 중 환이 되는 것은?

(1) $r \oplus s = 2(r+s)$, $r \cdot s = rs$일 때 $(\mathbb{R}, \oplus, \cdot)$

(2) $r \oplus s = 2rs$, $r \cdot s = rs$일 때 $(\mathbb{R} - \{0\}, \oplus, \cdot)$

(3) $r \oplus s = rs$, $r \cdot s = r^s$일 때 $(\mathbb{R}^+, \oplus, \cdot)$

3. $F=\{a+b\sqrt{2}\mid a,\ b\in\mathbb{Q}\}$는 보통 수의 합과 곱에서 체가 됨을 보여라.

4. $a*b=a+b-1$, $a\cdot b=a+b-ab$라 할 때 $(\mathbb{Q},\ *,\ \cdot)$는 체가 되는가?

5. $F=\left\{\begin{pmatrix} a & b \\ -b & a \end{pmatrix}\middle|\, a,\ b\in\mathbb{R}\right\}$는 행렬의 합과 곱에 대해서 체가 됨을 보여라.

6. 환 R의 원소 a가 $a^n=0$이 되는 정수 n이 있을 때 a를 **멱영원**(nilpotent)이라고 부른다. $\mathbb{Z}_n$의 멱영원은 어떤 원소인가?

7. 1을 가진 환 R에서 $ax=1$, $ya=1$이면 $x=y$임을 보여라.

8. 환 R의 원소 a가 $a^2=a$일 때 a를 **멱등원**(idempotent)이라고 부른다. R을 실함수의 집합이라고 하고 $f,\ g\in R$에서 모든 실수 x에 대해서

$$(f+g)(x)=f(x)+g(x),\ \ (f\cdot g)(x)=f(x)g(x)$$

라 하면

(1) $(R,\ +,\ \cdot)$은 환이 됨을 보여라.

(2) R에서 모든 멱등원을 구하여라.

9. $R=\{f\mid f:[0,\ 1]\to\mathbb{R},\ f$는 연속함수$\}$, R에서의 연산 $+,\ \cdot$은 8번과 같다. R에서의 멱등원을 구하여라.

10. R은 1을 가진 환이다. r이 멱등원이면 다음을 보여라.

(1) $1-r$도 멱등원이다.

(2) r 또는 $1-r$은 영인자이다.

11. R의 모든 원소가 멱등원일 때 이 R을 **부울환**(Boolean ring)이라고 부른다. 부울환에서는 다음이 성립함을 보여라.

(1) 임의의 $r\in R$에 대해서 $r+r=0$

(2) R은 가환이다.

B 12. R은 1을 가진 가환환이다. $x\in R$은 멱영원이다. 다음을 증명하여라.

(1) $1+x$는 단원이다.

(2) u가 단원이면 $x+u$도 단원이다.

13. $\mathbb{Z}_4\times\mathbb{Z}_6$에서 단원, 영인자, 멱등원, 멱영원을 모두 구하여라.

14. $X\neq\varnothing$, $R=\mathscr{P}(X)$, R의 원소 A, B에 대해서 $A\nabla B=(A\cup B)-(A\cap B)$이다.

(1) $(R, \cup, \cap)$은 환인가?

(2) $(R, \nabla, \cap)$는 부울환임을 보여라.

(3) $(R, \nabla, \cap)$에서 영인자와 단원을 각각 찾아라.

(4) $(R, \nabla, \cap)$는 정역이 아님을 보여라.

15. R은 1을 가진 환이며 영인자가 없다. $ab=1$이면 $ba=1$임을 보여라.

16. R은 1을 가진 환이다. $a\in R$에 대해서 $ax=1$을 만족시키는 x가 단 한 개만 있다면 $xa=1$임을 보여라.

17. $(R, +, \cdot)$은 1을 가진 환이다. $U=\{x\in R\,|\,x$는 R의 단원$\}$일 때 $(U, \cdot)$는 군이 됨을 보여라.

18. $\mathbb{Z}[i]=\{a+bi\,|\,a, b\in\mathbb{Z}, i^2=-1\}$라면 $\mathbb{Z}[i]$는 $\mathbb{C}$의 부분집합이다.

(1) $(\mathbb{Z}[i], +, \cdot)$는 1을 가진 가환환이 됨을 보여라. (이 환을 Gauss의 정수환이라고 부른다)

(2) $N(a+bi)=a^2+b^2$라고 하면 $x, y\in\mathbb{Z}[i]$일 때 $N(x\cdot y)=N(x)N(y)$임을 보여라.

(3) $x=a+bi$가 단원일 필요충분조건은 $N(x)=1$임을 보여라.

(4) $\mathbb{Z}[i]$의 모든 단원을 구하여라.

(5) $\mathbb{Z}[i]$의 단원들의 군은 무엇과 같은가?

19. $R=\{a+b\sqrt{2}\,|\,a, b\in\mathbb{Z}\}$라고 하면

(1) $(R, +, \cdot)$는 환이 됨을 보여라.

(2) $N(a+b\sqrt{2})=a^2-2b^2$라고 하면 $x, y\in R$일 때 $N(x\cdot y)=N(x)N(y)$임을 보여라.

(3) r가 단원일 필요충분조건은 $N(r)=\pm 1$임을 보여라.
(4) R에는 단원이 무한개임을 보여라.

20. 가환이 아닌 유한환의 예를 들어라.

21. 곱의 항등원 1을 가지지 않은 가환이 아닌 환의 예를 들어라.

22. $|R|=p$, p는 소수인 환 R은 항상 가환인가? 맞으면 증명하고 틀리면 그 예를 들어라.

23. R은 가환환이다. a, b가 멱영원이면 $a+b$도 멱영원임을 보여라.

24. R은 $a+b=b+a$ 조건만 제외한 환의 나머지 성질 모두를 만족시킨다. 만일 1이 R에 존재하면 $a+b=b+a$가 R에서 성립함을 보여라.

25. S는 실함수의 집합이다. f, $g\in S$에 대해서 모든 실수 x에 대해서

$$(f+g)(x)=f(x)+g(x),\ \ (f\circ g)(x)=f(g(x))$$

라 하면 $(S, +, \circ)$는 환이 되는가?

26. 환 R에서 다음이 성립함을 보여라.
(1) $a0=0$ (2) $(-a)b=-(ab)$

27. $7^{1000}\div 24$의 나머지를 구하여라.

28. (1) p는 소수이다. $\mathbb{Z}_p$에서 $a^2=\overline{1}$이면 a는 $\overline{1}$ 또는 $\overline{p-1}$임을 보여라.
(2) p가 소수이면 $(p-1)!+1$은 p의 배수임을 보여라.

B **29.** R은 1을 가진 환이다. 모든 a, $b\in R$에 대해서 $(ab)^2=a^2b^2$이면 R은 가환임을 보여라.

30. 모든 $a, b \in R$에 대해서 $(ab)^2 = a^2b^2$인 가환이 아닌 환의 예를 찾아라.

B 31. R은 0 이외의 멱영원이 없는 환이다. $(ab)^2 = a^2b^2$이면 R은 가환임을 보여라.

32. 환 R에서 $(R, +)$가 순환군이면 R은 가환환임을 보여라.

33. 1을 가진 환 R에서

(1) $a^2 = 0$이면 $a+1$과 $a-1$은 단원임을 보여라.

(2) $a^n = 0$이면 $a+1$과 $a-1$은 단원임을 보여라.

34. F는 체이고 $|F| = m$이면 임의의 $x \neq 0 \in F$에 대해서 $x^{m-1} = 1$임을 보여라.

35. R은 1을 가진 환이다. $a \in R$, $a \neq \pm 1$, $a^2 = 1$이면 $a+1$과 $a-1$은 영인자임을 보여라.

36. ab가 영인자이면 a 또는 b는 영인자임을 보여라.

37. R은 가환이다. $ab \neq 0$이고 a 또는 b가 영인자이면 ab도 영인자임을 보여라.

A 38. (1) R은 모든 원소가 $x^3 = x$인 환이다. R은 가환임을 보여라.

(2) R은 모든 원소가 $x^4 = x$인 환이면 R은 가환이 되는가?

제16장 환의 정의와 기본성질 연습문제 풀이

1. (1) $a, b, c \in \mathbb{Z}$라고 하자.

1) $$(a\oplus b)\oplus c=(a+b-1)\oplus c=a+b-1+c-1=a+b+c-2,$$
$$a\oplus(b\oplus c)=a\oplus(b+c-1)=a+b+c-1-1=a+b+c-2.$$

따라서 결합법칙이 성립한다.

2) $a\oplus x=a+x-1=a$라 두면 $x=1$이다. 또 $x\oplus a=x+a-1=a$에서 역시 $x=1$이다. 따라서 항등원 1이 존재한다.

3) $a\oplus x=a+x-1=1$라 두면 $x=-a+2$이고
$x\oplus a=x+a-1=1$에서 역시 $x=-a+2$가 a의 역원이다.

4) $$a\oplus b=a+b-1=b+a-1=b\oplus a$$

이다. 따라서 $(\mathbb{Z}, \oplus)$는 아벨군이다.

5) $$\begin{aligned}(a\odot b)\odot c&=(ab-(a+b)+2)\odot c\\&=(ab-(a+b)+2)c-(ab-(a+b)+2+c)+2\\&=abc-ac-bc-ab+a+b+c\end{aligned}$$
$$\begin{aligned}a\odot(b\odot c)&=a\odot(bc-cb+c)+2)\\&=a(bc-(b+c)+2)-(a+bc-(b+c)+2)+2\\&=abc-ab-ac+a-bc+b+c\end{aligned}$$
따라서 $\odot$는 결합적이다.

6) $$\begin{aligned}(a\oplus b)\odot c&=(a+b-1)\odot c\\&=(a+b-1)c-(a+b-1+c)+2\\&=a+bc-c-a-b+1-c+2\\&=a+bc-a-b-2c+3\end{aligned}$$
$$\begin{aligned}(a\odot c)\oplus(b\odot c)&=(ac-(a+b)+2)\oplus(bc-(b+c)+2)\\&=ac-(a+c)+2+bc-(b+c)+2-1\\&=ac+bc-a-b-2c+3\end{aligned}$$
또 $\odot$는 가환이므로

$$a\odot(b\oplus c)=(b\oplus c)\odot a=(b\odot a)\oplus(c\odot a)=(a\odot b)\oplus(a\odot c)$$

이다. 따라서 분배법칙이 성립한다.

1)~6)에 의해서 ($\mathbb{Z}$, $\oplus$, $\odot$)는 환이 된다.

(2) $a, b, c \in \mathbb{R}$ 라고 하자.

1)
$$(a\oplus b)\oplus c=(a+b+1)\oplus c=a+b+1+c+1=a+b+c+2$$
$$a(\oplus b\oplus c)=a\oplus(b+c+1)=a+b+c+1+1=a+b+c+2$$

따라서 $\oplus$는 결합적이다.

2) $a\oplus e=a+e+1=a$라고 하면 $e=-1$이고 역시 $e\oplus a=e+a+1=a$에서 $e=-1$이다. 따라서 항등원이 존재한다.

3) $a\oplus x=a+x+1=-1$라 두면 $x=-a-2$, $x\oplus a=x+a+1=-1$에서 $x=-a-2$이고 따라서 a의 역원은 $-a-2$이다.

4)
$$a\oplus b=a+b+1=b+a+1=b\oplus a$$

이므로 가환이다. 따라서 ($\mathbb{R}$, $\oplus$)는 아벨군이다.

5)
$$\begin{aligned}(a*b)*c&=(ab+a+b)*c=(ab+a+b)c+ab+a+b+c\\&=abc+ac+bc+ab+a+b+c\end{aligned}$$
$$\begin{aligned}a*(b*c)&=a*(bc+b+c)=a(bc+b+c)+a+bc+b+c\\&=abc+ab+ac+bc+a+b+c\end{aligned}$$

따라서 $*$는 결합적이다. 마지막으로

6)
$$\begin{aligned}(a\oplus b)*c&=(a+b+1)*c=(a+b+1)c+a+b+1+c\\&=ac+bc+a+b+2c+1\end{aligned}$$
$$\begin{aligned}(a*c)\oplus(b*c)&=(ac+a+c)\oplus(bc+b+c)=ac+a+c+bc+b+c+1\\&=ac+bc+a+b+2c+1\end{aligned}$$

이므로

$$(a\oplus b)*c=(a*c)\oplus(b*c)$$

이다. 한편 $*$는 가환이므로

$$a*(b\oplus c)=(b\oplus c)*a=(b*a)\oplus(c*a)=(a*b)\oplus(a*c)$$

이다. 따라서 분배법칙도 성립하므로 ($\mathbb{R}$, $\oplus$, $*$)는 환이 된다.

(3) $(a, b), (c, d), (e, f)\in \mathbb{R}\times\mathbb{R}$ 라고 하면

1) $\{(a, b)\oplus(c, d)\}\oplus(e, f)=(a+c, b+d)\oplus(e, f)=(a+c+e, b+d+f)$,

$(a, b)\oplus\{(c, d)\oplus(e, f)\}=(a, b)\oplus(c+e, b+f)=(a+c+e, b+d+f)$.
따라서 $\oplus$는 결합적이다.

2) $$(a, b)\oplus(c, d)=(a+c, b+d)=(a, b)$$

라고 하면 $c=0$, $d=0$. 따라서 $(c, d)=(0, 0)$이다. 또

$$(c, d)\oplus(a, b)=(c+a, d+b)=(a, b)$$

라고 하면 $c=0$, $d=0$가 되어 따라서 $(c, d)=(0, 0)$이므로 $(0, 0)$이 항등원이다.

3) $$(a, b)\oplus(e, f)=(a+e, b+f)=(0, 0)$$

라고 두면 $e=-a$, $f=-b$이므로 $(e, f)=(-a, -b)$이고

$$(a, b)\oplus(a, b)=(e+a, f+b)=(0, 0)$$

라 두면 역시 $(e, f)=(-a, -b)$가 되어 (a, b)의 역원은 $(-a, -b)$이다.

4) $$(a, b)\oplus(c, d)=(a+c, b+d)=(c+a, d+b)=(c, d)\oplus(a, b)$$

이다. 따라서 $(\mathbb{R}\times\mathbb{R}, \oplus)$는 아벨군이다.

5) $$\begin{aligned}[(a, b)\odot(c, d)]\odot(e, f)&=(ac-bd, ad+bc)\odot(e, f)\\&=((ac-bd)e-(ad+bc)f, (ac-bd)f+(ad+bc)e)\\&=(ace-bde-adf-bcf, acf-bdf+ade+bce)\end{aligned}$$

$$\begin{aligned}(a, b)\odot[(c, d)\odot(e, f)]&=(a, b)\odot(ce-df, cf+de)\\&=(a(ce-df)-b(cf+de), a(cf+de)+b(ce-df))\\&=(ace-adf-bcf-bde, acf+ade+bce-bdf)\end{aligned}$$

따라서 $\odot$는 결합적이다. 마지막으로 분배법칙을 살펴보자.

6) $$\begin{aligned}(a, b)\odot((c, d)\oplus(e, f))&=(a, b)\odot(c+e, d+f)\\&=(a(c+e)-b(d+f), a(d+f)+b(c+e))\\&=(ac+ae-bd-bf, ad+af+bc+be)\end{aligned}$$

$$\begin{aligned}&((a, b)\odot(c, d))\oplus((a, b)\odot(e, f))\\&=(ac-bd, ad+bc)\odot(ae-bf, af+be)\\&=(ac-bd+ae-bf, ad+bc+af+be)\end{aligned}$$

이므로 좌분배법칙이 성립한다. 그런데 $(a, b)\odot(c, d)=(c, d)\odot(a, b)$이므로

⊙는 교환법칙이 성립한다. 따라서 우분배법칙도 성립함을 알 수 있다. 따라서 $(\mathbb{R}\times\mathbb{R},\ \oplus,\ \odot)$는 환이 된다.

(4) $a+b\sqrt{2},\ c+d\sqrt{2}\in A$라고 하면 우선

1) $$(a+b\sqrt{2})+(c+d\sqrt{2})=(a+b)+(b+d)\sqrt{2}\in A$$

이다. 또 $-(a+b\sqrt{2})=-a-b\sqrt{2}\in A$이므로 결국 $(A, +)$는 $(\mathbb{R}, +)$의 부분군이 된다. 따라서 $(A, +)$는 자체로 아벨군이 된다.

2) $$(a+b\sqrt{2})\times(c+d\sqrt{2})=(ac+2bd)+(ad+bc)\sqrt{2}\in A$$

이므로 곱에 닫혀 있다. 또 곱에서는 결합법칙이 항성 성립한다.

3) 보통의 $+$, $\times$에서는 분배법칙이 항상 성립하므로 따라서 $(A, +, \times)$는 환이다.

2. (1) $$(a\oplus b)\oplus c=2(2(a+b)+c))=4a+4b+2c,$$
$$a\oplus(b\oplus c)=2(a+2(b+c))=2a+4b+4c$$

가 되어 ⊕에서 결합법칙이 성립하지 않으므로 환이 안된다.

(2) $$(a\oplus b)\cdot c=2abc,\ (a\cdot c)\oplus(b\cdot c)=2(acbc)=2abc^2$$

가 되어 분배법칙이 성립하지 않으므로 환이 안된다.

(3) $$a\cdot(b\oplus c)=a^{bc},\ (a\cdot b)\oplus(a\cdot c)=a^b a^c=a^{b+c}$$

가 되어 분배법칙이 성립하지 않으므로 환이 안된다.

3. 연습문제 16, 1의 (4)와 같은 방법으로 F가 환이 되는 사실을 쉽게 알 수 있다. 환이 된다는 조건 하에서 F가 체가 되기 위해서는 $F^*=F-\{0\}$이 곱에 대하여 가환군이 되어야 한다. 즉 $(F^*, \times)$이 가환군이면 가환인 나눗셈환이 되므로 체가 된다.

1) $x=a+b\sqrt{2},\ y=c+d\sqrt{2}\in F^*$일 때

$$(a+b\sqrt{2})\times(c+d\sqrt{2})=ac+2bd+(bc+ad)\sqrt{2}\in F^*$$

2) $1=1+0\sqrt{2}\in F^*$이다.

3) $x=a+b\sqrt{2}\in F^*$라고 하면 $x\neq 0$이므로

$$\frac{1}{x}=\frac{1}{a+b\sqrt{2}}=\frac{a-b\sqrt{2}}{a^2-2b^2}=\frac{a}{a^2-2b^2}-\frac{b}{a^2-2b^2}\sqrt{2}\in F^*$$

이다. 따라서 역원이 존재한다.

위의 사실에서 $(F^*, \times)$이 가환군이 되므로 F는 체가 된다.

4. 우선 $(\mathbb{Q}, *)$가 아벨군이 됨을 보여야 한다.

1)
$$(a*b)*c=(a+b-1)*c=(a+b-1)+c-1=a+b+c-2,$$
$$a*(b*c)=a*(b+c-1)=a+(b+c-1)-1=a+b+c-2$$

이므로 결합법칙은 성립한다.

2) $a*b=b*a$은 당연.

3) 임의의 $a\in\mathbb{Q}$에 대해서 $a*1=a+1-1=a$. 따라서 1이 $*$에 대한 항등원이다.

4) $a\in\mathbb{Q}$라고 하면

$$a*(2-a)=a+(2-a)-1=1$$

따라서 a의 $*$에 대한 역원은 $2-a$이다. 따라서 $(\mathbb{Q}, *)$는 가환군이다.

5)
$$(a*b)\cdot c=(a+b-1)\cdot c=a+b-1+c-(a+b-1)c=a+b-1-ac-bc+2c$$
$$(a\cdot c)*(b\cdot c)=(a+c-ac)*(b+c-bc)=a+c-ac+b+c-bc-1$$

이므로 우분배법칙이 성립한다.

다음으로 $(\mathbb{Q}-\{1\}, \cdot)$이 역시 아벨군이 됨을 보이자. 그런데 연습문제 3에서 군이 됨은 밝혔다. 구체적으로 계산해 보면

6) $a+b-ab=b+a-ba$이므로 $a\cdot b=b\cdot a$

7)
$$\begin{aligned}(a\cdot b)\cdot c&=(a+b-ab)\cdot c\\&=a+b-ab+c-(a+b-ab)c\\&=a+b+c-ab-ac-bc+abc\\&=a\cdot(b\cdot c)\end{aligned}$$

8) 임의의 $a\in\mathbb{Q}-\{1\}$에 대해서 $a\cdot 0=a$이므로 0가 $\cdot$에 대한 항등원이 된다.
또 $a\in\mathbb{Q}-\{1\}$에 대해서

$$a \cdot \frac{a}{a-1} = a + \frac{a}{a-1} - \frac{a^2}{a-1} = 0$$

따라서 a의 $\cdot$에 대한 역원은 $\frac{a}{a-1}$가 된다.

이 사실을 종합하면 $(\mathbb{Q}, *, \cdot)$는 체가 된다.

5. 우선 $(F, +, \cdot)$는 환이 됨을 알 수 있다.

$E=\begin{pmatrix}1 & 0\\0 & 1\end{pmatrix}$라고 하면 임의의 $A \in F$에 대해서 $AE=EA=A$이므로 E는 항등원이 된다. 또 임의의 $X=\begin{pmatrix}a & b\\-b & a\end{pmatrix}$, $Y=\begin{pmatrix}c & d\\-d & c\end{pmatrix} \in F$에 대해서

$$XY=\begin{pmatrix}a & b\\-b & a\end{pmatrix}\begin{pmatrix}c & d\\-d & c\end{pmatrix}=\begin{pmatrix}ac-bd & ad+bc\\-bc-ad & -bd+ac\end{pmatrix},$$

$$YX=\begin{pmatrix}c & d\\-d & c\end{pmatrix}\begin{pmatrix}a & b\\-b & a\end{pmatrix}=\begin{pmatrix}ca-db & cb+da\\-bc-ad & -db+ac\end{pmatrix}$$

이다. 따라서 가환환이다.

$\begin{pmatrix}a & b\\-b & a\end{pmatrix} \in F^* = F - \{0\}$일 필요충분 조건은 $a \neq 0$ 또는 $b \neq 0$이므로

임의의 $\begin{pmatrix}a & b\\-b & a\end{pmatrix} \in F^*$에 대해서

$$\frac{1}{a^2+b^2}\begin{pmatrix}a & -b\\b & a\end{pmatrix}\begin{pmatrix}a & b\\-b & a\end{pmatrix}=\frac{1}{a^2+b^2}\begin{pmatrix}a & b\\-b & a\end{pmatrix}\begin{pmatrix}a & -b\\b & a\end{pmatrix}=\begin{pmatrix}1 & 0\\0 & 1\end{pmatrix}$$

이고 $a^2+b^2 \neq 0$이므로 역원이 존재한다. 따라서 F는 체이다.

6. $\bar{a}$가 멱영원이면 $\overline{1-a^m}=\bar{1}$이고 따라서 $(\overline{1-a})(\overline{1+a+\cdots+a^{m-1}})=\bar{1}$이다. 따라서 $\overline{1-a}=\overline{n+1-a}$는 $\mathbb{Z}_n$에서 단원이므로 $n+1-a$와 n은 서로소이다.

또 $-\bar{a}$도 역시 멱영원이므로 $1+a$도 n과 서로소이다. 한편 $\bar{a}$는 영인자가 되므로 a는 n과는 서로소가 아니다. 이와 같은 성질을 만족시키는 a중에서 찾으면 된다.

예를 들면 $\mathbb{Z}_{12}$에서 $\bar{a}=\bar{6}$는 $(\bar{6})^2=\bar{0}$이므로 멱등원이다.

7. $$x=1x=(ya)x=y(ax)=y1=y$$

8. (1) 1) $$(f+g)+h=f+(g+h)$$

2) 모든 실수 x에 대해서 $h(x)=0$라고 하면 $f(x)+h(x)=f(x)$이므로 h가 항등원이다. h을 영함수라고 부른다.

3) $(-f)(x)=-f(x)$라고 하면 $-f$가 f의 역원이 됨을 쉽게 알 수 있다.

4) $$f+g=g+f$$

5) $$(f\cdot g)\cdot h=f\cdot(g\cdot h)$$

6) $$f\cdot(g+h)=f\cdot g+f\cdot h,\ (f+g)\cdot h=f\cdot h+g\cdot h.$$

따라서 R은 환이 된다.

(2) 만일 $f^2=f$면 임의의 실수 x에 대해서

$$f(x)(f(x)-1)=0$$

이므로

$$f(x)=0 \text{ 또는 } f(x)=1$$

이다. 따라서 $\mathrm{Im}\,f=\{0,\ 1\}$인 함수, 즉 치역이 $\{0,\ 1\}$인 함수가 멱등원이다.

9. 치역이 $\{0,\ 1\}$인 실함수이고, 연속 함수이므로 f는 영함수 또는 모든 $x\in[0,\ 1]$에 대해서 $f(x)=1$인 함수 2개 밖에 없다. 8번의 멱등원은 무한개 있을 수 있다.

10. (1) $$(1-r)^2=1-2r+r^2=1-2r+r=1-r$$

이므로 $1-r$은 멱등원이다.

(2) $r(1-r)=r-r^2=0$이다. 따라서 만일 $r\neq0$이면 $1-r$은 영인자이다. 또 만일 $r=0$이면 r은 당연히 영인자이다.

11. (1) $r=r^2=(-r)^2=-r$이므로 $r+r=0$이다.

(2) 임의의 $a,\ b\in R$에 대해서

$$a+b=(a+b)^2=a^2+ab+ba+b^2=a+ab+ba+b$$

이다. 따라서 $0=ab+ba$, 즉 $ab=-(ba)=ba$이므로 가환이다.

12. $x^n=0$이라면 $(-x)^n=0$이다.

(1) 항등식 $1-x^n=(1-x)(1+x+x^2+\cdots+x^{n-1})=1$에 x 대신 $-x$를 대입하면 $1+x$는 단원이 된다.

(2) $uv=1$이라고 하자. $(xv)^n=0$이므로 (1)에 의해서 $1+xv$는 단원이다. 따라서 $(1+xv)t=1$이라고 두면 $(1+xv)tu=u$로부터 $(u+x)t=u$가 되므로 $(u+x)tv=uv=1$이 되어서 $u+x$는 단원이다.

13. $\mathbb{Z}_4$와 $\mathbb{Z}_6$에서 각각 구해 보면 아래와 같다.

	단 원	영인자	멱등원	멱영원
$\mathbb{Z}_4$	$\overline{1}, \overline{3}$	$\overline{0}, \overline{2}$	$\overline{0}, \overline{1}$	$\overline{0}, \overline{2}$
$\mathbb{Z}_6$	$\overline{1}, \overline{5}$	$\overline{0}, \overline{2}, \overline{3}, \overline{4}$	$\overline{0}, \overline{1}, \overline{3}, \overline{4}$	$\overline{0}$

이것들을 서로 조합하면 $\mathbb{Z}_4\times\mathbb{Z}_6$에서도 구할 수 있다.

14. (1) 만일 환이 된다면 임의의 $A\in R$에 대해서 $A\cup\square=A$가 되는 항등원 $\square$가 존재해야 한다. 따라서 $\square$는 $\varnothing$이다. 그런데 역원도 존재해야 되므로 임의의 $A\in R$에 대해서 $A\cup B=\varnothing$가 되는 B가 존재해야 되는데 $A\neq\varnothing$이면 $A\cup B\neq\varnothing$이다. 따라서 환이 될 수 없다.

(2) 연습문제 2, 3-⒀에 의해서 $(\mathscr{P}(X), \triangledown)$는 아벨군이 됨을 알 수 있다. 실제로

1) 집합 연산을 하면 $(A\triangledown B)\triangledown C=A\triangledown(B\triangledown C)$가 된다.
2) $A\triangledown\varnothing=(A\cup\varnothing)-(A\cap\varnothing)=A$이므로 $\varnothing$가 $\triangledown$에서의 항등원의 역할을 한다.
3) $A\triangledown A=(A\cup A)-(A\cap A)=\phi$이므로 자신이 자신의 역원이 된다.
4) 계산하면 $(A\triangledown B)\cap C=(A\cap C)\triangledown(B\cap C)$가 됨을 알 수 있다.
5) $A\cap A=A$이므로 부울환이다.
6) 물론 $A\triangledown B=B\triangledown A$, $A\cap B=B\cap A$는 당연히 성립한다.
7) $A\cap X=A$이므로 X가 곱의 항등원 1역할을 한다.

(3) A가 영인자라고 하면 $A\cap B=\varnothing$이고 $B\neq\varnothing$인 원소 B가 존재할 것이다. 따라서 $A\neq X$면 $A\cap A^c=\varnothing$, $A^c\neq\varnothing$가 되므로 X가 아닌 모든 원소가 영인자이다.
A가 단원이면 $A\cap B=X$인 원소 B가 존재해야 한다. 따라서 단원은 X뿐이다.

(4) 영인자가 많이 존재하므로 정역이 아니다.

15.
$$(ba)(ba)=b(ab)a=ba$$

이다. 따라서 $(ba)^2=ba$이고 $(ba)(ba-1)=0$로부터 $ba=0$ 또는 $ba=1$이다.
만일 $ba=0$이면 $(ab)(ab)=0$이 되어 $ab=1$에 모순이다. 따라서 $ba=1$이다.

16.
$$a(xa+x-1)=(ax)a+ax-a=a+1-a=1$$

이다. 따라서 $xa+x-1=x$가 되고 $xa=1$이 된다.

17. $x, y\in U$라고 하면 $xa=ax=1$, $yb=by=1$인 a, b가 R에 존재한다. 따라서

$$(xy)(ba)=x(yb)a=xa=1,\ (ba)(xy)=b(ax)y=1$$

이 되므로 $xy\in U$가 됨을 알 수 있다. $1\cdot 1=1$이므로 당연히 $1\in U$이다.
x의 역원 a도 역시 단원이 되므로 $a\in U$가 되어 역원도 U에 존재한다.
R은 곱에 관해서 결합법칙이 성립하므로 R의 부분집합 U에서도 물론 성립한다. 따라서 U는 곱에 관한 군의 필요조건을 모두 만족시키므로 군이 된다.

18. (1) $\mathbb{Z}[i]$는 복소수 $\mathbb{C}$의 부분집합이므로 결합법칙, 분배법칙 등은 잘 성립한다. 구체적으로 계산하면

1) $x, y\in\mathbb{Z}[i]$라면 $x=a+bi$, $y=c+di$, $a, b, c, d\in\mathbb{Z}$ 꼴이다.

$$\begin{aligned}xy&=(a+bi)(c+di)=(ac-bd)+(ad+bc)i\\&=(ca-db)+(da+cb)i\\&=(c+di)(a+bi)\\&=yx\end{aligned}$$

2) $x=a+bi$라면

$$(a+bi)+0=0+(a+bi)=a+bi$$

이므로 $x+0=0+x=x$를 만족시키는 0이 R에 존재한다.

3) $x=a+bi$이고 $y=c+di$가 x의 $+$에 대한 역원이라면

$$a+bi+(c+di)=(a+c)+(b+d)i=0$$

이다. 따라서

$$a+c=0,\quad b+d=0,\quad c=-a,\quad d=-b.$$

따라서

$$y=c+di=-a-bi=-(a+bi)=-x$$

이다. 임의의 $x\in R$에 대해서

$$x+(-x)=(-x)+x=0$$

4) $$(a+bi)+(c+di)=a+c+(b+d)i=c+a+(d+b)i=(c+di)+(a+bi)$$

이므로 $x+y=y+x$이다. 마찬가지로 $x\cdot y=y\cdot x$가 된다.

5) $$\begin{aligned}((a+bi)\cdot(c+di))\cdot(e+fi)&=((ac-bd)+(bc+ad)i)\cdot(e+fi)\\&=(ace-bde-bcf-adf)+(acf-bdf+bce+ade))i,\\(a+bi)\cdot((c+di)\cdot(e+fi))&=(a+bi)\cdot(ce-df+(cf+de)i)\\&=(ace-adf-bcf-bde)+(acf+ade+bce-bdf)i\end{aligned}$$

이므로 $(x\cdot y)\cdot z=x\cdot(y\cdot z)$이다.

6) $$\begin{aligned}&[(a+bi)+(c+di)]\cdot(e+fi)=(ae+ce-bf-df)+(af+ef+be+de)i,\\&(a+bi)\cdot(e+fi)+(c+di)\cdot(e+fi)=(ae-bf)+(be+af)i+(ce-df)+(cf+de))i\\&\qquad=(ae+ce-bf-df)+(af+cf+be+de)i\end{aligned}$$

이므로

$$(x+y)\cdot z=x\cdot z+y\cdot z$$

이다. 마찬가지로

$$\begin{aligned}(a+bi)\cdot[(c+di)+(e+fi)]&=(ac+ae-bf-bd)+(ad+af+bc+be)i\\&=(ac-bd)+(bc+ad)i+(ae-bf)+(be+ef)i\\&=(ac+ae-bd-bf)+(ad+af+bc+be)i\end{aligned}$$

이므로 $x\cdot(y+z)=x\cdot y+x\cdot z$이다.

(2) $x=a+bi$, $y=c+di$라면 $xy=(ac-bd)+(ad+bc)i$이므로

$$\begin{aligned}N(xy)&=(ac-bd)^2+(ad+bc)^2\\&=a^2c^2-2abcd+b^2d^2+a^2d^2+2abcd+b^2c^2\end{aligned}$$

$$\begin{aligned}&=a^2c^2+a^2d^2+b^2d^2+b^2c^2\\&=a^2(c^2+d^2)+b^2(c^2+d^2)\\&=(a^2+b^2)(c^2+d^2)\\&=N(a+bi)N(c+di)=N(x)N(y)\end{aligned}$$

(3) $x=a+bi$가 단원이면 $yx=xy=1$인 $y\in\mathbb{Z}[i]$가 존재한다. (2)에 의해서

$$1=N(xy)=N(x)N(y)$$

따라서 $N(x)=N(y)=1$이 된다.

만일 $N(x)=1$이면 $a^2+b^2=1$, a, b는 정수이므로 $a=\pm1$, $b=0$ 또는 $a=0$, $b=\pm1$이므로 $x=\pm1$ 또는 $x=\pm i$이다. $x=\pm1$이면 $y=\pm1$로 두면 $xy=yx=1$이고 $x=\pm i$면 $y=\mp i$로 두면 $xy=yx=1$이다. 따라서 어느 경우나 x는 단원이 됨을 알 수 있다.

(4) $\mathbb{Z}[i]$의 모든 단원은 (3)에 의해서 $x=a+bi$에서 $a^2+b^2=1$이므로 $x=\pm1$ 또는 $\pm i$이다. 따라서 $\{1, -1, i, -i\}$이다.

(5) 17번에 의해서 $\{1, -1, i, -i\}$는 곱에 관하여 군이 된다. 이것은 $x^4=1$의 근이 된다. $\mathbb{Z}_4$와 동형이 됨을 알 수 있다. i가 생성원인 순환군이다.

19. (1) 18번 (1)번과 동일한 방법으로 증명할 수 있다.

(2) $x=a+b\sqrt{2}$, $y=c+d\sqrt{2}$라고 하면

$$xy=(ac+2bd)+(ad+bc)\sqrt{2}$$

이므로

$$\begin{aligned}N(xy)&=(ac+2bd)^2-2(ad+bc)^2\\&=a^2c^2+4abcd+4b^2d^2-2a^2d^2-4abcd-2b^2c^2\\&=a^2(c^2-2d^2)-2b^2(c^2-2d^2)\\&=(a^2-2b^2)(c^2-2d^2)\\&=N(x)N(y)\end{aligned}$$

(3) x가 단원일 필요충분조건은 $N(x)=\pm1$임을 보이자. 우선 r가 단원이라면 $ry=1$이 되는 y가 존재한다. (2)에서 $N(r)$은 정수이고

$$1 = N(ry) = N(r)N(y)$$

이므로 $N(r)=1$, $N(y)=1$ 또는 $N(r)=-1$, $N(y)=-1$, 따라서 $N(r)=\pm 1$이 된다.

역으로 $r=a+b\sqrt{2}$, $N(r)=\pm 1$이면

$$a^2-2b^2=\pm 1, \quad (a+\sqrt{2}\,b)(a-\sqrt{2}\,b)=\pm 1$$

이다. 따라서 r는 단원이 된다.

(4) $u=3+2\sqrt{2}$라고 하면 $N(u)=1$이므로 단원이다. 또

$N(u^2)=N(u)N(u)=1$이므로 u^2도 단원이다.

$\vdots$

이와 같이 하면 $\{u, u^2, u^3, \cdots\}$은 모두 단원이 됨을 알 수 있다. 이외에도 단원은 얼마든지 있다.

20. $M_2(\mathbb{Z}_2)=\left\{\begin{pmatrix}0&0\\0&0\end{pmatrix}, \begin{pmatrix}1&0\\0&0\end{pmatrix}, \begin{pmatrix}0&1\\0&0\end{pmatrix}, \begin{pmatrix}0&0\\1&0\end{pmatrix}, \begin{pmatrix}0&0\\0&1\end{pmatrix}, \begin{pmatrix}1&1\\0&0\end{pmatrix}, \begin{pmatrix}1&0\\1&0\end{pmatrix}, \begin{pmatrix}1&0\\0&1\end{pmatrix},\right.$

$\left.\begin{pmatrix}1&1\\1&0\end{pmatrix}, \begin{pmatrix}0&1\\1&0\end{pmatrix}, \cdots\right\}$, 단 $0=\bar{0}$, $1=\bar{1}\in\mathbb{Z}_2$

이다. 그러나

$$\begin{pmatrix}1&1\\0&0\end{pmatrix}\begin{pmatrix}1&0\\1&0\end{pmatrix}=\begin{pmatrix}2&0\\0&0\end{pmatrix}=\begin{pmatrix}0&0\\0&0\end{pmatrix}, \quad \begin{pmatrix}1&0\\1&0\end{pmatrix}\begin{pmatrix}1&1\\0&0\end{pmatrix}=\begin{pmatrix}1&1\\1&1\end{pmatrix}$$

이므로 가환이 아니다.

21. $\begin{pmatrix}1&0\\0&1\end{pmatrix}$을 갖지 않는 2×2행렬에서 예를 찾아보자. $R=(M_2(2\mathbb{Z}), +, \cdot)$, 즉

$$R=\left\{\begin{pmatrix}a&b\\c&d\end{pmatrix}\middle|\, a, b, c, d\in 2\mathbb{Z}\right\}$$

라고 하자. 항등원을 $\begin{pmatrix}e_1&e_2\\e_3&e_4\end{pmatrix}$라고 하면 $\begin{pmatrix}2&0\\0&0\end{pmatrix}\begin{pmatrix}e_1&e_2\\e_3&e_4\end{pmatrix}=\begin{pmatrix}2&0\\0&0\end{pmatrix}$로부터

$\begin{pmatrix}2e_1&2e_2\\0&0\end{pmatrix}=\begin{pmatrix}2&0\\0&0\end{pmatrix}$이다. 따라서 $e_1=1$, $e_2=0$이고, 또

$$\begin{pmatrix}0&2\\0&0\end{pmatrix}\begin{pmatrix}e_1&e_2\\e_3&e_4\end{pmatrix}=\begin{pmatrix}2e_3&2e_4\\0&0\end{pmatrix}=\begin{pmatrix}0&2\\0&0\end{pmatrix}$$

이므로 따라서 $e_3=0$, $e_4=1$이다.

결국 항등원 $\begin{pmatrix} e_1 & e_2 \\ e_3 & e_4 \end{pmatrix}=\begin{pmatrix} 1 & 0 \\ 0 & 1 \end{pmatrix}$인데 이것은 $M_2(2\mathbb{Z})$의 원소가 아니다. 곱의 항등원 1을 갖지 않는 예가 된다.

22. $|R|=p$이면 $(R, +)\cong(\mathbb{Z}_p, \oplus)=\{\bar{0}, \bar{1}, \bar{2}, \cdots, \overline{p-1}\}$이므로 $+$ 연산은 정해짐. 그러나 $\cdot$연산은 모른다. 분배법칙을 쓰면

$$\bar{1}\cdot\bar{2}=\bar{1}\cdot(\bar{1}+\bar{1})=\bar{1}\cdot\bar{1}+\bar{1}\cdot\bar{1},$$
$$\bar{3}\cdot\bar{5}=(\bar{1}+\bar{1}+\bar{1})\cdot(\bar{1}+\bar{1}+\bar{1}+\bar{1}+\bar{1})=\bar{1}\cdot\bar{1}+\cdots+\bar{1}\cdot\bar{1}, \text{(15번 연산)}$$

즉 $\bar{1}\cdot\bar{1}$만 정해지면 $\cdot$연산을 할 수 있다. 따라서 $\bar{1}\cdot\bar{1}=a$라고 하면

$$x\cdot y=(\bar{1}+\bar{1}+\cdots+\bar{1})\cdot(\bar{1}+\cdots+\bar{1})=a+\cdots+a, \text{(}xy\text{번)}$$
$$y\cdot x=(\bar{1}+\cdots+\bar{1})\cdot(\bar{1}+\cdots+\bar{1})=a+\cdots+a, \text{(}yx\text{번)}$$

따라서 가환이다.

23. a, b를 멱영원이라고 하면 $a^m=0$, $b^n=0$인 정수 m, n이 존재한다.
$(a+b)^{m+n}$을 전개시키면 모든 항은 a^kb^{m+n-k}꼴이다. (단 $0\leq k\leq m+n$).
$k\geq m$이면 $a^k=0$이고 $k<m$이면 $m+n-k>n$이므로 $b^{m+n-k}=0$이다. 따라서 모든 항이 0이므로 $(a+b)^{m+n}=0$이 되며 $a+b$는 멱영원이다.

24. $a1=1a=a$이다. 우분배법칙을 사용하면

$$(a+b)(1+1)=a(1+1)+b(1+1)=a+a+b+b$$

이다. 한편 좌분배법칙에서

$$(a+b)(1+1)=(a+b)1+(a+b)1=a+b+a+b$$

이므로 $a+b=b+a$이다.

25. 8번 문제에서 본바와 같이 $(S, +)$는 가환군이 된다. 또 함수의 합성은 결합법칙이 성립한다. 분배법칙을 살펴보면

$$[f \circ (g+h)](x) = f(g(x)+h(x))$$

인데 일반적으로 함수에서 $f(u+v)=f(u)+f(v)$가 성립하지 않는다.
따라서 환이 되지 않는다.

26. (1) $a0 = a(0+0) = a0 + a0$이므로 따라서 $a0 = 0$이다.

(2)
$$-(a)b + ab = (-a+a)b = 0b = 0 = -(ab) + ab$$

이므로 우소거법칙을 사용하면 $(-a)b = -(ab)$이다.

27. 힌트 Euler의 정리를 쓴다. $\gcd(7, 24) = 1$이다.

$$\phi(24) = \phi(2^3 \times 3) = \phi(2^3) \times \phi(3) = 4 \times 2 = 8$$

이므로 $24 | 7^8 - 1$이다. 따라서

$$(7^8)^{125} \equiv 1 \pmod{24}$$

이므로 나머지는 1이다.

28. 힌트 9장 연습문제, 17번 참조

(1) $\overline{0} = a^2 - \overline{1} = (a+\overline{1})(a-\overline{1})$이고 $\mathbb{Z}_p$는 정역이므로 $a+\overline{1} = \overline{0}$ 또는 $a-\overline{1} = \overline{0}$이고 따라서 $a = \overline{p-1}$ 또는 $a = \overline{1}$이다.

(2) $(\mathbb{Z}_p^*, \cdot)$는 군이 되므로

$$\overline{1} \cdot \overline{2} \cdot \overline{3} \cdot \cdots \cdot \overline{p-1} = \overline{p-1}$$

로부터 $\overline{(p-1)!} + \overline{1} = \overline{p} = \overline{0}$이다. 따라서 $(p-1)!+1$은 p의 배수이다.

29. $[(1+a)b]^2 = (1+a)^2 b^2$이므로

$$(b+ab)^2 = (1+2a+a^2)b^2$$

이다.

$$b^2 + bab + ab^2 + (ab)^2 = b^2 + 2ab^2 + a^2b^2$$

이다. 따라서 $bab=ab^2$이다. 이 식에 다시 b 대신 $1+b$를 대입하면

$$(1+b)a(1+b)=a(1+b)^2=a(1+2b+b^2)$$

이고 이 식을 풀면

$$a+ab+ba+bab=a+2ab+ab^2$$

이다. 따라서 $ba=ab$가 된다.

30. $$R=\left\{\begin{pmatrix} a & b \\ 0 & 0 \end{pmatrix} \middle| a,\ b\in\mathbb{Z}\right\}\subset M_2(\mathbb{Z})$$

라고 하면 R은 $M_2(\mathbb{Z})$의 부분환이 된다. $a=\begin{pmatrix} a_1 & b_1 \\ 0 & 0 \end{pmatrix}$, $b=\begin{pmatrix} a_2 & b_2 \\ 0 & 0 \end{pmatrix}\in R$라고 하면 $ab=\begin{pmatrix} a_1a_2 & a_1b_2 \\ 0 & 0 \end{pmatrix}$, 또 $a^2=\begin{pmatrix} a_1^2 & a_1b_1 \\ 0 & 0 \end{pmatrix}$이다.

$$(ab)^2=\begin{pmatrix} (a_1a_2)^2 & a_1^2a_2b_2 \\ 0 & 0 \end{pmatrix},\quad a^2b^2=\begin{pmatrix} a_1^2a_2^2 & a_1^2a_2b_2 \\ 0 & 0 \end{pmatrix}$$

이다. 따라서 $(ab)^2=a^2b^2$이다. 그러나 $ab=\begin{pmatrix} a_1a_2 & a_1b_2 \\ 0 & 0 \end{pmatrix}$, $ba=\begin{pmatrix} a_1a_2 & a_2b_1 \\ 0 & 0 \end{pmatrix}$로써 $ab\neq ba$이다.

참고 R은 0 이외의 멱등원이 없으면 다음 식이 성립한다.

1) $ab=0$면 $ba=0$
2) $aba=0$면 $ab=0$
3) $ab=0$이면 모든 $x\in R$에 대해서 $axb=0$

증명 1) $(ba)^2=b(ab)a=0$이므로 $ba=0$.
2) $abab=0$이므로 $ab=0$.
3) $ab=0$이므로 $ba=0$. 따라서 임의의 $x\in R$에 대해서 $bax=0$이다. 따라서 $(axb)^2=0$이 되어서 $axb=0$이다.

31. $(ab)^2=a^2b^2$이므로

$$abab=aabb,\ a(ba-ab)b=0$$

이다. 위의 **참고**를 참고하면 $(ba-ab)ba=0$이다. 이 식은 a, b에 관하여 대칭식이

므로 a, b를 바꾸어도 성립하므로 $(ab-ba)ab=0$이다. 따라서

$$(ba-ab)^2=(ba-ab)(ba-ab)=(ba-ab)ba-(ba-ab)ab=0$$

이 되고 결국 $ba=ab$이다.

32. **힌트** 22번 문제의 $\bar{1}$를 생성원으로 대신 생각.

$(R, +)=\langle a\rangle$라고 하면 임의의 R의 원소 x, y에 대해서 $x=na$, $y=ma$, n, m은 정수 꼴로 쓸 수 있다. 따라서

$$xy=(na)(ma)=(a+\cdots+a)(a+\cdots+a)$$

는 분배법칙에 의해서 $(nm)a^2$이 되고 yx도 마찬가지로 $(mn)a^2$가 되어 결국 $xy=yx$이다.

33. (1) $a^2=0$이므로 $a^2-1=-1$이다. 따라서 $-(a+1)(a-1)=1$이므로 $a+1$, $a-1$은 단원이다.

(2) $a^n=0$이므로 $a^n-1=-1$이다. 따라서

$$-(a-1)(a^{n-1}+a^{n-2}+\cdots+a+1)=1$$

로부터 $a-1$은 단원이다. 또 $(-a)^n=0$이므로 $-a$도 역시 멱영원이다. 따라서 $-a-1=-(a+1)$은 단원이고 따라서 $a+1$은 단원이다.

34. $F^*=F-\{0\}$은 곱에 대해서 군이므로 임의의 $x\neq 0$에 대해서 $x\in F^*$이다. 라그랑즈의 정리에 의해서 $x^{m-1}=1$이다.

35. $a^2=1$이므로 $a^2-1=0$이다. 따라서 $(a+1)(a-1)=0$이다.
$a\neq 1$이므로 $a-1\neq 0$이다. 따라서 $a+1$은 영인자이다. 또 $a\neq -1$이므로 $a+1\neq 0$이다. 따라서 $a-1$도 역시 영인자이다.

36. ab가 영인자이므로 abx 또는 $xab=0$인 $x\neq 0$가 존재한다. $abx=0$이라 하자.
만일 $bx\neq 0$이면 a는 영인자이다. 만일 $bx=0$이면 b가 영인자가 된다. 따라서 어느 경우나 a 또는 b는 영인자이다. $xab=0$일 경우도 마찬가지다.

37. a를 영인자라고 하면 $ax=0$인 $x\neq0$가 존재한다. $abx=(ax)b=0$이므로 ab는 영인자이다.

38. (1) $e^2=e$, $x\in R$라고 하면

$$(ex-exe)^2=exex-exexe-exeex+exeexe=0$$

이므로 $ex=exe$이다. 또 $(xe-exe)^2=0$이므로 $xe=exe$이다. 따라서 위 식에서 $xe=ex$가 된다. 즉 멱등원은 모든 원소와 가환이다.
임의의 $r\in R$에 대해서 $r^3=r$이므로 $r^2=r^4=(r^2)^2$이므로 r^2는 항상 멱등원이다.
따라서 임의의 $x, y\in R$에 대해서 $x^2y=yx^2$이 성립한다.
임의의 $a, b\in R$에 대해서

$$ab=(ab^2)b=b^2ab=b^2a(a^2b)=b^2aba^2=b(ba)(ba)a=ba(ba)(ba)=(ba)^3=ba$$

(2) **참고** 매우 테크니컬한 문제인데 증명을 기억할 필요는 없다. 이와같이 까다로운 문제도 있다.

$(a^3)^2=a^4a^2=a^3$이므로 a^3은 멱등원이다. 따라서 모든 $x\in R$에 대해서 $a^3x=xa^3$이 성립한다. 한편 $2a=(2a)^4=16a^4=16a$이므로 R의 표수는 14의 약수이다.

또 $(3a)^4=3a$이므로 마찬가지로 $78a=0$이다. $\gcd(14, 78)=2$이므로 결국 R의 표수는 2가 된다. 즉 $2a=0$이다.

$(a+a^3)^3=a^3+a^2+a+a^9$은 R의 모든 원소와 가환이고 또 a^3, a^9도 가환이므로 결국 a^2+a도 모든 R의 원소와 가환이 된다. $a, b\in R$이라고 하면

$$(a+b)^2+(a+b)=(a^2+a)+(b^2+b)+(ab+ba)$$

이므로 결국 임의의 $x\in R$에 대해서

$$(ab+ba)x=x(ab+ba)$$

이다. $a(ab+ba)=(ab+ba)a$로부터 $a^2b=ba^2$이 되고 따라서 $(a^2+a)b=b(a^2+a)$와 같이 생각하면 $ab=ba$이다.

17 아이디얼

(Ideal)

연습문제

1. I가 $(\mathbb{R}, +, \cdot)$의 아이디얼이 되는지 조사하여라.

   (1) $I=\{a+b\sqrt{3}\,|\,a,\ b\in\mathbb{Z}\}$
   (2) $I=\{x2^y\,|\,x,\ y\in\mathbb{Z}\}$

2. 다음 집합이 $R=\mathbb{Z}\times\mathbb{Z}$의 아이디얼이 되는지 조사하여라.

   (1) $\{(n,\ n)\,|\,n\in\mathbb{Z}\}$
   (2) $\{(5n,\ 0)\,|\,n\in\mathbb{Z}\}$
   (3) $\{(m,\ n)\,|\,m+n$은 짝수$\}$
   (4) $\{(m,\ n)\,|\,mn$은 짝수$\}$
   (5) $\{(2m,\ 3n)\,|\,m,\ n\in\mathbb{Z}\}$

3. $R=\mathbb{Z}_3\times\mathbb{Z}_3$의 부분환은 되나 아이디얼이 안되는 예를 구하여라.

4. $R=M_2(\mathbb{R})$이다. 다음 집합 중 아이디얼이 되는 것을 찾아라.

(1) $S=\left\{\begin{pmatrix} 0 & b \\ c & d \end{pmatrix} \middle| b,\ c,\ d \in \mathbb{R}\right\}$ (2) $S=\left\{\begin{pmatrix} a & 0 \\ c & d \end{pmatrix} \middle| a,\ c,\ d \in \mathbb{R}\right\}$

(3) $S=\left\{\begin{pmatrix} a & b \\ b & a \end{pmatrix} \middle| a,\ b \in \mathbb{R}\right\}$ (4) $S=\left\{\begin{pmatrix} a & 0 \\ c & 0 \end{pmatrix} \middle| a,\ c \in \mathbb{R}\right\}$

5. A, B는 R의 부분환이다. $A\cup B$는 R의 부분환이 되는가? 만일 안되면 안되는 예를 찾아라. 또 어떤 경우에 $A\cup B$가 R의 부분환이 되는가?

A 6. $M_2(\mathbb{R})$의 아이디얼은 0과 자신밖에 없음을 보여라.

7. $Z(R)=\{x\in R \mid$ 모든 $r\in R$에 대해서 $xr=rx\}$는 R의 부분환이 되는가? 또 R의 아이디얼이 되는가?

8. R은 가환환이다. $X\subset R$일 때 $Ann(X)=\{r\in R \mid$ 모든 $x\in X$에 대해서 $rx=0\}$라면

(1) $Ann(X)$는 R의 아이디얼이 됨을 보여라.

(2) $R=\mathbb{Z}_{12}$일 때 $Ann(\bar{2})$를 구하여라.

9. I는 R의 아이디얼이다. $R^{-1}I=\{x\in R \mid$ 모든 $r\in R$에 대해서 $rx\in I\}$는 I를 포함하는 R의 아이디얼임을 보여라.

10. R은 실함수의 집합, +, · 은 함수의 합과 곱이라고 하면(16장 연습문제 8번 참조) $(R,\ +,\ \cdot)$는 환이다. S는 R의 부분군이 되는가? 또 아이디얼이 되는가?

(1) $S=\{f\in R \mid f(1)=0\}$ (2) $S=\{f\in R \mid f(3)=f(4)\}$

(3) $S=\{f\in R \mid f(1)=0$ 또는 $f(2)=0\}$

B 11. R은 가환환, $1\in R$이다. $x,\ a\in R$, $axa=a$이면

(1) $aR=eR$, $e=e^2$인 $e\in R$이 존재함을 보여라.

(2) $aR\cap J=\{0\}$이고 $aR+J=R$인 R의 아이디얼 J를 구하여라.

12. A, B는 R의 아이디얼이고 $A\cap B=\{0\}$이다. 임의의 $a\in A$, $b\in B$에 대해서 $ab=0$임을 보여라.

제17장 아이디얼 연습문제 풀이

1. (1) $x, y \in I$라고 하면

$$x = a + b\sqrt{3},\ y = c + d\sqrt{3},\ a, b, c, d \in \mathbb{Z}$$

로 둘 수 있다. $x+y \in I$, $-x \in I$이므로 I는 $(\mathbb{R}, +)$의 부분군이다.

임의의 실수 $r \in \mathbb{R}$에 대해서 $xr = ar + br\sqrt{3}$인데 ar은 반드시 정수라 할 수 없다. 따라서 I는 $\mathbb{R}$의 아이디얼이 아니다.

(2) I의 임의의 두 원소 $x = a2^b$, $y = c2^d$, $a, b, c, d \in \mathbb{Z}$에 대해서

$$x + y = a2^b + c2^d = t2^m,\ t, m \in \mathbb{Z}$$

꼴로 쓸 수 있다. 또 $-x = -a2^b \in I$이므로 I는 $(\mathbb{R}, +)$의 부분군이다. 그러나 실수 $\frac{1}{3} \in \mathbb{R}$, $5 \times 2^4 \in I$에 대해서 $\frac{5}{3} \times 2^4 \notin I$이므로 I는 아이디얼이 아니다.

2. (1)

$$(n, n) + (m, m) = (n+m, n+m),\ -(n, n) = (-n, -n)$$

이므로 R의 부분군은 된다. 그러나 $(3, 2) \in \mathbb{Z} \times \mathbb{Z}$이나 $(3, 2)(5, 5) = (15, 10)$이므로 아이디얼은 안된다.

(2)

$$(5n, 0) + (5m, 0) = (5(n+m), 0),\ -(5n, 0) = (5(-n), 0)$$

이므로 R의 부분군은 된다. 임의의 $(a, b) \in \mathbb{Z} \times \mathbb{Z}$에 대해서

$$(5n, 0)(a, b) = (5na, 0) = (a, b)(5n, 0)$$

이므로 아이디얼이 된다.

(3) $(m, n) + (k, l) = (m+k, n+l)$이고

$$m + k + n + l = (m+n) + (k+l) = \text{짝수} + \text{짝수}$$

이므로 닫혀있다. 또 $-(m, n) = (-m, -n)$, $-m-n$도 짝수이므로 부분군이 된다. 그러나 $(3, 5)$에 대해서 $(7, 2) \in \mathbb{R}$을 취하면 $(3, 5)(7, 2) = (21, 10)$인데 $21 + 10 = 31$은 홀수이므로 결국 아이디얼이 안된다.

(4) $(m, n) + (k, l) = (m+k, n+l)$이고

$$(m+k)(n+l)=mn+ml+kn+k=(mn+kl)+(ml+kn)$$

이다. 그런데 mn, kl은 짝수이므로 $ml+kn$이 짝수이면 된다. 그런데 이 수는 반드시 짝수가 아니다.

예를 들면 (3, 4), (2, 5)은 $3\times4=12$, $2\times5=10$은 모두 짝수이다. 그러나 $(3, 4)+(2, 5)=(5, 9)$인데 $5\times9=45$가 되어 연산 $+$에 닫혀 있지 못하다. 따라서 부분군도 되지 않는다.

(5) $(\mathbb{R}, +)$의 부분군이 됨은 쉽게 알 수 있다. 또 2의 배수에 정수를 곱해도 2의 배수, 3의 배수에 정수를 곱해도 3의 배수이므로, 즉 정수, k, t에 대해서

$$(2m, 3n)(k, t)=(2mk, 3nt)$$

이므로 아이디얼이 된다.

3. $I=\{(\bar{0}, \bar{0}), (\bar{1}, \bar{1}), (\bar{2}, \bar{2})\}$는 R의 부분환이다. 그러나 $(\bar{1}, \bar{1})\cdot(\bar{2}, \bar{1})=(\bar{2}, \bar{1})\not\in I$이므로 아이디얼은 아니다.

4. (1) $\begin{pmatrix}0 & 1\\2 & 3\end{pmatrix}\begin{pmatrix}1 & 2\\3 & 4\end{pmatrix}=\begin{pmatrix}3 & 4\\11 & 16\end{pmatrix}\not\in S$이므로 아이디얼이 아니다.

(2) $\begin{pmatrix}0 & 1\\1 & 1\end{pmatrix}\begin{pmatrix}1 & 2\\3 & 4\end{pmatrix}=\begin{pmatrix}1 & 2\\4 & 6\end{pmatrix}\not\in S$이므로 아이디얼이 아니다.

(3) $\begin{pmatrix}1 & 2\\2 & 1\end{pmatrix}\begin{pmatrix}1 & 2\\3 & 4\end{pmatrix}=\begin{pmatrix}7 & 10\\5 & 8\end{pmatrix}\not\in S$이므로 아이디얼이 아니다.

(4) $\begin{pmatrix}0 & 0\\2 & 0\end{pmatrix}\begin{pmatrix}1 & 2\\3 & 4\end{pmatrix}=\begin{pmatrix}1 & 2\\2 & 4\end{pmatrix}\not\in S$이므로 아이디얼이 아니다.

5. (1) $R=\mathbb{Z}$, $A=\langle 2\rangle=2\mathbb{Z}$, $B=\langle 3\rangle=3\mathbb{Z}$라고 하면 $2, 3\in A\cup B$이나 $2+3=5\not\in A\cup B$이다. 따라서 부분합의 합집합은 부분환이 아니다.

(2) $A\subset B$ 또는 $B\subset A$ 또는 $A\cup B=R$일 경우 $A\cup B$는 R의 부분환이 된다. 이외에도 여러 가지 경우가 있다. 일반적으로 $A\cup B$가 R의 부분환일 필요충분조건은 $A\cup B=A+B$이다.

6. 일반적으로 $M_n(\mathbb{R})$, 즉 실수 계수의 $n\times n$행렬환은 0과 자신밖에 아이디얼이 없음을 보이자.

$I\neq\{0\}$인 $M_n(\mathbb{R})$의 아이디얼이라고 하면 $0\neq A\in I$인 I의 원소 A가 있을 것이다.

편의상 A의 (m, k)-성분을 $a \neq 0$라고 한다. 또 E_{rs}는 (r, s)-성분은 1, 나머지는 0인 $n \times n$행렬을 표시하는 것으로 하자. 임의의 $M=(a_{ij}) \in M_n(\mathbb{R})$에 대해서 $E_{tu}ME_{uw}$를 계산해 보면 (t, w)-성분은 a_{ur}, 나머지는 0인 행렬이 됨을 알 수 있다.(반드시 실제로 해 볼 것) Hungerford [21] 참조.

$A_1 = E_{1m}AE_{k1}$은 (1, 1)-성분은 a, 나머지는 0인 행렬이고, $\cdots$, $A_i = E_{im}AE_{ki}$는 (i, i)-성분은 a, 나머지는 0인 행렬이다.

이와 같이 $A_1, A_2, \cdots, A_n$을 만들면 $A \in I$이므로 $A_i \in I$이다. 또 $\sum_{i=1}^{n} A_i$는 대각선이 모두 a, 나머지는 0인 대각 행렬이고 역시 I의 원소이다. B를 대각선이 모두 $\frac{1}{a}$인 대각 행렬이라고 하면 $(\sum_{i=1}^{n} A_i)B=E$는 $n \times n$-단위 행렬이고 I의 원소이다. 따라서 $I=M_n(\mathbb{R})$이 된다.

7. $a, b \in Z(R)$이라고 하면 임의의 $r \in R$에 대해서

$$(a+b)r = ar+br = ra+rb = r(a+b)$$

이므로 $a+b \in Z(R)$, 또

$$(-a)r = -(ar) = -(ra) = r(-a)$$

이므로 $-a \in Z(R)$이 되어 $Z(R)$은 $(R, +)$의 부분군이다. 그러나 만일 R이 가환이 아니면 $rt \neq tr$인 $r, t \in R$가 존재한다. 따라서

$$(ar)t = a(rt) = (rt)a, \quad t(ar) = t(ra) = (tr)a$$

이므로 $(rt)a \neq (tr)a$인 $a \in Z(R)$가 존재하면 $ar \notin Z(R)$이다. 따라서 $Z(R)$은 R의 아이디얼이 안된다.

따라서 $Z(R)$은 R의 아이디얼이 될 때도 있고 안될 때도 있다.

8. (1) $r_1, r_2 \in Ann(X)$라면 임의의 $x \in X$에 대해서 $r_1x=0$, $r_2x=0$이다. 따라서 $r_1x - r_2x = (r_1 - r_2)x = 0$이 된다. $r_1 - r_2 \in Ann(X)$이므로 $(Ann(X), +)$는 $(R, +)$의 부분군이다.

$r \in Ann(X)$, $s \in R$라고 하면 임의의 $x \in X$에 대해서 $(rs)x = r(sx) = 0$이므로 $rs \in Ann(X)$이다. 따라서 $Ann(X)$는 R의 아이디얼이다.

(2) $\mathbb{Z}_{12}=\{\bar{0}, \bar{1}, \cdots, \overline{11}\}$ 이고

$$Ann(\bar{2})=\{\bar{r}\in\mathbb{Z}_{12} \mid \overline{2r}=\bar{0}\}$$

이므로 $2r$이 12의 배수이다. 따라서 $Ann(\bar{2})=\{\bar{0}, \bar{6}\}$ 이다.

9. 1) $a, b\in R^{-1}I$라고 하면 모든 $r\in R$에 대해서 $ra\in I$, $rb\in I$이다. 따라서

$$ra+rb=r(a+b)\in I$$

이므로 $a+b\in R^{-1}I$이다. 또 $r(-a)=-(ra)\in I$이므로 $-a\in R^{-1}I$이다. 따라서 $(R^{-1}I, +)$는 $(R, +)$의 부분군이다.

2) $t\in R$, $s\in R^{-1}I$이면 임의의 $r\in R$에 대해서 $rs\in I$이다. 또 $ts\in I$이다. 따라서 $(rs)t\in I$이므로 $st\in R^{-1}I$이다. 또 마찬가지로 $ts\in R^{-1}I$가 되어 $R^{-1}I$는 R의 아이디얼이다.

3) $t\in I$라고 하면 임의의 $r\in R$에 대해서 $t\in I$이므로 $t\in R^{-1}I$이다. 따라서 $I\subset R^{-1}I$이다.

10. (1) 1) $f, g\in S$라고 하면 $f(1)=g(1)=0$이다.

$$(f+g)(1)=f(1)+g(1)=0+0=0$$

이므로 $f+g\in S$이다. 또

$$(-f)(1)=-f(1)=0$$

이므로 $-f\in S$이다. 따라서 $(S, +)$는 $(R, +)$의 부분군이다.

2) 임의의 $h\in R$에 대해서

$$(fh)(1)=f(1)h(1)=0=(hf)(1)$$

이다. 따라서 S는 R의 아이디얼도 된다.

(2) 1) $f, g\in S$라고 하면 $f(3)=f(4)$, $g(3)=g(4)$이다.

$$(f+g)(3)=f(3)+g(3)=f(4)+g(4)=(f+g)(4)$$

이므로 $f+g\in S$이다. 또

$$(-f)(3)=-f(3)=-f(4)=(-f)(4)$$

이다. 따라서 $(S, +)$는 $(R, +)$의 부분군이다.

2) $h(x)=x+2 \in R$이라고 하면 $f \in S$에 대해서

$$(hf)(3)=5f(3), \quad (hf)(4)=6f(4)$$

가 되어 $(hf)(3) \neq (hf)(4)$가 되어 S는 아이디얼이 되지 않는다.

(3) 1) $f, g \in R$는 $f(x)=x-1$, $g(x)=-x+2$라고 하면 $f(1)=0$, $g(2)=0$이므로 f, $g \in S$이다. 그러나

$$(f+g)(1)=f(1)+g(1)=1, \ (f+g)(2)=f(2)+g(2)=1$$

이 되어 $f+g \notin S$이다. 따라서 S는 R의 부분군이 안된다.
물론 아이디얼은 택도 없다.

11. (1) $ax=e$라고 두면

$$e^2=(ax)(ax)=(axa)x=ax=e$$

이다. 임의의 $r \in R$에 대해서 $ar=axar=ear \in eR$이다. 따라서 $aR \subset eR$이다. 또 $er=axr \in aR$이므로 $eR \subset aR$이다. 따라서 $aR=eR$이다.

(2)
$$J=(1-e)R=(1-ax)R$$

이라고 하면 J는 $1-e$에 의해서 생성되는 아이디얼이다. $t \in aR \cap J$라고 하면 $t=au=(1-e)y$로 쓸 수 있다. $t=au \in aR=eR$이므로 $t=ew$, $w \in R$로 두면 $et=e^2w=ew=t$이다. 따라서

$$t=et=e(1-e)y=(e-e^2)y=0y=0$$

이 되므로 $aR \cap J=\{0\}$이다. 또 임의의 $r \in R$은

$$r=(e+1-e)r=er+(1-e)r=axr+(1-e)r \in aR+J$$

이다. 따라서 $aR+J=R$이다.

12. $a \in A$이므로 $ab \in A$, $b \in B$이므로 $ab \in B$이다. 따라서 $ab \in A \cap B$이므로 $ab=0$이다.

18 환을 이용한 정수의 성질 (The Properties of Integers)

연습문제

1. $a, b, c, d, x, y \in \mathbb{Z}$이다. 다음을 증명하라. $\gcd(a, b)=1$일 때 a, b는 서로소라 한다.

   (1) $c|a$, $c|b$면 $c|ax+by$이다.

   (2) $\gcd(a, b)=\gcd(a, b+ax)$이다.

   (3) $am+bn=1$인 정수 m, n이 존재하면 a, b는 서로 소이다.

   (4) $a+b$가 홀수면 $\gcd(a, b)=\gcd(a+b, a-b)$이다.

   (5) $a|d$, $c|d$, $\gcd(a, c)=1$이면 $ac|d$이다.

   (6) $a|ab$, $d|cb$, $\gcd(a, c)=1$이면 $d|b$이다.

   (7) $ac|b$, $ad|b$, $\gcd(c, d)=1$이면 $acd|b$이다.

   (8) $\gcd(a, b)=1$이면 임의의 n에 대해서 $\gcd(a, b^n)=1$이다.

   (9) $\gcd(a, b)=d$라 하면 $\langle a\rangle+\langle b\rangle=\langle d\rangle$이다.

   (10) $a\times \mathrm{lcm}(b, c)=\mathrm{lcm}(ab, ac)$이다.

2. 다음을 풀어라.

(1) $60x \equiv 12 \pmod{24}$　　(2) $12x \equiv 7 \pmod{25}$

(3) $3x^2 - 6x + 6 \equiv 0 \pmod{15}$　　(4) $30x^2 + 24y = 18$

A **3.** 다음을 증명하라. a는 임의의 정수이다.

(1) $\gcd(m, n) = 1$이면 $n^{\varphi(m)} + m^{\varphi(n)} \equiv 1 \pmod{mn}$이다.

(2) p는 소수, $p \nmid a$, $p-1 | m$이면 $a^m \equiv 1 \pmod{p}$이다.

(3) $a^{19} \equiv a \pmod{133}$

(4) $a^{49} \equiv a \pmod{1547}$ ($1547 = 7 \times 13 \times 17$을 이용)

제18장 환을 이용한 정수의 성질 연습문제 풀이

1. (1) $c|a$, $c|b$이므로 $a=ct$, $b=ck$, t, $k \in \mathbb{Z}$로 둘 수 있다. 따라서

$$ax+by=ctx+cky=c(tx+ky)$$

이므로 $c|ax+by$이다.

(2) $\gcd(a, b)=d$라고 하면 $d|a$, $d|b$이므로 (1)에 의해서 $d|b+ax$이다.
따라서 d는 a와 $b+ax$의 공약수이므로 $d \leq \gcd(a, b+ax)$이다. 한편 이번에는 $\gcd(a, b+ax)=e$라고 하면 $e|a$, $e|b+ax$이므로

$$a=et,\ b+ax=ek,\ t,\ k \in \mathbb{Z}$$

로 둘 수 있다. 따라서 $b+etx=ek$ 이고 $b=e(k-tx)$이므로 $e|b$이다. 따라서 e는 a, b의 공약수이므로 $e \leq \gcd(a, b)=d$가 되어

$$\gcd(a, b)=\gcd(a, b+ax)$$

가 된다.

(3) a, b의 공약수를 d라고 하면 $d|a$, $d|b$이므로 (1)에 의해서 $d|am+bn$이므로 $d|1$이 되어 결국 공약수는 1뿐이므로 서로소이다.

(4) $\gcd(a, b)=d$라고 하면 $d|a$, $d|b$이다. 따라서 (1)에 의해서 $d|a+b$, $d|a-b$이므로

$$d \leq \gcd(a+b, a-b)$$

가 된다. 한편 $\gcd(a+b, a-b)=e$라고 하면 (1)에 의해서 $e|2a$, $e|2b$이다. 그런데 $a+b$는 홀수이므로 $e=2$가 될 수는 없다. 따라서 $e|a$이고 $e|b$이므로 e는 a, b의 공약수이다. 따라서 $e \leq \gcd(a, b)=d$가 되어

$$\gcd(a, b)=\gcd(a+b, a-b)$$

이다.

(5) $a|d$, $c|d$이므로 $d=ak$, $d=ct$, k, $t \in \mathbb{Z}$로 둘 수 있다. 또 $\gcd(a, c)=1$이므로 $ax+cy=1$인 x, $y \in \mathbb{Z}$가 존재한다. 따라서

$$d=adx+cdy=a(ct)x+c(ak)y=ac(tx+ky),$$

따라서 $ac|d$이다.

(6) $d|ab$, $d|cb$이므로 $ab=dt$, $cb=dk$, $t, k\in\mathbb{Z}$로 둘 수 있다. 또 $\gcd(a, c)=1$이므로 $ax+cy=1$인 $x, y\in\mathbb{Z}$가 존재한다. 따라서

$$b=abx+cby=dtx+dky=d(tx+ky),$$

따라서 $d|b$이다.

(7) $ac|b$, $ad|b$이므로 $b=act$, $b=adk$, $t, k\in\mathbb{Z}$로 둘 수 있다. 또 $\gcd(c, d)=1$이므로 $cx+dy=1$인 $x, y\in\mathbb{Z}$가 존재한다. 따라서

$$b=bcx+bdy=(adk)cx+(act)dy=acd(kx+ty),$$

따라서 $acd|b$이다.

(8) 만일 $\gcd(a, b^n)\neq 1$이면 $d|a$, $d|b^n$이고 $d\geq 2$인 소수가 존재할 것이다. 그런데 $\gcd(a, b)=1$이므로 $d|b$가 될 수 없다. 따라서 $d|b^{n-1}$이 되고 이를 반복하면 결국 $d|b$가 되어 모순이다.

(9) $\gcd(a, b)=d$이므로 $ax+by=d$인 정수 $x, y\in\mathbb{Z}$가 존재한다. 따라서 $d\in\langle a\rangle+\langle b\rangle$이므로 $\langle d\rangle\subset\langle a\rangle+\langle b\rangle$이다. 한편 $d|a$, $d|b$이므로 $a=dk$, $b=dt$, $k, t\in\mathbb{Z}$로 둘 수 있다. 따라서

$$\langle a\rangle+\langle b\rangle=\langle dk\rangle+\langle dt\rangle\subset\langle d\rangle$$

이므로 $\langle a\rangle+\langle b\rangle\subset\langle d\rangle$가 되어 결국 $\langle a\rangle+\langle b\rangle=\langle d\rangle$가 된다.

(10) **참고** $\gcd(a, b)\times\mathrm{lcm}(a, b)=ab$이다. 따라서

$$\gcd(ab, ac)\times\mathrm{lcm}(ab, ac)=abac,\quad \gcd(b, c)\times\mathrm{lcm}(b, c)=bc$$

이다. 또

$$\gcd(ab, ac)=a\times\gcd(b, c)$$

이므로

$$a\times\mathrm{lcm}(b, c)=\mathrm{lcm}(ab, ac)$$

이다.

2. (1) $60x-12=24t$, $t\in\mathbb{Z}$이므로 $5x-1=2t$, 따라서 $\mathbb{Z}_2$에서 $\bar{5}\bar{x}=\bar{1}$이다. $\bar{x}=\bar{1}$이

므로 $x=2k+1$로 하면 된다.

(2) $\mathbb{Z}_{25}$에서 $\overline{12}x=\overline{7}$를 풀면 된다. $\gcd(12, 25)=1$이므로 $12\times(-2)+25\times1=1$이다. 따라서 $\overline{-2}\,\overline{12}x=\overline{-14}$에서 $x=\overline{-14}=\overline{11}$이다. $x=11+25t,\ t\in\mathbb{Z}$로 두면 된다.

(3) $3x^2-6x+6=15t,\ t\in\mathbb{Z}$ 꼴이므로 $x^2-2x+2=5t$이다. 따라서 $\mathbb{Z}_5$에서 $x^2-\overline{2}x+\overline{2}=\overline{0}$를 풀면

$$(x+\overline{1})(x+\overline{2})=\overline{0}$$

이므로

$$x=\overline{-1}=\overline{4},\ x=\overline{-2}=\overline{3}$$

즉 $x=5t+4$ 또는 $x=5t+3$꼴이 된다.

(4) 6으로 나누어 $5x^2+4y=3$이므로 $\mathbb{Z}_5$에서 $\overline{4}y=\overline{3}$를 푼다. $y=\overline{2}$이므로 $y=2+5t,\ t\in\mathbb{Z}$로 둘 수 있다. $5x^2+4(2+5t)=3$에서

$$5x^2+20t+5=0,\ \ x^2+4t+1=0$$

따라서 $\mathbb{Z}_4$에서 $x^2+\overline{1}=\overline{0}$이므로 이 식을 만족시키는 x는 없다. 따라서 불능.

3. (1) $\gcd(m, n)=1$이므로 $n|m^{\varphi(n)}-1,\ m|n^{\varphi(m)}-1$이다. 따라서

$$m^{\varphi(n)}-1=nt,\ n^{\varphi(m)}-1=mk,\ t,\ k\in\mathbb{Z}$$

로 두면

$$m^{\varphi(n)}n^{\varphi(m)}-m^{\varphi(n)}-n^{\varphi(m)}+1=nt\,mk$$

이다. 따라서 $\mathbb{Z}_{mn}$에서

$$\overline{m^{\varphi(n)}}+\overline{n^{\varphi(m)}}=\overline{1}$$

이다.

(2) Fermat의 정리에 의해서 $p|a^{p-1}-1$이다. 또 $p-1|m$이므로 $m=(p-1)t,\ t\in\mathbb{Z}$라 두면 $\mathbb{Z}_p$에서

$$\overline{a^m}=\overline{a^{(p-1)t}}=(\overline{a^{p-1}})^t=(\overline{1})^t=\overline{1}$$

이다.

(3) 힌트 (2)번을 잘 이용한다. $133=7\times19$이고 $7-1$, $19-1$은 $19-1$의 약수이다.

$133=7\times19$이고 7과 19는 소수이다.

1) $\bar{a}\in\mathbb{Z}_7^*$ 이고 $\bar{a}\in\mathbb{Z}_{19}^*$이면 $\mathbb{Z}_7$에서 $(\bar{a})^6=\bar{1}$이므로 $(\bar{a})^{18}=\bar{1}$이고 $\mathbb{Z}_{19}$에서 $(\bar{a})^{18}=\bar{1}$이다. 따라서 $a^{18}-1$은 7과 19의 공배수인데 7과 19는 서로소이므로 $a^{18}-1$은 133의 배수이다.

2) $\bar{a}\in\mathbb{Z}_7^*$, $\bar{a}\notin\mathbb{Z}_{19}^*$이면 $a^{18}-1$은 7의 배수, a는 19의 배수이다. 따라서

$$a^{19}-a=a(a^{18}-1)$$

은 133의 배수이다. 마찬가지로

3) $\bar{a}\notin\mathbb{Z}_7^*$, $\bar{a}\in\mathbb{Z}_{19}^*$이면 a는 7의 배수, $a^{18}-1$은 19의 배수이므로 $a^{19}-a$는 역시 133의 배수이다. 마지막으로

4) $\bar{a}\notin\mathbb{Z}_7^*$, $\bar{a}\notin\mathbb{Z}_{19}^*$이면 a는 7과 19의 공배수이므로 당연히 a는 133의 배수이고 따라서 $a^{19}-a$는 133의 배수이다.

(4) (3)과 마찬가지 방법이다. $1547=7\times13\times17$로 소인수분해된다.

1) $\mathbb{Z}_7$에서 $\bar{a}\neq\bar{0}$이면 $\bar{a}^6=\bar{1}$, $\mathbb{Z}_{13}$에서 $\bar{a}\neq\bar{0}$이면 $\bar{a}^{12}=\bar{1}$, $\mathbb{Z}_{17}$에서 $\bar{a}\neq\bar{0}$이면 $\bar{a}^{16}=\bar{1}$이다. 따라서 어느 경우나 $\bar{a}^{48}=\bar{1}$이므로 $a^{48}-1$은 각각 7, 13, 17의 배수이다. 따라서

$$a^{49}-a=a(a^{48}-1)$$

은 1547의 배수이다.

2) $\bar{a}\in\mathbb{Z}_7^*$, $\bar{a}\in\mathbb{Z}_{13}^*$, $\bar{a}\notin\mathbb{Z}_{17}^*$이면 $\bar{a}$는 $(\bar{a})^6=\bar{1}$, $(\bar{a})^{12}=\bar{1}$이므로 $a^{48}-1$은 7과 13의 공배수이다. 또 $\bar{a}=\bar{0}\in\mathbb{Z}_{17}$이므로 a는 17의 배수이다. 따라서 $a^{49}-a=a(a^{48}-1)$은 1547의 배수이다. 나머지 6가지 경우도 각각 해보면 모두 성립한다.

19 상환과 환준동형사상

(Quotient Ring and Ring Homomorphisms)

연습문제

1. 다음은 환준동형사상이 되는가?
   (1) $\phi : \mathbb{R} \to \mathbb{R}$, $\phi(x) = |x|$
   (2) $\phi : \mathbb{C} \to \mathbb{C}$, $\phi(a+bi) = a-bi$
   (3) $\phi : \mathbb{C} \to \mathbb{R}$, $\phi(a+bi) = a$
   (4) $\mathbb{Z}[\sqrt{2}] = \{a+b\sqrt{2} \mid a, b \in \mathbb{Z}\}$, $\mathbb{Z}[\sqrt{3}] = \{a+b\sqrt{3} \mid a, b \in \mathbb{Z}\}$일 때
   $\phi : \mathbb{Z}[\sqrt{2}] \to \mathbb{Z}[\sqrt{3}]$, $\phi(a+b\sqrt{2}) = a+b\sqrt{3}$

2. $\phi : \mathbb{Z}_3 \to \mathbb{Z}_6$, $\phi(\bar{x}) = \bar{x} \oplus \bar{x}$는 환준동형사상이 되느냐? 또 $\phi : \mathbb{Z}_3 \to \mathbb{Z}_6$, $\phi(\bar{x}) = \overline{4x}$는 환준동형사상이 되느냐?

3. $2\mathbb{Z}$와 $3\mathbb{Z}$는 환동형인가?

4. $\mathbb{Z}$에서 $\mathbb{Z}$로의 환준동형사상을 모두 구하여라.

5. $\mathbb{Z}[\sqrt{2}]=\{a+b\sqrt{2}\,|\,a, b\in\mathbb{Z}\}$일 때 $\mathbb{Z}[\sqrt{2}]$에서 $\mathbb{Z}[\sqrt{2}]$로의 환동형사상을 모두 구하여라.

6. I, J는 R의 아이디얼이다. $I+J=R$이면
(1) $R/(I\cap J)\cong R/I\times R/J$를 보여라.
(2) 만일 $I\cap J=0$이면 $R/I\cong J$, $R\cong I\times J$임을 보여라.

7. $\phi: R\to T$는 환의 환준동형사상이다. ϕ가 전사이면 R의 아이디얼 I의 상 $\phi(I)$는 T의 아이디얼임을 증명하여라.

8. R은 환, F는 체, $\phi: R\to F$는 전사인 준동형사상이다. $\mathrm{Ker}\,\phi$는 R의 극대아이디얼임을 보여라.

9. $\mathbb{Z}[\sqrt{2}]=\{a+b\sqrt{2}\,|\,a, b\in\mathbb{Z}\}$는 환이다. $\phi: \mathbb{Z}[\sqrt{2}]\to\mathbb{Z}[\sqrt{2}]$, $\phi(m+n\sqrt{2})=m-n\sqrt{2}$는 단사인 환준동형사상임을 증명하여라.

10. $\phi: R\to S$는 전사인 환준동형사상이고 R은 1을 가진 환이다. u가 R의 단원일 때 $\phi(u)$가 S의 단원일 필요충분조건은 $u\notin\mathrm{Ker}\,\phi$임을 보여라.

11. $\phi: \mathbb{C}\to M_2(\mathbb{R})$을 $\phi(a+bi)=\begin{pmatrix} a & b \\ -b & a\end{pmatrix}$라면 ϕ는 단사인 환준동형사상이 됨을 보여라.

12. 다음 환에서 극대아이디얼을 구하여라.
(1) $\mathbb{Z}_6$ (2) $\mathbb{Z}_{12}$ (3) $\mathbb{Z}_{18}$

B 13. $\mathbb{Z}_n$의 모든 극대아이디얼을 구하여라.

14. $I=4\mathbb{Z}$는 환 $R=2\mathbb{Z}$의 극대아이디얼이 되는가?

B 15. 환 $R=\{a/b \in \mathbb{Q} \mid a, b \in \mathbb{Z},\ b$는 홀수$\}$는 극대아이디얼이 유일함을 보여라.

16. $R=\mathbb{Z}\times\mathbb{Z}$에서

(1) $M=\mathbb{Z}\times p\mathbb{Z}$ (p는 소수)는 R의 극대아이디얼이 됨을 증명하여라.

(2) R에서 극대아이디얼이 아닌 소아이디얼을 구하라.

17. R은 1을 가진 가환환이다. R이 체가 될 필요충분조건은 $\{0\}$이 R의 극대아이디얼이 됨을 보여라.

18. 정수환 $\mathbb{Z}$에서 $6\mathbb{Z}+14\mathbb{Z}$를 구하여라.

A 19. $R=\{f \mid f: [0, 1]\to\mathbb{R}$인 연속함수$\}$는 보통 함수의 $+$, $\cdot$에서 환이 된다. $r\in[0, 1]$, $I(r)=\{f\in R \mid f(r)=0\}$라고 하면 R의 모든 극대아이디얼은 $I(r)$과 같은 모양이 됨을 보여라. (힌트 $[0, 1]$의 compact 성질과 f의 연속성을 이용.)

B 20. $(R, \nabla, \cap)$는 16장 연습문제 14의 (2)이다.

(1) $Y\subset X$면 $\mathscr{P}(Y)=\{A \mid A\subset Y\}$는 R의 아이디얼임을 보여라.

(2) R의 극대아이디얼을 모두 구하여라.

21. 환 R에서

(1) I는 R의 아이디얼이고 J는 I의 아이디얼이나 J는 R의 아이디얼이 아닌 예를 들어라.

(2) I는 R의 아이디얼이고 J는 I의 소아이디얼이면 J는 R의 아이디얼이 됨을 보여라.

22. 가환환 R에서 모든 멱영원의 집합 N은 아이디얼이 됨을 보여라. 또 상환 R/N은 $\bar{0}$ 이외의 멱영원이 없음을 보여라.

23. R은 1을 가진 가환환이고 M은 R의 극대아이디얼, I, J는 R의 아이디얼이다. $IJ\subset M$이면 $I\subset M$ 또는 $J\subset M$임을 보여라.

B 24. $\mathbb{Z}[i]$는 가우스의 정수환이다(16장 연습문제 18 참조). $I=\langle 2+2i\rangle$라고 할 때

$\mathbb{Z}[i]/I$의 원소는 몇 개인가?

25. R은 가환환, I는 R의 아이디얼이다. $\sqrt{I}=\{r\in R\mid$ 적당한 정수 n에 대해서 $r^n\in I\}$ 라 하면

(1) $\sqrt{I}$는 R의 아이디얼이 됨을 보여라.

(2) $\sqrt{I}=I$일 필요충분조건은 R/I는 $\bar{0}$ 이외에 멱영원이 없음을 보여라.

26. 부울환에서는 모든 소아이디얼은 극대아이디얼이 됨을 보여라.

27. $\mathbb{Z}\times\mathbb{Z}$에서 $\mathbb{Z}\times\mathbb{Z}$로의 환준동형사상을 모두 구하여라.

B 28. G는 $\mathbb{Z}$의 무한개의 직적이다. R을 G에서의 준동형사상의 집합이라고 하면

(1) $(R, +, \circ)$는 환이 되는가? 단 여기서 $\circ$는 함수의 합성이다.

(2) $f\circ g=1$, $g\circ f\neq 1$인 R의 원소 f, g가 존재함을 보여라.

제19장 상환과 환준동형사상 연습문제 풀이

1. (1) $|2+(-3)| \neq |2|+|-3|$ 이므로 안된다.

(2) $x=a+bi,\ y=c+di \in \mathbb{C}$ 라고 하면

1)
$$\begin{aligned}\phi(x+y)=\phi(a+bi+c+di) &= (a+c)-(b+d)i \\ &= (a-bi)+(c-di) \\ &= \phi(a+bi)+\phi(c+di) \\ &= \phi(x)+\phi(y)\end{aligned}$$

2)
$$\phi(xy)=\phi((a+bi)(c+di))=(ac-bd)-(ad+bc)i,$$
$$\phi(x)\phi(y)=\phi(a+bi)\phi(c+di))=(ac-bd)-(ad+bc)i$$

이므로 따라서 된다.

(3)
$$\phi(a+bi)\phi(c+di)=ac,\ \ \phi((a+bi)(c+di))=ac-bd$$

이므로 안된다.

(4)
$$\phi((a+b\sqrt{2})(c+d\sqrt{2}))=(ac+2bd)+(ad+bc)\sqrt{3},$$
$$\phi(a+b\sqrt{2})\phi(c+d\sqrt{2})=(ac+3bd)+(ad+bc)\sqrt{3}$$

이므로 안된다.

2. (1)
$$\phi(\bar{a}\oplus\bar{b})=(\bar{a}\oplus\bar{b})\oplus(\bar{a}\oplus\bar{b})=\bar{a}\oplus\bar{a}\oplus\bar{b}\oplus\bar{b}=\phi(\bar{a})\oplus\phi(\bar{b})$$

이다. 그러나

$$\phi(\bar{2})=\bar{4},\ \ \phi(\bar{1})\phi(\bar{2})=\bar{2}\cdot\bar{4}=\bar{2}\neq\phi(\bar{1}\,\bar{2})$$

이므로 따라서 안된다.

(2) $\bar{a},\ \bar{b}\in\mathbb{Z}_3$라면

$$\phi(\bar{a}\oplus\bar{b})=4(\bar{a}\oplus\bar{b})=4\bar{a}\oplus4\bar{b}=\phi(\bar{a})\oplus\phi(\bar{b})$$

이다. 그리고

$$\phi(\overline{a}\cdot\overline{b})=\overline{4(a\cdot b)}=\overline{16(a\cdot b)}=\overline{4a}\cdot\overline{4b}=\phi(\overline{a})\cdot\phi(\overline{b}).$$

따라서 이때는 된다.

3. $\phi: 2\mathbb{Z}\to 3\mathbb{Z}$, $\phi(2)=a$라고 하자.

$$\phi(8)=\phi(2+\cdots+2)=4a$$

이다. 그러나 한편

$$\phi(8)=\phi(2\cdot 2\cdot 2)=a^3$$

이다. 따라서 $a^3-4a=0$에서 $a=0$ 또는 $a=\pm 2$인데 $a=0$이면 전단사가 아니다. 또 $a=\pm 2\notin 3\mathbb{Z}$ 이다. 따라서 동형이 아니다.

4. $\phi: \mathbb{Z}\to\mathbb{Z}$, $\phi(1)=n$인 준동형사상이라면

$$\phi(m)=\phi(1)+\cdots+\phi(1)=mn$$

이고 또

$$\phi(m)=\phi(1m)=\phi(1)\phi(m)=mn^2$$

이다. 따라서 $mn=mn^2$로부터 $n=1$ 또는 $n=0$이다.
$n=1$이면 $\phi(m)=m$이므로 항등함수이고
$n=0$이면 모든 $m\in\mathbb{Z}$에 대해서 $\phi(m)=0$, 즉 0－함수이다.

5. $\phi: \mathbb{Z}[\sqrt{2}]\to\mathbb{Z}[\sqrt{2}]$를 동형사상이라고 하면 $\phi(1)=1$이다. 또 $\phi(\sqrt{2})=a+b\sqrt{2}$라고 하면

$$2=\phi(2)=a^2+2b^2+2ab\sqrt{2}$$

이고 $a, b\in\mathbb{Z}$ 이므로 $a^2+2b^2=2$, $ab=0$이다. 따라서 $a=0$, $b=\pm 1$이다. 따라서

$$\phi(m+n\sqrt{2})=\phi(m)+\phi(n\sqrt{2})=m+n\phi(\sqrt{2})=m\pm n\sqrt{2}$$

이므로 2개이다.

6. 참고 환 R_1, R_2의 직적 $R_1 \times R_2$에서의 연산 $+$, $\cdot$은

$$(a, b)+(c, d)=(a+c, b+d), \ (a, b)\cdot(c, d)=(ac, bd)$$

이다.

(1) $\phi : R \to R/I \times R/J$를 $\phi(x)=(\bar{x}, \bar{x})=(x+I, x+J)$로 정의한다.

1) i) $\phi(x+y)=(x+y+I, x+y+J)$,

$\phi(x)+\phi(y)=(x+I, x+J)+(y+I, y+J)=(x+y+I, x+y+J)$

ii) $\phi(xy)=(xy+I, xy+J)$,

$\phi(x)\cdot\phi(y)=(x+I, x+J)\cdot(y+I, y+J)=((x+I)(y+I), (x+J)(y+J))$

$=(xy+I, xy+J)$

이므로 ϕ는 준동형이다.

2) $(a+I, b+J)\in R/I\times R/J$라 하자. $R=I+J$에서 $a=x+y$, $b=m+n$, $x, m\in I$, $y, n\in J$로 쓸 수 있다.

$$a+I=x+y+I=y+I, \ \ b+J=m+n+J=m+J$$

이므로

$$\phi(y+m)=(y+m+I, y+m+J)=(y+I, m+J)=(a+I, b+J)$$

이다. 따라서 ϕ는 전사이다.

3) $$\text{Ker}\,\phi=\{x\in R \mid (x+I, x+J)=(I, J)\}=\{x\in R \mid x\in I, x\in J\}=I\cap J$$

이다. 제1동형사상 정리에 의해서 $R/(I\cap J)\cong R/I\times R/J$가 성립한다.

(2) 제2동형사상 정리에서

$$R/I=(I+J)/I\cong J/(I\cap J)=J/0\cong J$$

이다. 또 (1)에서

$$R=R/0=R/(I\cap J)\cong R/I\times R/J$$

이다. 한편 $R/I\cong J$, $R/J\cong I$이므로 결국 $R\cong J\times I\cong I\times J$이다.

7. $\phi(I)$는 T의 부분군임은 쉽게 알 수 있다. $a\in\phi(I)$, $b\in T$라고 하면 $a'\in I$, $b'\in R$

이고 $\phi(a')=a$, $\phi(b')=b$인 원소가 있다. $a'b'\in I$, $b'a'\in I$이므로

$$ab=\phi(a')\phi(b')=\phi(a'b')\in\phi(I), \quad ba=\phi(b')\phi(a')=\phi(b'a')\in\phi(I)$$

이다. 따라서 $\phi(I)$는 T의 아이디얼이다.

8. J는 R의 아이디얼로써

$$\mathrm{Ker}\,\phi\subset J\subset R,\ \mathrm{Ker}\,\phi\neq J$$

라고 하자. 문제 7에서 $\phi(J)$는 F의 아이디얼이 된다.

그런데 F는 체이므로 $\phi(J)=0$ 또는 $\phi(J)=F$이다. 만일 $\phi(J)=0$이면 $J\subset\mathrm{Ker}\,\phi$가 되어 $J\neq\mathrm{Ker}\,\phi$에 모순이다. 따라서 $\phi(J)=F$로부터 $J=R$이 된다. 그 이유는 임의의 $x\in R$에 대해서 $\phi(x)\in F=\phi(J)$이므로 $\phi(x)=\phi(a)$가 되는 $a\in J$가 존재한다. $\phi(x-a)=0$이므로 따라서 $x-a\in\mathrm{Ker}\,\phi\subset J$이므로 $x\in a+J=J$이다.

참고 일반적으로 전사인 준동형사상 $\phi: R\to T$에 대해서 $\phi(I)=T$라고 해서 $I=R$이라고는 말 할 수 없다.
(예 $\phi:\mathbb{Z}_8\to\mathbb{Z}_4$, $\phi(\bar{i})=\bar{i}$ 라고 하면 $\phi\{\bar{0},\ \bar{1},\ \bar{2},\ \bar{3}\}=\mathbb{Z}_4$이다.)

9. 1) $x=a+b\sqrt{2}$, $y=c+d\sqrt{2}\in\mathbb{Z}[\sqrt{2}]$라고 하면

$$\begin{aligned}\phi(x+y)&=\phi(a+b\sqrt{2}+c+d\sqrt{2})=\phi(a+c+(b+d)\sqrt{2})=a+c-(b+d)\sqrt{2}\\&=(a-b\sqrt{2})+(c-d\sqrt{2})=\phi(a+b\sqrt{2})+\phi(c+d\sqrt{2})=\phi(x)+\phi(y)\end{aligned}$$

이다. 또

$$\begin{aligned}\phi(xy)&=\phi((a+b\sqrt{2})(c+d\sqrt{2}))=\phi((ac+2bd)+(ad+bc)\sqrt{2})\\&=ac+2bd-(ad+bc)\sqrt{2},\\\phi(x)\phi(y)&=\phi(a+b\sqrt{2})\phi(c+d\sqrt{2})=(a-b\sqrt{2})(c-d\sqrt{2})\\&=(ac+2bd)-(ad+bc)\sqrt{2}\end{aligned}$$

이다. 따라서 준동형사상이다.

2) $\mathrm{Ker}\,\phi=\{a+b\sqrt{2}\mid a-b\sqrt{2}=0\}=\{a+b\sqrt{2}\mid a=b=0\}=\{0\}$는 당연하다.

10. ($\Rightarrow$) 만일 $u\in\mathrm{Ker}\,\phi$이면 $\phi(u)=0$이다. 그러나 0은 단원이 아니다. 따라서

$\phi(u)$는 단원이 될 수 없으므로 모순이다.

($\Leftarrow$) $u \notin \mathrm{Ker}\,\phi$이므로 $\phi(u) \neq 0$이다. 한편 u는 R의 단원이므로 $uu^{-1} = u^{-1}u = 1$인 $u^{-1} \in R$가 존재한다. 따라서

$$\phi(uu^{-1}) = \phi(u)\phi(u^{-1}) = \phi(1), \quad \phi(u^{-1}u) = \phi(u^{-1})\phi(u) = \phi(1)$$

이다. 한편 ϕ가 전사이므로 $\phi(1)$는 S의 항등원이다. 따라서 $\phi(u)$는 S의 단원이다.

11. $x = a+bi,\ y = c+di \in \mathbb{C}$ 라고 하자.

$$\begin{aligned}\phi(x+y) &= \phi(a+bi+c+di) = \phi(a+c+(b+d)i)\\ &= \begin{pmatrix} a+c & b+d \\ -(b+d) & a+c \end{pmatrix} = \begin{pmatrix} a & b \\ -b & a \end{pmatrix} + \begin{pmatrix} c & d \\ -d & c \end{pmatrix}\\ &= \phi(a+bi) + \phi(c+di) = \phi(x) + \phi(y),\end{aligned}$$

$$\phi(xy) = \phi((a+bi)(c+di)) = \phi((ac-bd)+(ad+bc)i) = \begin{pmatrix} ac-bd & ad+bc \\ -ad-bc & ac-bd \end{pmatrix},$$

$$\phi(x)\phi(y) = \phi(a+bi)\phi(c+di) = \begin{pmatrix} a & b \\ -b & a \end{pmatrix}\begin{pmatrix} c & d \\ -d & c \end{pmatrix} = \begin{pmatrix} ac-bd & ad+bc \\ -bc-ad & ac-bd \end{pmatrix}$$

이다. 따라서 준동형사상이다. 또

$$\mathrm{Ker}\,\phi = \left\{a+bi \in \mathbb{C} \,\middle|\, \begin{pmatrix} a & b \\ -b & a \end{pmatrix} = \begin{pmatrix} 0 & 0 \\ 0 & 0 \end{pmatrix}\right\} = \{a+bi \in \mathbb{C} \mid a=b=0\} = \{0\}$$

이다. 따라서 ϕ는 단사이다.

12. **참고** 문제 13번

(1) 아이디얼 $I = \langle \bar{i} \rangle$ 중에서 $\gcd(6, i)$가 소수인 것을 찾으면 된다. 실제로 계산해 보면 모든 $\mathbb{Z}_6$의 아이디얼은 $\langle \bar{2} \rangle = \{\bar{0}, \bar{2}, \bar{4}\}$ 이므로 $|\langle \bar{2} \rangle| = 3$, $\langle \bar{3} \rangle = \{\bar{0}, \bar{3}\}$ 이므로 $|\langle \bar{3} \rangle| = 2$, $\langle \bar{4} \rangle = \langle \bar{2} \rangle$, $\langle \bar{5} \rangle = \langle \bar{1} \rangle = \mathbb{Z}_6$이다. 따라서 극대아이디얼은 $\langle \bar{2} \rangle = \langle \bar{4} \rangle, \langle \bar{3} \rangle$ 두 개이다.

(2) $\mathbb{Z}_{12}$의 아이디얼 $I = \langle \bar{i} \rangle$ 중 $\gcd(12, i) = 1$ 소수인 i를 구하면 $i = 2, 3, 9, 10$이다. 따라서 극대아이디얼 $\langle \bar{2} \rangle = \langle \overline{10} \rangle$, $\langle \bar{3} \rangle = \langle \bar{9} \rangle$이다.

(3) $\gcd(18, i)$가 소수인 i를 구하면 $i = 2, 3, 4, 8, 10, 14, 15, 16$이다.
따라서 극대아이디얼은 $\langle \bar{2} \rangle = \langle \bar{4} \rangle = \langle \bar{8} \rangle = \langle \overline{10} \rangle = \langle \overline{14} \rangle = \langle \overline{16} \rangle$, $\langle \bar{3} \rangle = \langle \overline{15} \rangle$,

2개이다.

13. $I=\langle \bar{i} \rangle$가 $\mathbb{Z}_n$의 극대아이디얼일 필요충분조건은 $\gcd(n, i)$는 소수임을 보이자. 만일 $\gcd(n, i)$가 소수가 아니라면 $\gcd(n, i)=pq$인 1이 아닌 p, q가 존재할 것이다.

$$\langle \bar{i} \rangle \subset \langle \bar{p} \rangle \subset \mathbb{Z}_n,\ \langle \bar{i} \rangle \neq \langle \bar{p} \rangle,\ \langle \bar{p} \rangle \neq \mathbb{Z}_n$$

임을 보이자. $p|i$이므로 $\langle \bar{i} \rangle \subset \langle \bar{p} \rangle$인 것은 쉽게 알 수 있다. 또

$$p \neq 1,\ |\bar{p}| = \frac{n}{\gcd(p, n)} = \frac{n}{p} < n$$

이므로 $\langle \bar{p} \rangle \neq \mathbb{Z}_n$이다. 또 만일 $\langle \bar{i} \rangle = \langle \bar{p} \rangle$면 $\gcd(i, n) = \gcd(p, n)$인데 이것은 $pq=p$가 되어 모순이다. 따라서 $\langle \bar{i} \rangle \neq \langle \bar{p} \rangle$가 되어 결국 $\langle \bar{i} \rangle$는 극대 아이디얼이 안된다.

역으로 $\gcd(n, i)$는 소수이고 $\langle \bar{i} \rangle \subset \langle \bar{j} \rangle \subset \mathbb{Z}_n,$ $\langle \bar{j} \rangle \neq \mathbb{Z}_n$라고 가정하자.

$\gcd(n, i)=p$라고 하면 $nx+iy=p$인 $x, y \in \mathbb{Z}$가 존재한다. 또 $\langle \bar{i} \rangle \subset \langle \bar{j} \rangle$이므로 $\bar{i} = \bar{k}\bar{j}$, $\bar{k} \in \mathbb{Z}_n$꼴이다. 따라서 $i-kj=nt$, $t \in \mathbb{Z}$꼴로 쓸 수 있다. 한편 $\langle \bar{j} \rangle \neq \mathbb{Z}_n$이므로 1이 아닌 j, n의 최대공약수 d가 존재할 것이다.

$$p = nx+iy = nx+(nt+kj)y = n(x+ty)+j(ky)$$

는 d의 배수이다. 따라서

$$d=p,\ \gcd(j, n)=d,\ \gcd(n, i)=p$$

이므로 $|\bar{j}| = |\bar{i}|$이다. 따라서 $\langle \bar{i} \rangle = \langle \bar{j} \rangle$가 된다.

14. $(4\mathbb{Z}, +) \subset (2\mathbb{Z}, +)$이다. 만일 $I \subset M \subset R$, M은 R의 아이디얼이면 $4\mathbb{Z} \subset M = n\mathbb{Z} \subset 2\mathbb{Z}$이므로 $n|4$, $2|n$이다. 따라서 $n=2$ 또는 4이므로 만일 $n=2$면 $M=2\mathbb{Z}=R$이고 만일 $n=4$면 $M=4\mathbb{Z}=I$이다. 따라서 I는 R의 극대아이디얼이다. 실제로 $|2\mathbb{Z}/4\mathbb{Z}|=2$이므로 I와 R 사이에 진아이디얼이 있을 수 없다.

15. $M=\{n/m \in R | n$은 짝수$\}$가 R의 극대아이디얼임을 보이자.

1) $M=\{a/b | b=2k+1,\ a=2m\}$는 $+$에 관하여 R의 부분군이 됨은 쉽게 알 수 있다.

$a/b \in M$, $d/c \in R$이라 하면 $\dfrac{d}{c} \times \dfrac{a}{b} = \dfrac{da}{cb} \in M$이다. 따라서 M은 R의 아이디얼이다.

2) I는 M의 아이디얼이고, $M \subset I \subset R$이라 하자. 만일 $I \neq M$이면 $x \in I$, $x \not\in M$인 x가 존재한다. 따라서 $x = \dfrac{b}{a}$, b는 홀수꼴이다. $\dfrac{a}{b} \in R$이므로 $1 = x\dfrac{a}{b} \in I$이고 $1 \in I$이면 $I = R$이므로 결국 M은 R의 극대아이디얼이다.

3) 만일 J는 R의 극대아이디얼이고, $J \neq M$라고 하면 $x \in J$, $x \not\in M$ 또는 $x \in M$, $x \not\in J$인 x가 존재할 것이다. 2)와 같은 방법으로 쓰면 x는 단원이 되므로 모순이다.

16. **힌트** $\mathbb{Z} \times \mathbb{Z}$의 아이디얼은 $n\mathbb{Z} \times m\mathbb{Z}$꼴이다.

(1) $M \subset I$, I는 R의 아이디얼이라고 하면 $I = \mathbb{Z} \times m\mathbb{Z}$꼴이다.
$p\mathbb{Z} \subset m\mathbb{Z}$이므로 $m|p$이다. 그런데 p는 소수이므로 $m=1$ 또는 $m=p$이다.
$m=1$이면 $I = \mathbb{Z} \times m\mathbb{Z} = R$이고 $m=p$이면 $I = \mathbb{Z} \times m\mathbb{Z} = M$이다.
따라서 $M=I$ 또는 $I=R$이 되어 M은 극대아이디얼이다.

(2) $A = \mathbb{Z} \times \{0\}$라고 하면 A는 R의 아이디얼이다. 또 (1)의 M은 A를 포함하는 아이디얼이므로 A는 극대아이디얼이 될 수 없다. 이외에도 $B = \mathbb{Z} \times m\mathbb{Z}$꼴은 모두 A를 포함하는 아이디얼이다. A가 R의 소아이디얼임을 보이자.

$$(a, b), (c, d) \in R, \ (a, b)(c, d) \in A$$

라고 하면 $(ac, bd) \in \mathbb{Z} \times \{0\}$이므로 $bd=0$이다. 따라서 $b=0$ 또는 $d=0$가 되어 $(a, b) \in A$ 또는 $(c, d) \in A$이므로 A는 R의 소아이디얼이다. 결론적으로 $\mathbb{Z} \times \mathbb{Z}$의 아이디얼 $A = n\mathbb{Z} \times m\mathbb{Z}$에서

1) 극대아이디얼은 n은 소수, $m=1$ 또는 $n=1$, m은 소수꼴

2) 소아이디얼은 $n=1$, $m=0$ 또는 $n=0$, $m=1$꼴이다.

17. [4], 따름정리 17.6에서 R의 아이디얼은 $\{0\}$, R 뿐이다. 따라서 $\{0\}$는 극대아이디얼이다. 역으로 $\{0\}$가 R의 극대아이디얼이면 R에는 $\{0\}$, R 이외의 아이디얼이 없다. 따라서 임의의 $a \neq 0 \in R$에 대해서 $\langle a \rangle = R$이므로 $1 \in \langle a \rangle$이다. 따라서 $1 = ax$가 되는 $x \in R$가 존재하므로 a는 단원이 된다. 따라서 R은 체이다.

18. $\gcd(3, 7) = 1$이므로 $3\mathbb{Z} + 7\mathbb{Z} = \mathbb{Z}$이다. 따라서

$$6\mathbb{Z}+14\mathbb{Z}=2(3\mathbb{Z}+7\mathbb{Z})=2\mathbb{Z},$$

즉 짝수집합이다.

19. M을 R의 극대아이디얼이라고 하자. 만일 임의의 $x\in[0, 1]$에 대해서도 M이 $I(x)$ 꼴이 아니라면 $f_x(x)\neq 0$인 $f_x\in M$이 존재할 것이다. f_x는 연속함수이므로 U_x은 x의 개 덮개(open cover)로써 $0\not\in f(U_x)$인 U_x가 존재한다. $\mathscr{C}=\{U_x|x\in[0, 1]\}$라고 하면 $\mathscr{C}$는 $[0, 1]$의 개덮개집합이다.

또 $[0, 1]$은 compact이므로 유한개의 $\mathscr{C}$의 원소 $U_{x_1}, \cdots, U_{x_n}$가 존재하여 $\bigcup_{i=1}^{n} U_{x_i}\supset[0, 1]$이 될 수 있다.

$$f=f_{x_1}^2+f_{x_2}^2+\cdots+f_{x_n}^2$$

라고 하면 $f\in M$이다. (그냥 합하면 0이 되는 수도 있으므로 제곱했음)

임의의 $x\in[0, 1]$에 대해서 $f(x)>0$이다. (만일 어떤 $a\in[0, 1]$에서 $f(a)=0$이면 모든 $1\leq i\leq n$에 대하여 $f_{x_i}(a)=0$이고 따라서 a를 포함하는 어떤 개덮개 U_{x_i}에서 $0\in f(U_{x_i})$이 된다.)

따라서 $[0, 1]$에서 $g(x)=\dfrac{1}{f(x)}$은 잘 정의되고 $(fg)(x)=f(x)g(x)=1$은 항등함수이다. 또 $f\in M$이므로 $1\in M$이 되어 $M=R$이 되어 모순이다.

20. (1) 1) $A, B\in\mathscr{P}(Y)$면 $A\nabla B=A\cup B-(A\cap B)\in\mathscr{P}(Y)$이다. 또 부울환이므로 $-A=A$이다. 따라서 $\mathscr{P}(Y)$는 R의 부분군이 된다.

2) $A\in\mathscr{P}(Y)$, $T\in R$이라고 하자. $A\cap T\subset A\subset Y$이므로 $A\cap T\in\mathscr{P}(Y)$이다. 따라서 $\mathscr{P}(Y)$는 R의 아이디얼이 된다.

(2) **힌트** X의 임의의 부분 집합의 멱집합(power set)은 아이디얼이 되므로 $Y=X-\{a\}$ 꼴의 멱집합 $\mathscr{P}(Y)$가 극대아이디얼이 될 가능성이 있다.

$Y=X-\{a\}$, $a\in X$라고 하면 $\mathscr{P}(Y)$는 R의 아이디얼이다. $\mathscr{P}(Y)\subset I\subset R$, I는 R의 아이디얼이라고 하자. $\mathscr{P}(Y)\neq I$라고 하면 $A\not\in\mathscr{P}(Y)$, $A\in I$인 집합 A가 존재한다. $A\not\in\mathscr{P}(Y)$이므로 $A\not\subset Y$, 따라서 $a\in A$이다.

한편 $a\not\in A^c$이므로 $A^c\in\mathscr{P}(Y)\subset I$로부터 $A^c\in I$이다.

$$A \nabla A^c = A \cup A^c - (A \cap A^c) = X \in I$$

이므로 $I=R$이고 따라서 $\mathscr{P}(Y)$는 R의 극대아이디얼이다.

21. (1) $R=\mathbb{Z}_4 \times \mathbb{Z}_4$, $I=\{(\bar{0}, \bar{0}), (\bar{0}, \bar{2}), (\bar{2}, \bar{0}), (\bar{2}, \bar{2})\} \subset R$라고 하면 I는 R의 아이디얼이다. 또 $J=\{(\bar{0}, \bar{0}), (\bar{2}, \bar{2})\}$는 I의 아이디얼이 됨을 쉽게 알 수 있다. 그러나

$$(\bar{2}, \bar{2})(\bar{1}, \bar{2}) = (\bar{2}, \bar{0}) \notin J$$

이므로 J는 R의 아이디얼은 되지 않는다.

(2) $(J, +)$는 $(R, +)$의 부분군은 당연하다. $r \in R$, $a \in J$이면 ra, $ar \in J$임을 보이자. $arar$을 살펴보면 우선 $ar \in I$이므로 $r(ar) \in I$이고 따라서 $a \in J$이므로 $a(rar) \in J$이다. $(ar)^2 \in J$, $ar \in I$, J는 I의 소아이디얼이므로 $ar \in J$이다. 마찬가지로 하여 $ra \in J$도 증명할 수 있다.

22. (1)

$$N=\{a \in R \mid \text{적당한 정수 } n\text{이 존재하여 } a^n=0\}$$

이다. $a, b \in N$라면 $a^m=b^n=0$인 정수 m, n이 존재한다.

1) 이항연산을 생각하면

$$(a+b)^{m+n} = a^{m+n} + \cdots + c_{ij} a^i b^{m+n-i} + \cdots + b^{m+n}$$

이다. 만일 $i \geq m$면 $a^i=0$이고 또 만일 $i<m$이면 $b^{m+n-i}=0$이다. 따라서 모든 항이 0이다. 즉 $(a+b)^{m+n}=0$이므로 $a+b \in N$이다. 물론 $(-a)^m=0$이므로 $-a \in N$이다. 따라서 $(N, +)$는 $(R, +)$의 부분군이다.

2) $r \in N$, $s \in R$라고 하자. $r^n=0$이라고 하면

$$(rs)^n = r^n s^n = 0, \quad (sr)^n = s^n r^n = 0$$

이므로 $rs \in N$, $sr \in N$이다.

따라서 1), 2)에 의해서 N은 R의 아이디얼이다.

(2) $\bar{x} \in R/N$이라면 $\bar{x}=x+N$으로 쓸 수 있다. 만일 $\bar{x}$가 멱영원이라고 하면 $(\bar{x})^n=\bar{0}$인 정수 n이 존재한다. 따라서 $(x+N)^n=\bar{0}$로부터 $x^n+N=N$에서 $x^n \in N$이다. N은 멱영원의 집합이므로 $(x^n)^m=0$인 정수 m이 존재한다. 즉 x 자신이 멱영

원이므로 $x \in N$이 되어서 $\bar{x}=x+N=N=\bar{0}$가 되어 버린다. 다시 말하면 R/N에서 $\bar{0}$ 이외에는 멱영원이 없다.

23. 만일 $I \not\subset M$이고 $J \not\subset M$이면 $a \in I,\ a \notin M,\ b \in J,\ b \notin M$인 $a,\ b \in R$가 존재한다.

$M \subset \langle a \rangle + M$, M은 극대아이디얼이므로 $\langle a \rangle + M = R$이다. 마찬가지로 $\langle b \rangle + M = R$이다. 따라서 $(\langle a \rangle + M)(\langle b \rangle + M) = R^2 = R$이다. 전개시키면

$$\langle a \rangle \langle b \rangle + \langle a \rangle M + M \langle b \rangle + M^2 = R$$

에서 $a \in I$이므로 $\langle a \rangle \subset I$, $b \in J$이므로 $\langle b \rangle \subset J$이다. 따라서 $\langle a \rangle \langle b \rangle \subset IJ \subset M$이고 $\langle a \rangle M,\ M \langle b \rangle,\ M^2 \subset M$이므로 결국 $R \subset M$이 되어 $M \neq R$에 모순이다. 따라서 $I \subset M$ 또는 $J \subset M$이다.

24. $\bar{x},\ \bar{y} \in \mathbb{Z}[i]/I$가 $\bar{x}=\bar{y}$일 필요충분조건을 구해보면 $x=b+ci,\ y=d+fi \in \mathbb{Z}[i]$라고 하면 $\bar{x}=\bar{y}$일 필요충분조건은 $x-y \in I$이다. 따라서 $(b-d)+(c-f)i \in I$이므로

$$(b-d)+(c-f)i=(2+2i)(a+bi),\ a+bi \in \mathbb{Z}[i]$$

꼴이다. 이 식을 풀어서 계수를 비교하면

$$b-d=2a-2b,\ c-f=2a+2b,\ a,\ b \in \mathbb{Z}$$

가 된다.

$$(b-d,\ c-f)=(2(a-b),\ 2(a+b))$$

인데 $a-b$가 짝수일 필요충분조건은 $a+b$가 짝수이다. 또 두 정수 $m,\ n$이 둘다 짝수거나 둘다 홀수면

$$m=\frac{m+n}{2}-\frac{n-m}{2},\quad n=\frac{m+n}{2}+\frac{n-m}{2}$$

와 같이 두 정수의 합과 차로 표시할 수 있다.

$x=b+ci$에서 b와 c를 각각 4가지 유형으로 나누어

$$b=4m,\ 4m+1,\ 4m+2,\ 4m+3,\quad c=4n,\ 4n+1,\ 4n+2,\ 4n+3$$

꼴이라 하면 x는 모두 $4\times4=16$가지로 분류된다. 이 각각에 $\bar{x}=\bar{y}=d+fi$가 되는

d, f의 모양을 찾아본다. 일단 $b-d$, $c-f$는 무조건 짝수이다.

1) $b=4m$, $c=4n$꼴이면

$$b-d=4m-d=2(a-b),\ c-f=4n-f=2(a+b)$$

꼴이므로 $d=4m+2$, $f=4n+2$뿐이다. 같은 꼴은 제외한다.

2) $b=4m$, $c=4n+1$꼴이면

$$b-d=4m-(4m+2),\ c-f=(4n-1)-(4n+2)$$

이므로 $d=4m+2$꼴 $f=4n+3$꼴 뿐이다.

3) $b=4m$, $c=4n+2$꼴이면

$$b-d=4m-(4m+2),\ c-f=(4n+2)-(4n)$$

뿐이다. 따라서 $d=4m+2$, $f=4n$이다.

4) $b=4m$, $c=4n+3$꼴이면

$$b-d=4m-(4m+2),\ c-f=(4n+3)-(4n+1)$$

이므로 $d=4m+2$, $f=4n+1$이다.

5) $b=4m+1$, $c=4n$꼴이면

$$b-d=(4m+1)-(4m+3),\ c-f=4n-(4n+2)$$

6) $b=4m+1$, $c=4n+1$꼴이면 $d=4m+3$, $f=4n+3$

7) $b=4m+1$, $c=4n+2$꼴이면 $d=4m+3$, $f=4n$

8) $b=4m+1$, $c=4n+3$꼴이면 $d=4m+3$, $f=4n+1$

로 총 8가지의 동치류가 존재한다.

결국 한 동치류는 2가지꼴의 원소로 구성되므로 16가지의 원소는 2개씩 묶여서 8개의 동치류가 됨을 알 수 있다.

참고 좀더 쉬운 방법이 있을 것으로 생각하니 각자 찾아볼 것([4], 39장 여러 가지 정역 참조).

25. (1) $a, b\in\sqrt{I}$라면 $a^m\in I$, $b^n\in I$, $m, n\in\mathbb{Z}$이다.

1) 위의 문제 22번과 같이 생각하면 $(a+b)^{m+n}$의 항 $c_{ij}a^ib^{m+n-i}$는 $i\geq m$이면

$a^m t$꼴이고 $i<m$이면 $b^n t$꼴이므로 항상 I의 원소가 된다. 따라서 $a+b\in\sqrt{I}$이다. 또 $-a\in\sqrt{I}$는 당연하다. 따라서 $(\sqrt{I}, +)$는 $(R, +)$의 부분군이다.

2) $s\in R$이면 $(sa)^m=s^m a^m\in I$이므로 $sa\in\sqrt{I}$이다. 따라서 $\sqrt{I}$는 R의 아이디얼이다.

(2) 일반적으로 $\sqrt{I}\supset I$이다. 만일

$$\bar{r}\in R/I,\ (\bar{r})^n=(I+r)^n=\bar{0}\in R/I$$

라고 하면 $(I+r)^n=I$이고 따라서 $r^n\in I$이다. 따라서 $r\in\sqrt{I}=I$이므로 $I+r=I$, 즉 $\bar{r}=\bar{0}$이다. 결국 R/I는 $\bar{0}$이외의 멱영원 없다.

역으로 $a\in\sqrt{I}$라면 $a^n\in I$이므로 $(a+I)^n=I$이고 따라서 R/I에서 $(\bar{a})^n=\bar{0}$이다. 즉 $\bar{a}=(a+I)\in R/I$는 멱영원이다. 가정에서 $\bar{a}=\bar{0}$, 즉 $a+I=I$이므로 $a\in I$가 된다.

26. R을 부울환, M을 소아이디얼이라고 하자. 당연히 R은 가환환이다. $M\subset I\subset R$, I는 R의 아이디얼, $M\neq I$라고 하자. $a\notin M$, $a\in I$인 원소 a가 존재한다.

R은 부울환이므로 $a^2=a$이다. 임의의 $r\in R$에 대해서 $a^2 r=ar$이므로 $a(ar-r)=0\in M$이다. M은 소아이디얼이고 $a\notin M$이므로 $ar-r\in M$이다. $ar-r=m$라 두면 $m\in M\subset I$이고 $r=ar-m$, $a\in I$이므로 결국 $r\in I$가 된다. 따라서 $I=R$이 되므로 M은 R의 극대아이디얼이다.

27. 우선 $\mathbb{Z}$에서 $\mathbb{Z}$로의 준동형사상은 4번에서 항등함수와 0－함수 2개뿐이다.
$\phi:\mathbb{Z}\times\mathbb{Z}\to\mathbb{Z}\times\mathbb{Z}$가 준동형사상이면 4번 증명과 마찬가지로 $\phi(1, 0)=a$라고 하면 $\phi(2, 0)=2a$이고 또

$$\phi(2, 0)=\phi((1, 0)(2, 0))=\phi(1, 0)\phi(2, 0)=2a^2$$

이다. 따라서 $2a^2=2a$에서 $a=0$ 또는 $a=1$ 두 개다.

마찬가지로 $\phi(0, 1)=b$라고 하면 $b=0$ 또는 $b=1$이다. 그런데 모든 $\phi(x, y)$는 $\phi(1, 0)$와 $\phi(0, 1)$로 정해지므로 결국 ϕ는 4개뿐이다. 적어보면 모든 $(x, y)\in\mathbb{Z}\times\mathbb{Z}$에서

$$\phi(x, y)=(0, 0),\ \phi(x, y)=(x, y),\ \phi(x, y)=(x, 0),\ \phi(x, y)=(0, y)$$

4개이다.

28. $$G=\mathbb{Z}\times\mathbb{Z}\times\cdots,\quad R=\{\phi : G\to G \mid \phi\text{는 준동형사상}\},$$

임의의 ϕ, $\psi\in R$에 대해서

$$(\phi+\psi)(x)=\phi(x)+\psi(x),\ (\phi\cdot\psi)(x)=\phi(\psi(x))$$

이다.

(1) $(R, +)$는 아벨군이 됨을 쉽게 알 수 있다. 또 $(R, \circ)$는 결합법칙이 성립하고 준동형사상의 합과 합성은 준동형사상이므로 분배법칙도 성립한다.
따라서 $(R, +, \circ)$는 환이 된다.

(2) $$f : \mathbb{Z}\times\mathbb{Z}\times\cdots\to\mathbb{Z}\times\mathbb{Z}\times\cdots\cdots,\quad f(a_1, a_2, \cdots)=(a_2, a_3, \cdots)$$

라고 하면 $f\in R$이 됨을 쉽게 알 수 있다. 또
$g(a_1, a_2, \cdots)=(0, a_1, a_2, \cdots)$라고 하면 역시 g도 준동형사상이 되어 $g\in R$이다.

$$f\cdot g(a_1, a_2, \cdots)=f(0, a_1, a_2, \cdots, a_n\cdots)=(a_1, a_2, \cdots, a_n\cdots)$$

이므로 $f\cdot g=1_R$이다. 그러나

$$g\cdot f(a_1, a_2, \cdots)=g(a_2, a_3, \cdots, a_n, \cdots)=(0, a_2, a_3, \cdots)$$

가 되어 $g\cdot f\neq 1_R$이다.

참고 $R=\{f \mid f : \mathbb{R}\to\mathbb{R}\}$이라고 하면 보통함수의 합 $+$와 합성 $\circ$에 의해서 $(R, +, \circ)$은 환이 되지 않는다.

20 정역과 분수체

(Field of Quotients)

연습문제

1. D는 정역이고 $F=\{a/b \mid a, b \in D, b \neq 0\}$이다. $(a/b)+(c/d)=(ad+bc)/bd$, $(a/b)\cdot(c/d)=ac/bd$로 정의하면 분배법칙이 성립함을 보여라.

2. 1을 가진 모든 환은 $\mathbb{Z}$나 $\mathbb{Z}_n$과 동형인 부분환을 가짐을 보여라.

3. 1을 가진 환이 동시에 $\mathbb{Z}_n$, $\mathbb{Z}_m(n \neq m)$과 동형인 부분환을 가질 수 있는가?

4. 정역이 동시에 $\mathbb{Z}_p$와 $\mathbb{Z}_q(p \neq q, p, q$는 소수)인 두 체를 포함할 수 있는가?

5. 무한정역으로서 표수는 유한인 예를 들어라.

6. D는 정역이다. $a \neq 0 \in D$이고 $na=0$인 정수 $n \neq 0$이 존재하면 D는 유한표수임을 보여라.

7. (1) $\mathbb{Z}[i]=\{m+ni \mid m, n \in \mathbb{Z}\}$의 분수체를 구하여라.
   (2) $\mathbb{Z}[\sqrt{2}]=\{m+n\sqrt{2} \mid m, n \in \mathbb{Z}\}$의 분수체를 구하여라.

8. R은 환이고 $xy=0$이면 $x=0$ 또는 $y=0$이다. $a^n=b^n$, $a^m=b^m$, $\gcd(m, n)=1$이면 $a=b$임을 보여라.

9. D는 정역, Q는 D의 분수체이다. T는 정역으로써 $D \subset T \subset Q$이면 Q는 T의 분수체와 동형임을 보여라.

10. R은 1을 가진 가환환이고 R의 표수는 소수 p이다. $\phi_p : R \to R$, $\phi_p(a)=a^p$은 준동형사상임을 보여라. (이 함수를 Frobenius 준동형사상이라고 함)

제20장 정역과 분수체 연습문제 풀이

1. 1)

$$\begin{aligned}(a/b+c/d)\cdot(e/f) &= ((ad+bc)/bd)\cdot(e/f)\\ &= ((ad+bc)e)/(bd)f\\ &= (ade+bce)/bdf\\ &= (ade/bdf)+(bce/bdf)\\ &= (ae/bf)+(ce/df)\\ &= (a/b)\cdot(e/f)+(c/d)\cdot(e/f)\end{aligned}$$

이므로

$$(a/b+c/d)\cdot(e/f)=(a/b)\cdot(e/f)+(c/d)\cdot(e/f)$$

이다.

2)

$$\begin{aligned}(a/b)\cdot((cf+ed)/df) &= a(cf+ed)/bdf\\ &= (acf/bdf)+(aed/bdf)\\ &= (ac/bd)+(ae/bf)\\ &= (a/b)\cdot(c/d)+(a/b)\cdot(e/f)\end{aligned}$$

이므로

$$a/b\cdot(c/d+e/f)=(a/b)\cdot(c/d)+(a/b)\cdot(e/f)$$

이다.

2. R의 표수를 0과 n으로 나누어 생각하자.

1) char $R=0$일 경우 :

$\phi : \mathbb{Z}\to R$을 $\phi(n)=n1=1+\cdots+1$, (1을 n개 합친 것)로 하면

$$\phi(m+n)=(m+n)1=\phi(m)+\phi(n),\quad \phi(mn)=mn1=(m1)(n1)=\phi(m)\phi(n)$$

이다. 또 $\mathrm{Ker}\,\phi=\{n\in\mathbb{Z}\mid\phi(n)=0\}=\{0\}$ (표수가 0이므로 $n1=0$되는 $n\neq0$인 정수가 없다.)이다. 따라서 ϕ는 단사준동형이므로 $\mathbb{Z}$는 R에 매입된다.

2) char $R=n(\neq0)$일 경우 :

$\phi : \mathbb{Z}\to R$을 역시 $\phi(n)=n1$라 하면 1)에서처럼 준동형사상이다.

또 Ker $\phi = n\mathbb{Z}$ 이다. 따라서 제1동형사상 정리에 의해서 $\mathbb{Z}_n \cong \mathbb{Z}/n\mathbb{Z}$ 는 R 에 매입된다.

3. $R = \mathbb{Z}_n \times \mathbb{Z}_m$ 라고 하면

$$\mathbb{Z}_n \cong \mathbb{Z}_n \times \{0\} \subset \mathbb{Z}_n \times \mathbb{Z}_m$$

이고

$$\mathbb{Z}_m \cong \{0\} \times \mathbb{Z}_m \subset \mathbb{Z}_n \times \mathbb{Z}_m$$

이다. 또 $(\bar{1}, \bar{1})$는 R 의 항등원이다. 따라서 가능하다.

4. R 의 표수란 R 의 임의의 원소 a에 대해서 $ma=0$이 되는 최소의 정수 m이다.

만약 $\mathbb{Z}_p$, $\mathbb{Z}_q$를 포함하는 정역이 존재한다면 정역은 항상 어떤 체에 포함되므로 결국 $\mathbb{Z}_p$, $\mathbb{Z}_q$가 모두 어떤 체의 부분환이 되는데 이것은 불가능하다. $\mathbb{Z}_p$의 $\bar{1}$와 $\mathbb{Z}_q$의 $\bar{1}$는 각각 성질이 틀린다.

5. R 을 무환부울환이라고 하면 $2r=0$이므로 표수가 2이다.
예를 들면 연습문제 16의 14(2)에서 X를 무한집합이라 할 때 $R = (\mathscr{P}(X), \triangledown, \cap)$

6. D를 포함하는 체를 F라고 하자. $a \neq 0$ 이므로 a^{-1}가 존재한다. 따라서 $0 = (na)a^{-1} = n1$이므로 F의 표수는 유한이다. 따라서 D의 표수도 유한이다.

7. (1) $F = \left\{ \dfrac{m+ni}{a+bi} \,\middle|\, \text{단 } a+bi \neq 0 \right\} = \left\{ \dfrac{(m+ni)(a-bi)}{a^2+b^2} \,\middle|\, a,\ b \in \mathbb{Z},\ a^2+b^2 \neq 0 \right\}$

(2) $F = \left\{ \dfrac{m+n\sqrt{2}}{a+b\sqrt{2}} \,\middle|\, \text{단 } a+b\sqrt{2} \neq 0 \right\}$

$= \left\{ \dfrac{(m+n\sqrt{2})(a-b\sqrt{2})}{a^2-2b^2} \,\middle|\, a,\ b \in \mathbb{Z},\ a^2-2b^2 \neq 0 \right\}$

8. $\gcd(m, n) = 1$이므로 $mx+ny=1$인 정수 x, y가 존재한다. 따라서

$$a = a^{mx}a^{ny} = (a^m)^x(a^n)^y = (b^m)^x(b^n)^y = b^{mx+ny} = b$$

이다.

9. Q'을 T의 분수체라고 하자.

$$f : Q' \to Q \text{을 } f(a/b) = ab^{-1}$$

라면 $a, b \in T \subset Q$이고 $a/b = c/d$이면 $ad = bc$이므로 $ab^{-1} = cd^{-1}$가 되어 잘 정의된다.

1) 임의의 $a/b,\ c/d \in Q'$에 대해서 $a/b = c/d$일 필요충분조건은 $ad = bc$이고 따라서 $ab^{-1} = cd^{-1}$이다. 즉 $f(a/b) = f(c/d)$가 되어 f는 1−1이다.

2) 임의의 $a/b,\ c/d \in Q'$에 대해서

$$\begin{aligned} f(a/b + c/d) &= f((ad+bc)/(bd)) = (ad+bc)(bd)^{-1} \\ &= ab^{-1} + cd^{-1} = f(a/b) + f(c/d) \end{aligned}$$

이다

$$\begin{aligned} f((a/b) \cdot (c/d)) &= f(ac/bd) = (ac)(bd)^{-1} = (ac)d^{-1}b^{-1} \\ &= ab^{-1}cd^{-1} = f(a/b)f(c/d) \end{aligned}$$

이므로 f는 준동형사상이다. 따라서 $Q' \cong \mathrm{Im} f$는 체이다.

만일 $a \in T$ 면 $f(a) = a/1 = a$이다. 따라서 $D \subset T \subset \mathrm{Im} f \subset Q$이고 Q는 D의 분수체 이므로 D를 포함하는 최소의 체이다. 따라서 $\mathrm{Im} f = Q$ 즉 $Q \cong Q'$가 된다.

10. $a, b \in R$에 대해서

$$\phi_p(a+b) = (a+b)^p = a^p + {}_pC_1 a^{p-1}b + \cdots + b^p$$

인데 a^p, b^p를 제외한 항의 계수는 모두 p의 배수이다. 따라서 $(a+b)^p = a^p + b^p$이다. 또

$$\phi_p(ab) = (ab)^p = a^p b^p$$

이므로 ϕ_p는 준동형사상이다.(보다 자세한 내용은 [4] 유한체 참조)

21 다항식 환과 그 성질

(Polynomial Rings)

연습문제

1. $a(x)=\bar{2}x^2+\bar{3}x+\bar{1}$, $b(x)=x^3+\bar{5}x^2+x$이다. $a(x)+b(x)$와 $a(x)b(x)$를 다음 각 원소로 생각했을 때 계산하여라.

(1) $\mathbb{Z}_5[x]$　　(2) $\mathbb{Z}_6[x]$

(3) $\mathbb{Z}_7[x]$　　(4) $\mathbb{Z}[x]$

2. (1) $(x^3+x^2+x+\bar{1})\div(x^2+\bar{3}x+\bar{2})$의 몫과 나머지를 $\mathbb{Z}_5[x]$에서 구하여라.

(2) $(x^3+\bar{2})\div(\bar{2}x^2+\bar{3}x+\bar{4})$를 $\mathbb{Z}_3[x]$에서 구하여라.

3. (1) n이 홀수면 x^n+1은 $x+1$의 배수임을 보여라.

(2) $\mathbb{Z}_3[x]$에서 $x+\bar{2}$는 $x^m+\bar{2}$의 약수임을 보여라.

(3) $\mathbb{Z}_n[x]$에서 $x+\overline{n-1}$는 $x^m+\overline{n-1}$의 약수임을 보여라.

4. 임의의 정수 m에 대해서 $3x^2+4x+m$은 $6x^4+50$의 약수가 아님을 보여라.

5. $\mathbb{Z}_8[x]$에서 영인자와 단원을 각각 한 개씩 구하여라.

6. $\mathbb{Z}_9[x]$에서 $\deg[a(x)b(x)]<\deg a(x)+\deg b(x)$가 되는 다항식 $a(x)$, $b(x)$를 찾아라.

7. $\mathbb{Z}_9[x]$에서 x^2을 인수분해하라.

8. R의 표수가 p이면 $R[x]$의 표수도 p임을 보여라. 단, p는 소수이다.

9. $J=\{a(x)\in R[x] \mid a(x)$의 모든 계수의 합$=0\}$은 $R[x]$의 아이디얼이 됨을 보여라.

10. $h: R[x]\to R$, $h(a_0+a_1x+\cdots+a_nx^n)=a_0+a_1+\cdots+a_n$은 전사인 준동형사상임을 보여라. 또 Ker h를 구하라.

11. x^4-4를 $\mathbb{Q}[x]$, $\mathbb{R}[x]$, $\mathbb{C}[x]$에서 각각 인수분해하라.

12. $\overline{2}x^3+\overline{4}x+\overline{1}\in\mathbb{Z}_5[x]$를 인수분해하라.

13. $\mathbb{Z}_5[x]$에서 다음 다항식의 근을 구하여라.

(1) $\overline{1}+x+x^2+x^3$

(2) $\overline{1}+x^2+\overline{3}x^4$

(3) $\overline{1}+x^5$

(4) $\overline{4}+x^4$

(5) $\overline{1}+x^4$

14. $R=\left\{\begin{pmatrix} a & b \\ c & d \end{pmatrix} \middle| a, b, c, d\in\mathbb{Z}\right\}$는 보통의 행렬의 합과 곱에 의해서 환이다.

(1) $R[x]$상에서의 두 다항식 $x+a$, $x-a$에서 $(x+a)(x-a)=x^2-a^2$임을 보여라.

(2) $(a+b)(a-b)\neq a^2-b^2$인 R의 두 원소 a, b를 찾아라.

A 15. R은 1을 가진 환이다. $f(x)=a_0+a_1x+\cdots+a_nx^n$이 $R[x]$의 영인자이면 $a_0b=a_1b=\cdots=a_nb=0$이 되는 $b\neq 0$가 R에 존재함을 보여라.

16. F는 체이다.
(1) $\langle x\rangle$는 $F[x]$의 극대아이디얼임을 보여라.
(2) $\langle x\rangle$ 아닌 $F[x]$의 또 다른 극대아이디얼을 구하여라.

17. m, n은 정수이다. $m>0$이면 $m=qn+r$, $|r|\leq \frac{n}{2}$이 되는 정수 q, r을 찾아라.

18. $f, g\in \mathbb{Z}_5[x]$이다. $f=\bar{2}x^3+\bar{4}x^2+\bar{3}x+\bar{2}$, $g=\bar{3}x^4+\bar{2}x+\bar{4}$일 때 $f+g$, $f-g$, fg, $g\div f$를 각각 구하여라.

19. $f(x, y)=(3x^3+2x)+(x^2-6x+1)y+(x^4-2x)y^2+(x^4-3x^2+2)y^3$는 $(\mathbb{Z}[x])[y]$의 원소이다. $f(x, y)$를 $(\mathbb{Z}[y])[x]$의 원소로 나타내어라.

20. D는 정역이다. $D[x]$의 단원은 어떤 모양인가?

21. 환 R상에서의 두 다항식 $f(x)=(a_0, a_1, \cdots)$, $g(x)=(b_0, b_1, \cdots)$의 합과 곱을

$$f(x)+g(x)=(a_0+b_0, a_1+b_1, \cdots)$$
$$f(x)\cdot g(x)=(c_0, c_1, \cdots)\ (\text{단, } c_i=a_0b_i+\cdots+a_ib_0)$$

과 같이 정의하면 $(R[x], +, \cdot)$는 환이 됨을 보여라.

A 22. R은 1을 가진 가환환, $f=a_0+a_1x+\cdots+a_nx^n\in R[x]$이다. 다음을 증명하여라.
(1) f가 단원일 필요충분조건은 a_0는 단원, $a_i(1\leq i\leq n)$은 멱영원이다.
(2) f가 멱영원일 필요충분조건은 $a_0, \cdots, a_n$가 멱영원이다.

B 23. F는 체이고 $b_1, \cdots, b_{n+1}$은 $n+1$개의 F의 서로 다른 원소이고 $c_1, \cdots, c_{n+1}$은 F의 원소(반드시 서로 다를 필요 없다)이다.
(1) $\deg f(x)\leq n$이고, $f(b_i)=c_i(1\leq i\leq n+1)$인 다항식 $f(x)\in F[x]$를 찾아라.

(2) (1)을 만족시키는 다항식 $f(x)$는 유일함을 보여라.
(특히 이 정리를 Lagrange의 interpolation 정리라고 한다.)

24. (1) $\mathbb{Z}[x]$의 단원을 구하여라.
(2) $\mathbb{Z}_7[x]$의 단원을 구하여라.

25. F는 체이다. $F[x]/\langle x\rangle \cong F$임을 보여라.

26. $f(x)=x^6+\bar{3}x^5+\bar{4}x^2-\bar{3}x+\bar{2}$, $g(x)=x^2+\bar{2}x-\bar{3}\in\mathbb{Z}_7[x]$이다. $f(x)/g(x)$의 몫과 나머지를 구하여라.

27. F는 체이다. $F[x, y]=(F[x])[y]$의 아이디얼 중 주아이디얼이 아닌 것을 찾아라.

28. F는 유한체이다.
(1) $F[x]$의 표수는 소수 p임을 보여라.
(2) $|F|=p^n$(n은 정수)임을 보여라.
(3) 모든 $a\in F$에 대해서 $a^{p^n}=a$임을 보여라.

29. $\mathbb{Z}_{10}$에서 x^2-x의 모든 근을 구하라.

30. $f(x)\in\mathbb{R}[x]$이고 $z=a+bi\in\mathbb{C}$는 $f(x)$의 근이다. $\bar{z}=a-bi$도 $f(x)$의 근이 됨을 보여라.

31. 임의의 다항식 $f(x)\in\mathbb{C}[x]$는 $f(x)=(x-z_1)(x-z_2)(x-z_3)\cdots(x-z_n)$의 꼴로 $\mathbb{C}[x]$에서 인수분해된다. 모든 $f(x)\in\mathbb{R}[x]$는 $\mathbb{R}[x]$에서 차수가 1 또는 2인 다항식의 곱으로 인수분해됨을 보여라.(30번 문제 이용)

32. $6x^4+17x^3+7x^2+x-10$의 $\mathbb{Q}$에서의 근을 구하여라.

33. $n\neq 0$이다. $u\in F$가 $f(x)=a_0+a_1x+\cdots+a_nx^n\in F[x]$의 근이면 u^{-1}는 $g(x)=a_n+$

$a_{n-1}x + \cdots + a_0x^n$의 근임을 보여라.

A 34. R은 멱영원이 없는 가환환이다. $f(x) = a_0 + a_1x + \cdots + a_nx^n \in R[x]$이 영인자이면 $ba_0 = ba_1 = \cdots = ba_n = 0$인 $b \neq 0$가 R에 존재함을 보여라.

제21장 다항식 환과 그 성질 연습문제 풀이

1. (1) $a(x)+b(x)=x^3+\bar{2}x^2+\bar{4}x+\bar{1}$

$a(x)b(x)=(\bar{2}x^2+\bar{3}x+\bar{1})(x^3+\bar{5}x^2+x)$

$=\bar{2}x^5+\overline{10}x^4+\bar{2}x^3+\bar{3}x^4+\overline{15}x^3+\bar{3}x^2+x^3+\bar{5}x^2+x$

$=\bar{2}x^5+\bar{3}x^4+\bar{3}x^3+\bar{3}x^2+x$

(2) $a(x)+b(x)=x^3+\bar{7}x^2+\bar{4}x+\bar{1}=x^3+x^2+\bar{3}x+\bar{1}$

$a(x)b(x)=\bar{2}x^5+x^4+\bar{2}x^2+x$

(3) $a(x)+b(x)=x^3+\bar{4}x+\bar{1}$, $a(x)b(x)=\bar{2}x^5+\bar{6}x^4+\bar{4}x^3+x^2+x$

(4) $a(x)+b(x)=x^3+7x^2+4x+1$, $a(x)b(x)=2x^3+13x^4+18x^3+8x^2+x$

2. (1)

$$\begin{array}{r|l} & x-\bar{2} \\ x^2+\bar{3}x+\bar{2} & x^3+x^2+x+\bar{1} \\ & x^3+\bar{3}x^2+\bar{2}x \\ \hline & -\bar{2}x^2-x+\bar{1} \\ & -\bar{2}x^2-x+\bar{1} \\ \hline & 0 \end{array}$$

따라서 몫은 $x-\bar{2}=x+\bar{3}$, 나머지는 0이다.

(2) $\mathbb{Z}_3[x]$에서 $\bar{2}x^2+\bar{3}x+\bar{4}=x^2+\bar{1}$이므로

$$\begin{array}{r|l} & x \\ x^2+\bar{1} & x^3+\bar{2} \\ & x^3+x \\ \hline & -x+\bar{2} \end{array}$$

따라서 몫은 x, 나머지는 $-x+\bar{2}$이다.

3. (1) $f(x)=x^n+1$이라 두면 $f(-1)=(-1)^n+1=0$이다. 따라서 $f(x)$는 $x+1$의 배수이다.

(2) $f(x)=x^m+\bar{2}$라 두면 $f(\bar{1})=(\bar{1})^m+\bar{2}=\bar{0}$이다. 따라서 $f(x)$는 $x-\bar{1}=x+\bar{2}$의 배

수이다.

(3) $f(x)=x^m+\overline{n-1}$라 두면 $\mathbb{Z}_n[x]$에서 $f(x)=x^m-\bar{1}$이다.

$$f(\bar{1})=(\bar{1})^m-\bar{1}=\bar{0}$$

이므로 $f(x)$는 $x-\bar{1}=x+\overline{n-1}$의 배수이다.

4. 만일 $3x^2+4x+m$이 $6x^4+50$의 약수면

$$6x^4+50=2(3x^4+25)=(3x^2+4x+m)(ax^2bx+c)$$

꼴로 적을 수 있다. 이 식을 비교하면 $a=2$이다. 또

$$(3x^2+4x+m)(2x^2+bx+c)=6x^4+(3b+8)x^3+(3c+2m+4b)x^2+(4c+bm)x+mc$$

이므로

$$3b+8=0,\quad 3c+2m+4b=0,\quad 4c+bm=0,\quad mc=50$$

이다. $b=-\dfrac{8}{3}$이므로 $3c+2m=\dfrac{32}{3}$, $4c=\dfrac{8}{3}m$이다. 따라서 $c=\dfrac{2}{3}m$이므로 $2+2m=\dfrac{32}{3}$에서 $m=\dfrac{13}{3}$이 되어 m은 정수가 아니다.

5. $(\bar{2}x+\bar{4})(\bar{4}x^2)=\bar{0}$이므로 $\bar{2}x+\bar{4}$는 영인자이다.
$(\bar{4}x+\bar{1})(\bar{4}x+\bar{1})=\bar{1}$이므로 $\bar{4}x+\bar{1}$는 단원이다.

6. $a(x)=\bar{3}x^2+\bar{4}$, $b(x)=\bar{6}x+\bar{5}$라고 하면 $\deg a(x)=2$, $\deg b(x)=1$이다.

$$a(x)b(x)=\overline{18}x^3+\overline{15}x^2+\overline{24}x+\overline{20}=\bar{6}x^2+\bar{6}x+\bar{2}$$

이므로 $\deg[a(x)b(x)]=2$이다.

7. $(\bar{3})^2=\bar{9}=\bar{0}$이므로 $x-\bar{3}$로 인수분해된다. 따라서 $x^2=(x-\bar{3})(x-\bar{6})$로 인수분해할 수 있다. 또는 $x^2=xx$로 그냥 자동으로 인수분해된다.

따라서 $\mathbb{Z}_9[x]$는 원소가 단 한가지 모양으로 인수분해(unique factorization domain, UFD)되지 않는다.

8. R의 표수가 p이므로 임의의 $a \in R$에 대해서 $pa=0$이다.

$$a(x) = a_0 + a_1 x + \cdots + a_m x^m \in R[x]$$

라고 하자. $a(x)$를 p번 합치면

$$pa(x) = pa_0 + (pa_1)x + \cdots + (pa_m)x^m$$

인데 $pa_i = 0\ (0 \le i \le m)$이다. 따라서 $pa(x)=0$. p는 소수이므로 결국 $R[x]$의 표수는 p이다.

9. 힌트 $a(x) = a_0 + a_1 x + \cdots + a_n x^n \in R[x]$에서 $a(1) = a_0 + a_1 + \cdots + a_n$이다.

1) $f(x), g(x) \in J$라고 하자. $h(x) = f(x) + g(x)$의 계수의 합은 $h(1) = f(1) + g(1)$인데 $f(1) = g(1) = 0$이므로 $f(1) + g(1) = 0$이다. 따라서 $f(x) + g(x) \in J$이다.
마찬가지로 $-f(1) = 0$이므로 $-f(x) \in J$이다.

2) $f(x) \in J$, $t(x) \in R[x]$라고 하면 $f(1)t(1) = 0$, $t(1)f(1) = 0$이므로
$f(x)t(x)$, $t(x)f(x) \in J$이다. 따라서 J는 $R[x]$의 아이디얼이다.

10. $f(x) = a_0 + a_1 x + \cdots + a_n x^n$, $g(x) = b_0 + b_1 x + \cdots + b_m x^m \in R[x]$라 하자.

$$\begin{aligned} h(f(x)+g(x)) &= h((a_0+b_0) + (a_1+b_1)x + \cdots + (a_i+b_i)x^i + \cdots) \\ &= (a_0+b_0) + (a_1+b_1) + \cdots + (a_i+b_i) + \cdots \\ &= (a_0+a_1+a_1+\cdots+a_n) + (b_0+b_1+\cdots+b_m) \\ &= h(f(x)) + h(g(x)) \end{aligned}$$

이다. 또

$$\begin{aligned} h(f(x)g(x)) &= h(a_0 b_0 + (a_1 b_0 + a_0 b_1)x + \cdots + a_n b_m x^{m+n}) \\ &= a_0 b_0 + a_1 b_0 + a_0 b_1 + \cdots + a_n b_m \\ &= h(f(x))h(g(x)) \end{aligned}$$

이므로 h는 준동형사상이다.

실제로 함수 h는 $h(f(x)) = f(1)$, 즉 x 대신 1을 대입한 대입함수이다. 따라서

$$h(f(x)+g(x))=f(1)+g(1)=h(f(x))+h(g(x)),$$
$$h(f(x)g(x))=f(1)g(1)=h(f(x))h(g(x))$$

이다. 임의의 $a\in R$에 대해서 $f(x)=ax\in R[x]$이고 $h(f(x))=a$이므로 h는 전사이다.

$$\begin{aligned}\text{Ker } h&=\{a(x)\in R[x]\,|\,a(x)\text{의 계수의 합}=0\}\\&=\{a(x)\in R[x]\,|\,a(1)=0\}\end{aligned}$$

이다. 문제 9의 J는 실제로 대입함수 h의 핵이므로 당연히 $R[x]$의 아이디얼이다.

11. $$x^4-4=(x^2+2)(x^2-2)\in\mathbb{Q}[x],\ x^2-2=(x+\sqrt{2})(x-\sqrt{2})\in\mathbb{R}[x]$$

이므로

$$x^4-4=(x^2+2)(x+\sqrt{2})(x-\sqrt{2})\in\mathbb{R}[x]$$

이다.

$$x^2+2=(x+\sqrt{2}i)(x-\sqrt{2}i)\in\mathbb{C}[x]$$

이므로

$$x^4-4=(x+\sqrt{2}i)(x-\sqrt{2}i)(x+\sqrt{2})(x-\sqrt{2})\in\mathbb{C}[x]$$

이다.

12. $-\bar{1}$를 대입하면 $\bar{0}$이므로 $x+\bar{1}$로 인수분해된다. 실제로 $x+\bar{1}$로 나누면

$$\bar{2}x^3+\bar{4}x+\bar{1}=(x+\bar{1})(x-\bar{2})(\bar{2}x+\bar{2})=2(x+\bar{1})^2(x-\bar{2})$$

이다.

13. (1) $$f(\bar{0})=\bar{1},\ f(\bar{1})=\bar{4},\ f(\bar{2})=1+2+4+3=\bar{0}$$

이므로 $x-\bar{2}$로 나누어진다. $x-\bar{2}$로 나누어 몫을 구하면

$$
\begin{array}{r|l}
 & x^2+\bar{3}x+\bar{2} \\
\hline
x-\bar{2} & x^3+x^2+x+\bar{1} \\
 & x^3-\bar{2}x^2 \\
\hline
 & \qquad \bar{3}x^2+x \\
 & \qquad \bar{3}x^2-\bar{6}x \\
\hline
 & \qquad\qquad \bar{2}x+\bar{1} \\
 & \qquad\qquad \bar{2}x-\bar{4} \\
\hline
 & \qquad\qquad\qquad \bar{0}
\end{array}
$$

$$\bar{1}+x+x^2+x^3=(x-\bar{2})(x^2+\bar{3}x+\bar{2})=(x-\bar{2})(x+\bar{2})(x+\bar{1}),$$

따라서 근은 $\bar{2}, -\bar{2}=\bar{3}, -\bar{1}=\bar{4}$이다.

(2) $\bar{1}$를 대입하면 $\bar{0}$이므로 $x-\bar{1}$로 나누어진다.

$$\bar{1}+x^2+\bar{3}x^4=(x-\bar{1})(\bar{3}x^3+\bar{3}x^2+\bar{4}x+\bar{4})=(x-\bar{1})(x+\bar{1})(\bar{3}x^2+\bar{4})$$

이고 $\bar{3}x^2+\bar{4}$는 더 이상 $\mathbb{Z}_5[x]$에서 인수분해되지 않는다. 따라서 근은 $x=\bar{1}, -\bar{1}=\bar{4}$이다.

$$
\begin{array}{r|l}
 & x^4-x^3+x^2-x+1 \\
\hline
x+1 & x^5+1 \\
 & x^4+x^4 \\
\hline
 & \quad -x^4+1 \\
 & \quad -x^4-x^3 \\
\hline
 & \qquad x^3+1 \\
 & \qquad x^3+x^2 \\
\hline
 & \qquad\quad -x^2+1 \\
 & \qquad\quad -x^2-x \\
\hline
 & \qquad\qquad\quad x+1
\end{array}
\qquad
\begin{array}{r|l}
 & 3x^3-3x^2+4x+4 \\
\hline
x-1 & \bar{3}x^4+x^2+1 \\
 & \bar{3}x^4-3x^3 \\
\hline
 & \quad 3x^3+x^2+1 \\
 & \quad 3x^3-3x^2 \\
\hline
 & \qquad 4x^2+1 \\
 & \qquad 4x^2-4x \\
\hline
 & \qquad\quad 4x+1 \\
 & \qquad\quad 4x-4 \\
\hline
 & \qquad\qquad\quad 0
\end{array}
$$

(3) $\bar{1}+x^5$는 $\overline{-1}$를 대입하면 $\bar{0}$이므로

$$\bar{1}+x^5=(x+\bar{1})(x^4-x^3+x^2-x+1)$$

로 인수분해된다. 따라서 근은 $\overline{-1}=\bar{4}$이다.

(4) $\bar{4}+x^4=x^4-\bar{1}=(x^2+\bar{1})(x^2-\bar{1})=(x^2+\bar{1})(x+\bar{1})(x-\bar{1})=(x-\bar{2})(x+\bar{2})(x+\bar{1})(x-\bar{1})$

따라서 근은 $x=\bar{2},\ \bar{3},\ \bar{4},\ \bar{1}$이다.

(5)
$$\bar{1}+x^4=x^4-\bar{4}=(x^2+\bar{2})(x^2-\bar{2})$$

이고 더 이상 인수분해되지 않으므로 $\mathbb{Z}_5[x]$에서 근이 없다. 실제로 $\mathbb{Z}_5$의 어떠한 원소를 대입해도 0가 되지 않는다.

14. a를 $\mathbb{Z}$에서의 임의의 2×2행렬이라고 하자.

(1)
$$(x+a)(x-a)=x^2+(a-a)x-a^2=x^2-a^2$$

(2) $a=\begin{pmatrix}1&0\\0&0\end{pmatrix}$, $b=\begin{pmatrix}0&1\\0&0\end{pmatrix}$라고 하면 $a^2=\begin{pmatrix}1&0\\0&0\end{pmatrix}$, $b^2=\begin{pmatrix}0&0\\0&0\end{pmatrix}$이다. 또

$$(a+b)(a-b)=\begin{pmatrix}1&1\\0&0\end{pmatrix}\begin{pmatrix}1&-1\\0&0\end{pmatrix}=\begin{pmatrix}1&-1\\0&0\end{pmatrix},\ a^2-b^2=\begin{pmatrix}1&0\\0&0\end{pmatrix}$$

이다.

15. $fg=0,\ g\neq0\in R[x]$가 존재한다. g를 그 중 차수가 가장 낮은 다항식이라 하자.

$$g=b_0+b_1x+\cdots+b_mx^m\ (b_m\neq0)$$

라고 하면

$$fg=a_0b_0+\cdots\cdots+a_nb_mx^{n+m}=0$$

로부터

$$a_0b_0=0,\ a_0b_1+a_1b_0=0,\ a_0b_2+a_1b_1+a_2b_0=0,$$
$$\cdots\cdots\cdots$$
$$x^k\text{의 계수 } \sum_{i=0}^{k}a_ib_{k-i}=a_0b_k+a_1b_{k-1}+\cdots+a_{k-1}b+a_kb_0=0$$
$$\cdots\cdots\cdots$$
$$a_{n-2}b_m+a_{n-1}b_{m-1}+a_nb_{m-2}=0,\ a_{n-1}b_m+a_nb_{m-1}=0,\ a_nb_m=0$$

이다. $g_0 = a_n g$라 하면

$$g_0 = a_n b_0 + a_n b_1 x + \cdots + a_n b_{m-1} x^{m-1}$$

이고 $fg_0 = f(a_n g) = a_n(fg) = 0$이다. 그런데 $\deg g_0 < \deg g$이므로 결국 $g_0 = 0$이다. 따라서 g_0의 계수는 모두 0이다. 즉

$$a_n b_0 = a_n b_1 = \cdots = a_n b_{m-2} = a_n b_{m-1} = a_n b_m = 0$$

이므로 $a_{n-1} b_m = 0$이다. 다시 $g_1 = a_{n-1} g$라 두고 위와 같은 식을 반복하면 $fg_1 = f(a_{n-1} g) = a_{n-1}(fg) = 0$이다. 그런데

$$g_1 = a_{n-1} g = a_{n-1} b_0 + a_{n-1} b_1 x + \cdots + a_{n-1} b_{m-1} x^{m-1}$$

이므로 위와 마찬가지로

$$a_{n-1} b_0 = a_{n-1} b_1 = \cdots = a_{n-1} b_{m-1} = a_{n-1} b_m = 0.$$

따라서 $a_{n-2} b_m = 0$이다. 다시 $g_2 = a_{n-2} g$라 두면 $fg_2 = f a_{n-2} g = 0$이므로

$$a_{n-2} b_0 = a_{n-2} b_1 = \cdots = a_{n-2} b_m = 0$$

이다. 따라서 $a_{n-3} b_m = 0$, 이를 반복하면 $a_i b_m = 0$이다. $(0 \le i \le n)$

$b = b_m$으로 두면 된다. (정확하게는 수학적 귀납법을 사용하여야 함.)

16. 힌트 $a(x) \in F[x]$가 기약이면 $\langle a(x) \rangle$는 $F[x]$의 극대아이디얼이다.

(1) $\langle x \rangle \subset I \subset F[x]$, I는 $F[x]$의 아이디얼이라고 하면 $I = \langle h(x) \rangle$, $h(x) \in F[x]$꼴이다. $x \in \langle h(x) \rangle$이므로

$$x = h(x) g(x), \quad g(x) \in F[x]$$

인데 x는 기약이므로 결국 $h(x)$가 단원 또는 $g(x)$가 단원이다. $h(x)$가 단원이면 $I = \langle h(x) \rangle = F[x]$이고 $g(x)$가 단원이면 $h(x) = xg^{-1}(x) \in \langle x \rangle$가 되어 $\langle x \rangle = I$이다. 따라서 $\langle x \rangle$는 $f[x]$의 극대아이디얼이다.

(2) $F[x]$의 기약다항식에 의해서 생성되는 아이디얼은 모두 극대아이디얼이다. 예를 들면 $\langle x+1 \rangle$, $\langle x+2 \rangle$ 등, 그러나 $\langle x^2 - 1 \rangle$은 극대아이디얼이 아니다.

17. $m \div n = g \cdots r\ (0 \le r < n)$이 되었다고 하면 $m = qn + r$이다.
$r \le \frac{n}{2}$이면 그냥 $m = qn + r$로 두면 된다. 만일 $r > \frac{n}{2}$이면 $0 < n - r < \frac{n}{2}$이므로 $|n-r| < \frac{n}{2}$이고 $m = (q+1)n + (r-n)$로 두면된다.

18. 1) $f+g = (\bar{2}x^3 + \bar{4}x^2 + \bar{3}x + \bar{2}) + (\bar{3}x^4 + \bar{2}x + \bar{4}) = \bar{3}x^4 + \bar{2}x^3 + \bar{4}x^2 + \bar{5}x + \bar{6}$
$= \bar{3}x^4 + \bar{2}x^3 + \bar{4}x^2 + \bar{1}$

2) $f-g = -\bar{3}x^4 + \bar{2}x^3 + \bar{4}x^2 + x - \bar{2}$

3) $fg = (\bar{2}x^3 + \bar{4}x^2 + \bar{3}x + \bar{2})(\bar{3}x^4 + \bar{2}x + \bar{4})$
$= \bar{6}x^7 + \bar{4}x^4 + \bar{8}x^3 + \overline{12}x^6 + \bar{8}x^3 + \overline{16}x^2 + \bar{9}x^5 + \bar{6}x^3 + \overline{12}x + \bar{6}x^4 + \bar{4}x + \bar{8}$
$= x^7 + \bar{2}x^6 + \bar{4}x^5 + x^3 + \bar{2}x^2 + x + \bar{3}$

4) 몫은 $-x+\bar{2}$, 나머지는 $-\bar{4}x = x$이다.

$$
\begin{array}{r|l}
 & -x+2 \\
\hline
2x^3+4x^2+3x+2 & 3x^4+2x+4 \\
 & -2x^4-4x^3-3x^2-2x \\
\hline
 & 4x^3+3x^2+2x+4 \\
 & 4x^3+8x^2+6x+4 \\
\hline
 & -4x
\end{array}
$$

19. $f(x,\ y) = 3x^3 + 2x + x^2y - 6xy + y + x^4y^2 - 2xy^2 + x^4y^3 - 3x^2y^3 + 2y^3$
$= (2y^3 + y) + (-2y^2 - 6y + 2)x + (-3y^3 + y)x^2 + 3x^3 + (y^3 + y^2)x^4 \in (\mathbb{Z}[y])[x]$

참고 $\deg f(x) = n$, $\deg g(x) = m$, $f(x)$, $g(x) \in D[x]$라고 하면
$\deg(f(x)g(x)) = \deg f(x) + \deg g(x) = n + m$이다.

20. 만약 $g(x)$가 단원이면 $g(x)f(x) = 1$인 $f(x) \in D[x]$가 존재한다.

$$\deg(f(x)g(x)) = \deg g(x) + \deg f(x) = 0$$

이다. 따라서

$$\deg g(x) = 0, \quad \deg f(x) = 0$$

이다. 따라서 $g(x)$는 0이 아닌 상수로써 D의 원소이다.

21. 1) $f(x), g(x), h(x)=(d_0, d_1, \cdots)\in R[x]$라 하자.

$$\begin{aligned}(f(x)+g(x))+h(x)&=(a_0+b_0, a_1+b_1, \cdots)+(d_0, d_1, \cdots)\\&=(a_0+b_0+d_0, a_1+b_1+d_1, \cdots)\\&=(a_0, a_1, \cdots)+(b_0+d_0, b_1+d_1, \cdots)\\&=f(x)+(g(x)+h(x))\end{aligned}$$

이다.

2)
$$\begin{aligned}(a_0, a_1, a_2, \cdots)+(0, 0, \cdots)&=(a_0+0, a_1+0, a_2+0, \cdots)\\&=(0+a_0, 0+a_1, 0+a_2, \cdots)\\&=(a_0, a_1, a_2, \cdots)\end{aligned}$$

이므로 $0\in R[x]$, $f(x)+0=0+f(x)=f(x)$가 되어 항등원이 존재한다.

3) $(a_0, a_1, \cdots)+(a_0', a_1', a_2', \cdots)=(0, 0, \cdots)$라고 하면
$(a_0+a_0', a_1+a_1', \cdots)=(0, 0, \cdots)$이므로 $a_0'=-a_0, a_1'=-a_1, \cdots, a_i'=-a_i$이다.
따라서 $-f(x)=(-a_0, -a_1, \cdots)=-(a_0, a_1, \cdots)$이다.
이상으로 $(R[x], +)$는 군이 된다.

4) $(f(x)\cdot g(x))\cdot h(x)=f(x)\cdot(g(x)\cdot h(x))$의 증명

좌 : $(a_0b_0, a_0b_1+a_1b_0, a_0b_2+a_1b_1+a_2b_0, \cdots)\cdot(d_0, d_1, \cdots)$
$\quad=(a_0b_0d_0, a_0b_0d_1+a_0b_1d_0+a_1b_0d_0, \cdots)$
우 : $(a_0, a_1, \cdots)\cdot(b_0d_0, b_1d_0+b_0d_1, \cdots)=(a_0b_0d_0, a_0b_1d_0+a_0b_0d_1+a_1b_0d_0, \cdots)$

5) $f(x)+g(x)=(a_0, a_1, \cdots)+(b_0, b_1, \cdots)=(a_0+b_0, a_1+b_1, \cdots)=(b_0+a_0, b_1+a_1, \cdots)$
$\quad=(b_0, b_1, \cdots)+(a_0, a_1, \cdots)=g(x)+f(x)$
이므로 $(R[x], +)$는 아벨군이다.

6)
$$\begin{aligned}(f(x)+g(x))\cdot h(x)&=((a_0, a_1, \cdots)+(b_0, b_1, \cdots))\cdot(d_0, d_1, \cdots)\\&=(a_0+b_0, a_1+b_1, \cdots)\cdot(d_0, d_1, \cdots)\\&=((a_0+b_0)d_0, (a_1+b_1)d_0+(a_0+b_0)d_1, \cdots)\\&=(a_0d_0+b_0d_0, a_1d_0+b_1d_0+a_0d_1+b_0d_1, \cdots)\end{aligned}$$

$$= (a_0d_0 + b_0d_0,\ (a_1d_0 + a_0d_1) + (b_1d_0 + b_0d_1),\ \cdots)$$
$$= (a_0d_0,\ a_1d_0 + a_0d_1,\ \cdots) + (b_0d_0,\ b_1d_0 + b_0d_1,\ \cdots)$$
$$= f(x) \cdot h(x) + g(x) \cdot h(x)$$

이므로 분배법칙이 성립한다.

7) $f(x) \cdot (g(x) + h(x))$도 6)과 같은 방법으로 하면된다. 따라서 $(R[x], +, \cdot)$는 환이 된다.

22. 참고 1. a_i가 멱영원이면 a_ix^i도 멱영원이고 그 역도 성립한다.

2. 단원±멱영원은 단원이다.

3. 멱영원±멱영원=멱영원이다.

(1) ($\Rightarrow$) $g = b_0 + b_1x + \cdots + b_mx^m$, $fg = 1$이라고 하자.

전개시키면 $a_0b_0 = b_0a_0 = 1$, $\sum_{i=0}^{k} a_ib_{k-i} = 0$이 된다. $(k = 1, 2, \cdots, m)$

따라서 a_0는 단원이다. 한편 전개시킨 각항의 계수는

$$\cdots\cdots\cdots$$
$$a_nb_{m-2} + a_{n-1}b_{m-1} + a_{n-2}b_m = 0 \qquad (n-2)$$
$$a_nb_{m-1} + a_{n-1}b_m = 0 \qquad (n-1)$$
$$a_nb_m = 0 \qquad (n)$$

$(n-1)$식에 a_n을 곱하면 $a_n^2b_{m-1} = 0$이 된다.

$(n-2)$식에 a_n^2을 곱하면 $a_n^3b_{m-2} = 0$이 된다.

$$\vdots$$

이와 같이 끝까지 하면 $a_n^{m+1}b_0 = 0$이다. 따라서

$$a_n^{m+1} = a_n^{m+1}(b_0a_0) = 0$$

가 되어 a_n은 멱영원이다. 또 참고 1, 2에서

$$a_0 + a_1x + \cdots + a_{n-1}x^{n-1} = f(x) - a_nx^n$$

는 단원이므로 또 위의 식을 반복하면 a_{n-1}도 멱영원이다. 이와 같이 반복하면 $a_i(1 \leq i \leq n)$은 모두 멱영원이다.

(⇐) $a_1x+a_2x^2+\cdots+a_nx^n$은 멱영원, 단원+멱영원은 단원이다. 따라서

$f(x)=a_0+a_1x+\cdots+a_nx^n$는 단원이다.

(2) (⇒) f가 멱영원이면 $f^n=0$인 정수 n이 존재한다. 따라서 $a_0^n=0$이 되어 a_0은 멱영원이다. $f_1=f-a_0$은 멱영원−멱영원=멱영원이므로

$f_1=(a_1+a_2x+\cdots+a_nx^{n-1})x$에서 역시 a_1도 멱영원이다. 따라서

$$f_2=f-a_0-a_1x$$

도 멱영원이다. 이와 같이 반복하면 $a_0, a_1, \cdots, a_n$는 모두 멱영원이다.

(⇐) 멱영원+멱영원=멱영원이므로 f는 멱영원이다.

23.
$$f(x)=\sum_{i=1}^{n+1}\frac{(x-b_0)\cdots(x-b_{i-1})(x-b_{i+1})\cdots(x-b_{n+1})}{(b_i-b_0)\cdots(b_i-b_{i-1})(b_i-b_{i+1})\cdots(b_i-b_{n+1})}c_i$$

라 두면 된다.

(1) $\deg f(x)\le n$, $f(b_i)=c_i$이다.

(2) $$f(b_i)=c_i,\ g(b_i)=c_i,\ \deg f(x),\ \deg g(x)\le n,\ i=1, 2, \cdots\ n+1$$

인 $f(x)$, $g(x)$가 있다 하자. $F(x)=f(x)-g(x)$라고 하면 $\deg F(x)\le n$이고

$$F(b_i)=f(b_i)-g(b_i)=0\ (1\le i\le n+1)$$

이다. 따라서 b_i는 $F(x)$의 근이다. 따라서

$$F(x)=c(x-b_1)(x-b_2)\cdots(x-b_{n+1})$$

꼴이 되고 $c\neq 0$이면

$$n\ge\deg F(x)=\deg((x-b_1)(x-b_2)\cdots(x-b_{n+1}))=n+1$$

이 되어 모순이다. 따라서 $F(x)=0$이 될 수밖에 없다.

참고 $n+1$개의 점으로 정해지는 n차 함수를 결정하는 방법이다.

예를 들어 $f(b_1)=c_1, f(b_2)=c_2, f(b_3)=c_3$인 함수는

$$f(x)=\frac{(x-b_1)(x-b_3)}{(b_2-b_1)(b_2-b_3)}c_2+\frac{(x-b_1)(x-b_2)}{(b_3-b_1)(b_3-b_2)}c_3+\frac{(x-b_2)(x-b_3)}{(b_1-b_2)(b_1-b_3)}c_1$$ 이다.

2개의 점은 $f(x)=ax+b$꼴의 1차 함수로 정해지고

3개의 점은 $f(x)=ax^2+bx+c$꼴의 2차 함수로 정해진다.

24. (1) ± 1밖에 없다.

(2) $\mathbb{Z}_7$는 체이므로 $\mathbb{Z}_7^* = \mathbb{Z}_7 - \{\overline{0}\}$의 원소는 모두 단원이다.

25. $\phi : F[x] \to F$, $\phi(a_0 + a_1 x + \cdots + a_m x^n) = a_0$라 하면 ϕ는 전사인 준동형사상이고, $\text{Ker}\ \phi = \langle x \rangle$가 된다. 따라서 제1동형사상 정리에 의해서 $f[x]/\langle x \rangle \cong F$가 된다.

26.

$$
\begin{array}{r|l}
 & x^4 + x^3 + x^2 + x - 2 \\
\hline
x^2 + 2x - 3 & x^6 + 3x^5 + 4x^2 - 3x + 2 \\
 & x^6 + 2x^5 - 3x^4 \\
\cline{2-2}
 & \quad x^5 + 3x^4 \\
 & \quad x^5 + 2x^4 - 3x^3 \\
\cline{2-2}
 & \qquad x^4 + 3x^3 + 4x^2 \\
 & \qquad x^4 + 2x^3 - 3x^2 \\
\cline{2-2}
 & \qquad\quad x^3 + 7x^2 - 3x \\
 & \qquad\quad x^3 + 2x^2 - 3x \\
\cline{2-2}
 & \qquad\qquad -2x^2 + 2 \\
 & \qquad\qquad -2x^2 - 4x + 6 \\
\cline{2-2}
 & \qquad\qquad\qquad 4x - 4
\end{array}
$$

따라서 몫은 $x^4 + x^3 + x^2 + x - \overline{2}$, 나머지는 $\overline{4}x - \overline{4} = \overline{4}x + \overline{3} \in \mathbb{Z}_7[x]$이다.

27. $x, y \in F[x, y]$이고 $\langle x \rangle$, $\langle y \rangle$를 x, y에 의해서 생성되는 주아이디얼이라고 하면 $\langle x \rangle + \langle y \rangle$는 $F[x, y]$의 아이디얼이다. 그러나 $\langle x \rangle + \langle y \rangle$는 주아이디얼이 아님을 보이자. 만일 $\langle x \rangle + \langle y \rangle = \langle f(x, y) \rangle$꼴이 되었다고 하면 $x + y \in \langle f(x, y) \rangle$이므로

$$x + y = f(x, y) g(x, y),\ g(x, y) \in F[x, y]$$

가 되어야 한다. 그런데 $x+y$는 기약이므로 $f(x, y)$가 단원 또는 $g(x, y)$가 단원이다.

만일 $g(x, y)$가 단원이면 $\langle x \rangle + \langle y \rangle = \langle x + y \rangle$이고 $2x + y \notin \langle x + y \rangle$이므로 모순이

다. 또 $f(x, y)$가 단원이면 $\langle x\rangle+\langle y\rangle=F[x, y]$이고 $x+2$는 $\langle x\rangle+\langle y\rangle$의 원소가 될 수 없으므로 모순이다.

28. 참고 1. R의 표수가 p, p는 소수이면 $R[x]$의 표수도 p이다.
2. R이 유한이면 R의 표수도 유한이다.

(1) 체의 표수는 0 아니면 소수이고 $F[x]$의 표수는 F의 표수와 같으므로 소수 p가 된다.

(2) [4] 부록 37장 유한체의 정리 37.1 참조.(벡터공간의 기저를 알아야 함)

(3) 라그랑즈의 정리에 의해서 $F^*=F-\{0\}$는 곱에 대해서 군이고 $|F^*|=p^n-1$이다. 따라서 $a\in F^*$면 $a^{p^n-1}=1$이므로 $a^{p^n}=a$이고 $a=0$이면 당연하다.

29. $\mathbb{Z}_{10}$의 원소를 $f(x)=x^2-x$에 대입하면

$$f(\bar{0})=\bar{0},\quad f(\bar{1})=f(\bar{0}),\quad f(\bar{5})=\bar{0},\quad f(\bar{6})=\bar{0}$$

이므로 근은 $\bar{0}, \bar{1}, \bar{5}, \bar{6}$이다.

참고 $R[x]$의 다항식에서 R이 체가 아니면 근의 개수가 차수보다 많을 수 있다. 그러나 R이 체면 근은 항상 차수보다 작다.

30. $(a+bi)^n=0$이면 $(a-bi)^n=0$임을 보이면 된다.

$$z=a+bi=t(\cos\theta+i\sin\theta)$$

라고 하면

$$(a+bi)^n=t^n(\cos n\theta+i\sin n\theta),\ (a-bi)^n=t^n(\cos n\theta-i\sin n\theta)$$

이므로 결국 $(a+bi)^n=0$이면 $t^n\cos n\theta=t^n\sin n\theta=0$이므로 $(a-bi)^n=0$이 된다.

참고 이러한 해석학적 방법이 아닌 대수적 방법은 [4], 36장 정리 36.4를 보기 바람.

31. $z_1=a+bi$라면 z_1의 켤레 복소수 $\overline{z_1}=a-bi$도 역시 근이다. 이와 같이 켤레인 복소수를 서로 짝을 지워 묶으면

$$(x-z_1)(x-\overline{z_1})(x-z_2)(x-\overline{z_2})\cdots(x-z_j)(x-\overline{z_j})$$

이므로 $f(x)$는 1차식 $x-r\in R[x]$와 2차식 $x^2-(z+\bar{z})+z\bar{z}\in R[x]$의 곱으로 표시된다. 자세한 내용은 [4], 36장 따름정리 36.5 참조.

32. $\mathbb{Q}$에서 근이 있으면 $\mathbb{Z}$에서도 근이 있으므로 10의 약수를 대입해 본다. $x+2$로 나누어지므로 인수분해하면 $(x+2)(6x^3+5x^2-3x-5)$가 되어 -2가 유리근이다.

33. $f(u)=a_0+a_1u+a_2u^2+\cdots+a_nu^n=0$이다.

$$g(u^{-1})=a_n+a_{n-1}u^{-1}+\cdots+a_0(u^{-1})^n=(u^{-1})^n(a_nu^n+a_{n-1}u^{n-1}+\cdots+a_0)=0$$

이므로 u^{-1}는 $g(x)$의 근이다.

34. $f(x)g(x)=0$, $g(x)=b_0+b_1x+\cdots+b_mx^m\neq 0$ (단 $b_m\neq 0$)인 $g(x)\in R[x]$가 존재한다.
전개하여 계수를 구하면 아래와 같이 $n+m$개의 식이 나온다.

$$a_0b_0=0 \text{ —— } (0)$$
$$a_0b_1+a_1b_0=0 \text{ —— } (1)$$
$$\vdots$$
$$a_{n-2}b_m+a_{n-1}b_{m-1}+a_nb_{m-2}=0 \text{ —— } (n+m-2)$$
$$a_{n-1}b_m+a_nb_{m-1}=0 \text{ —— } (n+m-1)$$
$$a_nb_m=0 \text{ —— } (n+m)$$

$n+m-1$식에서 $a_{n-1}b_m^2=0$,
$n+m-2$식에서 $a_{n-2}b_m^3+a_{n-1}b_{m-1}b_m^2+a_nb_{m-2}b_m^2=0$이므로 $a_{n-2}b_m^3=0$이다.
이와 같이 하여 $a_0b_m^{n+1}=0$이다. 따라서

$$a_0b_m^{n+1}=a_1b_m^{n+1}=\cdots=a_{n-2}b_m^{n+1}=a_{n-1}b_m^{n+1}=a_nb_m^{n+1}=0$$

이고 멱영원이 없으므로 $b_m^{n+1}\neq 0$이다.

22 기약다항식
(Irreducible Polynomials)

연습문제

1. 다음 중 $\mathbb{Q}[x]$에서 기약인 다항식을 골라라.

(1) x^3+x+36

(2) $2x^3-8x^2-6x+20$

(3) $2x^4+3x^3+5x+6$

(4) $x^4+2x^3+x^2+x+1$

(5) x^5+14x^2+4x+2

(6) $x^4+x^3+x^2+x+1$

(7) x^3+14x^2+3x+1

(8) $8x^5+6x^4+15x^3-3x-30$

2. 다음을 기약다항식의 곱으로 써라.

(1) $\bar{2}x^3+x^2+\bar{2}\in\mathbb{Z}_3[x]$

(2) $x^3+\bar{3}x^2+x+\bar{4}\in\mathbb{Z}_5[x]$

(3) $x^2+\bar{5}\in\mathbb{Z}_7[x]$

(4) $x^4+x^3+\bar{2}x^2+x+\bar{2}\in\mathbb{Z}_3[x]$

3. p는 소수이다. x^n-p는 유리수상에서 기약임을 보여라.

4. $1+x+x^2+\cdots+x^{p-1}$(p는 소수)는 유리수상에서 기약임을 보여라. (힌트 다항식 $1+(x+1)+\cdots+(x+1)^{p-1}$을 이용)

5. $f(x)=ax^2+bx+c\in\mathbb{R}[x]$, $(a\neq 0)$이다. $f(x)$는 $\mathbb{R}[x]$에서 기약일 필요충분조건은 $D=b^2-4ac<0$임을 보여라.

B 6. $a\in\mathbb{Z}$, $a>0$일 때 x^4+a가 $\mathbb{Q}$상에서 가약일 필요충분조건은 $a=4b^4$인 정수 b가 존재함을 보여라.

7. $f(x), g(x)\in\mathbb{Z}[x]$이다. $f(x)\neq 0$, $g(x)\neq 0$이면 ($f(x)g(x)$의 계수의 gcd)=($f(x)$의 계수의 gcd)×($g(x)$의 계수의 gcd)임을 보여라.

8. R, S는 환, $\phi : R\to S$는 환준동형사상이다. $f(x)\in R[x]$일 때, $\overline{f(x)}$는 $f(x)$의 계수 a_i 대신 $\phi(a_i)$를 대입한 $S[x]$의 원소라고 하자. 즉 $f(x)=a_0+a_1x+a_2x^2+\cdots+a_nx^n\in R[x]$이라면 $\overline{f(x)}=\phi(a_0)+\phi(a_1)x+\phi(a_2)x^2+\cdots+\phi(a_n)x^n\in S[x]$이다. $\overline{\phi} : R[x]\to S[x]$는 $\overline{\phi}(f(x))=\overline{f(x)}$라고 하면 $\overline{\phi}$는 환준동형사상임을 보여라.

9. 문제 8번과 $\phi : \mathbb{Z}[x]\to\mathbb{Z}_p[x]$를 써서 Eisenstein의 정리를 증명하여라.

10. $x^4+\overline{4}\in\mathbb{Z}_5[x]$을 기약다항식의 곱으로 써라.

11. x^3+3x^2-8와 x^4-22x^2+1은 모두 $\mathbb{Q}$상에서 기약임을 보여라.

12. $x^p+\overline{a}\in\mathbb{Z}_p[x]$는 가약임을 보여라. ($p$는 소수)

13. $f(x)\in\mathbb{Z}_p[x]$, p는 소수, $\deg f(x)=n$, $f(x)$는 기약이면 $|\mathbb{Z}_p[x]/\langle f(x)\rangle|=p^n$임을 보여라.

14. $a_0+a_1x+\cdots+a_nx^n\in F[x]$가 기약일 필요충분조건은 $a_n+a_{n-1}x+\cdots+a_0x^n\in F[x]$가 기약임을 보여라. (단 $a_0\neq 0$, $a_n\neq 0$)

15. R이 PID이면 모든 0이 아닌 소아이디얼은 극대아이디얼이 됨을 보여라.

16. $\mathbb{Z}_3[x]$에서 차수가 3인 모든 기약다항식을 구하여라.

17. D는 정역이다. $f(x)\in D[x]$가 단원이면 $f(x)$는 D의 단원임을 보여라.

18. p는 소수이다. $x^p-x\in\mathbb{Z}_p[x]$는 p개의 근을 가짐을 보여라.

19. $\phi_3:\mathbb{Z}_5[x]\to\mathbb{Z}_5$는 대입함수이다. Fermat의 정리를 사용하여 $\phi_3(x^{231}+\overline{3}x^{117}-\overline{2}x^{53}+\overline{1})$을 구하여라.

20. $\overline{2}x^{219}+\overline{3}x^{74}+\overline{2}x^{57}+\overline{3x}^{44}\in\mathbb{Z}_5[x]$의 근을 $\mathbb{Z}_5$에서 구하여라.

21. $\mathbb{Q}[x]/\langle(x-1)^2\rangle$은 정역이 되는가?

B 22. p는 소수이다. $x^p-c\in F[x]$가 기약일 필요충분조건은 x^p-c가 F내에서 근을 가지지 않는 것임을 보여라.

제22장 기약다항식 연습문제 풀이

1. (1) $$f(x)=x^3+x+36=(x+a)(x^2+bx+c)$$

로 분해되었다면 $a|36$이다. 따라서 36의 약수를 구하면

$$a=\pm1,\ \pm2,\ \pm3,\ \pm4,\ \pm6,\ \pm9,\ \pm12,\ \pm18,\ \pm36$$

이다. 모든 a에서 $f(a)\neq0$이므로 기약.

(2) $$f(x)=2x^3-8x^2-6x+20=2(x^3-4x^2-3x+10)=2(x+a)(x^2+bx+c)$$

로 분해되었다면 $a|10$이다. 따라서 10의 약수를 구하면

$$a=\pm1,\ \pm2,\ \pm5,\ \pm10$$

이다. 모든 a에서 $f(a)\neq0$이므로 기약.

(3) -1을 대입하면 0이 되므로 $x+1$로 인수분해된다. 따라서 가약.

(4) $$\begin{aligned}x^4+2x^3+x^2+x+1&=x^2(x^2+2x+1)+(x+1)\\&=x^2(x+1)^2+(x+1)\\&=(x+1)(x^2(x+1)+1)\\&=(x+1)(x^3+x^2+1)\end{aligned}$$

이므로 가약

(5) $p=2$는 소수이고 Eisenstein 정리에서 기약이다.

(6) $x^{p-1}+\cdots+x^2+x+1$(p는 소수)는 유리수 상에서 항상 기약이다. (4번 문제) 물론 이 때 $p=5$이다.

(7) $$f(x)=x^3+14x^2+3x+1=(x+a)(x^2+bx+c)$$

가 되었다고 하면 $a|1$이다. 따라서$a=\pm1$ 이고 $f(1)\neq0$, $f(-1)\neq0$이므로 $f(x)$는 기약이다.

(8) $p=3$은 소수이므로 Eisenstein 정리에서 기약이다.

2. (1) $\bar{0}$, $\bar{1}$, $\bar{2}$를 각각 대입하면

$$f(\bar{1})\neq 0,\quad f(\bar{2})\neq 0,\quad f(\bar{0})\neq 0$$

이므로 $\bar{2}x^3+x^2+\bar{2}\in \mathbb{Z}_3[x]$는 기약이다.

(2) $f(\bar{1}), f(\bar{2}), f(\bar{3})\neq 0$이다. 그러나 $f(-\bar{1})=f(\bar{4})=\bar{0}$이므로

$$(x^3+\bar{3}x^2+x+\bar{4})=(x+\bar{1})(x^2+\bar{2}x-\bar{1})$$

로 분해된다.

(3) $f(\bar{1}), f(\bar{2}), f(\bar{5}), f(\bar{6})\neq 0$이다. 그러나 $f(\bar{3})=f(\bar{4})=\bar{0}$이므로

$$x^2+\bar{5}=(x-\bar{3})(x-\bar{4})=(x+\bar{4})(x+\bar{3})\in \mathbb{Z}_7[x]$$

이다.

(4) $f(\bar{1})\neq 0, f(\bar{2})=\bar{0}$이다. 따라서

$$x^4+x^3+\bar{2}x^2+x+\bar{2}=(x-\bar{2})(x^3+\bar{2}x+\bar{2})\in \mathbb{Z}_3[x]$$

이다.

3. $p\mid(-p), p\nmid 1, p^2\nmid(-p)$인 소수 p가 존재하므로 Eisenstein 정리에 의해서 기약이다.

4. $f(x)=1+x+x^2+\cdots+x^{p-1}$라고 두면 $f(x)=\dfrac{x^p-1}{x-1}$이다. x 대신 $x+1$을 대입하면

$$\begin{aligned}f(x+1)&=\frac{(x+1)^p-1}{(x+1)-1}=\frac{(x^p+px^{p-1}+\cdots+px+1)-1}{x}\\&=\frac{x^p+px^{p-1}+\cdots+px}{x}\\&=x^{p-1}+px^{p-2}+\cdots+p\in \mathbb{Z}[x]\end{aligned}$$

이다. 그런데 $p^2\nmid p, p\nmid 1, p\mid {}_pC_k\ (1\leq k\leq p-1)$이므로 Eisenstein 정리에 의해서 $f(x+1)$은 $\mathbb{Q}[x]$에서 기약이고 따라서 $f(x)$은 $\mathbb{Q}[x]$에서 기약이다.

참고 모든 $c\in\mathbb{Q}$에 대해서 $\deg f(x)=\deg f(x+c)$이면 $f(x)\in\mathbb{Q}[x]$가 기약일 필요충분조건은 $f(x+c)$가 $\mathbb{Q}[x]$에서 기약이다.

5. $f(x)$가 $\mathbb{R}$에서 가약일 필요충분조건은 $f(p)=0$인 실수 p가 존재하는 것이다. $ap^2+bp+c=0$이라고 하면 $p^2+\frac{b}{a}p+\frac{c}{a}=0$이고 고등학교 교과서에 있는 것처럼

$$\left(p+\frac{b}{2a}\right)^2+\frac{c}{a}-\frac{b^2}{4a^2}=0,$$

$$\left(p+\frac{b}{2a}\right)^2=\frac{b^2-4ac}{4a^2},$$

$$p+\frac{b}{2a}=\pm\frac{\sqrt{b^2-4ac}}{2a},$$

$$p=\frac{-b\pm\sqrt{b^2-4ac}}{2a}$$

이다. 그런데 $-\frac{b}{2a}\in\mathbb{R}$ 이므로

$$\frac{\pm\sqrt{b^2-4ac}}{2a}\in\mathbb{R}$$

에서 $D=b^2-4ac\geq 0$이다.

6. **힌트** k가 x^4+a의 근이면 $-k$도 근이므로 결국 항상 2차식의 인수를 가진다.

만일 x^4+a가 가약이면 $(x^2+b_1x+c_1)(x^2+b_2x+c_2)$꼴이다. 따라서 전개시켜서

$$\begin{aligned}&x^4+b_2x^3+c_2x^2+b_1x^3+b_1b_2x^2+b_1c_2x+c_1x^2+c_1b_2x+c_1c_2\\&=x^4+(b_1+b_2)x^3+(c_1+c_2+b_1b_2)x^2+(b_1c_2+b_2c_1)x+c_1c_2\end{aligned}$$

의 양쪽의 계수를 비교하면 $b_1+b_2=0$이므로 $b_1=-b_2$이다. 또 $c_1+c_2+b_1b_2=0$이므로 $c_1+c_2=b_1^2$이다. $b_1c_2+b_2c_1=0$이므로 $b_1c_2-b_1c_1=0$, 따라서 $b_1(c_2-c_1)=0$이다. 또 $c_1c_2=a$이므로 만일 $b_1=0$면

$$c_1=-c_2,\ b_2=0,\ a=-c_1^2\leq 0$$

이 되어 모순이다. 따라서 $c_2-c_1=0$이고 $c_1=c_2$에서 $2c_1=b_1^2$이다. 즉 b_1은 짝수이므로 $b_1=2t$로두면 $2c_1=4t^4$꼴이다. 따라서 $c_1=2t^2$, $t\in\mathbb{Z}$ 이다. 다시 말하면

$$a = c_1c_2 = c_1^2 = (2t^2)^2 = 4t^4,\ t \in \mathbb{Z}$$

이다.

역으로 $a = 4b^4$, $b \in \mathbb{Z}$ 라면

$$x^4 + 4b^4 = (x^2 + 2bx + 2b^2)(x^2 - 2bx + 2b^2)$$

으로 인수분해된다. 실제로 계산해보면

$$x^4 + a = x^4 + 4b^4 = (x^2 + c_1x + 2b^2)(x^2 + c_2x + 2b^2)$$

로 두고 c_1, c_2를 구해 보면 우변을 전개시키면

$$\begin{aligned} &x^4 + c_2x^3 + 2b^2x^2 + c_1x^3 + c_1c_2x^2 + 2b^2c_2x + 4b^4 \\ &= x^4 + (c_1 + c_2)x^3 + (4b^2 + c_1c_2)x^2 + 2b^2(c_1 + c_2)x + 4b^4 \end{aligned}$$

이므로 $4b^2 = -c_1c_2$, $c_1 + c_2 = 0$이다. 따라서 $4b^2 = -c_1c_2 = c_1^2$이므로 $c_1^2 - 4b^2 = 0$에서 $(c_1 + 2b)(c_1 - 2b) = 0$, 즉, $c_1 = \pm 2b$이다. 따라서

$$x^4 + a = x^4 + 4b^4 = (x^2 + 2bx + 2b^2)(x^2 - 2bx + 2b^2)$$

로 분해된다.

7. $f(x) = af_1(x)$, $g(x) = bg_1(x)$, 단 a는 $f(x)$의 계수의 gcd, b는 $g(x)$의 계수의 gcd, $f_1(x)$, $g_1(x)$는 $\mathbb{Z}[x]$에서 원시 다항식이라고 하자.

$$f(x)g(x) = af_1(x)bg_1(x) = abf_1(x)g_1(x)$$

이고 가우스의 정리에서 $f_1(x)g_1(x)$는 원시다항식이므로

$$f(x)g(x)\text{의 계수의 gcd} = ab = (f(x)\text{의 계수의 gcd}) \times (g(x)\text{의 계수의 gcd})$$

이다.

8. $f(x) = a_0 + a_1x + \cdots + a_nx^n$, $g(x) = b_0 + b_1x + \cdots + b_mx^m$라고 하자.

1) $\overline{\phi}(f(x) + g(x)) = \overline{f(x) + g(x)}$

$$= \overline{(a_0 + b_0) + (a_1 + b_1)x + \cdots + (a_n + b_n)x^n + \cdots}$$

$$= \phi(a_0+b_0)+\phi(a_1+b_1)x+\cdots+\phi(a_n+b_n)x^n+\cdots$$
$$= [\phi(a_0)+\phi(b_0)]+[\phi(a_1)x+\phi(b_1)x]+\cdots+[\phi(a_n)x^n+\phi(b_n)x^n]+\cdots$$
$$= (\phi(a_0)+\cdots+\phi(a_n)x^n)+(\phi(b_0)+\cdots+\phi(b_m)x^m)$$
$$= \overline{\phi}(f(x))+\overline{\phi}(g(x))$$

이다.

2) $\overline{\phi}(f(x)g(x))=\overline{f(x)g(x)}$

$$= \overline{(a_0b_0)+(a_1b_0+a_0b_1)x+\cdots+a_nb_mx^{m+n}}$$
$$= \phi(a_0b_0)+\phi(a_1b_0+a_0b_1)x+\cdots+\phi(a_nb_m)x^{m+n}$$

이다. 또

$$\overline{\phi}(f(x))\overline{\phi}(g(x))=\overline{f(x)}\,\overline{g(x)}$$
$$= \left(\overline{a_0+a_1x+\cdots+a_nx^n}\right)\left(\overline{b_0+b_1x+\cdots+b_mx^m}\right)$$
$$= (\phi(a_0)+\cdots+\phi(a_n)x^n)(\phi(b_0)+\cdots+\phi(b_m)x^m)$$
$$= \phi(a_0)\phi(b_0)+(\phi(a_0)\phi(b_1)x+\phi(a_1)\phi(b_0)x)+\cdots+(\phi(a_n)\phi(b_m)x^{m+n})$$
$$= \phi(a_0b_0)+\phi(a_0b_1+a_1b_0)x+\cdots+\phi(a_nb_m)x^{m+n}$$

이다. 따라서 1), 2)에 의해서 $\overline{\phi}$는 준동형사상이다.

9. $\phi : \mathbb{Z} \to \mathbb{Z}_p$는 자연적 준동형사상이라 한다. $f(x)=a_0+a_1x+\cdots+a_nx^n \in \mathbb{Z}[x]$에 대해서 $\overline{\phi} : \mathbb{Z}[x] \to \mathbb{Z}_p[x]$는

$$\overline{\phi}(a_0+a_1x+\cdots+a_nx^n)=\overline{a_0}+\overline{a_1}x+\cdots+\overline{a_n}x^n \in \mathbb{Z}_p[x]$$

이다. p는 소수, $p|a_0$, $p|a_1$, $\cdots$, $p|a_{n-1}$, $p \nmid a_n$, $p^2 \nmid a_0$라고 하자. $\mathbb{Z}_p$에서 $\overline{a_0}=\overline{a_1}=\cdots\ \overline{a_{n-1}}=\overline{0}$, $\overline{a_n}\neq\overline{0}$이다. 따라서 $\overline{f(x)}=\overline{a_n}x^n \in \mathbb{Z}_p[x]$이다.

$$f(x)=g(x)h(x),\ g(x)=c_0+c_1x+\cdots+c_ix^i,\ h(x)=d_0+d_1x+\cdots+d_jx^i \in \mathbb{Z}[x],$$
$$\deg g(x)\neq 0,\ \deg h(x)\neq 0$$

라고 하자. ϕ는 준동형사상이므로 $\overline{\phi}(f(x))=\overline{\phi}(g(x))\overline{\phi}(h(x))$이고 따라서

$$\overline{f(x)} = \overline{a_0} + \overline{a_1}x + \cdots + \overline{a_n}x^n = \overline{g(x)}\,\overline{h(x)}$$

이다.

$$\overline{f(x)} = \overline{a_n}x^n = (\overline{c_0} + \cdots + \overline{c_i}x^i)(\overline{d_0} + \cdots + \overline{d_j}x^j)$$

에서 $\overline{c_0}\,\overline{d_0} = \overline{0}$이므로 $p|c_0$ 또는 $p|d_0$이다. 그런데 $a_0 = c_0d_0$, $p^2 \nmid a_0$이므로 둘다 p의 배수는 될 수 없다. $p|c_0$, $p \nmid d_0$라고 하면 $\overline{c_0} = \overline{0}$이고 $\overline{a_1} = \overline{c_0d_1 + c_1d_0}$에서

$$\overline{0} = \overline{a_1} = \overline{c_0}\,\overline{d_1} + \overline{c_1}\,\overline{d_0} = \overline{c_1}\,\overline{d_0}, \quad \overline{d_0} \neq \overline{0}$$

이므로 $\overline{c_1} = \overline{0}$이다. 이런 과정을 반복하면 $\overline{c_2} = \overline{c_3} = \cdots = \overline{c_i} = \overline{0}$이다. 따라서 $\overline{a_n}x^n = \overline{0}$가 되어 모순이다.

10. $x^4 + \overline{4} = x^4 - \overline{1} = (x^2 - \overline{1})(x^2 + \overline{1}) = (x - \overline{1})(x + \overline{1})(x^2 - \overline{4})$
$= (x - \overline{1})(x + \overline{1})(x^2 + \overline{2})(x^2 - \overline{2}) \in \mathbb{Z}_5[x]$

11. (1) $x^3 + 3x^2 - 8$은 기약이다. 왜냐하면 만약 가약이면 $a|8$인 정수 a가 존재한다. 따라서 $a = \pm 1$, ± 2, ± 4, ± 8 중 하나이다. 그러나 어느 것을 대입해도 0이 아니므로 결국 기약이다.

(2) $x^4 - 22x^2 + 1$은 기약이다. $f(x) = x^4 - 22x^2 + 1$라 두자. 만일 가약이라면 $f(x)$는 두 가지로 인수분해할 수 있다.

1) 만일 $f(x) = (x + a)(a^3 + bx^2 + cx + d)$, $a, b, c, d \in \mathbb{Z}$ 꼴이면 $a|1$이므로 $a = \pm 1$이다. 그러나 $f(1) = 1 - 22 + 1 \neq 0$, $f(-1) = 1 - 22 + 1 \neq 0$이다.

2) 만일 $f(x) = (x^2 + ax + b)(x^2 + cx + d)$, $a, b, c, d \in \mathbb{Z}$ 꼴이면

$$\begin{aligned} f(x) &= x^4 + cx^3 + dx^2 + ax^3 + acx^2 + adx + bx^2 + bcx + bd \\ &= x^4 + (a + c)x^3 + (ac + b + d)x^2 + (bc + ad)x + bd \end{aligned}$$

이 되고 계수를 비교하면 $a + c = 0$, $bc + ad = 0$, $b = d = 1$ 또는 $b = d = -1$이다. $b = d = 1$이면 $ac + 2 = -22$에서 $ac = -24$, $a = -c$이므로 $-c^2 = -24$인데 $c = \sqrt{24} \notin \mathbb{Z}$가 되어 모순이다.

$b = d = -1$의 경우 $ac - 2 = -22$이고 $ac = -20$, $a = -c$이므로 $-c^2 = -20$인

데 역시 $c=\pm 2\sqrt{5} \not\in \mathbb{Z}$가 되어 모순이다.

12. 1) $p=2$이면 $x^2+\bar{a} \in \mathbb{Z}_2[x]$꼴이다. $\bar{a}=\bar{0}$이거나 $\bar{a}=\bar{1}$거나 어느 경우나 가약이다.

2) p가 2가 아닌 소수일 경우 $\bar{a} \in \mathbb{Z}_p^*$이면 $\gcd(a, p)=1$이다. 따라서 Fermat의 정리에 의해서 $(\bar{a})^p=\bar{a}$이다. $(-\bar{a})^p+\bar{a}=-\bar{a}+\bar{a}=\bar{0}$이므로 $f(x)=x^p+\bar{a}$는 $x+\bar{a}$로 나누어진다. 따라서

$$f(x)=x^p+\bar{a}=(x+\bar{a})q(x),\ q(x) \in \mathbb{Z}_p[x]$$

이므로 가약이다. $\bar{a}=\bar{0}$면 $f(x)=x^p$는 당연히 가약이다.

13. $f(x)$는 기약이므로 $\langle f(x) \rangle$는 $\mathbb{Z}_p[x]$의 극대아이디얼이다. 또

$$\mathbb{Z}_p[x]/\langle f(x) \rangle = \{a_0+a_1x+\cdots+a_{n-1}x_{n-1}+\langle f(x) \rangle \mid a_i \in \mathbb{Z}_p\}$$

임을 알 수 있다. 따라서 위수는 p^n이다. 자세한 내용은 [4], 확대체의 차수부분 참조.

14. $G=\{f \in F[x] \mid f$의 상수항$\neq 0\}$라고 하고

$$h: G \to G,\ h(a_0+a_1x+\cdots+a_nx^n)=a_n+a_{n-1}x+\cdots+a_0x^n$$

라고 하면 임의의 $f, g \in G$에 대해서 $h(fg)=h(f)h(g)$임을 보이자.
우선 $h(a_ix^i)=a_ix^{n-i}$ $(0 \le i \le n)$이다.

$$f=b_0+b_1x+\cdots+b_ix^i,\quad g=c_0+c_1x+\cdots+c_jx^j \in G$$

라고 하면 fg의 x^k항의 계수는 $\sum_{m+n=k} b_mc_n$이다. 따라서 $h(fg)$의 x^{i+j-k}항의 계수는 $\sum_{m+n=k} b_mc_n$가 된다. 한편

$$h(f)=b_0'+b_1'x+\cdots+b_i'x^i,\quad h(g)=c_0'+c_1'x+\cdots+c_j'x^j$$

라고 하면 $b_s'=b_{i-s}$, $c_t'=c_{j-t}$이다. $h(f)h(g)$의 x^{i+j-k}항의 계수는

$$\sum_{p+q=i+j-k} b_p{}'c_q{}' = \sum_{p+q=i+j-k} b_{i-p}c_{j-q} = \sum_{(i-p)+(j-q)=k} b_{i-p}c_{j-q}$$

인데 여기서 $i-p=m,\ j-q=n$라 두면 결국 계수가 같으므로 $h(fg)=h(f)h(g)$가 된다. 이 사실로부터 f가 기약일 필요충분조건은 $h(f)$가 기약이다.

15. $\langle a\rangle \neq 0$, $\langle a\rangle \subset \langle b\rangle \subset R$라고 하자. $a\in\langle b\rangle$이므로 $a=bc,\ c\in R$로 둘 수 있다. 따라서 $bc\in\langle a\rangle$이고 $\langle a\rangle$는 소아이디얼이므로 $b\in\langle a\rangle$ 또는 $c\in\langle a\rangle$이다. 만일 $b\in\langle a\rangle$이면 $\langle b\rangle\subset\langle a\rangle$가 되어 $\langle a\rangle=\langle b\rangle$이다. 또 $c\in\langle a\rangle$이면 $c=at,\ t\in R$꼴이 되므로 $a=bc=bat$로부터 $bt=1$이 되어 b는 단원이고 따라서 $\langle b\rangle=R$이 된다. 이 사실로부터 $\langle a\rangle$는 R의 극대아이디얼임을 알 수 있다.

보다 자세한 내용은 [19] p.152를 참고하기 바람.

16. x^3의 계수 $a_3\neq\bar{0}$이므로 a_3^{-1}을 곱해주면 x^3의 계수는 $\bar{1}$로 볼 수 있다.

$f(x)=a_0+a_1x+a_2x^2+x^3\in\mathbb{Z}_3[x]$에서 $\bar{0},\ \bar{1},\ \bar{2}$가 근이 안되므로 $a_0\neq\bar{0}$이고 따라서 $a_0=\bar{1}$ 또는 $\bar{2}$이다. $\bar{2}=\overline{-1}$이므로 $\bar{2}$일때는 $-(\bar{1}+\cdots)$로 생각하면 되므로 $\bar{1}$일 때만 생각한다.

$\bar{1}+a_1x+a_2x^2+x^3$에서 $\bar{1}+a_1+a_2+\bar{1}\neq\bar{0}$이므로 $a_1+a_2\neq\bar{1}$, 따라서 $a_1+a_2=\bar{0}$ 또는 $a_1+a_2=\bar{2}$이다. 또 $\bar{0}\neq\bar{2}a_1+\bar{4}a_2=\bar{2}a_1+a_2$이므로 $\bar{2}a_1+a_2=\bar{1}$ 또는 $\bar{2}a_1+a_2=\bar{2}$이다. 모든 경우를 생각하면 $a_1=\bar{1},\ a_2=\bar{2}$ 또는 $a_1=\bar{2},\ a_2=\bar{0}$ 또는 $a_1=\bar{2},\ a_2=\bar{1}$ 또는 $a_1=\bar{0},\ a_2=\bar{2}$, 4가지가 있다. 따라서

$$\bar{1}+x+\bar{2}x^2+x^3,\quad \bar{1}+\bar{2}x^2+x^3,\quad \bar{1}+\bar{2}x^2+x^3,\quad \bar{1}+\bar{2}x^2+x^3$$

또 $-$를 붙이면

$$-(\bar{1}+x+\bar{2}x^2+x^3)=\bar{2}+\bar{2}x+x^2+2x^3$$

이다. 나머지도 같은 방법으로 하면 된다.

17. $f(x)=a_0+a_1x+\cdots+a_nx^n\in D[x]$라고 하자. (단 $a_n\neq 0$)

$$(a_0+a_1x+\cdots+a_nx^n)(b_0+b_1x+\cdots+b_nx^n)=1$$

인 다항식이 존재한다. 차수를 비교하면 오른편은 0이므로 결국 $f(x)$는 0이 아닌 상수이다. 즉 $f(x)\neq 0\in D$인 단원이다.

18. p가 소수이면 $(\mathbb{Z}_p^*, \cdot)$는 군이다. 따라서 라그랑즈의 정리에 의해서 임의의 $\bar{a}\in\mathbb{Z}_p^*$에 대해서 $(\bar{a})^{p-1}=\bar{1}$이므로 $\bar{a}^p=\bar{a}$이다. 물론 $\bar{0}^p=\bar{0}$이므로 결국 모든 $\mathbb{Z}_p$의 원소는 x^p-x의 근이 된다.

19. Fermat의 정리에서 3^4-1은 5의 배수이다. 즉, $\mathbb{Z}_5$에서 $\bar{3}^4=\bar{1}$이다. $231=4\times 57+3$이므로

$$\bar{3}^{231}=(\bar{3})^{228}\bar{3}^3=\overline{27}=\bar{2},$$
$$\bar{3}\,\bar{3}^{117}=\bar{3}^{118}=(\bar{3})^{116}\bar{3}^2=\bar{9}=\bar{4},$$
$$\bar{2}\,\bar{3}^{53}=\bar{2}(\bar{3})^{52}\bar{3}=\bar{6}=\bar{1}$$

이다. 따라서 구하는 값은 $\bar{2}+\bar{4}-\bar{1}+\bar{1}=\bar{6}=\bar{1}$이다.

20. $\mathbb{Z}_5$는 체이므로 $\mathbb{Z}_5-\{\bar{0}\}$는 곱에 관해서 군이므로 임의의 $u\neq\bar{0}\in\mathbb{Z}_5$에 대해서 $u^4=\bar{1}$이다. 따라서

$$u^{219}=u^{4\cdot 54}u^3,\quad u^{74}=u^{4\cdot 18}u^2=u^2,\quad u^{57}=u^{4\cdot 14}u=u,\quad u^{44}=u^{4\cdot 11}=1$$

이다. 따라서 $u\neq 0$가 근이라면

$$\bar{0}=\bar{2}u^{219}+\bar{3}u^{74}+\bar{2}u^{57}+\bar{3}u^{44}=\bar{2}u^3+\bar{3}u^2+\bar{2}u+\bar{3}=(\bar{2}u+\bar{3})(u^2+\bar{1})$$

로부터 $u=\bar{1},\ \bar{2},\ \bar{3}$이고 물론 $\bar{0}$도 근이다.

21. $\langle (x-1)^2\rangle=I$라고 하자. $\overline{x-1}=(x-1)+I\neq 0+I$이므로 $\bar{0}$이 아니다. 그러나

$$((x-1)+I)^2=(x-1)^2+I=\bar{0}$$

이다. 따라서 $\overline{x-1}=(x-1)+I\in\mathbb{Q}[x]/I$는 영인자가 되어 $\mathbb{Q}[x]/I$는 정역이 아니다.

22. $(\Rightarrow)$ 만일 x^p-c가 F에서 u라는 근을 가진다고 하면 $x^p-c=(x-u)g(x),\ g(x)\in F[x]$

꼴로 분해된다. 그러나 이것은 기약이라는 사실에 모순된다.

($\Leftarrow$) 1) F의 표수가 p인 경우

먼저 $x^p - c$가 분해된다면 $(x-u)^p$꼴이 된다. 즉 $p-$중근을 가진다는 사실을 증명해 보자.

F의 확대체 E에서, $u, v \in E$를 $f(x) = x^p - c$의 근이라고 하면 $u^p = v^p = c$이고 따라서 $u^p = v^p$이다. 그런데 E의 표수도 p이고 또 $(u-v)^p = u^p - v^p = 0$이므로 결국 $u = v$가 되어 $f(x)$의 근은 한 개 뿐이다. 따라서 $f(x) = x^p - c = (x-u)^p$꼴이 된다. 만일

$$x^p - c = k(x)h(x),\ k(x),\ h(x) \in F[x],\ \deg k(x),\ \deg h(x) \geq 1$$

꼴로 표시되었다면 $h(x) = (x-u)^t\ (1 \leq t < p)$꼴이 되고 $u^t \in F$이다.

t와 p는 서로소이므로 $ta + pb = 1$이 되는 정수 a, b가 존재한다. 따라서

$$u = u^{ta+pb} = (u^t)^a (u^p)^b = (u^t)^a c^b \in F$$

이다. 그런데 $u \notin F$이므로 모순이다.

2) F의 표수가 p가 아닌 경우.

만일 $f(x) = x^p - c$가 분해체에서 중근을 가진다면

$$f(x) = (x-u)^m g(x),\ m \geq 2,\ g(x) \in E[x]$$

꼴이다. 따라서

$$f'(x) = m(x-u)^{m-1} g(x) + (x-u)^m g'(x)$$

에서 $f'(u) = 0$이므로 $pu^{p-1} = 0$이 된다. $u \neq 0$이므로 결국 $p1 = 0$이 되어 E의 표수가 p가 되어 모순이다. 따라서 $x^p - c$는 결코 중근을 가지지 않는다. 따라서

$$x^p - c = (x-u_1)(x-u_2) \cdots (x-u_p)$$

로 분해된다. 물론 $u_i \notin F$이다.

$$x^p - c = k(x)h(x),\ k(x),\ h(x) \in F[x],\ \deg k(x),\ \deg h(x) \geq 1$$

꼴로 표시되었다면

$$h(x)=(x-u_1)(x-u_2)\cdots(x-u_t),\ (1\le t<p)$$

꼴이 된다. $h(x)\in F[x]$이므로 $s=u_1u_2\cdots u_t\in F$이다. $u_i^p=c$이므로 $s^p=u_1^pu_2^p\cdots u_t^p=c^t$이다. t와 p는 서로소이므로 $ta+pb=1$인 정수 a, b가 존재한다. 따라서

$$c=c^{ta}c^{pb}=s^{pa}c^{pb}=(s^ac^b)^p$$

이므로 s^ac^b는 x^p-c의 근이고 $s^ac^b\in F$이다. 이것은 가정에 모순.

23 확대체
(Extension Fields)

연습문제

1. c가 F상에서 대수적이면 $c+1$, kc도 F상에서 대수적임을 보여라(단, $k \in F$).

2. cd가 F상에서 대수적이면 c는 $F(d)$상에서 대수적임을 보여라.

3. E는 F의 확대체, $a \in E$이다. a의 F상에서의 극소다항식의 차수가 1이면 $a \in F$이고 그 역도 성립함을 보여라.

4. $\sqrt{2+\sqrt[3]{3}}$ 의 $\mathbb{Q}$ 상에서의 극소다항식을 구하여라.

5. $u=\sqrt{2}+i$의 극소다항식은
   (1) $\mathbb{R}$ 상에서는 $x^2-2\sqrt{2}x+3$
   (2) $\mathbb{Q}$ 상에서는 x^4-2x^2+9

(3) $\mathbb{Q}(i)$상에서는 $x^2-2ix-3$

임을 보여라.

6. $\sqrt{3}+i$의 다음 체상에서의 극소다항식을 구하여라.

(1) $\mathbb{R}$

(2) $\mathbb{Q}$

(3) $\mathbb{Q}(i)$

(4) $\mathbb{Q}(\sqrt{3})$

7. 다음 다항식이 $\mathbb{Q}$상에서 u의 극소다항식이 되도록 u를 정하여라.

(1) x^2+2x-7

(2) x^4+2x^2-1

(3) x^4-10x^2+1

8. E는 F의 확대체, $u\in E$, $a\neq 0\in F$이다. 다음을 증명하여라.

(1) $F(u)=F(u+a)$, $F(u)=F(au)$

(2) $F(u^2)\subset F(u)$, $F(u+v)\subset F(u, v)$

(3) $u+a$가 $p(x)$의 근이면 u는 $p(x+a)$의 근이고 역도 성립한다.

(4) au가 $p(x)$의 근이면 u는 $p(ax)$의 근이고 역도 성립한다.

(5) $p(x)$는 F상에서 기약이고 u가 $p(x+a)$의 근이면 $F[x]/\langle p(x+a)\rangle\cong F(u)$, $F[x]/\langle p(x)\rangle\cong F(a+u)$이다.

9. Char $F\neq 2$, E는 유한체 F의 확대체이고 $a, b\in F$이다. $p(x)=x^2-a$, $q(x)=x^2-b$는 F상에서 기약이다.

(1) $H=\{x^2|x\in F^*\}$이면 $|H|=\frac{1}{2}|F^*|$임을 보여라.

(2) $ab^{-1}=c^2$인 $c\in F$가 존재함을 보여라.

(3) $q(x)$의 근 $\sqrt{b}\in E$는 $p(cx)$의 근이 됨을 보여라.

10. 다음 수는 $\mathbb{Q}$상에서 대수적임을 보이고 이것을 근으로 하는 기약 다항식을 구하여라.

(1) $1+\sqrt{2}$

(2) $\sqrt{2}+\sqrt{3}$

(3) $\sqrt{\sqrt[3]{2}-1}$

(4) $1-i$

(5) $\sqrt{2}+w$ (단, w는 $x^2+x+1=0$의 근)

11. p는 소수이다. $\mathbb{Z}_p[x]/\langle x^2+\overline{1}\rangle$가 체가 될 필요충분조건은 $x^2+\overline{1}\in\mathbb{Z}_p[x]$가 $\mathbb{Z}_p$에서 근을 가지지 않음을 보여라.

12. $\mathbb{Q}[x]/\langle x^3+2x+2\rangle$는 체가 되는가? 또 $\mathbb{R}[x]/\langle x^3+2x+2\rangle$는 체가 되는가?

13. 다음과 같은 위수를 가지는 체 F를 만들어라.

(1) 8 (2) 9

(3) 27 (4) 125

14. F는 유한체이다. F의 표수를 p라고 하면 F의 모든 원소는 소체 $\mathbb{Z}_p$상에서 대수적임을 보여라.

15. $5\in\mathbb{Z}[i]=\{a+bi\,|\,a,\,b\in\mathbb{Z},\ i^2=-1\}$는 가약임을 보여라.

16. (1) $x^2+\overline{1}$은 $\mathbb{Z}_3[x]$에서 기약임을 보여라.

(2) α를 $\mathbb{Z}_3$의 확대체에서 $x^2+\overline{1}$의 근이라고 하면 $\mathbb{Z}_3(\alpha)$의 위수는 얼마인가?

(3) $\mathbb{Z}_3(\alpha)$의 원소를 구하고 연산표를 만들어라.

17. (1) $p\neq 2$인 소수이다. $\mathbb{Z}_p$에는 다른 원소의 제곱으로 표시되지 않는 원소가 존재함을 보여라.

(2) 임의의 소수 p에 대해서 위수가 p^2인 체가 존재함을 보여라.

A 18. E는 F의 확대체이다. $\alpha\in E$는 F상에서 초월적이다. $F(\alpha)-F$의 모든 원소는 F상에서 초월적임을 보여라.

19. (1) $x^3+x^2+\overline{1}$은 $\mathbb{Z}_2$상에서 기약임을 보여라.

(2) α를 $\mathbb{Z}_2$의 확대체에서 $x^3+x^2+\overline{1}$의 근이라고 하면 $x^3+x^2+\overline{1}$은 $\mathbb{Z}_2(\alpha)[x]$에서 3개의 일차식으로 인수분해됨을 보여라.

20. $\mathbb{Q}[\sqrt[3]{2}]=\{a+b\sqrt[3]{2}+c(\sqrt[3]{2})^2\,|\,a,\,b,\,c\in\mathbb{Q}\}$는 $\mathbb{R}$의 부분체임을 보여라.

제23장 확대체 연습문제 풀이

참고 a, b가 F상에서 대수적이면 $a \pm b,\ ab,\ ab^{-1}(b \neq 0)$도 F상에서 대수적이다. ([2], 25장 정리 25.11)

1. 문제 8의 (3), (4)를 이용하면 쉽게 증명할 수 있다. c가 F상에서 대수적이면 $p(x) \neq 0 \in F[x]$, $p(c)=0$인 다항식이 존재한다. $h(x)=p(x-1)$이라고 두면 $h(x) \in F[x]$이고 $h(c+1)=p(c)=0$이므로 $c+1$은 $h(x)$의 근이므로 $c+1$은 F상에서 대수적이다. 마찬가지로 $k \neq 0$일 경우 $g(x)=p\left(\frac{1}{k}x\right)$로 두면 $g(x) \in F[x]$이고 $g(kc)=p(c)=0$이므로 kc는 F상에서 대수적이다. $k=0$이면 $kc=0$이므로 당연히 대수적이다.

2. $$f(x)=a_0+a_1x+\cdots+a_nx^n \neq 0 \in F[x],\ f(cd)=0$$

이라고 하자. 따라서

$$a_0+a_1cd+\cdots+a_nc^nd^n=0$$

이므로

$$h(x)=a_0+a_1dx+\cdots+a_nd^nx^n \in F(d)[x]$$

이고 $h(c)=0$이다. 따라서 c는 $F(d)$상에서 대수적이다.

3. a의 극소다항식을 $p(x)=mx+n \in F[x]$, $m \neq 0$라고 하면 $ma+n=0$이고 따라서 $a=-nm^{-1} \in F$이다. 역으로 $a \in F$면 $x-a \in F[x]$는 당연히 a의 F상에서의 극소다항식이 된다.

4. $x=\sqrt{2+\sqrt[3]{3}}$ 라고 두고 유리수가 나올 때까지 제곱하면 된다. $x^2-2=\sqrt[3]{3}$ 이므로 $x^6-6x^4+6x^2-8=3$에서 $p(x)=x^6-6x^4+6x^2-11$이 우리가 구하는 극소다항식이다.

5. (1) $u=\sqrt{2}+i$에서 $u-\sqrt{2}=i$를 제곱하면 $u^2-2\sqrt{2}u+2=i^2$이고 계수는 모두 실수이므로 $x^2-2\sqrt{2}x+3 \in \mathbb{R}[x]$이 u의 $\mathbb{R}$ 상에서의 극소다항식이다.

(2) $u^2+3=2\sqrt{2}u$의 계수는 무리수를 포함하므로 다시 양변을 제곱하면 $u^4+6u^2+9=8u^2$. 따라서 $x^4-2x^2+9\in\mathbb{Q}[x]$가 극소다항식다.

(3) $u-i=\sqrt{2}$의 양변을 제곱하면 $u^2-2ui+i^2=2$의 계수는 $\mathbb{Q}(i)$의 원소이다. 따라서 $x^2-2ix-3\in\mathbb{Q}(i)[x]$가 u의 극소다항식이 된다.

6. $x=\sqrt{3}+i$라 두면

(1) 먼저 i가 없는 식으로 고치기 위해서 $x-\sqrt{3}=i$에서 $x^2-2\sqrt{3}x+3=i^2$. 따라서 $x^2-2\sqrt{3}x+4\in\mathbb{R}[x]$가 극소다항식이다.

(2) 계수가 유리수인 다항식을 구하기 위해서 $x^2+4=2\sqrt{3}x$의 양변을 제곱하면 $x^4-4x^2+16\in\mathbb{Q}[x]$가 극소다항식이다.

(3) i와 유리수만을 포함하는 최저차다항식을 구해보면 $x-i=\sqrt{3}$에서 $x^2-2xi+i^2=3$. 따라서 $x^2-2ix-4\in\mathbb{Q}(i)$가 극소다항식이다.

(4) $\sqrt{3}$과 $\mathbb{Q}$만을 포함하는 최저차 다항식을 구하자. $x-\sqrt{3}=i$라 두면 $x^2-2\sqrt{3}x+3=i^2$이고 따라서 $x^2-2\sqrt{3}x+4\in\mathbb{Q}(\sqrt{3})$이 극소다항식이다.

7. (1) 일단 u는 x^2+2x-7의 근이 되어야 하므로 $u=-1\pm\sqrt{1+7}=-1\pm2\sqrt{2}$이고 무리식를 포함하고 있으므로 u가 근이 되는 유리계수의 1차 식은 있을 수 없다. 따라서 $u=-1\pm2\sqrt{2}\in\mathbb{R}$로 정하면 된다.

(2) x^4+2x^2-1의 근을 구하면 $(x^2+1)^2-2=0$에서 $x^2=-1\pm\sqrt{2}$. 따라서 $x=\pm\sqrt{-1\pm\sqrt{2}}$이다. $u=\pm\sqrt{-1\pm\sqrt{2}}\in\mathbb{C}$는 x^4+2x^2-1의 근이 된다. 또 u가 근이 되는 2차식은 $x^2+1\mp\sqrt{2}$인데 계수가 유리수가 아니다. 따라서 x^4+2x^2-1이 u의 극소다항식이 된다.

(3) $x^4-10x^2+1=(x^2-5)^2-24$이므로 근은 $x=\pm\sqrt{5\pm2\sqrt{6}}$이다. 따라서 $u=\pm\sqrt{5\pm2\sqrt{6}}$으로 두면 된다.

8. (1) $F\subset F(u+a)$, $u=(u+a)-a\in F(u+a)$이므로 $F(u)\subset F(u+a)$이다. 역으로 $u+a\in F(u)$이므로 $F(u)\supset F(u+a)$이다. 또 $u=a^{-1}(au)\in F(au)$이고 $au\in F(u)$이므로 $F(u)=F(au)$이다.

(2) $u\in F(u)$이고 $F(u)$는 체이므로 $u^2\in F(u)$이다. 따라서 $F(u^2)\subset F(u)$이다. $u, v\in F(u, v)$이므로 역시 $u+v\in F(u, v)$이다. 따라서 $F(u+v)\subset F(u, v)$이다.

(3) $u+a$가 $p(x)$의 근이면 $p(u+a)=0$. 따라서 u는 $h(x)=p(x+a)$의 근이고 당연히 역도 성립한다.

(4) au가 $p(x)$의 근이면 $p(au)=0$이고 따라서 u는 $h(x)=p(ax)$의 근이다. 물론 역도 성립한다.

참고 $f(x)\in F[x]$, $a\in F$면 $\deg f(x)=\deg f(x+a)$이다.

(5) $p(x)$가 F상에서 기약이면 $h(x)=p(x+a)$도 F상에서 기약이 됨을 쉽게 알 수 있다. $\phi_u : F[x]\rightarrow F(u)$, $\phi_u(a(x))=a(u)$라고 하면 ϕ_u는 전사인 준동형사상이고 $\text{Ker}\ \phi_u=\langle h(x)\rangle$가 됨을 알 수 있다. 따라서 $F[x]/\langle h(x)\rangle\cong F(u)$가 된다.

마찬가지로

$$\phi_{u+a} : F[x]\rightarrow F(u+a),\ \phi_{u+a}(f(x))=f(u+a)$$

라고 하면 ϕ_{u+a}는 전사인 준동형사상이고 $\text{Ker}\ \phi_{u+a}=\langle p(x)\rangle$가 됨을 앞의 (3)에서 알 수 있다. 따라서 $F[x]/\langle p(x)\rangle\cong F(u+a)$가 된다.

9. (1) $f : F^*\rightarrow H$, $f(x)=x^2$이라고 하자. F^*에서 관계 $R=\{(a, b)|f(a)=f(b)\}$는 동치관계가 됨을 쉽게 알 수 있다. 또 임의의 $a\in F^*$에 대해서 a의 동치류는 $\bar{a}=\{a, -a\}$가 된다. 그 이유는 $b\in\bar{a}$일 필요충분조건은 $f(a)=f(b)$이고 이것은 $a^2=b^2$과 동치이다. 따라서 $(a+b)(a-b)=0$에서 $b=a$ 또는 $b=-a$가 성립한다. 또 $\text{Char}\ F\neq 2$이므로 $a\neq -a$이다. 따라서 $|\bar{a}|=2$이다. F^*는 서로소인 동치류 $\bar{a}$의 합이므로 결국 F^*의 위수는 짝수이고 동치류의 총개수는 $\frac{1}{2}|F^*|$, 즉 $|F^*/R|=\frac{1}{2}|F^*|$이다.

$$h : F^*/R=\{\bar{a}|a\in F^*\}\rightarrow H,\quad h(\bar{a})=a^2$$

라고 하면 h는 전사임은 너무나 당연하다. 만일 $h(\bar{a})=h(\bar{b})$이면 $a^2=b^2$이므로 $b=\pm a$가 되어 $\bar{a}=\bar{b}$가 된다. 따라서 h는 전단사이므로

$$|H|=|F^*/R|=\frac{1}{2}|F^*|$$

이다.

(2) $H=\{x^2|x\in F^*\}$는 $(F^*, \cdot)$의 부분군이 됨은 쉽게 알 수 있다. 또 $[F^* : H]=2$

이므로 $(F^*, \cdot)$의 잉여류는 H, Ht로 둘 수 있다. 단 $(t \notin H)$. $p(x)$, $q(x)$는 F상에서 기약이므로 $a \notin H$, $b \notin H$이다. 따라서 $a \in Ht$, $b \in Ht$이므로 $Ha = Ht = Hb$이고 잉여류의 성질에 의해서 $ab^{-1} \in H$, 즉 $ab^{-1} = c^2$, $c \in F^*$로 나타낼 수 있다.

(3) 편의상 $\sqrt{b} = \beta$라고 두면 $\beta^2 = b$이다. 따라서

$$p(c\beta) = (c\beta)^2 - a = c^2\beta^2 - a = (ab^{-1})b - a = 0$$

이므로 $c\beta$는 $p(x)$의 근이고 8.(4)에 의해서 β는 $p(cx)$의 근이다.

10. (1) $1 + \sqrt{2} = \alpha$라고 하면 $\alpha^2 - 2\alpha + 1 = 2$, 따라서 $x^2 - 2x - 1$은 $1 + \sqrt{2}$의 극소다항식이다.

(2) $\sqrt{2} + \sqrt{3} = \alpha$라고 하면 $5 + 2\sqrt{6} = \alpha^2$이고 $\alpha^4 - 10^2 + 25 = 24$로부터 $x^4 - 10^2 + 1$은 $\sqrt{2} + \sqrt{3}$의 극소다항식이다.

(3) $\sqrt{\sqrt[3]{2} - 1} = \alpha$라 두면 $\sqrt[3]{2} = \alpha^2 + 1$ 따라서 $x^6 + 3x^4 + 3x^2 - 1$은 $\sqrt{\sqrt[3]{2} - 1}$의 극소다항식이다.

(4) $1 - i = \alpha$라 두면 $(\alpha - 1)^2 = (-i)^2$이므로 $x^2 - 2x + 2$는 $1 - i$의 극소다항식이다.

(5) $w = \dfrac{-1 \pm \sqrt{3}i}{2}$이다. 따라서 $\alpha = \sqrt{2} + w = \sqrt{2} + \dfrac{-1 \pm \sqrt{3}i}{2}$라 두면 $2\alpha + 1 = 2\sqrt{2} \pm \sqrt{3}i$에서

$$4\alpha^2 + 4\alpha + 1 = 8 \pm 4\sqrt{6}i + 9i^2, \ 2\alpha^2 + 2\alpha + 1 = 2\sqrt{6}i$$

따라서 극소다항식은 $x^4 + 8x^3 + 8x^2 + 4x + 25$이다.

11. 만일 $x^2 + \bar{1} \in \mathbb{Z}_p[x]$가 $\mathbb{Z}_p$에서 근 α을 가지면 $x^2 + \bar{1}$은 $\mathbb{Z}_p[x]$에서 $x - \alpha$란 인수를 가지므로 $\mathbb{Z}_p$상에서 가약이다. 그런데 $\mathbb{Z}_p[x]/\langle x^2 + \bar{1} \rangle$이 체가 될 필요충분조건은 $\langle x^2 + \bar{1} \rangle$이 $\mathbb{Z}_p[x]$의 극대아이디얼이어야 된다.

그런데 $\langle x^2 + \bar{1} \rangle \subset \langle x - \alpha \rangle \neq \mathbb{Z}_p[x]$이므로 모순이다. 결국 체일 필요충분조건은 $x^2 + \bar{1}$가 $\mathbb{Z}_p$에서 근을 가지지 않아야 한다.

12. (1) x^3+2x+2는 Eisenstein 정리에서 $\mathbb{Q}[x]$에서 기약이다($p=2$). 따라서 $\mathbb{Q}[x]/\langle x^3+2x+2\rangle$는 체가 된다.

(2) $f(x)=x^3+2x+2$는 그림표를 그려보면 연속이고 $f(-1)=-1$, $f(0)=2$이므로 $[-1, 0]$ 사이에서 반드시 x축과 만난다. 따라서 실근을 1개 가지므로 $\mathbb{R}[x]$에서 기약이 아니다. 따라서 $\mathbb{R}[x]/\langle x^3+2x+2\rangle$는 체가 아니다.

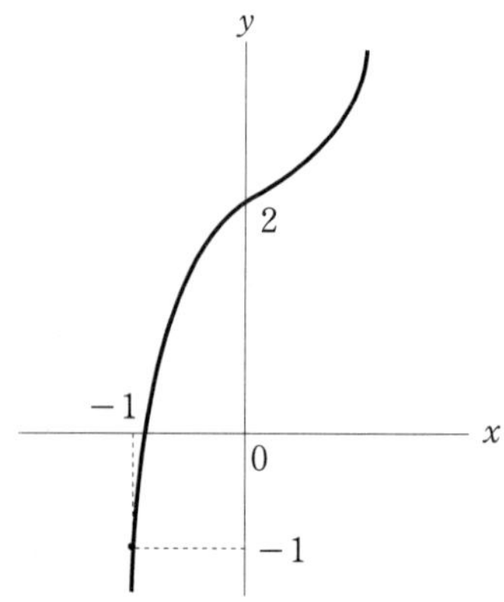

$y=x^3+2x+2$

13. (1) $8=2^3$, $x^3+x+\bar{1}\in\mathbb{Z}_2[x]$는 기약다항식이다. 따라서 $F=\mathbb{Z}_2[x]/\langle x^3+x+\bar{1}\rangle$은 체가 된다. F의 임의의 원소는 $x^3+x+\bar{1}$로 나누어서 나머지 형태이므로 ax^2+bx+c, $a, b, c\in\mathbb{Z}_2$꼴이다. 결국 a, b, c가 취할 수 있는 가지수는 모두 8가지이므로 $|F|=8$이다.

(2) $9=3^2$, $f(x)=x^2+\bar{1}\in\mathbb{Z}_3[x]$는 기약이다. 따라서 $F=\mathbb{Z}_3[x]/\langle f(x)\rangle$는 체이고 F의 원소는 모두 $ax+b\in\mathbb{Z}_3[x]$꼴이므로 9개이다.

(3) $27=3^3$, $f(x)=x^3+\bar{2}x+\bar{1}\in\mathbb{Z}_3[x]$는 기약이다. 위와 같이하면 $\mathbb{Z}_3[x]/\langle f(x)\rangle$는 위수가 27인 체이다.

(4) $125=5^3$, $x^3+x+\bar{1}\in\mathbb{Z}_5[x]$는 기약이다. $\mathbb{Z}_5[x]/\langle x^3+x+\bar{1}\rangle$의 원소는 모두 $ax^2+bx+c\in\mathbb{Z}_5[x]$꼴이므로 125개 존재한다.

결국 위수가 p^n인 체를 만드는 것은 $\mathbb{Z}_p[x]$에서 차수가 n인 기약다항식을 찾으면 된다. (그러한 다항식은 항상 존재)

14. F는 유한체이므로 $\mathbb{Z}_p$를 포함한다. F를 $\mathbb{Z}_p$상에서의 벡터공간으로 보면 유한차 벡터공간이므로 F는 $\mathbb{Z}_p$의 유한 확대체이다. 따라서 정리에 의해서 F는 $\mathbb{Z}_p$의 대수적 확대체가 되고 F의 모든 원소는 $\mathbb{Z}_p$상에서 대수적이다.

15.
$$\phi:\mathbb{Z}[i]\to\mathbb{Z},\ \phi(a+bi)=a^2+b^2$$

라고 하면 $\phi(xy)=\phi(x)\phi(y)$가 됨을 알 수 있다. $5=1^2+2^2$이므로

$$\phi(2+i)=\phi(2-i)=\phi(1+2i)=\phi(1-2i)=5$$

이다. 따라서 $5=(2+i)(2-i)=(1+2i)(1-2i)$로 인수분해되므로 가약이다.

참고 단 한가지 방법으로 기약다항식의 곱으로 표시되는 정역을 유일하게 분해되는 정역(Unique Factorization Domain, 간단히 UFD)라고 부른다. 또 PID는 UFD가 됨도 잘 알려져 있다. ([4], 부록 38장 여러 가지 정역 참조)

16. (1) $\mathbb{Z}_3$의 원소 $\bar{0}, \bar{1}, \bar{2}$ 어느 것을 대입해도 $\bar{0}$가 되지 않으므로 기약이다.

(2) $\alpha^2+\bar{1}=0$이다. 따라서 α는 $\mathbb{Z}_3$상에서 대수적이다. 임의의 $u\in\mathbb{Z}_3(\alpha)$에 대해서 $u=\phi_\alpha(f(x))$, $f(x)\in\mathbb{Z}_3[x]$이고 $f(\alpha)=u$이므로 $f(x)=(x^2+\bar{1})q(x)+ax+b$로 두면 $u=a\alpha+b$, 단 $a, b\in\mathbb{Z}_3$꼴이 된다. 따라서 $|\mathbb{Z}_3(\alpha)|=3^2=9$이다.

(3) $a\alpha+b$의 a, b에 $\bar{0}, \bar{1}, \bar{2}$를 대입하면 원소는

$$\bar{0},\ \bar{1},\ \bar{2},\ \alpha,\ \alpha+\bar{1},\ \alpha+\bar{2},\ \bar{2}\alpha,\ \bar{2}\alpha+\bar{1},\ \bar{2}\alpha+\bar{2}$$

이다. 연산표는 계산하면 된다. 계산한 후 $\alpha^2+\bar{1}=\bar{0}$를 대입. 예를 들어

$$(\alpha+\bar{2})+(\bar{2}\alpha+\bar{2})=\bar{3}\alpha+\bar{4}=\bar{1},$$
$$(\alpha+\bar{2})(\bar{2}\alpha+\bar{2})=\bar{2}\alpha^2+\bar{6}\alpha+\bar{4}=\bar{2}(\alpha^2+\bar{1})+\bar{2}=\bar{2}$$

이다. 나머지도 이와 같이 하면 된다. (자세한 것은 [4], 37장 유한체 문제 3 참조)

17. (1) $\mathbb{Z}_p=\{\bar{0}, \bar{1}, \bar{2}, \cdots, \overline{p-1}\}$이다. $H=\{x^2 | x\in\mathbb{Z}_p\}$라고 하자.

$H\subset\mathbb{Z}_p$이므로 $H\neq\mathbb{Z}_p$임을 보이면 된다. 임의의 $\bar{a}\neq\bar{0}\in\mathbb{Z}_p$에 대해서 $\bar{a}\neq-\bar{a}$이나 $(\bar{a})^2=(-\bar{a})^2$가 된다. 실제로 $-\bar{a}=\overline{p-a}$이다. 따라서 $|H|=1+\dfrac{p-1}{2}=\dfrac{p+1}{2}$개다. 보다 자세한 내용은 문제 9. (1)을 참조하기 바람.

$H\subset\mathbb{Z}_p$, $H\neq\mathbb{Z}_p$이므로 $u\notin H$인 원소를 취하면 어떠한 $\alpha\in\mathbb{Z}_p$에 대해서도 $u\neq\alpha^2$이다.

(2) (1)번에서 $u\notin H$인 원소를 생각하면 $p(x)=x^2-u\in\mathbb{Z}_p[x]$는 기약이다. $p(x)$의 차수가 2차이므로 $\mathbb{Z}_p(u)$의 위수는 p^2이다.

18. 만일 $u \in F(\alpha)-F$가 F상에서 대수적이라고 하면 u의 F상에서의 극소다항식 $f(x)=a_0+a_1x+\cdots+x^n \in F[x]$가 존재할 것이다. 한편 $u \in F(\alpha)$이므로

$$u=\frac{b(\alpha)}{a(\alpha)},\ a(\alpha)\neq 0,\ a(x),\ b(x)\in F[x],\ a(x),\ b(x)\text{는 서로소}$$

꼴로 표시할 수 있다. $f(u)=a_0+a_1u+\cdots+u^n$에 $u=\dfrac{b(\alpha)}{a(\alpha)}$를 대입하면

$$0=f(u)=a_0+a_1\frac{b(\alpha)}{a(\alpha)}+\cdots+\frac{b(\alpha)^n}{a(\alpha)^n}$$

이므로 결국

$$a_0a(\alpha)^n+a_1b(\alpha)a(\alpha)^{n-1}+\cdots+b(\alpha)^n=0$$

이고 이 식을 전개시키면 계수가 F의 원소인 α에 관한 다항식이 됨을 알 수 있다.

$$h(x)=a_0a(x)^n+a_1b(x)a(x)^{n-1}+\cdots+b(x)^n\in F[x]$$

라 두면 $h(\alpha)=0$이다. 만일 $h(x)=0$이면

$$b(x)^n=-a_0a(x)^n-a_1b(x)a(x)^{n-1}-\cdots-a_{n-1}b^{n-1}(x)a(x)$$

에서 $a(x)|b(x)^n$이다. 그런데 $a(x),\ b(x)$는 서로소이므로 결국 $a(x)|b(x)$가 되고 따라서 $a(x)$는 상수가 되어 또 $b(x)$도 상수가 된다. $u\notin F$이므로 $a(x),\ b(x)$는 모두 상수가 될 수는 없다. 따라서 $h(x)\neq 0$이다. 이 사실은 α가 F상에서 초월적이라는 사실에 모순이다. 따라서 $F(\alpha)-F$의 모든 원소는 F상에서 대수적이다.

19. (1) 만일 $x^3+x^2+\bar{1}$이 $\mathbb{Z}_2[x]$에서 기약이 아니면 일차식 $x+\alpha\in Z_2[x]$꼴의 인수를 가질 것이다. 따라서 $-\alpha=\alpha\in\mathbb{Z}_2$가 $x^3+x^2+\bar{1}$의 근이 된다.

$f(x)=x^3+x^2+\bar{1}\in\mathbb{Z}_2[x]$라 두면 $f(\bar{0})=\bar{0}+\bar{0}+\bar{1}=\bar{1}$, $f(\bar{1})=\bar{1}+\bar{1}+\bar{1}=\bar{1}$가 되어 어느 경우나 $\bar{0}$가 되지 않는다. 따라서 $\bar{0},\ \bar{1}$는 모두 $x^3+x^2+\bar{1}$의 근이 아니므로 $f(x)$는 기약이다.

(2) $x^3+x^2+\bar{1}$을 $x-\alpha$로 나누면 몫이 $x^2+(\bar{1}+\alpha)x+\alpha^2+\alpha$이고 나머지는 $\alpha^3+\alpha^2+\bar{1}$이다. 그런데 α는 $x^3+x^2+\bar{1}$의 근이므로 $\alpha^3+\alpha^2+\bar{1}=0$이다. 따라서

$$x^3+x^2+\bar{1}=(x-\alpha)(x^2+(\bar{1}+\alpha)x+\alpha^2+\alpha)$$

이다. 한편 $\alpha^3 = \alpha^2 + \bar{1}$ 이므로 $\alpha^4 = \alpha^3 + \alpha = \alpha^2 + \alpha + \bar{1}$ 이다. 따라서

$$x^2 + (\bar{1} + \alpha)x + \alpha^2 + \alpha = (x + \alpha^2)(x + \alpha^2 + \alpha + \bar{1})$$

로 인수분해된다.

20. $f(x) = x^3 - 2 \in \mathbb{Q}[x]$라고 하면 $f(x)$는 $\mathbb{Q}$ 상에서 기약이다. $\sqrt[3]{2}$ 는 $f(x)$의 근이므로 체 $\mathbb{Q}(\sqrt[3]{2})$의 원소는

$$a + b\sqrt[3]{2} + c(\sqrt[3]{2})^2,\ a,\ b,\ c \in \mathbb{Q}$$

꼴로 나타나므로 결국 이 집합은 체 $\mathbb{Q}(\sqrt[3]{2})$이므로 $\mathbb{R}$ 의 부분체이다.

24 벡터공간 (Vector Spaces)

연습문제

1. U, W가 벡터공간 V의 부분공간이면
   (1) $U+W=\{a+b \mid a \in V,\ b \in W\}$는 V의 부분공간임을 보여라.
   (2) $U \cap W$도 V의 부분공간이 됨을 보여라.

2. R^4에서 $\{(1,\ 1,\ 0,\ 0),\ (0,\ 1,\ -1,\ 0),\ (0,\ 0,\ 0,\ 3)\}$은 일차독립임을 보여라.

3. $T : V \to W$는 일차변환이다. $\dim V = \dim(\ker T) + \dim(\mathrm{lm}\ T)$임을 보여라.

4. $T : V \to W$는 동형사상이다. B가 V의 기저이면 $T(B)$는 W의 기저가 됨을 보여라.

5. $T : V \to V$는 단사인 일차변환이고 V가 유한차 벡터공간이면 T는 전사가 됨을 보

여라.

6. $T: V \to V$는 전사인 일차변환이고 V가 유한차 벡터공간이면 T는 단사가 됨을 보여라.

7. V는 차수가 n이다. 임의의 일차독립인 n개의 원소는 V의 기저가 됨을 보여라.

8. V는 유한차 벡터공간이고 W는 V의 부분공간이다. $\dim V = \dim W$이면 $V = W$임을 보여라.

9. $F[x]$는 F상에서 유한차 벡터공간이 아님을 보여라.

10. V는 유한차 벡터공간이다. W가 V의 부분공간이면 $W \cap W_1 = 0$, $W + W_1 = V$가 되는 부분공간 W_1이 존재함을 보여라.

11. V는 $y'' + 9y = 0$을 만족시키는 함수 $y = f(x)$의 집합이다. V는 실수상에서 차원이 2인 벡터공간이 됨을 보여라.

12. $W = \{(a, b, c) \in \mathbb{R}^3 | 2a - 3b + c = 0\}$은 $\mathbb{R}^3$의 부분공간이 됨을 보여라.

13. $\{(0, 0, 0, 1), (0, 0, 1, 1), (0, 1, 1, 1), (1, 1, 1, 1)\}$은 $\mathbb{R}^4$에서 일차독립임을 보여라.

14. $S = \{(x, y, z) | x, y, z$는 1, 또는 $2\}$는 $\mathbb{R}^3$을 생성함을 보여라.

15. $\{u, v, w\}$가 일차독립이면 $\{u+v, v+w, w+u\}$도 일차독립임을 보여라.

16. $v \neq 0 \in V$이면 $\{v\}$는 일차독립임을 보여라.

17. $S = \{v_1, v_2, \cdots, v_n\}$이 V를 생성하고 일차종속이면 $S' \subsetneq S$이고 V를 생성하는 S'가 존재함을 보여라.

18. 모든 유한체의 위수는 p^n(p는 소수)임을 보여라.

19. F는 위수가 q인 체이고 K는 F의 확대체이다.

(1) 임의의 $a \in F$에 대해서 $pa=0$인 소수 p가 존재함을 보여라.

(2) $q=p^n$임을 보여라.

(3) $a \in F$면 $a^q=a$임을 보여라.

(4) $b \in K$가 F상에서 대수적이면 $b^{q^m}=b$인 정수 m이 존재함을 보여라.

제24장 벡터공간　연습문제 풀이

1. $(V, +)$는 아벨군이므로

(1) U, W는 V의 부분군이다. 따라서 $U+W$도 역시 $(V, +)$의 부분군이다. 또 임의의 $\alpha \in F$, $a+b \in U+W$에 대해서 $\alpha(a+b) = \alpha a + \alpha b \in U+W$이므로 스칼라 곱에 대해서도 닫혀있다. 따라서 V의 부분공간이 된다.

(2) 임의의 $\alpha \in F$, $a \in U \cap W$에 대해서 $\alpha a \in U \cap W$이므로 닫혀있다. $U \cap W$는 $(V, +)$의 부분군이 됨은 당연하다.

2.
$$a(1, 1, 0, 0) + b(0, 1, -1, 0) + c(0, 0, 0, 3) = (0, 0, 0, 0)$$

라고 하자. 전개시키면 $a=0$, $b=0$, $c=0$가 되어서 일차 독립이다.

3. Larry Smith [16], p.70 정리 8.10 참조.

4. $B = \{v_1, v_2, \cdots\}$을 V의 기저라고 하자. 임의의 $y \in W$에 대해서 $T(x) = y$인 $x \in V$가 존재한다. $x = \alpha_1 v_1 + \alpha_2 v_2 + \cdots + \alpha_n v_n$이므로

$$y = T(x) = \alpha_1 T(v_1) + \alpha_2 T(v_2) + \cdots + \alpha_n T(v_n)$$

이다. 따라서 $T(B) = \{T(v_1), T(v_2), \cdots\}$는 W를 생성한다. 또 만일 $\alpha_1 T(v_1) + \alpha_2 T(v_2) + \cdots + \alpha_m T(v_m) = 0$이라고 하면

$$T(\alpha_1 v_1 + \alpha_2 v_2 + \cdots + \alpha_m v_m) = 0 = T(0)$$

로부터

$$\alpha_1 v_1 + \alpha_2 v_2 + \cdots + \alpha_m v_m = 0$$

이므로 $\alpha_1 = \alpha_2 = \cdots = \alpha_m = 0$가 되어 $T(v_1)$, $T(v_2)$, $\cdots$는 1차 독립이다.
따라서 $T(B)$는 W의 기저이다.

5. $B = \{v_1, v_2, \cdots, v_n\}$을 V의 기저라고 하고, $y \in V$라고 하자. T는 단사이므로 4와 같은 방법으로 하면 $T(B) = \{T(v_1), T(v_2), \cdots, T(v_n)\}$는 1차 독립이다. 또 $|T(B)| =$

$n=\dim V$이므로 따라서 $T(B)$도 역시 V의 기저가 된다. 그러므로

$$y=\alpha_1 T(v_1)+\alpha_2 T(v_2)+\cdots+\alpha_n T(v_n)$$

으로 쓸 수 있으므로 $y=T(\alpha_1 v_1+\alpha_2 v_2+\cdots+\alpha_n v_n)$이다. $\alpha_1 v_1+\cdots+\alpha_n v_n=x$라고 두면 $y=T(x)$, $x\in V$이므로 T는 전사이다.

6. $B=\{v_1, v_2, \cdots, v_n\}$을 V의 기저라고 하자. T는 전사이므로 임의의 $y\in V$에 대해서 $T(x)=y$인 $x\in V$가 존재한다. $x=\alpha_1 v_1+\cdots+\alpha_n v_n$이라고 하면

$$y=T(x)=\alpha_1 T(v_1)+\cdots+\alpha_n T(v_n)$$

이므로 $T(B)=\{T(v_1), T(v_2), \cdots, T(v_n)\}$은 V를 생성한다. 따라서 $A\subset T(B)$인 기저 A가 존재한다. $n=|A|\le|T(B)|\le n$로부터 $A=T(B)$가 되어 $T(B)$도 V의 기저가 된다.

만일 $T(a)=T(b)$라고 하면 $T(a-b)=0$이다. $a-b=\sum_{i=1}^{n}\alpha_i v_i$라고 하면 $0=T(a-b)=\sum_{i=1}^{n}\alpha_i T(v_i)$이다. 따라서 모든 $\alpha_i=0$이므로 $a=b$가 되어 단사이다.

7. $\dim V=n$, $A=\{a_1, a_2, \cdots, a_n\}$은 1차 독립이라고 하자. $A\subset B$인 기저 B가 존재한다. 따라서 $|A|\le|B|=n$이므로 결국 $A=B$가 되어 A는 V의 기저가 된다.

8. $B=\{w_1, \cdots, w_n\}$을 W의 기저라고 하자. $T: W\to V$, $T(x)=x$라고 하면 T는 단사인 일차 변환이다.

$$T(B)=\{T(w_1)=w_1, T(w_2)=w_2, \cdots, T(w_n)=w_n\}$$

은 V에서 1차 독립이다. $\dim V=n$이므로 결국 $T(B)=B$도 V의 기저가 된다.

임의의 $x\in V$에 대해서 $x=\sum_{i=1}^{n}\alpha_i w_i\in W$이므로 $V=W$이다.

9. $B=\{1, x, x^2, \cdots\}$이 $F[x]$의 기저가 됨은 다항식의 정의에서 명백하다. $|B|=\infty$이므로 유한차원이 아니다.

10. $B=\{v_1, v_2, \cdots, v_m\}$을 W의 기저라고 하자. 만일 여기서 B가 V를 생성하면 $V=W$

이므로 $W_1=\{0\}$ 으로 두면된다. 그렇지 않으면 $v_1, v_2, \cdots, v_m$은 1차 독립이므로 여기에 몇 개의 원소를 더해서

$$D=\{v_1, v_2, \cdots, v_m, a_1, \cdots, a_t\}$$

로써 V의 기저를 만들 수 있다.

집합 $X=\{a_1, \cdots, a_t\}$의 일차결합 $\left\{\sum_{i=1}^{t} \beta_i a_i \,\middle|\, \beta_i \in F\right\}$으로 만든 집합을 W_1이라고 하면 W_1은 X를 포함하는 V의 부분공간이다. $x\in W\cap W_1$이라고 하면

$$x=\alpha_1 v_1+\alpha_2 v_2+\cdots+\alpha_m v_m=\beta_1 a_1+\cdots+\beta_t a_t$$

이고

$$0=\alpha_1 v_1+\alpha_2 v_2+\cdots+\alpha_m v_m-\beta_1 a_1-\cdots-\beta_t a_t$$

는 기저 D의 원소들의 1차결합이다. 따라서

$$\alpha_1=\alpha_2=\cdots=\alpha_m=\beta_1=\cdots=\beta_t=0$$

이 되어 $x=0$이다. 또 D는 V의 기저이므로 $W+W_1=V$이다.

11. 미분방정식 $y''+9y=0$은 2계 제차 선형미분방정식이다.

$$D^2+9=(D+3i)(D-3i)$$

이므로 일반해는

$$y=A_1\cos 3x+A_2\sin 3x,\ \text{단 } A_1, A_2\text{는 실수인 상수}$$

꼴이 된다. 따라서 $B=\{\cos 3x, \sin 3x\}$로 두면 이 해집합은 B에 의해서 생성되는 실수상에서의 벡터공간이다. 여기서 $\cos 3x, \sin 3x$는 1차 독립이 됨을 보이자.

$a\cos 3x+b\sin 3x=0$이라고 하자. x 대신 $\frac{\pi}{3}$를 대입하면 $a\cos\pi+b\sin\pi=0$이고 따라서 $-a=0$, x 대신 $\frac{\pi}{6}$를 대입하면 $a\cos\frac{\pi}{2}+b\sin\frac{\pi}{2}=0$이고 따라서 $b=0$이다. 결국 $\cos 3x, \sin 3x$는 1차 독립이다.

12. $p_1=(a_1, b_1, c_1), p_2=(a_2, b_2, c_2)\in W$라고 하면

$$2a_1 - 3b_1 + c_1 = 0,\ 2a_2 - 3b_2 + c_2 = 0$$

이다. 따라서

$$2(a_1 + a_2) - 3(b_1 + b_2) + (c_1 + c_2) = 0$$

이므로 $p_1 + p_2 \in W$이다. 임의의 $r \in \mathbb{R}$에 대해서 $2ra_1 - 3rb_1 + rc_1 = 0$이므로 $rp_1 = (ra_1,\ rb_1,\ rc_1) \in W$가 되어 결국 W는 $\mathbb{R}^3$의 부분공간이 된다.

13. $$a(0,\ 0,\ 0,\ 1) + b(0,\ 0,\ 1,\ 1) + c(0,\ 1,\ 1,\ 1) + d(1,\ 1,\ 1,\ 1) = (0,\ 0,\ 0,\ 0)$$

이라고 하면

$$(d,\ c+d,\ b+c+d,\ a+b+c+d) = (0,\ 0,\ 0,\ 0)$$

이다. 따라서 $d = c = b = a = 0$이 되므로 일차독립이다.

14. $$S = \{(1,\ 1,\ 1),\ (1,\ 1,\ 2),\ (1,\ 2,\ 1),\ (1,\ 2,\ 2),\ (2,\ 1,\ 1),\ (2,\ 2,\ 2)\}$$

이다. 임의의 $(a,\ b,\ c) \in \mathbb{R}^3$는

$$(a,\ b,\ c) = a[(2,\ 1,\ 1) - (1,\ 1,\ 1)] + b[(1,\ 2,\ 1) - (1,\ 1,\ 1)] + c[(1,\ 1,\ 2) - (1,\ 1,\ 1)]$$

로 쓸 수 있으므로 S는 $\mathbb{R}^3$을 생성한다.

15. $a(u+v) + b(v+w) + c(w+u) = 0$이라고 하면

$$(a+c)u + (a+b)v + (b+c)w = 0$$

이고 $\{u,\ v,\ w\}$는 일차독립이므로

$$a+c = 0,\ a+b = 0,\ b+c = 0$$

이다. 따라서 $a = b = c = 0$이 된다.

16. $\alpha v = 0$라 하자. 만일 $\alpha \neq 0$이면 $\alpha^{-1}(\alpha v) = 0$로부터 $v = 0$가 되어 모순이다. 따라서 $\alpha = 0$이 되어 $\{v\}$는 일차독립이다.

17. S는 일차종속이므로 $\alpha_1 v_1 + \alpha_2 v_2 + \cdots + \alpha_n v_n = 0$이고 $\alpha_i \neq 0$인 스칼라 α_i가 존재한다. 따라서

$$\alpha_i v_i = -\alpha_1 v_1 - \alpha_2 v_2 - \cdots - \alpha_n v_n$$

이므로

$$v_i = -\alpha_1 \alpha_i^{-1} v_1 - \alpha_2 \alpha_i^{-1} v_2 - \cdots - \alpha_n \alpha_i^{-1} v_n$$

로 쓸 수 있다. $S-\{v_i\}=S'$라고 하면 $S' \subset S$, $S' \neq S$이다. S'가 V를 생성함을 보이자. 임의의 $v \in V$에 대해서

$$\begin{aligned} v &= \alpha_1 v_1 + \alpha_2 v_2 + \cdots + \alpha_i v_i + \cdots + \alpha_n v_n \\ &= \alpha_1 v_1 + \alpha_2 v_2 + \cdots + \alpha_i(-\alpha_1 \alpha_i^{-1} v_1 - \alpha_2 \alpha_i^{-1} v_2 - \cdots - \alpha_n \alpha_i^{-1} v_n) + \cdots + \alpha_n v_n \end{aligned}$$

이고 따라서 v는 S'의 원소의 일차결합으로 표시된다.

18. 유한체는 소체 $\mathbb{Z}_p$를 포함하고 있으므로 $\mathbb{Z}_p$상에서의 벡터공간으로 생각할 수 있다. 따라서 이 체의 위수는 p^n(n은 벡터공간의 차수)가 된다.

19. F는 유한체이므로 $\mathbb{Z}_p$를 포함한다. $q=p^n$(p는 소수) 꼴이고 표수가 p이므로 (1), (2)가 성립한다.

(3) $a=0$면 $a^q=a$이다. 만일 $a\neq 0$면 $a \in F^*$이고 $|F^*|=q-1$이고 $(F^*, \cdot)$는 아벨군이다. 라그랑즈의 정리에 의해서 $a^{q-1}=1$이므로 $a^q=a$이다.

(4) b의 F상에서의 극소다항식의 차수를 m이라고 하면 $|F(b)|=q^m$이다. 실제로 임의의 $f(x) \in F[x]$를 b의 극소다항식으로 나누면

$$f(b) = a_0 + a_1 b + \cdots + a_{m-1} b^{m-1}, \ a_i \in F$$

로 표시할 수 있다. $b \in F(b)$이므로 (3)번과 같이 생각하면 $b^{q^m}=b$가 됨을 알 수 있다.

25 확대체의 차수

(Degrees of Extension Fields)

연습문제

1. 다음 확대체의 차원과 그 기저를 구하여라.

   (1) $\mathbb{Q}$상에서의 확대체 $\mathbb{Q}(\sqrt[3]{2}, \sqrt{3})$ (2) $\mathbb{Q}$상에서의 확대체 $\mathbb{Q}(\sqrt{2}, \sqrt{3}, \sqrt{5})$

   (3) $\mathbb{Q}$상에서의 확대체 $\mathbb{Q}(\sqrt{2}+\sqrt{3})$ (4) $\mathbb{Q}(\sqrt{3})$상에서의 확대체 $\mathbb{Q}(\sqrt{2}, \sqrt{6})$

2. $\mathbb{Q}(\sqrt{2})$상에서 x^2-3은 기약임을 보여라.

3. $\mathbb{Q}(\sqrt{3}+\sqrt{5})=\mathbb{Q}(\sqrt{3}, \sqrt{5})$임을 보여라.

A 4. (Artin) $[E:F]$는 유한이다. E가 F의 단순확대체일 필요충분조건은 E와 F사이에는 체가 유한개 밖에 없음을 보여라.

5. $[E:F]$는 유한이고 $p(x)\in F[x]$는 기약이다. $\deg p(x)=m$일 때 $m\nmid [E:F]$면 $p(x)$는 E내에서 근을 가지지 않음을 보여라.

6. $\mathbb{R}$은 실수이다. $\mathbb{R}$의 유한확대체는 $\mathbb{R}$과 $\mathbb{C}$ 뿐이냐? 맞으면 증명하고 틀리면 보기를 들어라.

7. $\mathbb{Q}(\sqrt{2},\ \sqrt[3]{5})$는 $\mathbb{Q}$의 단순확대체가 됨을 보여라.

8. $\sqrt{2}+\sqrt[3]{5}$의 $\mathbb{Q}$상에서의 극소다항식의 차수는 6임을 보여라.

9. $a,\ b\in\mathbb{Q}$, $\sqrt{a}+\sqrt{b}\neq 0$이면 $\mathbb{Q}(\sqrt{a}+\sqrt{b})=\mathbb{Q}(\sqrt{a},\ \sqrt{b})$임을 보여라.

10. $\mathbb{Q}(\sqrt{2}\,i)$의 $\mathbb{Q}$상에서의 기저를 구하라.

11. $a=\sqrt{1+\sqrt[3]{2}}$이다. $\mathbb{Q}(a)$의 $\mathbb{Q}$상에서의 기저를 구하라.

12. $\mathbb{Q}(\sqrt{2}+\sqrt[3]{4})$의 $\mathbb{Q}$상에서의 기저를 구하라.

13. $\sqrt{a}+\sqrt{b}\in\mathbb{Q}$이면 $\sqrt{a}\in\mathbb{Q}$, $\sqrt{b}\in\mathbb{Q}$임을 보여라.

14. E는 F의 확대체이다. $a\in E$의 F상에서의 극소다항식의 차수는 m, $b\in E$의 F상에서의 극소다항식의 차수는 n이다. 다음을 증명하라.
   (1) $[F(a,\ b):F]\leq mn$이다.
   만일 $\gcd(m,\ n)=1$이면
   (2) $F(a)\cap F(b)=F$이고
   (3) $[F(a,\ b):F]=mn$이다.

15. $[E:F]$는 유한이고 b는 E상에서 대수적이다. 다음을 증명하라.
   (1) $[E(b):E]\leq[F(b):F]$
   (2) $[E(b):F(b)]\leq[E:F]$
   (3) $[F(b):F]\,|\,[E(b):F]$

B 16. $p(x)$는 F상에서 기약이다. K는 F의 유한확대체이고 $[K:F]$와 $\deg p(x)$가 서로 소이면 $p(x)$는 K상에서도 기약임을 보여라.

17. E는 F의 유한확대이다. E상에서 대수적인 원소는 F상에서도 대수적임을 보여라.

18. $[F(a):F]$가 소수이면 모든 $n \in \mathbb{Z}$에 대해서 $F(a)=F(a^n)$ 또는 $a^n \in F$이다.

19. E는 유한체 F의 확대체이다. $|F|=q$이다. $\alpha \in E$는 F상에서 대수적이고 α의 극소다항식의 차수를 n이라고 하면 $F(\alpha)$의 위수는 q^n임을 보여라.

제25장 확대체의 차수 연습문제 풀이

1. (1)

$$[\mathbb{Q}(\sqrt[3]{2}, \sqrt{3}) : \mathbb{Q}] = [\mathbb{Q}(\sqrt[3]{2}, \sqrt{3}) : \mathbb{Q}(\sqrt{3})][\mathbb{Q}(\sqrt{3}) : \mathbb{Q}]$$

이고 $[\mathbb{Q}(\sqrt{3})(\sqrt[3]{2}) : \mathbb{Q}(\sqrt{3})]$는 $\sqrt[3]{2}$의 $\mathbb{Q}(\sqrt{3})$상에서의 극소다항식 x^3-2의 차수이다. 또 $\sqrt{3}$의 $\mathbb{Q}$상에서의 극소다항식은 x^2-3이므로 따라서 차수는 $3\times2=6$이다. 이 때 기저는 각각 $\{1, \sqrt[3]{2}, (\sqrt[3]{2})^2\}$, $\{1, \sqrt{3}\}$이므로 각각의 곱을 구하면 $\{1, 3^{\frac{1}{2}}, 2^{\frac{1}{3}}, 3^{\frac{1}{2}}2^{\frac{1}{3}}, 2^{\frac{2}{3}}, 2^{\frac{2}{3}}3^{\frac{1}{2}}\}$이 기저이다.

(2) $[\mathbb{Q}(\sqrt{2}, \sqrt{3}, \sqrt{5}) : \mathbb{Q}]$
$=[\mathbb{Q}(\sqrt{2}, \sqrt{3}, \sqrt{5}) : \mathbb{Q}(\sqrt{3}, \sqrt{5})][\mathbb{Q}(\sqrt{3}, \sqrt{5}) : \mathbb{Q}(\sqrt{5})][\mathbb{Q}(\sqrt{5}) : \mathbb{Q}]$
$=2\times2\times2=8$이다.

각각의 기저는 $\{1, \sqrt{2}\}$, $\{1, \sqrt{3}\}$, $\{1, \sqrt{5}\}$이므로 기저는

$$\{1, \sqrt{2}, \sqrt{3}, \sqrt{5}, \sqrt{6}, \sqrt{10}, \sqrt{15}, \sqrt{30}\}$$

이다.

(3) $[\mathbb{Q}(\sqrt{2}+\sqrt{3}) : \mathbb{Q}]$는 $\mathbb{Q}$상에서 $\sqrt{2}+\sqrt{3}$의 극소다항식의 차수이다.
그런데 $\sqrt{2}+\sqrt{3}$의 $\mathbb{Q}$상에서의 극소다항식을 구하면 x^4-10x^2+1이다. 따라서 $[\mathbb{Q}(\sqrt{2}+\sqrt{3}) : \mathbb{Q}]=4$이다. 이 때의 기저는

$$\{1, \sqrt{2}+\sqrt{3}, 5+2\sqrt{6}, 11\sqrt{2}+9\sqrt{3}\}$$

이다.

(4)

$$\sqrt{6}=\sqrt{2}\sqrt{3}\in\mathbb{Q}(\sqrt{2}, \sqrt{3}),\ \sqrt{3}=\frac{\sqrt{6}}{\sqrt{2}}\in\mathbb{Q}(\sqrt{2}, \sqrt{6})$$

이므로 $\mathbb{Q}(\sqrt{2}, \sqrt{6})=\mathbb{Q}(\sqrt{2}, \sqrt{3})$이 됨을 쉽게 알 수 있다. 따라서 $\mathbb{Q}(\sqrt{3})\subset\mathbb{Q}(\sqrt{2}, \sqrt{6})$이다. $[\mathbb{Q}(\sqrt{2}, \sqrt{6}) : \mathbb{Q}]=4$, $[\mathbb{Q}(\sqrt{3}) : \mathbb{Q}]=2$가 됨은 쉽게 알 수 있다. 따라서

$$[\mathbb{Q}(\sqrt{2}, \sqrt{6}) : \mathbb{Q}]=[\mathbb{Q}(\sqrt{2}, \sqrt{6}) : \mathbb{Q}(\sqrt{3})][\mathbb{Q}(\sqrt{3}) : \mathbb{Q}]$$

로부터 $4=[\mathbb{Q}(\sqrt{2}, \sqrt{6}) : \mathbb{Q}(\sqrt{3})]\times2$가 되어 차수는 2이다.

또 기저는 $\{1, \sqrt{2}\}$가 된다.

2. 만일 x^2-3이 $\mathbb{Q}(\sqrt{2})$상에서 가약이면 $\sqrt{3} \in \mathbb{Q}(\sqrt{2})$가 될 것이다. 그러나 이것은 [4] 본문 예제에서 본바와 같이 모순이다.

3. $\sqrt{3}+\sqrt{5} \in \mathbb{Q}(\sqrt{3}, \sqrt{5})$이므로 $\mathbb{Q}(\sqrt{3}+\sqrt{5}) \subset \mathbb{Q}(\sqrt{3}, \sqrt{5})$이다. 또

$$(\sqrt{3}+\sqrt{5})^{-1}=\frac{1}{\sqrt{3}+\sqrt{5}}=\frac{\sqrt{5}-\sqrt{3}}{2} \in \mathbb{Q}(\sqrt{3}+\sqrt{5})$$

이다. 따라서

$$\sqrt{5}=\frac{\sqrt{5}-\sqrt{3}}{2}+\frac{\sqrt{5}+\sqrt{3}}{2} \in \mathbb{Q}(\sqrt{3}+\sqrt{5})$$

이다. 마찬가지로 $\sqrt{3} \in \mathbb{Q}(\sqrt{3}+\sqrt{5})$가 되어 $\mathbb{Q}(\sqrt{3}, \sqrt{5}) \subset \mathbb{Q}(\sqrt{3}+\sqrt{5})$가 된다.

4. $(\Rightarrow)$ $E=F(u)$, K를 F와 E 사이의 중간체라고 하자. u는 F상에서 대수적이므로 K상에서 대수적이다. u의 K상에서의 극소다항식을

$$g(x)=a_0+a_1x+\cdots+x^n \in K[x]$$

라고 하면 $[K(u):K]=\deg g(x)=n$이 된다. 또 $K(u)=F(u)=E$이므로 $[E:K]=n$이다.

한편 $g(x) \in F(a_0, a_1, \cdots, a_{n-1})[x]$인 기약다항식으로 볼 수 있으므로

$$\begin{aligned}[E:F(a_0, a_1, \cdots, a_{n-1})]&=[F(a_0, a_1, \cdots, a_{n-1}, u):F(a_0, a_1, \cdots, a_{n-1})]\\&=\deg g(x)=n\end{aligned}$$

이다. 그런데 $F(a_0, a_1, \cdots, a_{n-1})$는 K의 부분체이므로

$$\begin{aligned}n=[E:F(a_0, \cdots, a_{n-1})]&=[E:K][K:F(a_0, \cdots, a_{n-1})]\\&=n[K:F(a_0, \cdots, a_{n-1})]\end{aligned}$$

으로부터 $[K:F(a_0, \cdots, a_{n-1})]=1$이 되어 결국 $K=F(a_0, a_1, \cdots, a_{n-1})$이 된다.

이 말은 중간체 K는 K상에서 u의 극소다항식만으로 결정된다는 것을 말한다. 한편 u의 F상에서의 극소다항식을 $f(x) \in F[x]$라고 하면 $f(x) \in K[x]$

이므로 극소다항식의 정의로부터 $g(x)|f(x)$, 즉 $g(x)$는 $f(x)$의 인수가 된다.

그런데 $f(x)$의 인수는 유한개 밖에 없으므로 결국 중간체의 개수도 유한개 밖에 없다.

($\Leftarrow$) F가 유한이면 쉽다. 그 이유는 E의 F상에서의 기저를 $u_1, u_2, \cdots, u_n$라고 하면 $E=F(u_1, u_2, \cdots, u_n)$로 둘 수 있다. E는 역시 유한체이므로 E^*는 순환군이다. [4], 37장 유한체 정리 37.10에 의해서 E는 단순확대체이다. 따라서 우리는 F가 무한체라고 가정한다. 수학적 귀납법을 사용하자.

$E=F(\alpha_1, \alpha_2, \cdots, \alpha_n)$이라고 두고, α_1, α_2에 대해서만 일단 생각한다. F와 $F(\alpha_1, \alpha_2)$ 사이에도 중간체는 유한개 밖에 없다. 임의의 $\beta \in F$에 대해서 $\alpha_1+\beta\alpha_2 \in F(\alpha_1, \alpha_2)$이므로

$$F \subset F(\alpha_1+\beta\alpha_2) \subset F(\alpha_1, \alpha_2)$$

이다. 그런데 $|F|$는 무한이고 중간체는 유한개인 성질로부터

$$\beta_1 \neq \beta_2,\ F(\alpha_1+\beta_1\alpha_2)=F(\alpha_1+\beta_2\alpha_2)$$

가 되는 $\beta_1, \beta_2 \in F$가 존재해야만 한다. 이 체를 K라고 두자. 그러면 $\alpha_1+\beta_1\alpha_2$, $\alpha_1+\beta_2\alpha_2$는 모두 K의 원소이므로

$$(\beta_1-\beta_2)\alpha_2=(\alpha_1+\beta_1\alpha_2)-(\alpha_1+\beta_1\alpha_2) \in K$$

이다. 또 $\beta_1-\beta_2 \neq 0$이고 $\beta_1-\beta_2 \in F \subset K$이므로 $\alpha_2 \in K$가 된다. 따라서 $\beta_1\alpha_2 \in K$이다. 이 사실로부터 $\alpha_1=(\alpha_1+\beta_1\alpha_2)-\beta_1\alpha_2 \in K$이다. $\alpha_1, \alpha_2 \in K$이므로 $F(\alpha_1, \alpha_2) \subset K$이다. 이 말은

$$F(\alpha_1, \alpha_2) \subset F(\alpha_1+\beta_1\alpha_2) \subset F(\alpha_1, \alpha_2)$$

라는 것이고 따라서 $F(\alpha_1, \alpha_2)$는 F의 단순확대체이다.

이것을 반복하면 E는 F의 단순확대체가 됨을 귀납적으로 보일 수 있다.

5. 만일 $p(x)$가 E에서 근 α를 가진다면 $F \subset F(\alpha) \subset E$이다. 따라서

$$[E:F]=[E:F(\alpha)][F(\alpha):F]\text{이고 } [F(\alpha):F]=\deg p(x)$$

이므로 $m|[E:F]$가 되어 모순이다.

6. 맞다. 그 이유는 $\mathbb{C}=\{a+bi|a, b\in \mathbb{R}\}$이므로 $[\mathbb{C}:\mathbb{R}]=2$이고 기저는 $\{1, i\}$이다.
E가 $\mathbb{R}$의 유한 확대체라고 하고 $\{\alpha_1, \cdots, \alpha_n\}$은 기저라고 하자. α_1은 $\mathbb{R}$ 상에서 대수적이므로 $f(x)\in \mathbb{R}[x]$, $f(\alpha_1)=0$인 다항식이 존재한다. 그런데 복소수의 성질상 $f(x)$는 복소수로 완전히 일차식으로 인수분해된다. 따라서 α_1은 복소수이다. 마찬가지로 $\alpha_2, \cdots, \alpha_n$도 모두 복소수가 되어 결국 $E\subset \mathbb{C}$가 된다.
$[\mathbb{C}:\mathbb{R}]=[\mathbb{C}:E][E:\mathbb{R}]$로부터 $E=\mathbb{R}$ 또는 $E=\mathbb{C}$가 된다.

7. $\sqrt{2}\in \mathbb{Q}(\sqrt{2}, \sqrt[3]{5})$, $\sqrt[3]{5}\in \mathbb{Q}(\sqrt{2}, \sqrt[3]{5})$이므로 $\sqrt{2}+\sqrt[3]{5}\in \mathbb{Q}(\sqrt{2}, \sqrt[3]{5})$이다.
따라서 $\mathbb{Q}(\sqrt{2}+\sqrt[3]{5})\subset \mathbb{Q}(\sqrt{2}, \sqrt[3]{5})$가 된다. 한편

$$[\mathbb{Q}(\sqrt{2}+\sqrt[3]{5}):\mathbb{Q}]=6,\ [\mathbb{Q}(\sqrt{2}, \sqrt[3]{5}):\mathbb{Q}]=6$$

이 됨을 쉽게 계산할 수 있다(문제 8). 따라서

$$[\mathbb{Q}(\sqrt{2}, \sqrt[3]{5}):\mathbb{Q}]=[\mathbb{Q}(\sqrt{2}, \sqrt[3]{5}):\mathbb{Q}(\sqrt{2}+\sqrt[3]{5})][\mathbb{Q}(\sqrt{2}+\sqrt[3]{5}):\mathbb{Q}]$$

로부터 $[\mathbb{Q}(\sqrt{2}, \sqrt[3]{5}):\mathbb{Q}(\sqrt{2}+\sqrt[3]{5})]=1$이다. 결국 $\mathbb{Q}(\sqrt{2}, \sqrt[3]{5})=\mathbb{Q}(\sqrt{2}+\sqrt[3]{5})$가 될 수밖에 없으므로 단순확대체가 된다.

8. $\sqrt{2}+\sqrt[3]{5}=\alpha$라고 두면

$$5=(\alpha-\sqrt{2})^3=\alpha^3-3\alpha^2\sqrt{2}+6\alpha-2\sqrt{2}$$

이고 따라서

$$\sqrt{2}(3\alpha^2+2)=\alpha^3+6\alpha-5$$

의 양변을 제곱하면

$$2(3\alpha^2+2)^2=(\alpha^3+6\alpha-5)^2$$

이다. 이 식을 전개시키면 $\mathbb{Q}$ 상에서 6차식이 된다.

9. $\sqrt{a}+\sqrt{b}\in \mathbb{Q}(\sqrt{a}, \sqrt{b})$이므로 $\mathbb{Q}(\sqrt{a}+\sqrt{b})\subset \mathbb{Q}(\sqrt{a}, \sqrt{b})$이다. 거꾸로

$$(\sqrt{a}+\sqrt{b})^{-1}=\frac{1}{\sqrt{a}+\sqrt{b}}=\frac{\sqrt{a}-\sqrt{b}}{a-b}\in \mathbb{Q}(\sqrt{a}+\sqrt{b})$$

이므로 $\sqrt{a}-\sqrt{b} \in \mathbb{Q}(\sqrt{a}+\sqrt{b})$이다.

$$(\sqrt{a}+\sqrt{b})+(\sqrt{a}-\sqrt{b})=2\sqrt{a},\ (\sqrt{a}+\sqrt{b})-(\sqrt{a}-\sqrt{b})=2\sqrt{b}$$

에서 $2\sqrt{a}, 2\sqrt{b} \in \mathbb{Q}(\sqrt{a}+\sqrt{b})$가 되어 $\mathbb{Q}(\sqrt{a}+\sqrt{b})=\mathbb{Q}(\sqrt{a}, \sqrt{b})$이다.

10. $\sqrt{2}i=\alpha$라 두면 $-2=\alpha^2$이므로 α의 극소다항식 x^2+2의 차수는 2이다. 따라서 $\mathbb{Q}(\alpha)$의 기저는 $\{1, \alpha\}$이므로 $\{1, \sqrt{2}i\}$가 기저이다.

11. $a^2=1+\sqrt[3]{2}$이므로 $(a^2-1)^3=2$로부터 a의 극소다항식의 차수는 6이 됨을 알 수 있다. 따라서 $\mathbb{Q}(a)$의 $\mathbb{Q}$상에서의 기저는 $\{1, a, a^2, a^3, a^4, a^5\}$이다. 물론 $a=\sqrt{1+\sqrt[3]{2}}$이다.

12. $\sqrt{2}+\sqrt[3]{4}=\alpha$라 두면 $4=\alpha^3-3\sqrt{2}\alpha^2+6\alpha-2\sqrt{2}$이다. $\sqrt{2}(3\alpha^2+2)=\alpha^3-4+6\alpha$의 양변을 제곱하면 α의 계수는 모두 유리수가 되고 α의 차수는 6이다. 따라서 α의 극소다항식의 차수는 6이므로 기저는 $\{1, \alpha, \alpha^2, \alpha^3, \alpha^4, \alpha^5\}$이다.

13. $\sqrt{a}+\sqrt{b} \in \mathbb{Q}$이므로 $\dfrac{1}{\sqrt{a}+\sqrt{b}}=\dfrac{\sqrt{a}-\sqrt{b}}{a-b} \in \mathbb{Q}$이다. 따라서 $\sqrt{a}-\sqrt{b} \in \mathbb{Q}$이고 $\sqrt{a}=\dfrac{1}{2}[(\sqrt{a}+\sqrt{b})+(\sqrt{a}-\sqrt{b})] \in \mathbb{Q}$, $\sqrt{b}=\dfrac{1}{2}[(\sqrt{a}+\sqrt{b})-(\sqrt{a}-\sqrt{b})] \in \mathbb{Q}$이다.

14. (1)
$$[F(a, b):F]=[F(a, b):F(a)][F(a):F]$$

이고 $[F(a):F]=m$이다. 또 $\deg f(x)=n, f(x) \in F[x], f(b)=0$인 기약다항식 $f(x)$가 존재한다. $f(x) \in F(a)[x]$이고 $f(b)=0$이다. 따라서 $F(a)$상에서 b의 극소다항식을 $g(x)$라고 하면 $g(x)|f(x)$이다. 따라서

$$\deg g(x)=[F(a)(b):F(a)] \le \deg f(x)=n$$

이므로 $[F(a, b):F] \le mn$이다.

(2) $c \in F(a) \cap F(b)$라고 하면 $[F(c):F]$는 $[F(a):F]$와 $[F(b):F]$의 공약수이다. 따라서 $[F(c):F]$는 m, n의 공약수이므로 1이 된다. $[F(c):F]=1$로부터 $[F(c):F]$이고 따라서 $c \in F$가 된다.

(3) $$[F(a,\ b):F]=[F(a,\ b):F(b)][F(b):F]$$

이므로 $[F(a,\ b):F]$는 n의 배수이다. 따라서 $[F(a,\ b):F]$는 $m,\ n$의 공배수이다. 그런데 $\gcd(m,\ n)=1$이므로

$$[F(a,\ b):F]\geq \operatorname{lcm}(m,\ n)=mn$$

이고 또 (1)에 의해서 $[F(a,\ b):F]=mn$이 된다.

15. 참고 $[E:F]$는 유한이고 $E(b)$는 E의 유한확대이므로 $[E(b):F]$는 유한이다. 따라서 b는 F상에서 대수적이다.

(1) b의 F상에서의 극소다항식을 $f(x)\in F[x]$라고 하면 $[F(b):F]=\deg f(x)$이다. 또 b의 E상에서의 극소다항식을 $g(x)\in E[x]$라고 하면 $[E(b):E]=\deg g(x)$이다. 그런데 $f(x)\in E[x]$이고 $f(b)=0$이므로 $g(x)|f(x)$가 된다. 따라서 $[E(b):E]\leq[F(b):F]$이다.

(2) $F\subset F(b)\subset E(b)$, $F\subset E\subset E(b)$에서

$$[E(b):F]=[E(b):F(b)][F(b):F]=[E(b):E][E:F]$$

이다. (1)에서 $[E(b):E]\leq[F(b):F]$이므로 $[E(b):F(b)]\leq[E:F]$이다.

(3) $F\subset F(b)\subset E(b)$이므로 $[F(b):F]$는 $[E(b):F]$의 약수이다.

16. F의 확대체에서 $p(x)$의 한 근을 b라고 하면 $[F(b):F]=\deg p(x)$이다. $[K(b):F]$는 $\deg p(x)$와 $[K:F]$의 공배수이다. 따라서

$$[K(b):F]\geq[F(b):F][K:F]$$

이다. 그런데 $[K(b):F]=[K(b):K][K:F]$이므로 $[K(b):K]\geq[F(b):F]$이다. 또 b는 K상에서 대수적이다. 따라서 (15)번 (1)에서 $[K(b):K]\leq[F(b):F]$이므로 결국 $[K(b):K]=[F(b):F]$이다. $[K(b):K]$는 b의 K상에서 극소다항식 $f(x)$의 차수이므로 $f(x)|p(x)$에서 $p(x)=cf(x)$, $c\in K$꼴이 된다. 이 말은 $p(x)$는 K상에 기약임을 뜻한다.

17. a를 E상에서 대수적이라고 하면 $[E(a):E]$는 유한이다. 따라서

$$[E(a):F]=[E(a):E][E:F]$$

에서 $E(a)$는 F의 유한 확대이고 따라서 대수적 확대이므로 a는 F상에서 대수적이다.

18. $a^n \in F(a)$이므로 $F \subset F(a^n) \subset F(a)$이다. 따라서 만일 $[F(a):F(a^n)]=1$이면 $F(a)=F(a^n)$이다. 만일 $[F(a^n):F]=1$이면 $F(a^n)=F$이므로 $a^n \in F$이다.

19. $F(\alpha)$의 임의의 원소 β는 $\phi_\alpha(f(x)), f(x) \in F[x]$꼴이므로 $f(x)$를 α의 극소다항식 $p(x)$로 나누면

$$f(x)=p(x)q(x)+a_0+a_1x+\cdots+a_{n-1}x^{n-1},\ a_i \in F$$

꼴로 나타낼 수 있다. 따라서

$$\beta=f(\alpha)=a_0+a_1\alpha+\cdots+a_{n-1}\alpha^{n-1},\ a_i \in F$$

꼴인데 $a_i \in F$이므로 결국 a_i의 개수는 q개만 취할 수 있다. 따라서
$|F(\alpha)|=q\times q\times\cdots\times q=q^n$이다.

26 작도
(Constructions)

연습문제

1. a가 작도가능이면 $\sqrt{a}$도 작도가능임을 보여라.

2. a, b가 작도가능이면 $\sqrt{ab}$도 작도가능임을 보여라.

3. a, b, c가 작도가능이면 2차식 ax^2+bx+c의 실근도 작도가능임을 보여라.

4. 30°는 작도 가능임을 보여라.

5. 각 θ가 작도가능일 필요충분조건은 $\sin\theta$, $\cos\theta$가 작도가능임을 보여라.

6. 정 9각형은 작도 불가능임을 보여라.

7. $w=\cos\frac{2\pi}{5}+i\sin\frac{2\pi}{5}$이다.

(1) w는 x^5-1의 근임을 보여라.

(2) w는 $p(x)=x^4+x^3+x^2+x+1$의 근임을 보여라.

(3) $w^2+w+1+w^{-1}+w^{-2}=0$임을 보여라.

(4) $\cos\frac{2\pi}{5}$는 $4x^2-2x-1$의 근임을 보여라.

(5) 정 5각형은 작도 가능임을 보여라.

8. $w=\cos\frac{2\pi}{7}+i\sin\frac{2\pi}{7}$이다.

(1) w는 x^7-1의 근임을 보여라.

(2) w는 $x^6+x^5+x^4+x^3+x^2+x+1$의 근임을 보여라.

(3) $w^3+w^2+w+1+w^{-1}+w^{-2}+w^{-3}=0$임을 보여라.

(4) $\cos\frac{2\pi}{7}$는 $p(x)=8x^3+4x^2-4x-1$의 근임을 보여라.

(5) $p(x)=8x^3+4x^2-4x-1$은 $\mathbb{Q}$ 상에서 기약임을 보여라.

(6) $\cos\frac{2\pi}{7}$는 작도 불가능임을 보여라.

(7) 정 7각형은 작도 불가능임을 보여라.

9. $\sin\theta$가 작도가능일 필요충분조건은 $\cos\theta$가 작도가능임을 보여라.

10. x^4-3x^2+1의 근은 모두 작도 가능임을 보여라.

11. a는 기약다항식 $p(x)\in\mathbb{Q}[x]$의 근이고, $\deg p(x)\neq 2^n$이면 a는 작도 불가능임을 보여라.

제26장 작도 연습문제 풀이

1. 다음 그림과 같이 AB를 지름으로 하는 원을 그리면

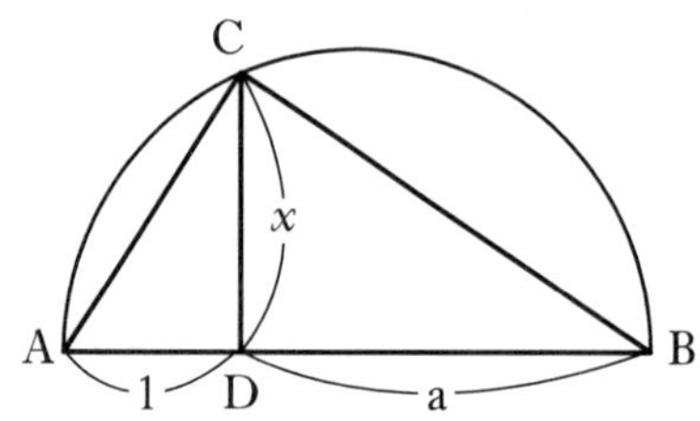

$\triangle ACD$와 $\triangle CBD$는 닮은꼴이므로 $\dfrac{AD}{CD}=\dfrac{CD}{DB}$이다. 따라서 $x^2=a$가 된다.

2. 다음 그림과 같이 $AB//CD$되게 D점을 잡으면

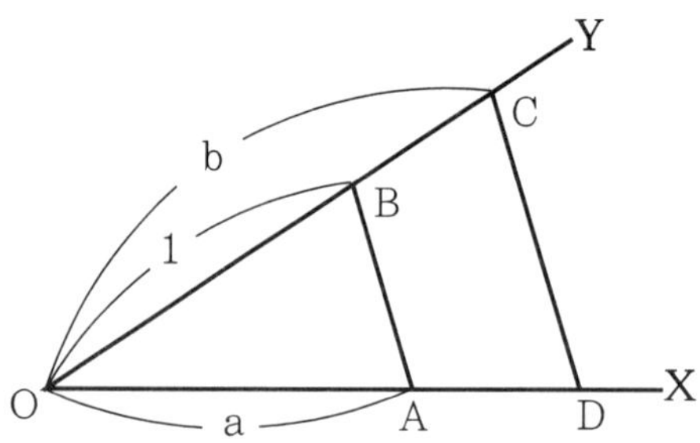

$\triangle OAB$와 $\triangle ODC$는 닮은꼴이므로 $\dfrac{OB}{OA}=\dfrac{OC}{OD}$이다. 따라서 $OD=ab$이고 다시 1번을 이용하면 $\sqrt{ab}$를 작도할 수 있다.

3. ax^2+bx+c의 실근을 $\dfrac{1}{2a}(-b\pm\sqrt{b^2-4ac})$인데 b^2-4ac는 작도가능이고, 1번에서 $\sqrt{b^2-4ac}$도 작도가능이다. 따라서 작도가능점은 사칙에 닫혀있으므로 $\dfrac{1}{2a}(-b\pm\sqrt{b^2-4ac})$는 작도가능이다.

4. 그림과 같이 그리면 된다. $\angle XOY=\angle R$인 직선 OX, OY에서 OA를 반지름으로 O를 중심으로 원을 그리고 다시 A를 중심으로 원을 그려서 두 원의 교점을 C라고 하면 $OA=OC=AC$이므로 $\triangle AOC$는 정삼각형이다. 따라서 $\angle COB=30°$이다.

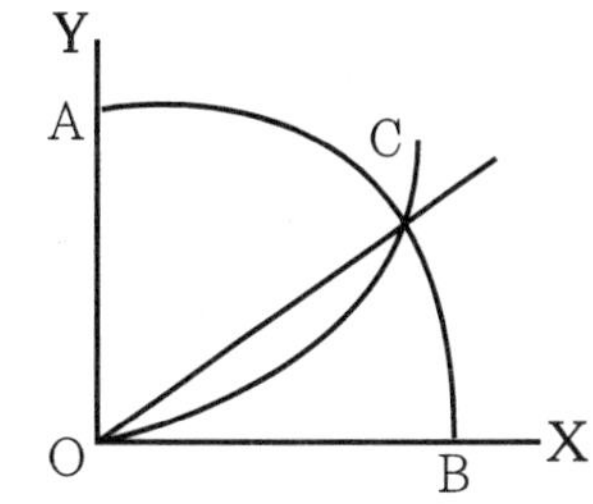

5. 그림과 같이 $\angle\theta=\angle XOY$되게 직선 OB를 긋고 $OB=1$되게 B를 잡고 수선 AB를 세우면
$AB=\sin\theta$, $OA=\cos\theta$가 된다.
　역도 마찬가지로 $OA=\cos\theta$, $AB=\sin\theta$, $OA\perp AB$되게 점 O, A, B를 잡으면 $\angle AOB=\angle\theta$가 된다.

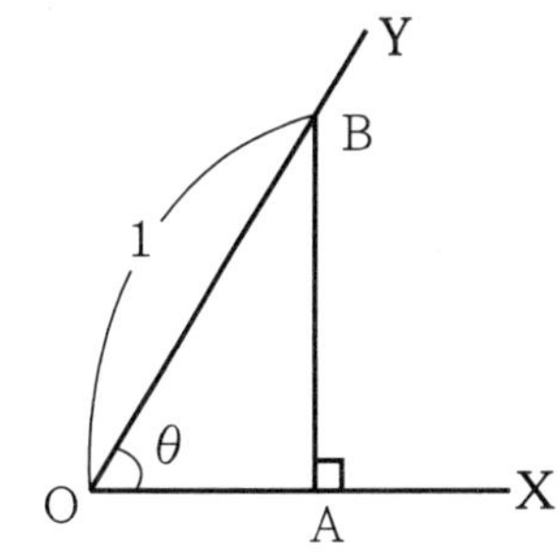

6. 만일 정 9각형이 작도 가능이면 40°가 작도 가능이고, 따라서 20°도 작도 가능하다. 그러나 앞 본문 예제에서 20°는 작도 불가능이다. 따라서 정 9각형은 작도 불가능이다.

7. **참고** 1) $(\cos\theta+i\sin\theta)^n=\cos n\theta+i\sin n\theta$이다.

2) $z=\cos\theta+i\sin\theta$이면 $\frac{1}{z}=\cos\theta-i\sin\theta$이다.

(1) $w=\cos\frac{2\pi}{5}+i\sin\frac{2\pi}{5}$는 $w^5=\cos 2\pi+i\sin 2\pi=1$이므로

$$x^5-1=(x-1)(x^4+x^3+x^2+x+1)$$

의 근이다.

(2) 따라서 $w\neq 1$이므로 $w^4+w^3+w^2+w+1=0$이다.

(3) $w^{-2}(w^4+w^3+w^2+w+1)=0$이므로 $w^2+w+1+w^{-1}+w^{-2}=0$이다.

(4) $$w^2+w+1+w^{-1}+w^{-2}=\left(w+\frac{1}{w}\right)^2+\left(w+\frac{1}{w}\right)-1$$

이고 $w+\frac{1}{w}=2\cos\frac{2\pi}{5}$이므로 $\left(2\cos\frac{2\pi}{5}\right)^2+2\cos\frac{2\pi}{5}-1=0$이다. 따라서

$\cos\dfrac{2\pi}{5}$는 $4x^2+2x-1$의 근이다.

(5) 실제로 $4x^2+2x-1$의 근은 $\dfrac{1}{4}(-1\pm\sqrt{5})$이고 작도 가능이다. 따라서 문제 5에 의해서 $\dfrac{2\pi}{5}$는 작도 가능이므로 정 5각형은 작도 가능이다.

8. (1) 참고에서 $w=\cos\dfrac{2\pi}{7}+i\sin\dfrac{2\pi}{7}$이면 $w^7=\cos 2\pi+i\sin 2\pi=1$이다. 따라서 w는 x^7-1의 근이다.

(2)
$$x^7-1=(x-1)(x^6+x^5+x^4+x^3+x^2+x+1)$$

이고 $w\neq 1$이므로 w는 $x^6+x^5+x^4+x^3+x^2+x+1$의 근이다.

(3) $w^6+w^5+w^4+w^3+w^2+w+1=0$의 양변에 w^{-3}을 곱하면 $w^3+w^2+w+1+w^{-1}+w^{-2}+w^{-3}=0$이다.

(4) $w^3+w^2+w+1+w^{-1}+w^{-2}+w^{-3}=\left(w+\dfrac{1}{w}\right)^3-2\left(w+\dfrac{1}{w}\right)+\left(w+\dfrac{1}{w}\right)^2-2+1$

이므로

$$\left(2\cos\frac{2\pi}{7}\right)^3-2\left(2\cos\frac{2\pi}{7}\right)+\left(2\cos\frac{2\pi}{7}\right)^2-1=0$$

에서 $\cos\dfrac{2\pi}{7}$는 $p(x)=8x^3+4x^2-4x-1$의 근이다.

(5) $p(1)\neq 0$, $p(-1)\neq 0$이므로 $p(x)$는 $\mathbb{Q}$에서 기약이다.

(6) $\deg p(x)=3\neq 2^n$이므로 11번 문제에서 $\cos\dfrac{2\pi}{7}$는 작도 불가능이다.

(7) 따라서 $\dfrac{2\pi}{7}$도 작도 불가능이고 결국 정 7각형은 작도 할 수 없다.

9. 그림과 같이 원점을 중심으로 반지름 1인 원을 그리고 OX 위에 $\sin\theta=a$인 점 A를 잡고 A에서 OX에 수직선을 세워 원과의 교점을 B라고 하면 $AB=\cos\theta$가 됨을 알 수 있다. 이때 $\angle OBA=\angle\theta$가 된다. 반대인 경우도 마찬가지로 하면 됨.

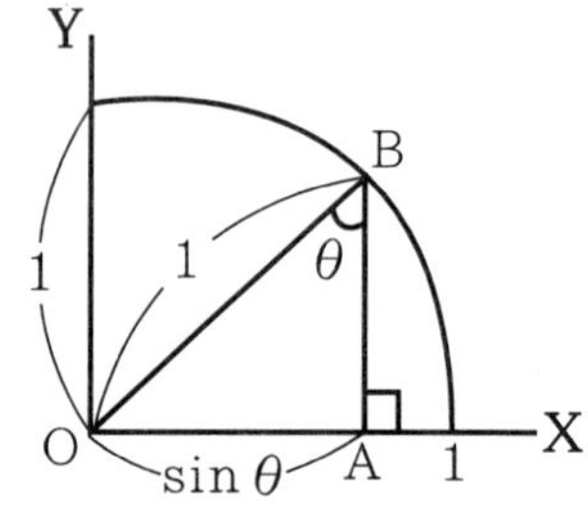

10. $$x^4-3x^2+1=x^4-2x^2+1-x^2=(x^2-1)^2-x^2=(x^2-1+x)(x^2-1-x)$$

로 인수분해 된다. 그런데 문제 3에서 2차식의 근은 항상 작도가능이므로 결국 x^4-3x^2+1의 모든 근은 작도 가능이다.

11. 작도가능점의 기본정리에서 $a\in\mathbb{R}$가 작도 가능이면 $[\mathbb{Q}(a):\mathbb{Q}]=2^n$꼴이고 또 $[\mathbb{Q}(a):\mathbb{Q}]$는 a의 극소다항식의 차수이다.
a의 극소다항식을 $f(x)\in\mathbb{Q}[x]$라고 하면 $f(x)|p(x)$이므로 결국 $\deg f(x)=\deg p(x)$이다. $[\mathbb{Q}(a):\mathbb{Q}]=\deg f(x)\neq 2^n$이므로 a는 작도 가능이 될 수 없다.

27 다항식의 근과 분해체
(Splitting Field of Polynomials)

연습문제

1. $a(x)=(x^2-3)(x^3-1)\in\mathbb{Q}[x]$의 분해체를 구하라.

2. $\mathbb{Q}(\sqrt{3}, i)$는 $(x^2-2x-2)(x^2+1)\in\mathbb{Q}[x]$의 분해체임을 보여라.

3. x^2-3과 $x^2-2x-2\in\mathbb{Q}[x]$의 분해체는 같음을 보여라.

4. (1) $x^4-2\in\mathbb{Q}[x]$의 분해체를 구하라.
   (2) $x^4-2\in\mathbb{R}[x]$의 분해체를 구하라.

5. (1) $\mathbb{Q}(i, \sqrt{2})$는 $x^4-2x^2+9\in\mathbb{Q}[x]$의 분해체임을 보여라.

(2) $\mathbb{Q}(i,\ \sqrt{2})$는 $x^2-2\sqrt{2}x+3\in\mathbb{Q}(\sqrt{2})[x]$의 분해체임을 보여라.

6. 다음 중 $\mathbb{Q}$상에서의 분해체인 것을 골라라.

(1) $\mathbb{Q}(i)$
(2) $\mathbb{Q}(\sqrt{2})$
(3) $\mathbb{Q}(\sqrt[3]{2})$
(4) $\mathbb{Q}(2+\sqrt{5})$
(5) $\mathbb{Q}(i+\sqrt{3})$
(6) $\mathbb{Q}(i,\ \sqrt{2},\ \sqrt{3})$

7. $x^2+\overline{1}\in\mathbb{Z}_3[x]$의 분해체를 구하라.

8. $\mathbb{Z}_3\subset E$이다. 또 $u\in E$는 $a(x)=x^3+\overline{2}x+\overline{1}\in\mathbb{Z}_3[x]$의 근이다.

(1) $u+\overline{1},\ u+\overline{2}\in E$도 $a(x)$의 근이 됨을 보여라.
(2) $a(x)\in\mathbb{Z}_3[x]$의 분해체를 구하라.

B 9. $x^3+x^2+\overline{1}\in\mathbb{Z}_2[x]$의 분해체를 구하고 그 위수를 구하라.

10. $x^3+x+\overline{1}\in\mathbb{Z}_2[x]$의 분해체를 구하고 그 위수를 구하라.

B 11. $x^3+x^2+x+\overline{2}\in\mathbb{Z}_3[x]$의 분해체를 구하고 그 위수를 구하라.

12. $[E:F]=2$이면 E는 F상에서의 분해체가 됨을 보여라.

13. $F\subset K\subset E$이다. E가 F상에서 $a(x)$의 분해체이면 E는 K상에서 $a(x)$의 분해체가 됨을 보여라.

14. $\mathbb{R}$상에서의 분해체는 $\mathbb{R}$과 $\mathbb{C}$뿐임을 보여라.

B 15. $p(x)=x^4+ax^2+b\in F[x]$는 기약이다. $F[x]/\langle p(x)\rangle$는 $p(x)$의 분해체가 됨을 보여라.

16. $K=F(a)$는 F상에서 어떤 다항식의 분해체이다. K는 F상에서 a의 극소다항식의

분해체가 됨을 보여라.

17. F의 표수는 0이다. F상에서의 임의의 분해체는 반드시 F상에서 어떤 기약다항식의 분해체가 됨을 보여라.

18. $[K:F]=n$이고 K는 F상에서 어떤 다항식의 분해체이다. K는 차수가 n인 모든 K에서 근을 가지는 기약다항식의 분해체가 됨을 보여라.

19. (1) $\mathbb{Q}(\sqrt{2}, \sqrt{-3})=\mathbb{Q}(c)$인 c를 구하라.
(2) $\mathbb{Q}(\sqrt{2}, \sqrt[3]{2})=\mathbb{Q}(c)$인 c를 구하라.

B 20. a는 x^3-x+1, b는 x^2-2x-1의 근이다. $\mathbb{Q}(a, b)=\mathbb{Q}(c)$인 c를 구하라.

21. $\mathbb{Q}(\sqrt{2}, \sqrt{3}, \sqrt{-5})=\mathbb{Q}(c)$인 $c\in\mathbb{R}$를 구하라.

22. $\mathbb{Q}(\sqrt{2}, \sqrt{3})$이 분해체가 되는 $\mathbb{Q}$상에서 기약인 $p(x)$를 구하라(17번 이용).

23. E를 다음 다항식의 $\mathbb{Q}$상에서의 분해체라고 할 때 $[E:\mathbb{Q}]$를 구하라.
(1) x^2+3 (2) x^4-1 (3) $(x^2-x)(x^3-2)$

24. $F\subset K\subset E$, $K=F(u_1, \cdots, u_m)$, 단, u_i는 $f(x)\in F[x]$의 근이다. E가 F상에서 $f(x)$의 분해체일 필요충분조건은 E가 K상에서 $f(x)$의 분해체임을 증명하라.

25. $f(x)=x^3-2\in\mathbb{Q}[x]$의 두 복소수 근을 α, β라고 하면 x^3-2의 분해체 $\mathbb{Q}(\sqrt[3]{2}, \alpha, \beta)=\mathbb{Q}(\sqrt[3]{2}, \alpha)$임을 보여라.

26. $f(x)\in F[x]$, $\deg f(x)=n$, E는 $f(x)$의 분해체이다. $[E:F]$는 $n!$의 약수임을 보여라.

第27장 다항식의 근과 분해체 연습문제 풀이

1. $a(x)$의 근을 구하면 $\pm\sqrt{3}$, $\frac{1}{2}(-1\pm\sqrt{3}i)$이다. 따라서 $a(x)$의 분해체는 $\mathbb{Q}\left(\pm\sqrt{3},\ \frac{1}{2}(-1\pm\sqrt{3}i)\right)$인데 간단히 쓰면 $\mathbb{Q}(\sqrt{3}, i)$로 표시할 수 있다.

2. $(x^2-2x-2)(x^2+1)$의 근을 구하면 $1\pm\sqrt{3}$, $\pm i$이다. 따라서 분해체는 $\mathbb{Q}(1\pm\sqrt{3}, \pm i)$인데 $\mathbb{Q}(1\pm\sqrt{3}, \pm i)=\mathbb{Q}(\sqrt{3}, i)$이므로 $\mathbb{Q}(\sqrt{3}, i)$가 분해체이다.

3. x^2-3의 분해체는 $\mathbb{Q}(\sqrt{3})$이다. 또 x^2-2x-2의 근은 $1\pm\sqrt{3}$이므로 분해체는 $\mathbb{Q}(1+\sqrt{3}, 1-\sqrt{3})$이다. 또

$$1+\sqrt{3}\in\mathbb{Q}(\sqrt{3}),\ \ 1-\sqrt{3}\in\mathbb{Q}(\sqrt{3})$$

이므로 $\mathbb{Q}(1+\sqrt{3},\ 1-\sqrt{3})\subset\mathbb{Q}(\sqrt{3})$이다. 따라서 x^2-3의 분해체와 x^2-2x-2의 분해체는 모두 $\mathbb{Q}(\sqrt{3})$이다.

4. $x^4-2=(x^2+\sqrt{2})(x^2-\sqrt{2})$이므로 근은 $\pm\sqrt[4]{2}$, $\pm\sqrt[4]{2}i$이다.
   (1) $\mathbb{Q}[x]$의 원소로 봤을 때 분해체는 $\mathbb{Q}(\pm\sqrt[4]{2}, \pm\sqrt[4]{2}i)=\mathbb{Q}(\sqrt[4]{2}, i)$이다.
   (2) $\mathbb{R}[x]$의 원소로 생각하면 $\mathbb{R}(\sqrt[4]{2}, i)=\mathbb{R}(i)=\mathbb{C}$가 된다.

5. (1) $x^4-2x^2+9=(x^2-3)^2+4x^2=(x^2-3)^2-(2xi)^2=(x^2-3+2xi)(x^2-3-2xi)$

   로 분해된다. 따라서 모든 근은

$$-i\pm\sqrt{-1+3},\quad i\pm\sqrt{-1+3}$$

   이므로 $\mathbb{Q}[x]$의 원소를 보면 분해체는 $\mathbb{Q}(-i\pm\sqrt{2}, i\pm\sqrt{2})=\mathbb{Q}(i,\ \sqrt{2})$이다.

   (2) $x^2-2\sqrt{2}x+3$의 근을 구하면 $\sqrt{2}\pm\sqrt{2-3}=\sqrt{2}\pm i$이다. 따라서 분해체는 $(\mathbb{Q}(\sqrt{2}))(\sqrt{2}+i,\ \sqrt{2}-i)$이고

$$i=(\sqrt{2}+i)-\sqrt{2}\in(\mathbb{Q}(\sqrt{2}))(\sqrt{2}+i,\ \sqrt{2}-i)$$

이므로 $\mathbb{Q}(\sqrt{2}, i) \subset (\mathbb{Q}(\sqrt{2}))(\sqrt{2}+i, \sqrt{2}-i)$이고 $\sqrt{2} \pm i \in \mathbb{Q}(\sqrt{2}, i)$이므로 $\mathbb{Q}(\sqrt{2}, \sqrt{2}+i, \sqrt{2}-i) \subset \mathbb{Q}(\sqrt{2}, i)$이다. 따라서 $\mathbb{Q}(\sqrt{2}, i)$가 분해체가 됨을 알 수 있다.

6. (1) 우선 i가 근이 되는 다항식을 구해보면 x^2+1인데 이 식의 분해체는 $\mathbb{Q}(i, -i) = \mathbb{Q}(i)$이므로 $\mathbb{Q}(i)$는 $\mathbb{Q}$상에서 분해체가 된다.

(2) (1)과 마찬가지로 $\mathbb{Q}(\sqrt{2})$는 x^2-2의 분해체이다.

(3) $\sqrt[3]{2}$의 극소다항식을 구하면 x^3-2이다. 그런데 x^3-2의 근을 구하면 $\sqrt[3]{2}$, $\frac{1}{2}(-1 \pm \sqrt{3}i)$이므로 $\mathbb{Q}(\sqrt[3]{2})$는 분해체가 될 수 없다.

(4) $2+\sqrt{5}$의 극소다항식은 $2+\sqrt{5}=\alpha$라 두면 $5=(\alpha-2)^2=\alpha^2-4\alpha+4$, 따라서 $p(x)=x^2-4x-1$이다. $p(x)$의 근은 $2 \pm \sqrt{5}$이므로 $p(x)$의 분해체는 $\mathbb{Q}(2+\sqrt{5}, 2-\sqrt{5})$이다. 그런데

$$2-\sqrt{5}=-(2+\sqrt{5})+4 \in \mathbb{Q}(2+\sqrt{5})$$

이므로 $\mathbb{Q}(2+\sqrt{5})$는 x^2-4x-1의 분해체이다.

(5) $i+\sqrt{3}=\alpha$라 두면 $\sqrt{3}=\alpha-i$이므로 $3=\alpha^2-2\alpha i-1$에서 $\alpha^2-2\alpha i=4$는 유리계수가 아니므로 다시 $\alpha^2-4=2\alpha i$의 양변을 제곱하면 $\alpha^4-8\alpha^2+16=-4\alpha^2$이고 따라서 α의 극소다항식은 $p(x)=x^4-4x^2+16$이다. 실제로 이 다항식의 근을 구하면

$$(x^2-4)^2-(2ix)^2=(x^2-4+2ix)(x^2-4-2ix)$$

이므로 근은 $-i \pm \sqrt{1+4}$, $i \pm \sqrt{-1+4}$이다. $p(x)$의 분해체는

$$\mathbb{Q}(-i+\sqrt{3}, -i-\sqrt{3}, i+\sqrt{3}, i-\sqrt{3})$$

이다. 그런데

$$-i-\sqrt{3}=-(i+\sqrt{3}) \in \mathbb{Q}(i+\sqrt{3}),$$
$$(i+\sqrt{3})^{-1}=\frac{i-\sqrt{3}}{(i+\sqrt{3})(i-\sqrt{3})}=-\frac{1}{4}(i-\sqrt{3})$$

이므로

$$i-\sqrt{3}=-4(i+\sqrt{3})^{-1}\in\mathbb{Q}(i+\sqrt{3}),\ -i+\sqrt{3}=-(i-\sqrt{3})\in\mathbb{Q}(i+\sqrt{3})$$

이므로 결국 $\mathbb{Q}(i+\sqrt{3})$은 $p(x)$의 분해체가 된다. 사실 $p(x)$의 분해체는 $\mathbb{Q}(i,\ \sqrt{3})$이 됨을 금방 알 수 있다.

(6)
$$f(x)=(x^2+1)(x^2-2)(x^2-3)\in\mathbb{Q}[x]$$

라 두면 $f(x)$의 근은 $\pm i, \pm\sqrt{2}, \pm\sqrt{3}$이다. 따라서 $\mathbb{Q}(i,\ \sqrt{2},\ \sqrt{3})$은 $f(x)$의 $\mathbb{Q}$상에서의 분해체이다. 물론 $x^2+1\in\mathbb{Q}(\sqrt{2},\ \sqrt{3})[x]$의 분해체도 된다. 또 $(x^2+1)(x^2-3)\in(\sqrt{2})[x]$의 분해체도 된다.

7. $x^2+\bar{1}\in\mathbb{Z}_3[x]$는 기약임을 쉽게 알 수 있다. 따라서 $\mathbb{Z}_3$의 확대체 E에서 근 u를 가진다. $\mathbb{Z}_3(u)$에서 $x^2+\bar{1}$는 $x-u$로 나누어 지므로 실제로 나누면

$$x^2+\bar{1}=(x-u)(x+u)+(u^2+\bar{1})=0$$

이고 $u^2+\bar{1}=0$이므로 결국 $\mathbb{Z}_3(u,\ -u)=\mathbb{Z}_3(u)$는 $x^2+\bar{1}$의 분해체가 된다.

$\mathbb{Z}_3(u)$의 $\mathbb{Z}_3$상에서의 기저는 $\{1,\ u\}$이므로 $\mathbb{Z}_3(u)$의 모든 원소는 $a+bu$, $a,\ b\in\mathbb{Z}_3$꼴이다. 따라서 $|\mathbb{Z}_3(u)|=3^2$이다.

8. (1) $a(u)=u^3+\bar{2}u+\bar{1}=0$이므로 $x^3+\bar{2}x+\bar{1}$를 $x-u$로 직접 나누면

$$\begin{array}{r|l} & x^2+ux+(\bar{2}+u^2) \\ \hline x-u & x^3+\bar{2}x+\bar{1} \\ & x^3-ux^2 \\ \hline & ux^2+\bar{2}x+\bar{1} \\ & ux^2-u^2x \\ \hline & (\bar{2}+u^2)x+\bar{1} \\ & (\bar{2}+u^2)x-(\bar{2}u+u^3) \end{array}$$

이고 $u^3+\bar{2}u+\bar{1}=0$이므로 결국

$$\begin{aligned} x^3+\bar{2}x+\bar{1}&=(x-u)(x^2+ux+\bar{2}+u^2) \\ &=(x-u)(x^2+ux+u^2-\bar{1}) \end{aligned}$$

$$= (x-u)(x-(u+\bar{1}))(x-(u-\bar{1}))$$

로 인수분해 된다. 따라서 $a(x)$의 근은 u, $u+\bar{1}$, $u-\bar{1}=u+\bar{2}$이다.

(2) $a(x)$의 분해체는

$$\mathbb{Z}_3(u,\ u+\bar{1},\ u+\bar{2}) = \mathbb{Z}_3(u)$$

가 됨을 쉽게 알 수 있다. $\mathbb{Z}_3(u)$의 원소는

$$a+bu+cu^2,\ a,\ b,\ c \in \mathbb{Z}_3$$

꼴이므로 $|\mathbb{Z}_3(u)| = 3^3 = 27$이다. 연산은 $+$, $\times$한 후 $\bar{3}=\bar{0}$이고 $u^3+\bar{2}u+\bar{1}$로 나눈 나머지를 구하면 된다.

9. $a(x)=x^3+x^2+\bar{1}$는 $\mathbb{Z}_2[x]$에서 기약이다. $\mathbb{Z}_2$의 확대체 E에서 $a(x)$의 근을 u라고 하면 $a(x)=(x-u)q(x)$꼴이 된다. 실제로 $q(x)$를 구해보면

$$\begin{array}{r l}
 & x^2+(u+\bar{1})x+(u^2+u) \\ \hline
x-u \,) & x^3+x^2+\bar{1} \\
 & x^3-ux^2 \\ \hline
 & (u+\bar{1})x^2+\bar{1} \\
 & (u+\bar{1})x^2-(u^2+u)x \\ \hline
 & (u^2+u)x+\bar{1} \\
 & (u^2+u)x-(u^3+u^2) \\ \hline
 & u^3+u^2+\bar{1}
\end{array}$$

이므로 $q(x)=x^2+(u+\bar{1})x+u(u+\bar{1})$이다. 한편 $\mathbb{Z}_2(u)$의 원소는

$$a+bu+cu^2,\ a,\ b,\ c \in \mathbb{Z}_2$$

꼴이므로 $|\mathbb{Z}_2(u)| = 2^3 = 8$이다. $(\mathbb{Z}_2(u)^*,\ \cdot)$는 군이므로 $\mathbb{Z}_2(u)^*$의 모든 원소는 $x^7=1$을 만족시킨다. 따라서 $\mathbb{Z}_2(u)$는 x^8-x의 분해체가 됨을 알 수 있다. 물론 $|u|=7$이다. $\mathbb{Z}_2(u)$의 원소의 연산은

$$u^3=u^2+1,\ u^7=1,\ 0=u(u^3+u^2+1)=u^4+u^3+u$$

이므로 $u^4=u^3+u=u^2+u+1$, $\cdots$ 등으로 차례로 대입하면 된다. 예를 들면

$$u^2(u^2+u+1)=u^4+u^3+u^2=u^2+u,\ u^2+(u^2+u+1)=u+1$$

이다. $\mathbb{Z}_2(u)$의 모든 원소를 $a(x)$에 대입해보면 $a(u^2)=0$, $a(u^2+u+1)=0$이 됨을 알 수 있다. 따라서

$$a(x)=(x-u)(x-u^2)(x-(u^2+u+1))=(x-u)(x-u^2)(x-u^4)$$

으로 인수분해되어 $a(x)$의 모든 근은 u, u^2, u^4이다. 따라서 $a(x)$의 분해체는 $\mathbb{Z}_2(u, u^2, u^4)=\mathbb{Z}_2(u)$가 된다. 보다 자세한 내용은 [4], 37장 예제 1, 유한체 부분과 원분다항식을 참고하기 바란다.

10. 9번과 마찬가지로 계산하면 된다. [4], 37장 예제 1 참조.

$p(x)=x^3+x+\overline{1}$는 $\overline{0}, \overline{1}\in\mathbb{Z}_2$를 대입해도 0이 아니다. 따라서 $\mathbb{Z}_2$에서 기약이다. $\mathbb{Z}_2$의 확대체 E에서 u를 $p(x)$의 근이라 하면 $[\mathbb{Z}_2(u):\mathbb{Z}_2]=\deg p(x)=3$이다. 따라서 $\mathbb{Z}_2(u)$는 au^2+bu+c, $a, b, c\in\mathbb{Z}_2$꼴로 표시되고 $|\mathbb{Z}_2(u)|=8$이다. $p(x)$를 $x-u$로 나누면

$$p(x)=(x-u)(x^2+ux+u^2+1)$$

으로 인수분해된다. 또 $\mathbb{Z}_2^*(u)$는 u에 의해서 생성되는 순환군이다. $u^3+u+\overline{1}=0$, $u^7=1$를 이용하여 $\mathbb{Z}_2^*(u)$의 모든 원소를 $p(x)$에 대입해 보면

$$p(u^2)=u^6+u^2+\overline{1}=u^{-1}+u^2+\overline{1}=u^{-1}(\overline{1}+u^3+u)=0,$$
$$p(u^4)=u^{12}+u^4+\overline{1}=u^5+u^4+\overline{1}=u^4(u+\overline{1})+\overline{1}=u^4(-u^3)+\overline{1}=\overline{0}$$

이므로 결국 $\mathbb{Z}_2(u)=\mathbb{Z}_2(u, u^2, u^4)$은 $p(x)$의 분해체이다.

11. $p(x)=x^3+x^2+x+2\in\mathbb{Z}_3[x]$는 $p(\overline{0}), p(\overline{1}), p(\overline{2})$ 어느 것도 $\overline{0}$가 아니다. 따라서 $\mathbb{Z}_3$에서 기약이다. $\mathbb{Z}_3$의 확대체 E에서 $u\in E$가 $p(x)$의 근이라고 하자.

따라서 $\mathbb{Z}_3(u)$는 $\mathbb{Z}_3$의 유한확대체이고 기저는 $\{1, u, u^2\}$이다. $\mathbb{Z}_3(u)$의 원소는

$$au^2+bu+c,\ a, b, c\in\mathbb{Z}_3$$

꼴이므로 $|\mathbb{Z}_3(u)|=3^3=27$이다. $\mathbb{Z}_3(u)[x]$에서 $p(x)$를 $x-u$로 나누면

$$p(x)=(x-u)(x^2+(u+1)x+(u^2+u+1))$$

로 분해된다.

$$q(x)=x^2+(u+1)x+(u^2+u+1)$$

로 두고 $\mathbb{Z}_3(u)$의 27개의 원소를 $q(x)$에 대입하면 어느 것도 0이 되지 않는다(실제로 대입하여 계산하기는 매우 어렵다. 그냥 그렇게 되는 것으로 알고 넘어갈 것). 따라서 $q(x)$는 $\mathbb{Z}_3(u)$에서 기약이다. 다시 $\mathbb{Z}_3(u)$의 확대체 K에서 $w\in K$가 $q(x)$의 근이 존재한다. 직접 $q(x)$를 $x-w$로 나누면

$$q(x)=(x-w)(x+(u+w+1))+(u^2+u+1+w^2+uw+w)$$

꼴로 나타난다. 그런데

$$q(w)=w^2+(u+1)w+u^2+u+1=0$$

이므로 결국 $p(x)$의 근은 $u,\ w,\ -(u+w+1)$이 되므로 $p(x)$의 분해체는 $\mathbb{Z}_3(u,\ w,\ -(u+w+1))$이다. 그런데 $-(u+w+1)\in\mathbb{Z}_3(u,\ w)$이므로 결국 $p(x)$의 분해체는 $\mathbb{Z}_3(u,\ w)$이고

$$\begin{aligned}[\mathbb{Z}_3(u,\ w):\mathbb{Z}_3]&=[(\mathbb{Z}_3(u))(w):\mathbb{Z}_3(u)][\mathbb{Z}_3(u):\mathbb{Z}_3]\\&=\deg q(x)\times\deg p(x)=6\end{aligned}$$

이므로 $|\mathbb{Z}_3(u,\ w)|=3^6$이다. 실제로 $\mathbb{Z}_3(u,\ w)$의 $\mathbb{Z}_3$상에서의 기저는 $\{1,\ u,\ u^2,\ w,\ uw,\ u^2w\}$이다.

12. $E\neq F$이므로 $u\in E-F$를 한 개 택하면 $x-u\notin F[x]$이고 u는 F상에서 대수적이므로 $[E:F]=[E:F(u)][F(u):F]$에서 $[E:F(u)]=1$, $[F(u):F]=2$이다. 따라서 u의 F상에서의 극소다항식을 $p(x)$라고 하면 $\deg p(x)=2$이므로 $p(x)=x^2+ax+b\in F[x]$꼴로 쓸 수 있다. $p(x)$를 $x-u$로 나누면

$$p(x)=(x-u)(x-(u+a))$$

꼴로 분해된다. 따라서 $p(x)$의 분해체는 $F(u,\ u+a)$인데 $u+a\in F(u)$이므로 결국

$F(u,\ u+a)=F(u)$이고 $[E : F(u)]=1$이므로 $F(u)=E$는 $p(x)$의 분해체이다.

13. $a(x)$의 모든 근을 $u_1,\ u_2,\ \cdots,\ u_n$라고 하면 $E=F(u_1,\ u_2,\ \cdots,\ u_n)$으로 둘 수 있다. 한편 $a(x)\in K[x]$로도 볼 수 있으므로 K상에서의 $a(x)$의 분해체는 $K(u_1,\ u_2,\ \cdots,\ u_n)$이 된다. $E\subset K(u_1,\ u_2,\ \cdots,\ u_n)$은 간단하다. 역으로 $K\subset E,\ u_1,\ u_2,\ \cdots,\ u_n\in E$이므로 $K(u_1,\ u_2,\ \cdots,\ u_n)\subset E$가 되어 결국 $E=K(u_1,\ u_2,\ \cdots,\ u_n)$은 K상에서 $a(x)$의 분해체가 된다.

14. 참고 $\mathbb{C}=\mathbb{R}(i)$이다.

$\mathbb{R}$상에서의 임의의 다항식의 근은 $a+bi,\ a,\ b\in\mathbb{R}$꼴로 쓸 수 있다. 만일 $b=0$이면 $\mathbb{R}(a+bi)=\mathbb{R}(a)=\mathbb{R}$이고 $b\neq 0$이면 $\mathbb{R}(a+bi)=\mathbb{R}(i)=\mathbb{C}$가 된다.

15. 힌트 문제 6의 (5)풀이를 참고할 것

확대체의 기본정리에서

$$F[x]/\langle p(x)\rangle=E,\ c\in E\text{는 } p(x)\text{의 근}$$

이 된다. 또 $E\cong F(c)$임도 쉽게 알 수 있다. $[F(c) : F]=\deg p(x)=4$이다. 한편 $p(x)=(x^2)^2+ax^2+b\in F[x]$의 근을 구해 보면

$$p(x)=\left(x^2+\frac{a}{2}\right)^2-\left(\frac{a^2}{4}-b\right)$$

꼴로 고칠 수 있다. 따라서 $\frac{a^2}{4}-b=u^2$, 즉 u를 $x^2-\left(\frac{a^2}{4}-b\right)\in F[x]$의 한근이라고 하면 나머지 근은 $-u$이고

$$p(x)=\left(x^2+\frac{a}{2}\right)^2-u^2\in F(u)[x]$$

가 된다. 다시 이 다항식은 $F(u)[x]$에서 $\left(x^2+\frac{a}{2}+u\right)\left(x^2+\frac{a}{2}-u\right)$로 인수분해 되므로 $F(u)$의 확대체에서 $x^2+\frac{a}{2}+u$의 한근을 α라고 하면 $\alpha^2=-\frac{a}{2}-u$이고 나머지 한근은 $-\alpha$이다. 마찬가지로 $\beta^2=-\frac{a}{2}+u$라고 하면 β는 $p(x)$의 근이다. 따라서

$p(x)$의 모든 근은 $\alpha, -\alpha, \beta, -\beta$이고 $u \in F(\alpha), u \in F(\beta)$이므로 $p(x)$의 분해체는 $F(u)(\alpha, \beta) = F(\alpha, \beta)$이다. 마지막으로 $\alpha \in F(\beta)$임을 보이자.

$$(\alpha^2)^{-1} = (\alpha^2)^{-1}(\beta^2)^{-1}\beta^2 = (\alpha^2\beta^2)^{-1}\beta^2 = \left[\left(-\frac{a}{2}-u\right)\left(-\frac{a}{2}+u\right)\right]^{-1}\beta^2 = (b^2)^{-1}\beta^2$$

이다. 따라서 $\alpha^{-1} = \pm b^{-1}\beta \in F(\beta)$이므로 $\alpha \in F(\beta)$이고 결국 $F(\alpha, \beta) = F(\beta)$이다.

또 $c \in F(\beta)$이므로 $[F(c) : F]$는 $[F(\beta) : F]$의 약수인데 둘다 4이므로 결국 $F(c) = F(\beta)$가 된다. 즉 E는 $p(x)$의 분해체이다.

16. a는 F상에서 대수적이므로 a의 F상에서의 극소다항식은 $p(x) \in F[x]$라고 하고 $p(x)$의 근을 $a = c_1, c_2, \cdots, c_m$라고 하면 $p(x)$의 분해체는 $F(c_1, c_2, \cdots, c_m)$이 된다. $F(a) \subset F(c_1, c_2, \cdots, c_m)$이므로 $K \subset F(c_1, c_2, \cdots, c_m)$이다. 역으로 $p(x) \in F[x]$는 기약이고 $p(x)$의 한근 a가 K에 포함되므로 정규확대체의 성질에 의해서 $p(x)$의 모든 근은 K에 포함된다. 따라서 $F(c_1, c_2, \cdots, c_m) \subset K$가 되어 $K = F(c_1, c_2, \cdots, c_m)$이다.

힌트 F의 표수가 0이면 F의 모든 유한확대체는 $F(c)$꼴이다.

17. K를 F상에서 어떤 다항식의 분해체라고 하면 $K = F(u_1, u_2, \cdots, u_n)$꼴이고 또 유한확대체는 단순확대체이므로 결국 $K = F(a)$로 쓸 수 있다. a의 F상에서의 극소다항식을 $p(x)$라고 하면 $a \in K$, K는 F의 정규확대체이므로 $p(x)$의 모든 근도 K에 들어간다. 따라서 K는 a의 극소다항식 $p(x)$의 분해체가 된다.

18. $p(x)$를 K에서 근을 가지는 n차 기약다항식이라고 하자. $p(x)$의 분해체를 E라고 하면 E는 K의 부분체이고 $[E : F] \geq n$이다. 그러나 또 $[E : F] \leq [K : F] = n$이므로 결국 $K = E$가 됨을 알 수 있다.

19. (1) $c = \sqrt{2} + \sqrt{3}i$라고 두면 $\mathbb{Q}(\sqrt{2}, \sqrt{3}i) \supset \mathbb{Q}(c)$이다. 한편

$$(\sqrt{2} - \sqrt{3}i)^{-1} = \frac{\sqrt{2} + \sqrt{3}i}{(\sqrt{2} - \sqrt{3}i)(\sqrt{2} + \sqrt{3}i)} = \frac{1}{2+3}(\sqrt{2} + \sqrt{3}i) \in \mathbb{Q}(c)$$

이므로 $\sqrt{2} - \sqrt{3}i \in \mathbb{Q}(c)$이다.

이 식으로부터 $\sqrt{2}$, $\sqrt{3}i \in \mathbb{Q}(c)$가 되므로 $\mathbb{Q}(\sqrt{2}, \sqrt{3}i) \subset \mathbb{Q}(c)$이다.

(2) $\mathbb{Q}(\sqrt[6]{2})$를 생각해 보면 우선 $\mathbb{Q}(\sqrt{2}, \sqrt[3]{2}) \supset \mathbb{Q}(\sqrt[6]{2})$이다. 그런데

$$[\mathbb{Q}(\sqrt{2}, \sqrt[3]{2}) : \mathbb{Q}] = [\mathbb{Q}(\sqrt{2}, \sqrt[3]{2}) : \mathbb{Q}(\sqrt[6]{2})][\mathbb{Q}(\sqrt[6]{2}) : \mathbb{Q}] = 6$$

이므로 따라서 $\mathbb{Q}(\sqrt{2}, \sqrt[3]{2}) = \mathbb{Q}(\sqrt[6]{2})$가 된다.

20. x^2-2x-1의 근은 $1 \pm \sqrt{2}$이고 x^3-x+1은 $\mathbb{Q}$상에서 기약이므로 무리수근 b와 복소수근 z_1, z_2를 가진다. 또 $1 \pm \sqrt{2}$는 x^3-x+1의 근이 되지 못함을 직접 대입해보면 알 수 있다. 따라서 $a=1+\sqrt{2}$라고 하면 $1-\sqrt{2} \in \mathbb{Q}(a)$이고 따라서 $\mathbb{Q}(a, b) = \mathbb{Q}(c)$인 c를 찾으면 된다. $[\mathbb{Q}(a, b) : \mathbb{Q}] = 6$이 됨도 쉽게 알 수 있다. $c=a+b$라 두면 $\mathbb{Q}(c) \subset \mathbb{Q}(a, b)$이므로 $[\mathbb{Q}(a, b) : \mathbb{Q}(c)][\mathbb{Q}(c) : \mathbb{Q}] = 6$이고 또 $[\mathbb{Q}(c) : \mathbb{Q}] = 6$이다. 그 이유는 $1+\sqrt{2}+b=x$라 두면 $(x-1-b)^2=2$에서

$$x^2+b^2+1-2bx-2x+2b=2$$

인데 $b+1 \notin \mathbb{Q}$ 이다. 따라서 $[\mathbb{Q}(c) : \mathbb{Q}] \geq 4$이고 6의 약수이므로 6뿐이다. 따라서 $\mathbb{Q}(a, b) = \mathbb{Q}(c)$가 된다.

이번에는 a를 x^3-x+1의 한 복소수근이라고 하자. $\mathbb{Q}(a, b) = \mathbb{Q}(a+b)$가 됨을 보이자. $\mathbb{Q}(a+b) \subset \mathbb{Q}(a, b)$는 당연하다. 또 $[\mathbb{Q}(a, b) : \mathbb{Q}] = 6$은 당연하다. $a+b$의 극소다항식을 구하면 앞에서와 마찬가지로 계산하면 $[\mathbb{Q}(a+b) : \mathbb{Q}] \geq 4$이고 6의 약수이므로 결국 $[\mathbb{Q}(a+b) : \mathbb{Q}] = 6$이 된다. 따라서 $\mathbb{Q}(a+b) = \mathbb{Q}(a, b)$가 된다.

21. 우선 $[\mathbb{Q}(\sqrt{2}, \sqrt{3}, \sqrt{-5}) : \mathbb{Q}] = 8$임에 신경쓰자. $\sqrt{2}+\sqrt{3}+\sqrt{5}i=c$라고 두면 c의 기약다항식 $p(x)$은

$$5+2\sqrt{6}=x^2-2\sqrt{5}ix-5,$$

또 계산하면 결국 $\mathbb{Q}$상에서 $p(x)$의 차수는 8이다. 따라서
$\mathbb{Q}(c) \subset \mathbb{Q}(\sqrt{2}, \sqrt{3}, \sqrt{-5})$이고 $[\mathbb{Q}(c) : \mathbb{Q}] = 8$이므로

$$\mathbb{Q}(\sqrt{2}, \sqrt{3}, \sqrt{-5}) = \mathbb{Q}(\sqrt{2}+\sqrt{3}+\sqrt{-5})$$

가 된다.

22. $\mathbb{Q}(\sqrt{2}, \sqrt{3})=\mathbb{Q}(\sqrt{2}+\sqrt{3})$임은 쉽게 알 수 있다. 또 $(\mathbb{Q}(\sqrt{2}, \sqrt{3}):\mathbb{Q})=4$이므로 $\sqrt{2}+\sqrt{3}$의 $\mathbb{Q}$에서의 극소다항식을 구하면 된다. 즉 $5+2\sqrt{6}=x^2$에서 $x^4-10x+25=24$이고 따라서

$$p(x)=x^4-10x+1$$

이다.

23. (1) 분해체는 $\mathbb{Q}(\sqrt{3}i, -\sqrt{3}i)=\mathbb{Q}(\sqrt{3}i)$이므로 $[E:\mathbb{Q}]=2$이다.
(2) 분해체는 $E=\mathbb{Q}(\pm 1, \pm i)=\mathbb{Q}(i)$이므로 $[E:\mathbb{Q}]=2$이다.
(3) 분해체는 $E=\mathbb{Q}(0, 1, \sqrt[3]{2})=\mathbb{Q}(\sqrt[3]{2})$이므로 $[E:\mathbb{Q}]=3$이다.

24. ($\Rightarrow$) 27장 13번 문제 참조.
($\Leftarrow$) $f(x)\in f[x]$의 모든 근을 $u_1, u_2, \cdots, u_n$이라고 하면 $E=K(u_1, u_2, \cdots, u_n)$이다. $(m\leq n)$ $E=F(u_1, u_2, \cdots, u_n)$임을 보이면 된다. $K=F(u_1, u_2, \cdots, u_m)$이므로

$$E=K(u_1, u_2, \cdots, u_n)=(F(u_1, u_2, \cdots, u_m))(u_1, u_2, \cdots, u_n)=F(u_1, u_2, \cdots, u_n)$$

이다.

25. $f(x)=x^3-2$의 근은 $\sqrt[3]{2}$, $\sqrt[3]{2}w$, $\sqrt[3]{2}w^2$이다. 단 $w=\dfrac{-1+\sqrt{3}i}{2}$.
$\alpha=\sqrt[3]{2}w$, $\beta=\sqrt[3]{2}w^2$이라고 하자.

$$\beta=\sqrt[3]{2}w^2=(\sqrt[3]{2}w)^2(\sqrt[3]{2})^{-1}=\alpha^2(\sqrt[3]{2})^{-1}\in\mathbb{Q}(\alpha, \sqrt[3]{2})$$

이다. 따라서

$$\mathbb{Q}(\sqrt[3]{2}, \alpha, \beta)=\mathbb{Q}(\sqrt[3]{2}, \alpha)$$

이다. $\alpha=\sqrt[3]{2}w^2$, $\beta=\sqrt[3]{2}w$일때도 마찬가지로

$$\beta=\sqrt[3]{2}w=w^3(\sqrt[3]{2}w)=(\sqrt[3]{2}w^2)^2(\sqrt[3]{2})^{-1}\in\mathbb{Q}(\alpha, \sqrt[3]{2})$$

이다.

26. $f(x)$의 모든 근을 포함하는 체를 K라고 하면 정리에 의해서 $[K:F]$는 $n!$의 약수이다. 또 $F \subset E \subset K$이므로 $[E:F]$는 $[K:F]$의 약수이므로 결국 $n!$의 약수이다.

Memo

28 체의 동형사상 (Field Isomorphisms)

연습문제

B 1. $[E:F]$는 유한, E는 F의 분리가능확대체이면

(1) E와 F 사이의 중간체는 유한개 밖에 없음을 보여라.

(2) E는 F의 단순확대체임을 보여라.

A 2. $E=F(a, b)$, a, b는 F상에서 대수적이고, a는 F상에서 분리가능이면 E는 F의 단순확대체임을 보여라.

3. $f(x) \in F[x]$는 차수 m인 기약다항식이다. F의 표수가 m의 약수가 아니면 $f(x)$는 분리가능임을 보여라.

B 4. F의 표수는 $p(\neq 0)$이고 E는 F의 확대체이다.

(1) $a \notin F^p = \{\alpha^p | \alpha \in F\}$ 이면 $x^{p^n} - a \in F[x]$는 모든 n에 대해서 기약임을 보여라.

(2) $K = \{b \in E | b^{p^n} \in F,\ n \in \mathbb{Z}\}$는 F와 E의 중간체임을 보여라.

(3) $f : E \to E$가 F-동형사상이면 임의의 $b \in K$에 대해서 $f(b) = b$임을 보여라.

(4) $E - F$의 모든 원소가 분리불가능이면 임의의 $a \in E$에 대해서 $a^{p^n} \in F$인 정수 n이 존재함을 보여라.

B 5. F의 표수는 $p(\neq 0)$, $[E : F]$는 유한이다. 다음을 증명하라.

(1) $[E : F]$가 p의 배수가 아니면 E는 F상에 분리가능이다.

(2) 임의의 $a \in F$에 대해서 $b^p = a$인 $b \in F$가 존재하면 E는 F의 분리확대이다.

6. F가 유한체이면 F의 임의의 유한확대체는 F의 분리확대체임을 보여라.

7. $F \subset K \subset E$이다. 다음을 증명하라.

(1) $a \in E$, a가 F상에서 분리가능이면 a는 K상에서 분리가능이다.

(2) E가 F의 분리가능확대체이면 E는 K의 분리가능확대체, K는 F의 분리가능확대체이다.

8. F는 체, $\phi : F \to F$는 준동형사상이다. $\phi = 0$ 또는 ϕ는 단사임을 보여라. 또 $\phi \neq 0$이면 $\phi(1) = 1$가 됨을 보여라.

9. $[E : F] = 2$이면 E는 F상에서의 어떤 분리가능 다항식의 분해체가 됨을 보여라.

10. F의 표수가 0이면 $f'(x) = 0$인 $f(x) \in F[x]$는 상수임을 보여라.

11. F는 표수가 $p(\neq 0)$이다. $f'(x) = 0$이면 $f(x) \in F[x]$는 $f(x) = \sum g(x^p)$꼴임을 보여라.

12. $f(x) \in F[x]$는 기약다항식이다. $f'(x) \neq 0$면 $f(x)$와 $f'(x)$는 서로소임을 보여라.

13. $f(x) \in F[x]$이다. $f(x)$와 $f'(x)$가 서로소이면 $f(x)$는 중근을 가지지 않음을 보여라.

제28장 체의 동형사상 연습문제 풀이

1. **힌트** [4], 따름정리 28.16에서 분리가능 유한확대체는 단순확대체이고 또 Artin의 정리(연습문제 25.4)에서 중간체는 유한개 밖에 없음을 알 수 있다. 혹은 [4], 30장 갈루아 정리를 이용한다.

(1) E의 F상에서의 기저를 $u_1, u_2, \cdots, u_u$라고 하자. 각 u_i는 F상에서 대수적이므로 u_i의 F상에서의 기약다항식 $f_i(x) \in F[x]$가 존재한다.

$$f(x) = \text{lcm } \{f_1(x), f_2(x), \cdots, f_n(x)\}$$

이라고 하고 $f(x)$의 분해체를 K라고 하면 $[K : F]$는 유한이다. 또 $f(x)$는 중근을 가지지 않으므로 분리가능 다항식이다.

따라서 [4], 따름정리 30.4에 의해서 K는 F의 갈루아 확대체이다. 갈루아 정리에 의해서 $G(K, F) = [K : F]$는 유한이므로 갈루아군 $G(K, F)$의 부분군도 유한개이다. F와 K사이에는 중간체가 무한개 있을 수 없다.

따라서 $F \subset E \subset K$이므로 F와 E 사이에 있는 중간체도 유한개 밖에 없다.

(2) 1) F가 유한체일 경우는 유한체의 성질에 의해서 E는 F의 단순확대체이다.

2) F가 무한체일 경우를 생각해 보자.

$[E : F]$는 유한이므로 $[F(u) : F]$가 극대가 되는 $u \in E$를 잡을 수 있다. $F(u) = E$가 됨을 보이자. 만일 $F(u) \neq E$라면 $v \in E$, $v \notin F(u)$인 원소 v가 존재할 것이다.

$$X = \{F(u + av) | a \in F\}$$

라고 하면

$$F \subset F(u + av) \subset E$$

이다. 그런데 $|F|$는 무한이므로 결국 중간체는 유한개 뿐이라는 사실로부터

$$F(u + av) = F(u + bv),\ a \neq b,\ a,\ b \in F$$

인 a, b가 존재한다.

$$(a - b)v = (u + av) - (u + bv) \in F(u + av)$$

로부터

$$v=(a-b)^{-1}(a-b)v \in F(u+av)$$

이다. 따라서

$$u=(u+av)-av \in F(u+av)$$

가 되어

$$F(u) \subset F(u+av),\ v \notin F(u),\ v \in F(u+av)$$

로부터

$$[F(u+av):F]>[F(u):F]$$

가 된다. 그러나 이것은 $[F(u):F]$가 극대라는 사실에 모순이므로 결국 $F(u)=E$가 될 수 밖에 없다.

또는 Artin의 정리를 써서 바로 증명할 수도 있다.

힌트 [4], 정리 28.17에서 $a, b \in E$가 F상에서 대수적이고 각각의 기약다항식의 차수가 m, n, $|F| \geq mn$이면 같은 방법으로 $F(a, b)=F(c)$인 c를 만들 수 있다.

2. a의 F상에서의 극소다항식을 $f(x)$, b의 F상에서의 극소다항식을 $g(x)$, $f(x)g(x)$의 분해체를 K라 하자. $f(x)$의 근은 모두 단순근이다. 그 근을 $a, a_1, \cdots, a_m$, $g(x)$의 서로 다른 근을 $b, b_1, \cdots, b_n$라고 하자.

   F가 유한체이면 $F(a, b)$는 F의 유한확대체이므로 $F(a, b)$도 유한체이고 따라서 $F(a, b)^*$는 순환군이므로 $F(a, b)=F(c)$꼴로 쓸 수 있다. ([4], 37장 유한체 참조)

   F가 무한체이면 $t \neq \dfrac{a_i-a}{b-b_j}$인 $t \in K$를 잡을 수 있고 $c=a+tb$라 두면 [4], 정리 28.17와 동일한 방법으로 $F(a, b)=F(c)$가 됨을 알 수 있다.

3. F의 표수가 0이면 $f(x)$는 분리가능이므로 더 이상 증명할 필요가 없다. F의 표수를 p라고 하자. 만일 $f'(x)=0$이면

$$f(x)=a_0+a_1x^p+\cdots+a_nx^{p^n}$$

꼴로 표시된다. 따라서 $pn=m$이 되어 p가 m의 약수가 되어 모순이다. 결국 $f'(x)\neq 0$이 되어야 하고 따라서 $f(x)$와 $f'(x)$는 서로소가 되어 $f(x)$는 분리가능이 된다.

4. (1) F의 확대체 E에서 u가 $f(x)=x^{p^n}-a$의 한 근이라고 하자.

$x^{p^n}-a=(x-u)^m g(x)$꼴로 둘 수 있다. 단 $g(u)\neq 0$, $m\geq 1$. 양변을 미분하면

$$0=m(x-u)^{m-1}g(x)+(x-u)^m g'(x),\ 0=mg(x)+(x-u)g'(x)$$

이다. 따라서 $mg(u)=0$이다. 그런데 $g(u)\neq 0$이므로 $p|m$가 될 수밖에 없다. $m=pt$라고 하면

$$x^{p^n}-a=(x^p-u^p)^t g(x)$$

이고 이 사실로부터 $a=u^{p^n}$이 됨을 유도할 수 있다. 따라서

$$x^{p^n}-a=x^{p^n}-u^{p^n}=(x-u)^{p^n}$$

이 되어 $f(x)=x^{p^n}-a$의 분해체는 $F(u)$이고 p^n-중근을 가진다. 그런데 $a\not\in F^p$이므로 $u^{p^i}\not\in F$가 된다 $(i=0,\cdots,n-1)$. 만일

$$f(x)=h(x)t(x),\ h(x),\ t(x)\in F[x]$$

이면 $h(x)|(x-u)^{p^3}$이므로

$$h(x)=(x-u)^{p^i}=x^{p^i}-u^{p^i},\ 0\leq i\leq n,\ \text{또는}\ h(x)=c$$

꼴이다. 그런데 $u^{p^i}\not\in F$, $(0\leq i\leq n-1)$이므로 결국 $h(x)=x^{p^n}-u^{p^n}$ 또는 $h(x)=c$이므로 따라서 $x^{p^n}-a$는 F상에서 기약이다.

(2) $b, c\in K$라고 하면 $b^{p^n}, c^{p^m}\in F$, $n, m\in\mathbb{Z}$이다. $\mathrm{lcm}(n, m)=t$라고 두면 $(bc)^{p^t}\in F$가 됨을 알 수 있다. 또

$$(b\pm c)^{p^t}=b^{p^t}\pm c^{p^t}\in F$$

이므로 K는 체가 된다. d가 F의 원소면 $d=d^{p^0}\in F$이므로 $d\in K$이다.

(3) $b\in K$이면 $b^{p^n}\in F$이므로 $f(b^{p^n})=b^{p^n}$이다. 따라서

$$[f(b)-b]^{p^n}=[f(b)]^{p^n}-b^{p^n}=0$$

이므로 $f(b)=b$가 된다.

(4) $\alpha\in F$면 당연한 사실이다. $\alpha\in E-F$라면 α는 분리불가능이므로 $f_1(x)$를 α의 F상에서의 극소다항식이라고 하면 $f_1'(x)=0$이다. 따라서

$$f_1(x)=a_0+a_1x^p+a_2x^{2p}+\cdots+a_nx^{np}\in F[x]$$

꼴로 표시할 수 있다.

$$g(x)=a_0+a_1x+\cdots+a_nx^n\in F[x]$$

라고 하면 $g(\alpha^p)=0$이다. α^p의 F상에서의 극소다항식을 $f_2(x)$라고 하면 $f_2(x)|g(x)$이므로 $\deg f_2(x)\leq n<\deg f_1(x)$이다. 만일 α^p가 분리불가능이면 다시 $f_2'(x)=0$이고 따라서 같은 방법으로 $(\alpha^p)^p$의 F상에서의 극소다항식 $f_3(x)$의 차수를 보면

$$\deg f_3(x)<\deg f_2(x)<\deg f_1(x)$$

이다. 이와 같이 반복하면 결국 어느 시점에서 α^{p^m}는 분리가능이 될 수 밖에 없다. 안되면 차수가 계속 낮아져서 모순이 된다. $K-F$의 모든 원소는 분리 불가능이므로 따라서 $\alpha^{p^m}\in F$가 된다.

5. (1) $[E:F]=n$, $a\in E$라고 하면 $[F(a):F]$는 n의 약수이다. 만일 p가 $[F(a):F]$의 약수면 p는 n의 약수가 된다. 이것은 가정에 모순이므로 결국 p는 a의 극소다항식의 차수의 약수가 될 수 없다. 따라서 문제 3에 의해서 a는 F상에서 분리가능이다.

(2) 임의의 $c\in E$에 대해서 c의 F상에서의 기약다항식 $p(x)\in F[x]$를

$$p(x)=a_0+a_1x+a_2x^2+\cdots+a_nx^n$$

이라고 하자. 만일 $p'(x)\neq0$면 c는 분리가능이다. 따라서 끝. 만일 $p'(x)=0$이면

$$p(x)=b_0^p+b_1^px^p+\cdots+b_m^px^{pm}$$

꼴로 표시할 수 있으므로 따라서

$$p(x)=(b_0+b_1x+\cdots+b_m x^m)^p$$

꼴이고

$$0=p(c)=(b_0+b_1c+\cdots+b_m c^m)^p$$

에서

$$b_0+b_1c+\cdots+b_m c^m=0$$

이 되어 $pm\le m$이 되어 모순이다.

6. E를 F의 유한확대체라고 하고 $[E:F]=n$라고 하자. E의 임의의 원소 β는

$$\beta=a_0\alpha_1+a_1\alpha_2+\cdots+a_n\alpha_n,\ a_i\in F,\ \alpha_i\text{는 } E\text{의 기저}$$

로 표시할 수 있다. 그런데 F는 유한체이므로 $|F|=m$라고 하면 결국 $|E|=m^n$이다. 즉 E도 유한체가 된다. 유한체의 성질에 의해서 $(E^*,\ \cdot)$는 순환군이므로 $(E^*,\ \cdot)=\langle a\rangle$라고 두면 $E=F(a)$가 되므로 E는 F의 분리확대체이다.

7. (1) a의 F상에서의 기약다항식을 $f(x)\in F[x]$라고 하면 $f(x)$의 분해체에서 모두 단순근을 가진다. 한편 a의 K상에서의 기약다항식을 $g(x)\in K[x]$라고 하자.

$f(x)\in K[x]$도 되므로 기약다항식의 성질상 $g(x)|f(x)$이므로 $g(x)$의 근은 $f(x)$의 근도 된다. 따라서 $g(x)$는 분해체내에서 중근을 가질 수 없다. 이 사실로부터 a는 K상에서 분리가능이다.

(2) $b\in E$라고 하면 (1)에 의해서 b는 K상에서 분리가능이다. 따라서 E는 K의 분리확대체이다. 또 $K\subset E$이므로 K는 당연히 F의 분리확대체이다.

8. $\phi\ne 0$이라고 하자. 따라서 $\phi(x)\ne 0$인 $x\in F$가 존재할 것이다. 따라서 $\text{Ker}\,\phi\ne F$이다. 그런데 $\text{Ker}\,\phi$는 F의 아이디얼이고 F의 아이디얼은 0과 F뿐이므로 결국 $\text{Ker}\,\phi=0$이 되고 따라서 ϕ는 단사이다. 또

$$\phi(x)=\phi(x\cdot 1)=\phi(x)\phi(1)$$

이고 $\phi(x)\ne 0$이므로 $\phi(1)=1$이 된다.

9. $[E:F]=2$이므로 기저를 $\{1, u\}$로 둘 수 있다. 물론 $a \not\in F$이다. 사실 기저를 $\{a, b\}$라 생각하면 $\{aa^{-1}, ba^{-1}\}$도 기저이므로 $ba^{-1}=u$라 생각한다. 따라서 $[E(u):F]=2$이고 u의 극소다항식 $p(x)$는 2차식 $x^2+mx+n \in F[x]$꼴인데 이 식의 근은 u, $-u-m$이다. 만일 $u=-u-m$이면 $m1+2u=0$이다. 그런데 $\{1, u\}$는 기저이므로 이렇게 될 수는 없다. 따라서 $p(x)$는 분리다항식이다. 또 $F(u, -u-m)=F(u)$가 됨을 알 수 있다. 따라서 $E=F(u)$는 $p(x)$의 분해체가 된다.

10. $f(x)=a_0+a_1x+\cdots+a_nx^n \in F[x]$라고 하면

$$f'(x)=a_1+2a_2x+\cdots+na_nx^{n-1}=0$$

이고 따라서 $a_1=2a_2=\cdots=na_n=0$이다. 그런데 F의 표수는 0이므로 결국 $a_1=a_2=\cdots=a_n=0$이 되어 $f(x)=a_0$꼴이 된다.

11. $f(x)=a_0+a_1x+a_2x^2\cdots+a_nx^n$라고 하면

$$f'(x)=a_1+2a_2x+\cdots+na_nx^{n-1}=0$$

이므로

$$a_1=2a_2=\cdots=na_n=0$$

이다. 그런데 $ia_i=0\ (1\le i\le n)$에서 i가 p의 배수가 아니면 $a_i=0$이다. 따라서 $f(x)$의 계수 a_i는 i가 p의 배수인 경우만 남게 되므로 결국

$$f(x)=a_0+a_px^p+a_{2p}x^{2p}\cdots+a_{mp}x^{mp}=g(x^p)$$

꼴이 된다.

12. 만일 $f(x)$와 $f'(x)$가 서로소가 아니라면 $g(x)|f(x)$, $g(x)|f'(x)$인 단원이 아닌 $g(x)\in F[x]$가 존재할 것이다. 그런데 $f(x)$는 기약, $f(x)=g(x)h(x)$꼴이고 $g(x)$는 단원이 아니므로 결국 $h(x)$가 단원이다. 따라서 $\deg f(x)=\deg g(x)$이다. 그런데 $g(x)|f'(x)$이므로 $\deg g(x)\le\deg f'(x)$인데 이것은 $\deg f(x)\le\deg f'(x)$가 되어 모순이다.

13. 만일 $f(x)=(x-a)^m g(x)$, $m \geq 2$라고 하면

$$f'(x)=m(x-a)^{m-1}g(x)+(x-a)^m g'(x)$$

에서 $x-a$가 $f(x)$, $f'(x)$의 공약수가 되어 모순이다. 따라서 $f(x)$는 중근을 가지지 않는다.

29 갈루아군 (Galois Groups)

연습문제

1. 다음 다항식의 갈루아 군을 구하여라.

(1) $x^4-5\in\mathbb{Q}[x]$ (2) $x^4-5\in\mathbb{Q}(\sqrt{5})[x]$

(3) $x^4-5\in\mathbb{Q}(\sqrt{5}i)[x]$ (4) $x^3-10\in\mathbb{Q}(\sqrt{2})[x]$

(5) $x^3-2\in\mathbb{Q}[x]$ (6) $x^6+4x^4-x^2-4\in\mathbb{Q}[x]$

(7) $(x^2-2)(x^3-5)\in\mathbb{Q}[x]$ (8) $x^4-5x^2+6\in\mathbb{Q}[x]$

(9) $x^4+4x^2+2\in\mathbb{Q}[x]$ (10) $x^3+3x^2-x-1\in\mathbb{Q}[x]$

(11) $x^3-3x+1\in\mathbb{Q}[x]$ (12) $x^4-5\in\mathbb{Q}(i)[x]$

(13) $x^5-4x^4+2x+2\in\mathbb{Q}[x]$ (14) $x^3+x+1\in\mathbb{Z}_2[x]$

B 2. $x^p-1\in\mathbb{Q}[x]$의 분해체를 E라고 하면 $[E:\mathbb{Q}]=p-1$임을 보여라. 또 $G(E,\mathbb{Q})$를

구하여라. 단, p는 소수

3. $F \subset K \subset E$이다. $G(E, K) = \{\phi \in G(E, F) \mid$ 모든 $x \in K$에 대해서 $\phi(x) = x\}$는 $G(E, F)$의 부분군임을 보여라.

4. $0 \leq d \in \mathbb{Q}$ 이면 $G(\mathbb{Q}(\sqrt{d}), \mathbb{Q}) = e$ 또는 $\mathbb{Z}_2$와 동형임을 보여라.

5. $G(\mathbb{Q}(\sqrt{2}, \sqrt{3}, \sqrt{5}), \mathbb{Q})$를 구하여라.

6. $F \subset K \subset E$, K는 F의 정규확대체, E는 K의 정규확대체이다. E는 F의 정규확대체가 되느냐? 되면 증명하고 아니면 안되는 예를 들어라.

7. $F \subset E$, $\alpha \in E$는 $p(x) \in F[x]$의 근이다. 만일 E가 $p(x) \in F(\alpha)[x]$의 분해체이면 E는 F의 정규확대체임을 보여라.

제29장 갈루아군 연습문제 풀이

1. (1) [4], 29장 예제 4, 예제 6과 마찬가지로 하면 분해체 E는 $\mathbb{Q}(i, \sqrt[4]{5})$가 됨을 알 수 있다. 또 E의 $\mathbb{Q}$상에서의 기저는 $\alpha=\sqrt[4]{5}$라고 하면

$$\{1, \alpha, \alpha^2, \alpha^3, i, i\alpha, i\alpha^2, i\alpha^3\}$$

이 된다. 또 $\{\alpha, i\alpha, -\alpha, -i\alpha\}$는 x^4-5의 해집합이다. $\phi\in G(E, \mathbb{Q})$라고 하면 i는 $x^2+1\in\mathbb{Q}[x]$의 근이므로 $\phi(i)=i$ 또는 $-i$ 밖에 없다.

다음 $\phi(\alpha)$를 구해보면 α는 x^4-5의 근이므로 $\phi(\alpha)$도 x^4-5의 근이라야 하므로 $\phi(\alpha)=\alpha, i\alpha, -\alpha, -i\alpha$ 4가지 이다. 결국 $G(E, \mathbb{Q})$는 모두 8개이고, 이 군은 S_4의 부분군과 동형이 된다. 편의상 $1=\alpha, 2=i\alpha, 3=-\alpha, 4=-i\alpha$로 두면 예를 들면 $\phi(i)=i, \phi(\alpha)=i\alpha$이면

$$\phi(i\alpha)=-\alpha,\ \phi(-\alpha)=-i\alpha,\ \phi(-i\alpha)=\alpha$$

이므로 $\phi\cong(1\ 2\ 3\ 4)$이다. 또 $\phi(i)=-i, \phi(\alpha)=i\alpha$이면

$$\phi(i\alpha)=\alpha,\ \phi(-\alpha)=-i\alpha,\ \phi(-i\alpha)=-\alpha$$

이므로 $\phi\cong(1\ 2)(3\ 4)$로 볼 수 있다. 구체적인 표로 만들어 보면

$G(E, \mathbb{Q})$	θ_1	θ_2	θ_3	θ_4	θ_5	θ_6	θ_7	θ_8
$\theta(i)$	i	i	i	i	$-i$	$-i$	$-i$	$-i$
$\theta(1)$	1	2	3	4	1	2	3	4
순환표시	e	(1 2 3 4)	(1 3)(2 4)	(1 4 3 2)		(1 2)(3 4)		

빈칸은 각자 채울 것

이와 같이 모든 $G(E, \mathbb{Q})$의 원소를 구해보면

$$G(E, \mathbb{Q})\cong\{e, (1\ 2\ 3\ 4), (1\ 3)(2\ 4), (1\ 4\ 3\ 2), (2\ 4), (1\ 3), (1\ 2)(3\ 4), (1\ 4)(2\ 3)\}$$

이다. 이 군은 가환이 아님은 금방 알 수 있다. 위수가 8인 비가환군은 2개 즉 D_4와 $\mathbb{Q}_8$이다. 그런데 $\mathbb{Q}_8$은 위수가 2인 원소가 1개이고 D_4는 위수 2인 원소가 5개이다. 따라서 $G(E, \mathbb{Q})\cong D_4$이다.

(2) 우선 $x^4-5 \in \mathbb{Q}(\sqrt{5})[x]$의 분해체 E를 구해보면 근은 $\{\alpha, i\alpha, -\alpha, -i\alpha\}$, 단 $\alpha=\sqrt[4]{5}$ 이다. 따라서 $E=\mathbb{Q}(\sqrt{5})(\alpha, i)=\mathbb{Q}(\sqrt{5}, \alpha, i)$가 된다. 기저를 구해 보면 이 때는 스칼라 체가 $\mathbb{Q}(\sqrt{5})$이므로

$$[E : \mathbb{Q}(\sqrt{5})]=[E : \mathbb{Q}(\alpha, \sqrt{5})][\mathbb{Q}(\alpha, \sqrt{5}) : \mathbb{Q}(\sqrt{5})]$$

$[\mathbb{Q}(\alpha, \sqrt{5}) : \mathbb{Q}(\sqrt{5})]=2$이고 기저는 $\{1, \alpha\}$ 이다. 또 $\{1, i\}$는 E의 $\mathbb{Q}(\alpha, \sqrt{5})$ 상에서의 기저이므로 결국 $\{1, \alpha, i, i\alpha\}$가 기저가 된다.

$\phi \in G(E, \mathbb{Q}(\sqrt{5}))$라고 하면 $\phi(\alpha)$와 $\phi(i)$의 값으로 정해지므로 $\phi(\alpha)$는 E의 원소 중 $x^4=5$인 원소인 $\alpha, i\alpha, -\alpha, -i\alpha$이다. 그러나 $\alpha^2=\sqrt{5} \in \mathbb{Q}(\sqrt{5})$이므로 $\phi(\alpha^2)=\alpha^2=\sqrt{5}$가 되어야 한다. 따라서 $\phi(\alpha)=\alpha, -\alpha$뿐이다.

$\phi(i)$는 $x^2=-1$이므로 $\phi(i)=i, -i$뿐이다. 따라서

$$|G(E, \mathbb{Q}(\sqrt{5})|=4$$

이고 실제로 구해보면

$$\{e, (1\,3), (2\,4), (1\,3)(2\,4)\} \cong \mathbb{Z}_2 \times \mathbb{Z}_2$$

임을 알 수 있다. 물론 여기서는 $\alpha=1, i\alpha=2, -\alpha=3, -i\alpha=4$로 생각한 것이다.

(3) 앞 문제에서 본바와 같이 이 다항식의 분해체 E는 $\mathbb{Q}(\sqrt{5}i)(i, \sqrt[4]{5})$이다. 한편

$$\sqrt{5}i=(\sqrt[4]{5})^2 i \in \mathbb{Q}(i, \sqrt[4]{5})$$

이므로 $\mathbb{Q}(\sqrt{5}i)$는 $\mathbb{Q}(i, \sqrt[4]{5})$의 부분체이다. 따라서 $E=\mathbb{Q}(i, \sqrt[4]{5})$이다. 그런데

$$8=[\mathbb{Q}(i, \sqrt[4]{5}) : \mathbb{Q}]=[\mathbb{Q}(i, \sqrt[4]{5}) : \mathbb{Q}(\sqrt{5}i)][\mathbb{Q}(\sqrt{5}i) : \mathbb{Q}]$$

이고

$$[\mathbb{Q}(\sqrt{5}i) : \mathbb{Q}]=\deg(x^2+5)=2$$

이므로

$$[\mathbb{Q}(i, \sqrt[4]{5}) : \mathbb{Q}(\sqrt{5}i)]=4$$

이다. 따라서 $|G(E, \mathbb{Q}(\sqrt{5}i))|=4$이다. 물론 해집합은 $\{\alpha, i\alpha, -\alpha, -i\alpha\}$, 단 $\alpha=\sqrt[4]{5}$ 이다.

$\phi \in G(E, \mathbb{Q}(\sqrt{5}i))$라고 하자. $\phi(\alpha)$가 될 수 있는 것은 $\alpha, i\alpha, -\alpha, -i\alpha$ 4개이다. 또 $\phi(i)=i$ 또는 $-i$이다. 얼핏보면 $\phi(\alpha)$가 취할 수 있는 값은 4개, $\phi(i)$가 취할 수 있는 값이 2개이므로 모두 8개 같이 보인다. 그러나 실제로 $\phi(\alpha)$와 $\phi(i)$는 서로 독립이 아니다. 그 이유는 만일 $\phi(\alpha)=\alpha$이면

$$\alpha^2 i = \sqrt{5}i \in \mathbb{Q}(\sqrt{5}i)$$

이므로 $\phi(\alpha^2 i)=\alpha^2 i$라야 한다. 따라서

$$\alpha^2 i = \phi(\alpha^2 i) = \phi(\alpha^2)\phi(i) = \alpha^2\phi(i)$$

로부터 $\phi(i)=i$만 가능하다. 마찬가지로 만일 $\phi(\alpha)=-\alpha$이면 $\phi(i)=i$, 만일 $\phi(\alpha)=i\alpha$이면

$$\phi(\alpha^2 i) = (i\alpha)^2\phi(i) = -\alpha^2\phi(i)$$

이므로 $\phi(i)=-i$, 만일 $\phi(\alpha)=-i\alpha$이면 역시 $\phi(i)=i$이다.
$\alpha=1, i\alpha=2, -\alpha=3, -i\alpha=4$로 생각하면

$$G(E, \mathbb{Q}(\sqrt{5}i)) \cong \{e, (1\ 3)(2\ 4), (1\ 2)(3\ 4), (1\ 4)(2\ 3)\}$$

이 되어 $\mathbb{Z}_2 \times \mathbb{Z}_2$와 동형이다.

(4) $x^3-1=(x-1)(x^2+x+1)$이므로 $1+w+w^2=0$인 복소수 w를 택하면 x^3-10의 근은 $\sqrt[3]{10}$, $\sqrt[3]{10}w$, $\sqrt[3]{10}w^2$이 됨을 알 수 있다. 따라서 x^3-10을 인수분해하면

$$(x-\sqrt[3]{10})(x-\sqrt[3]{10}w)(x-\sqrt[3]{10}w^2) = (x-\sqrt[3]{10})(x^2+\sqrt[3]{10}x+(\sqrt[3]{10})^2)$$

이고 $x^2+\sqrt[3]{10}x+(\sqrt[3]{10})^2 \in \mathbb{Q}(\sqrt[3]{10})[x]$에서 기약이다. x^3-10의 분해체는 $\mathbb{Q}(\sqrt[3]{10}, w)$로 볼 수 있다. 또 $[\mathbb{Q}(\sqrt[3]{10}, w) : \mathbb{Q}]=6$이 됨도 쉽게 계산된다.

$\sqrt{2} \notin \mathbb{Q}(\sqrt[3]{10}, w)$이다. 왜냐하면 만일 $\sqrt{2} \in \mathbb{Q}(\sqrt[3]{10}, w)$이면

$$w+\sqrt{2} \in \mathbb{Q}(\sqrt[3]{10}, w)$$

이고 $w+\sqrt{2}$의 $\mathbb{Q}$상에서의 극소다항식의 차수는 23장 문제 10에서 4이므로 $4|6$이 되어 모순이다. 결국 $\mathbb{Q}(\sqrt{2})$의 확대체로써 x^3-10의 분해체는

$$\mathbb{Q}(\sqrt{2})(\sqrt[3]{10}, w) = \mathbb{Q}(\sqrt{2}, \sqrt[3]{10}, w)$$

이다. $[\mathbb{Q}(\sqrt{2}, \sqrt[3]{10}, w) : \mathbb{Q}(\sqrt{2})] = 6$임은 금방 유도된다. $E = \mathbb{Q}(\sqrt{2}, \sqrt[3]{10}, w)$의 $\mathbb{Q}(\sqrt{2})$상에서의 기저를 구해 보면

$$\{1, \sqrt[3]{10}, (\sqrt[3]{10})^2, \sqrt[3]{10}w, (\sqrt[3]{10})^2 w, w\}$$

이다. $\phi \in G(E, \mathbb{Q}(\sqrt{2}))$라고 하면 $\phi(\sqrt[3]{10})$, $\phi(w)$의 값만 정해주면 된다. $\phi(\sqrt[3]{10})$이 취할 수 있는 값은 $\sqrt[3]{10}$, $\sqrt[3]{10}w$, $\sqrt[3]{10}w^2$이므로 3가지, $\phi(w)$가 취할 수 있는 값은 w, w^2이므로 2가지이다. 따라서 모두 가능하므로 6개이고, S_3과 동치이다.

(5) [4], 27장 예제 6에서 본 바와 같이 x^3-2의 분해체 E는 $\mathbb{Q}(\sqrt[3]{2}, w)$이다. 단 w는 $x^2+x+1 \in \mathbb{Q}[x]$의 근. E의 $\mathbb{Q}$상에서의 기저는

$$\{1, \sqrt[3]{2}, (\sqrt[3]{2})^2, w, \sqrt[3]{2}w, (\sqrt[3]{2})^2 w\}$$

이 된다. E에서 E로의 $\mathbb{Q}$를 고정시키는 자동사상을 ϕ라고 하면 $\phi(1)=1$이므로 $\phi(w)$와 $\phi(\sqrt[3]{2})$의 값만 정해주면 된다. 만일 $\phi(w)=r$이라고 하면 $\phi(w^3)=1$이므로 $r^3=1$, $r \neq 1$이 되어야 한다. 따라서 $\mathbb{Q}(\sqrt[3]{2}, w)$의 원소 중 $r^3=1$, $r \neq 1$인 원소는 w, w^2뿐이다.

마찬가지로 $\mathbb{Q}(\sqrt[3]{2})=r$이라고 하면 $r^3=2$가 되므로 $\phi(\sqrt[3]{2})$가 될 수 있는 수는 $\sqrt[3]{2}$, $\sqrt[3]{2}w$, $\sqrt[3]{2}w^2$이다. 실제로 $\sqrt[3]{2}w^2$를 기저의 원소의 1차 결합으로 표시하면 $w^2=-w-1$이므로

$$\sqrt[3]{2}w^2 = (-w-1)\sqrt[3]{2} = -\sqrt[3]{2} - w\sqrt[3]{2}$$

로 표시된다. 물론 $\{\sqrt[3]{2}, \sqrt[3]{2}w, \sqrt[3]{2}w^2\}$는 x^3-2의 근이다. 따라서 $|G(E, \mathbb{Q})| = 6$이 됨을 알 수 있다. $G(E, \mathbb{Q})$의 원소들로 표를 만들어 보면 편의상 $\sqrt[3]{2}=1$, $\sqrt[3]{2}w=2$, $\sqrt[3]{2}w^2=3$으로 표시하면

$G(E, \mathbb{Q})$	θ_1	θ_2	θ_3	θ_4	θ_5	θ_6
$\theta(w)$	w	w	w	w^2	w^2	w^2
$\theta(1)$	1	2	3	1	2	3
순환표시	e	(1 2 3)	(1 3 2)	(2 3)	(1 2)	(1 3)

와 같다. 여기서 θ_3의 경우를 보면 $\theta_3(w)=w$, $\theta_3(1)=3$이므로

$$\theta_3(2) = \theta_3(\sqrt[3]{2}w) = (\sqrt[3]{2}w^2)w = \sqrt[3]{2} = 1,$$
$$\theta_3(3) = \theta_3(\sqrt[3]{2}w^2) = (\sqrt[3]{2})w^2w^2 = \sqrt[3]{2}w = 2$$

이므로 $\theta_3 = (1\ 3\ 2)$인 순환으로 표시된다. 나머지도 마찬가지로 계산하면 된다.

또 $G(E, \mathbb{Q})$에서 연산 $\theta_3 \circ \theta_4$는 $(1\ 3\ 2)(2\ 3) = (1\ 3)$이므로 θ_6이 된다. 나머지도 이와 같이 하면 된다. 따라서 $G(E, \mathbb{Q}) \cong S_3$이 됨을 알 수 있다. 보다 자세한 내용은 [4], 30장 예제 3 참조.

(6)
$$f(x) = (x^4 - 1)(x^2 + 4) = (x+1)(x-1)(x+i)(x-i)(x+2i)(x-2i)$$

로 인수분해되는 근은 ± 1, $\pm i$, $\pm 2i$이다. 따라서 $f(x)$의 분해체 E는 $E = \mathbb{Q}(i)$가 된다. $[\mathbb{Q}(i) : \mathbb{Q}] = 2$이므로 기저 $\{1, i\}$에 대해서 $\phi \in G(E, \mathbb{Q})$의 값을 생각하면 $\phi(i) = i$ 또는 $-i$이므로 2개 뿐이다. 따라서 $G(E, \mathbb{Q}) \cong \mathbb{Z}_2$가 된다. 구체적으로 S_6의 원소로 나타내면 $\{e, (1\ 2)\}$로 볼 수 있다.

(7) $p(x) = (x^2 - 2)(x^3 - 5)$라고 하면 $p(x)$의 근은

$$\{\sqrt{2}, -\sqrt{2}, \sqrt[3]{5}, \sqrt[3]{5}w, \sqrt[3]{5}w^2\},\ \text{단}\ 1 + w + w^2 = 0$$

이 된다. $p(x)$의 분해체 E는 $Q(\sqrt{2}, \sqrt[3]{5}, w)$가 됨을 알 수 있다. 또 $[E : \mathbb{Q}] = 2 \times 3 \times 2 = 12$이다. $\phi \in G(E, \mathbb{Q})$에 대해서 $\phi(\sqrt{2}) = \sqrt{2}, -\sqrt{2}$이므로 2개, $\phi(w) = w, w^2$이므로 2개, $\phi(\sqrt[3]{5}) = \sqrt[3]{5}, \sqrt[3]{5}w, \sqrt[3]{5}w^2$이므로 3개이다. 따라서 이것이 모두 가능하므로 12개이다. 이것을 순환으로 표시하면 예를 들어

$$\phi(\sqrt{2}) = -\sqrt{2},\ \phi(w) = w,\ \phi(\sqrt[3]{5}) = \sqrt[3]{5}w$$

일 경우는 $\phi = (1\ 2\ 3)(4\ 5)$로 볼 수 있다. 물론 이때는 $\sqrt[3]{5} = 1$, $\sqrt[3]{5}w = 2$, $\sqrt[3]{5}w^2 = 3$, $\sqrt{2} = 4$, $-\sqrt{2} = 5$로 생각한 것이다. 이와 같이 하면 $G(E, \mathbb{Q}) \cong S_3 \times \mathbb{Z}_2$가 된다. 이것을 잘못 생각해서 $\mathbb{Z}_3 \times \mathbb{Z}_2 \times \mathbb{Z}_2$로 착각하면 안된다.

앞 문제 (5)와 같은 식으로 표를 만들어 보면 $\sqrt[3]{5} = 1$, $\sqrt[3]{5}w = 2$, $\sqrt[3]{5}w^2 = 3$, $\sqrt{2} = 4$, $-\sqrt{2} = 5$로 두면

$G(E, \mathbb{Q})$	θ_1	θ_2	θ_3	θ_4	θ_5	θ_6	θ_7	θ_8	θ_9	θ_{10}	θ_{11}	θ_{12}
$\theta(w)$	w	w	w	w^2	w^2	w^2	w	w	w	w^2	w^2	w^2
$\theta(1)$	1	2	3	1	2	3	1	2	3	1	2	3
$\theta(4)$	4	4	4	4	4	4	5	5	5	5	5	5
순환표시	e	(1 2 3)	(1 3 2)		(1 2)		(4 5)	(1 2 3)(4 5)				

와 같다. 빈칸은 각자 채울 것.

예를 들어 $\phi(\sqrt{2})=-\sqrt{2}$, $\phi(w)=w^2$, $\phi(\sqrt[3]{5})=\sqrt[3]{5}$인 $\phi\in G(E, \mathbb{Q})$이면 $\phi=\theta_{10}$이다. 이때의 순환은 (2 3)(4 5)가 됨을 알 수 있다. 또 $G(E, \mathbb{Q})$에서의 연산은 순환으로 계산하면 편한다. 예를 들어

$$\theta_8\cdot\theta_{10}=(1\ 2\ 3)(4\ 5)(2\ 3)(4\ 5)=(1\ 2\ 3)(2\ 3)(4\ 5)(4\ 5)=(1\ 2\ 3)(2\ 3)=(1\ 2)$$

이므로 θ_5가 됨을 알 수 있다.

주의 여기서 순환의 곱 (1 2 3)과 (4 5)는 서로 아무 관계가 없으므로 앞의 순환 (1 2 3)은 S_3의 원소로, 뒤의 (4 5)는 $\mathbb{Z}_2$와 동형이므로 $G(E, \mathbb{Q})\cong S_3\times\mathbb{Z}_2$로 본 것이다. 즉 (4 5)는 S_2의 원소로 생각해서 $S_2\cong\mathbb{Z}_2$이다.
$G(E, \mathbb{Q})\cong S_3\times S_2$로 해도 상관없다.

(8) $$x^4-5x^2+6=(x^2-2)(x^2-3)=(x+\sqrt{2})(x-\sqrt{2})(x+\sqrt{3})(x-\sqrt{3})$$

이므로 $x^4-5x^2+6\in\mathbb{Q}[x]$의 분해체 E는 $\mathbb{Q}(\sqrt{2}, \sqrt{3})$이 된다.

$[\mathbb{Q}(\sqrt{2}, \sqrt{3}):\mathbb{Q}]=4$이고 기저는 $\{1, \sqrt{2}, \sqrt{3}, \sqrt{6}\}$이다. $\phi\in G(E, \mathbb{Q})$의 값은 $\phi(\sqrt{2})$가 취할 수 있는 것은 $\sqrt{2}, -\sqrt{2}$, $\phi(\sqrt{3})$이 취할 수 있는 것은 $\sqrt{3}, -\sqrt{3}$이다. 따라서 $\mathbb{Z}_2\times\mathbb{Z}_2$와 동치가 된다. 실제로 S_4의 부분군으로 보면 $\{e, (1\ 2), (3\ 4), (1\ 2)(3\ 4)\}$이다. 물론 여기서는 $\sqrt{2}=1$, $-\sqrt{2}=2$, $\sqrt{3}=3$, $-\sqrt{3}=4$로 생각한 것이다.

(9) Hungerford [21], proposition 4, 11과 예제를 참고하면 $\mathbb{Z}_4$와 동형이 됨을 알 수 있다.

(10) $f(x)=x^3+3x^2-x-1\in\mathbb{Q}[x]$는 기약임은 Eisenstein의 정리에서 금방 알 수 있다. 3차식이므로 실근은 반드시 존재한다. 그림을 그려보면 x축과 한점에서 만나므로 한 실근과 두 복소수근 $a+bi$, $a-bi$가 존재한다. 한 실근을 α라고 하면

$[\mathbb{Q}(\alpha):\mathbb{Q}]=3$이고 따라서 분해체 E에서 $[E:\mathbb{Q}]$는 3의 배수가 되고 Cauchy 정리에 의해서 $G(E,\ \mathbb{Q})$는 위수 3인 원소를 가진다. $\theta\in G(E,\ \mathbb{Q})$, $|\theta|=3$이라고 하면 $\theta=(i\ j\ k)$으로 둘 수 있다. 따라서 $G(E,\ \mathbb{Q})$는 S_3의 부분군 S_3 또는 A_3인데 $\theta_1(a+bi)=a-bi$인 θ_1은 위수 2인 $G(E,\ \mathbb{Q})$의 원소가 되므로 결국 [4], 정리 29.6에 의해서 $G(E,\ \mathbb{Q})\cong S_3$이 된다.

(11) 그림을 그려보면 3개의 실근을 가짐을 알 수 있다.

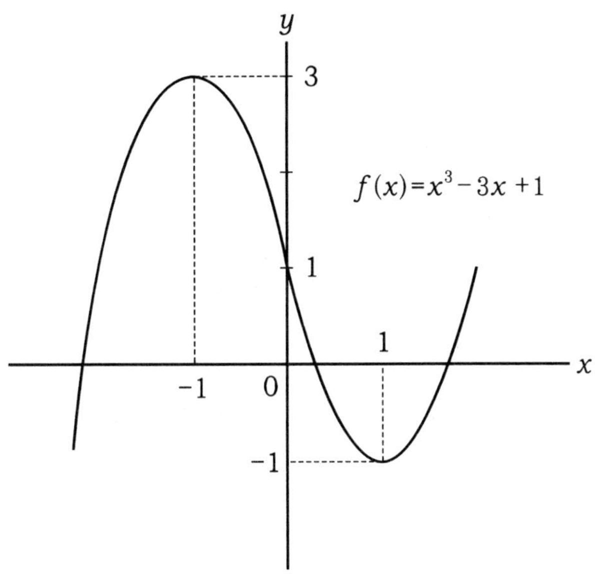

E를 x^3-3x+1의 분해체라고 하자. E는 $\mathbb{R}$의 부분체이다. 3개의 근을 $u_1,\ u_2,\ u_3$라고 하면 $E=\mathbb{Q}(u_1,\ u_2,\ u_3)$이고 차수를 비교하면

$$u_1u_2u_3=-1,\ u_1+u_2+u_3=0$$

이 된다. $\phi\in G(E,\ \mathbb{Q})$라고 하면 $\phi(u_1)$이 취할 수 있는 값은 $u_1,\ u_2,\ u_3$이다.

이와 같이 해보면 결국 $G(E,\ \mathbb{Q})\cong A_3$이 됨을 알 수 있다. 자세한 것은 [20] p.272 참조. 실제로 3개의 근을 구해보면

$$u_1=w^{\frac{1}{3}}+w^{-\frac{1}{3}},\ u_2=w^{\frac{2}{3}}+w^{-\frac{2}{3}},\ u_3=w^{\frac{4}{3}}+w^{-\frac{4}{3}}$$

이다. 또 $\mathbb{Q}\subset\mathbb{Q}(w)\subset\mathbb{Q}(w^{\frac{1}{3}})$이고 $E\subset\mathbb{Q}(w^{\frac{1}{3}})$, $[\mathbb{Q}(w^{\frac{1}{3}}):\mathbb{Q}]=6$이므로

$E \neq \mathbb{Q}(w^{\frac{1}{3}})$이 됨을 알 수 있다.

(12) $f(x)=x^4-5$의 근이 $\{\alpha, i\alpha, -\alpha, -i\alpha\}$, $\alpha=\sqrt[4]{5}$이므로 분해체 E는 $\mathbb{Q}(i)(\alpha)=\mathbb{Q}(i, \alpha)$가 된다. $[E:\mathbb{Q}(i)]=4$이고 기저는 $\{1, \alpha, \alpha^2, \alpha^3\}$이 된다. 따라서 문제 (1)의 θ_1, θ_2, θ_3, θ_4만 해당된다. $\phi\in G(E, \mathbb{Q}(i))$라 하면 $\phi(\alpha)$가 취할 수 있는 값은 $\alpha, i\alpha, -\alpha, -i\alpha$ 4개이다. $\phi(\alpha)=i\alpha$이면

$$\phi(i\alpha)=i^2\alpha=-\alpha,\ \phi(-\alpha)=-i\alpha$$

이므로 $\phi\cong(1\ 2\ 3\ 4)$이다. 또 $\phi(\alpha)=-\alpha$면

$$\phi(-\alpha)=\alpha,\ \phi(i\alpha)=-i\alpha,\ \phi(-i\alpha)=i\alpha$$

이므로 $\phi\cong(1\ 3)(2\ 4)$이다. 또 $\phi(\alpha)=-i\alpha$면

$$\phi(-i\alpha)=(-i)(-i\alpha)=-\alpha,\ \phi(-\alpha)=i\alpha,\ \phi(i\alpha)=i(-i\alpha)=\alpha$$

이므로 $\phi\cong(1\ 4\ 3\ 2)$. 따라서

$$G(E, \mathbb{Q}(i))\cong\{e, (1\ 2\ 3\ 4), (1\ 3)(2\ 4), (1\ 4\ 3\ 2)\}=\langle(1\ 2\ 3\ 4)\rangle\cong\mathbb{Z}_4$$

가 됨을 알 수 있다.

(13) $\mathbb{Q}[x]$에서 기약이고 3개의 실근과 두 개의 복소수근을 가짐을 알 수 있다. (실제로 $y=x^5-4x^4+2x+2$의 그래프를 그려볼 것.)

한 실근을 α라고 하면 $[\mathbb{Q}(\alpha):\mathbb{Q}]=5$가 되고 따라서 분해체 E의 차원 $[E:\mathbb{Q}]$는 5의 배수이다. [4], 정리 29.6에 의해서 $|G(E, \mathbb{Q})|=[E:\mathbb{Q}]$이므로 Cauchy 정리에 의해서 $|\theta|=5$인 $\theta\in G(E, \mathbb{Q})$가 존재한다. 그런데 $G(E, \mathbb{Q})$는 치환으로 표시되므로 결국 θ는 길이 5인 순환이 된다. 실제로 S_5의 어떠한 서로소인 순환의 곱도 5가 될 수 없다. 한편 실수는 그냥두고 2개의 복소수근을 뒤바꾸는 $\theta_1(z)=\bar{z}$는 $G(E, \mathbb{Q})$에서 호환이 된다. 따라서 [4] 부록 대칭군의 성질을 참조하면 S_5의 부분군중 길이 5인 순환과 호환을 포함하는 부분군은 S_5 자신뿐이므로 결국 $G(E, \mathbb{Q})\cong S_5$가 됨을 알 수 있다.

(14) **주의** 이것은 유한체상에서의 갈루아군이므로 특별히 신경쓸 것.

$f(x)$의 분해체를 E라고 하고, $f(x)$의 근을 u, u_2, u_3라고 하면 $E=\mathbb{Z}_2(u, u_2, u_3)$로 둘 수 있다. $f(\bar{0})=f(\bar{1})=\bar{1}$이므로 $f(x)\in\mathbb{Z}_2[x]$는 기약이

다. 또 $f(x)$는 분리가능 다항식임을 보이자. 우선 어느 근도 0이 아니다. 만일 $u=u_2=u_3$라고 하면

$$f(x)=(x-u)^3=x^3-3ux^2+3u^2x-u^3=x^3+ux^2+u^2x+u^3$$

따라서 $ux^2=0$이 되어 $u=0$. 모순이다. 만일 $u=u_2\neq u_3$라고 하면

$$f(x)=(x-u)^2(x-u_3)=(x^2-3u^2)(x+u_3)=x^3+u_3x^2+u^2x+u^2u_3$$

따라서 역시 $u_3=0$이 되어 모순이다. 어느 경우나 모순이 되므로 세근은 모두 틀린다. $f(x)$는 $\mathbb{Z}_2(u)$에서 $x-u$으로 나누어진다. 실제로 나누어 보면 $\overline{1}+u+u^3=0$을 이용하여

$$f(x)=\overline{1}+x+x^3=(x-u)(x^2+ux+(\overline{1}+u)^2)=(x-u)(x-u^2)(x-(u^2+u))$$

이 되어서 $u_2=u^2$, $u_3=u^2+u$이 된다. 이 사실로부터 $E=\mathbb{Z}_2(u, u_2, u_3)=\mathbb{Z}_2(u)$이 됨을 알 수 있다.

$$[E : \mathbb{Z}_2]=[\mathbb{Z}_2(u) : \mathbb{Z}_2]=\deg f(x)=3.$$

따라서 $|G(E, \mathbb{Z}_2)|=3$이므로 $G(E, \mathbb{Z}_2)\cong\mathbb{Z}_3$이다. 만일 순환군으로 표시하면

$$G(E, \mathbb{Z}_2)=\{e, (1\ 2\ 3), (1\ 3\ 2)\}$$

이다.

참고 모든 유한체상의 유한 갈루아 군은 항상 순환군이다. 실제로 $|E|=p^n$이면 $G(E, \mathbb{Z}_p)\cong\mathbb{Z}_n$이다.

2. $$a(x)=x^p-1=(x-1)(x^{p-1}+x^{p-2}+\cdots+x+1)$$

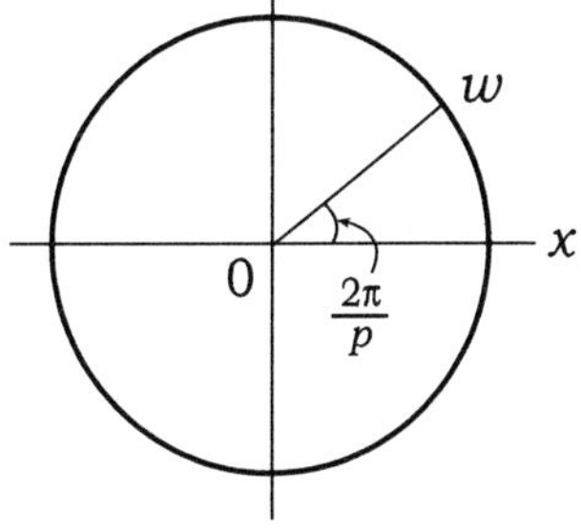

이다. $u\neq 1$을 $a(x)$의 한근이라고 하자. $x^{p-1}+x^{p-2}+\cdots+x+1$은 $\mathbb{Q}$상에서 기약임은 앞 연습문제에서 증명하였다. 따라서 $[\mathbb{Q}(u) : \mathbb{Q}]=p-1$이고 $[E : \mathbb{Q}]$는 $p-1$의 배수이다.

그런데 $a(x)$의 근은 복소수평면에서 2π를 p등분한 단위원상의 점이므로 한 원시근을 w라고 하면

$$E = \mathbb{Q}(1, w, w^2, \cdots, w^{p-1}) = \mathbb{Q}(w)$$

이다. 한편 $a(u) = 0$이므로 임의의 $0 \le i \le p-1$에 대해서

$$a(u^i) = (u^i)^p - 1 = (u^p)^i - 1 = 0$$

이고 또 $u^p = 1$이므로 결국 $\{1, u, u^2, \cdots, u^{p-1}\}$이 $a(x)$의 해집합이다. 따라서 p가 소수이면 모든 근이 다 원시근이다. $\theta \in G(E, \mathbb{Q})$면 θ는 $\theta(w)$의 값에 의해서 정해지고 $\theta(w)$는 $w, w^2, \cdots, w^{p-1}$ 중 어느 것이나 택할 수 있으므로

$$[E : \mathbb{Q}] = [\mathbb{Q}(w) : \mathbb{Q}] = p-1$$

이고 $G(E, \mathbb{Q}) \cong \mathbb{Z}_{p-1}$이 됨을 알 수 있다.

3. $\theta, \psi \in G(E, K)$라고 하면 임의의 $x \in K$에 대해서 $\theta(x) = x$, $\psi(x) = x$이다. 따라서 $(\theta \circ \psi)(x) = \theta(x) = x$이므로 $\theta \circ \psi \in G(E, K)$이다. 또 $\theta^{-1}(x) = x$가 됨은 전단사이므로 당연하다. 따라서 $G(E, K)$는 $G(E, F)$의 부분군이다.

4. 만일 $\sqrt{d} \in \mathbb{Q}$면 $\mathbb{Q}(\sqrt{d}) = \mathbb{Q}$이므로

$$G(\mathbb{Q}(\sqrt{d}), \mathbb{Q}) = G(\mathbb{Q}, \mathbb{Q}) = e$$

가 되므로 끝.

만일 $\sqrt{d} \notin \mathbb{Q}$면 $\mathbb{Q}(\sqrt{d})$는 $x^2 - d \in \mathbb{Q}[x]$의 분해체이다. $\theta \in G(\mathbb{Q}(\sqrt{d}), \mathbb{Q})$라고 하면 임의의 $a + b\sqrt{d} \in \mathbb{Q}(\sqrt{d})$에 대해서

$$\theta(a + b\sqrt{d}) = \theta(a) + \theta(b)\theta(\sqrt{d}) = a + b\theta(\sqrt{d})$$

인데 $\theta(\sqrt{d})$는 $\sqrt{d}$ 또는 $-\sqrt{d}$ 밖에 없으므로 $|G(\mathbb{Q}(\sqrt{d}), \mathbb{Q})| = 2$가 된다. 따라서 $G(\mathbb{Q}(\sqrt{d}), \mathbb{Q}) \cong \mathbb{Z}_2$이다.

5. $E = \mathbb{Q}(\sqrt{2}, \sqrt{3}, \sqrt{5})$는 $f(x) = (x^2-2)(x^2-3)(x^2-5) \in \mathbb{Q}[x]$의 분해체이다. 우선 $[E : \mathbb{Q}] = 2^3 = 8$이다. 기저가 취할 수 있는 함수값은 $\theta \in G(E, \mathbb{Q})$에 대해서

$$\theta(\sqrt{2}) = \sqrt{2} \text{ 또는 } -\sqrt{2},\ \theta(\sqrt{3}) = \sqrt{3} \text{ 또는 } -\sqrt{3},\ \theta(\sqrt{5}) = \sqrt{5} \text{ 또는 } -\sqrt{5}$$

이다. 따라서 θ가 취할 수 있는 값은 8가지이다.

$$G(E, \mathbb{Q}) \cong \mathbb{Z}_2 \times \mathbb{Z}_2 \times \mathbb{Z}_2$$

가 됨을 알 수 있다. 표로 만들어보면

$$\sqrt{2}=1,\ -\sqrt{2}=2,\ \sqrt{3}=3,\ -\sqrt{3}=4,\ \sqrt{5}=5,\ -\sqrt{5}=6$$

라고 하면

$G(E, \mathbb{Q})$	θ_1	θ_2	θ_3	θ_4	θ_5	θ_6	θ_7	θ_8
$\theta(\sqrt{2})$	$\sqrt{2}$	$-\sqrt{2}$	$\sqrt{2}$	$-\sqrt{2}$	$\sqrt{2}$	$-\sqrt{2}$	$\sqrt{2}$	$-\sqrt{2}$
$\theta(\sqrt{3})$	$\sqrt{3}$	$\sqrt{3}$	$-\sqrt{3}$	$-\sqrt{3}$	$\sqrt{3}$	$\sqrt{3}$	$-\sqrt{3}$	$-\sqrt{3}$
$\theta(\sqrt{5})$	$\sqrt{5}$	$\sqrt{5}$	$\sqrt{5}$	$\sqrt{5}$	$-\sqrt{5}$	$-\sqrt{5}$	$-\sqrt{5}$	$-\sqrt{5}$
순환표시	e	(1 2)	(3 4)		(5 6)			(1 2)(3 4)(5 6)

과 같다. 빈칸은 각자 채울 것

6. $\mathbb{Q} \subset \mathbb{Q}(\sqrt{2}) \subset Q(\sqrt[4]{2})$이고

$\mathbb{Q}(\sqrt{2})$는 $x^2-2 \in \mathbb{Q}[x]$의 분해체이고
$Q(\sqrt[4]{2})$는 $x^2-\sqrt{2}\,1 \in 1Q(\sqrt{2})[x]$의 분해체이다.

그러나 $\sqrt[4]{2}$의 $\mathbb{Q}$ 상에서의 극소다항식은 $x^4-2 \in Q[x]$이고 따라서 이 다항식의 분해체는 $Q(\sqrt[4]{2}, \sqrt[4]{2}i)$이다. 따라서 $Q(\sqrt[4]{2})$는 $\mathbb{Q}$의 정규확대체가 될 수 없다.

7. $F \subset F(\alpha) \subset E$를 생각하면 27장 문제 24에서 E는 $P(x) \in F[x]$의 분해체가 된다. 따라서 E는 F의 정규확대체이다.

30 갈루아 정리

(Galois Theorem)

연습문제

1. $\mathbb{Q}$ 상에서의 $\mathbb{Q}(i, \sqrt{2})$의 차원을 구하라.

2. $G(\mathbb{Q}(i, \sqrt{2}), \mathbb{Q})$의 원소를 적어라.

3. $F \subset E \subset K$이다. $|G(K, E)| \times |G(E, F)| = |G(K, F)|$이냐?

4. $\mathbb{Q}(\sqrt[3]{2}, i\sqrt{3})$은 $x^3 - 2 \in \mathbb{Q}[x]$의 분해체임을 보여라.

5. $x^2 + 3 \in \mathbb{Q}(\sqrt[3]{2})$는 기약임을 보여라.

6. (1) $[\mathbb{Q}(\sqrt[3]{2}, i\sqrt{3}) : \mathbb{Q}(\sqrt[3]{2})] = 2$임을 보여라.
   (2) $[\mathbb{Q}(\sqrt[3]{2}, i\sqrt{3}) : \mathbb{Q}] = 6$임을 보여라.
   (3) $G(\mathbb{Q}(\sqrt[3]{2}, i\sqrt{3}), \mathbb{Q}) \cong S_3$임을 보여라.

7. (1) $\mathbb{Q}(\sqrt[4]{2}, i)$는 $x^4 - 2 \in \mathbb{Q}[x]$의 분해체임을 보여라.
   (2) $i \notin \mathbb{Q}(\sqrt[4]{2})$임을 보여라.
   (3) $[\mathbb{Q}(\sqrt[4]{2}, i) : \mathbb{Q}] = 8$임을 보여라.
   (4) $\mathbb{Q}(\sqrt[4]{2}, i)$의 $\mathbb{Q}$ 상에서의 기저를 구하라.

B 8. (1) K를 $x^7 - 1$의 분해체라 하면 $[K : \mathbb{Q}] = 6$임을 증명하라.
   (2) $G(K, \mathbb{Q})$는 순환군임을 보여라.

9. L을 $x^6 - 1 \in \mathbb{Q}[x]$의 분해체라고 하면 $[L : \mathbb{Q}] = 2$임을 증명하라.

10. E를 $x^6 - 2 \in \mathbb{Q}[x]$의 분해체라고 하면 $G(E, \mathbb{Q})$의 원소는 몇 개인가?

11. $a(x) = x^5 - 4x^4 + 2x + 2 \in \mathbb{Q}[x]$의 근을 $r_1, r_2, \cdots, r_5$라고 하자.
   (1) $a(x)$는 $\mathbb{Q}[x]$에서 기약임을 보여라.
   (2) $a(x)$는 2개의 허근과 3개의 실근을 가짐을 보여라. (graph 이용)
   (3) r_1을 $a(x)$의 실근이라고 하면 $[\mathbb{Q}(r_1) : \mathbb{Q}] = 5$임을 보여라.

B 12. (1) $h \in G(\mathbb{R}, \mathbb{Q})$이면 h는 증가함수임을 보여라.
   (2) $|G(\mathbb{R}, \mathbb{Q})| = 1$임을 보여라.

13. (1) $\mathbb{C}$는 R상에서 갈루아임을 보여라.
   (2) $0 \le u \in \mathbb{Q}$이면 $\mathbb{Q}(\sqrt{u})$는 $\mathbb{Q}$ 상에서 갈루아임을 보여라.

A 14. E는 F의 정규분리가능한 확대체이다. $G(E, F)$가 순환군이고 $d | G(E, F)$면 $[K : F] = d$인 E와 F의 중간체 K가 단 한 개 존재함을 보여라.

15. $\alpha_1, \cdots, \alpha_n \in E$가 F상에서 분리가능이면 $F(\alpha_1, \cdots, \alpha_n)$은 F의 분리가능한 확대체

임을 보여라.

16. E는 F의 확대체이다. $K=\{a \in E | a$는 F상에서 분리가능$\}$이라고 하면 K는 F와 E의 부분체임을 보여라.

B 17. $F \subset E \subset K$이다. K가 F의 분리가능한 확대체일 필요충분조건은 E가 F의 분리가능한 확대체, K는 E의 분리가능한 확대체임을 보여라.

제30장 갈루아 정리 연습문제 풀이

1. $[\mathbb{Q}(i, \sqrt{2}):\mathbb{Q}]=[\mathbb{Q}(i, \sqrt{2}):\mathbb{Q}(i)][\mathbb{Q}(i):\mathbb{Q}]$이고 $[\mathbb{Q}(i):\mathbb{Q}]$는 i의 극소다항식 $x^2+1\in\mathbb{Q}[x]$의 차수이므로 2이다. 또 $[\mathbb{Q}(i, \sqrt{2}):\mathbb{Q}(i)]$는 $\mathbb{Q}(i)$상에서의 $\sqrt{2}$의 극소다항식 $x^2-2\in\mathbb{Q}(i)$의 차수이므로 역시 2이다. 따라서 차원은 4이다.

2. $\theta\in G(\mathbb{Q}(i, \sqrt{2}), \mathbb{Q})$라고 하면 $\theta(i)$는 x^2+1의 근이므로 가능한 값은 $\pm i$, $\theta(\sqrt{2})$는 x^2-2의 근이므로 가능한 값은 $\pm\sqrt{2}$이다. 따라서 θ는 모두 $2\times 2=4$가지가 가능하다. 물론 $\mathbb{Q}(i, \sqrt{2})$는 $p(x)=(x^2+1)(x^2-2)$의 분해체이므로 $\mathbb{Q}$의 분리가능분해체이다. 따라서 [4], 29장 정리 29.6에 의해서

$$|G(\mathbb{Q}(i, \sqrt{2}), \mathbb{Q})|=[\mathbb{Q}(i, \sqrt{2}):\mathbb{Q}]=4$$

이다. 원소로 표시하면

$G(\mathbb{Q}(i, \sqrt{2}), \mathbb{Q})$	θ_1	θ_2	θ_3	θ_4
$\theta(i)$	i	i	$-i$	$-i$
$\theta(\sqrt{2})$	$\sqrt{2}$	$-\sqrt{2}$	$\sqrt{2}$	$-\sqrt{2}$
순환으로 표시	e	(1 2)	(3 4)	(1 2)(3 4)

와 같다(단 $1=\sqrt{2}$, $2=-\sqrt{2}$, $3=i$, $4=-i$로 표시). 즉

$$G(\mathbb{Q}(i, \sqrt{2}), \mathbb{Q})=\{e, (1\ 2), (3\ 4), (1\ 2)(3\ 4)\}$$

이고 이것은 군으로 $\mathbb{Z}_2\times\mathbb{Z}_2$와 동형이다.

참고 K가 F의 정규분리가능확대체이면 $|G(K, F)|=[K:F]$이다.

3. $F\subset E\subset K$가 유한확대체이면 $[K:F]=[K:E][E:F]$이므로 E, K가 모두 F의 정규분리가능확대체이면

$$|G(K, F)|=|G(K, E)||G(E, F)|$$

가 성립함을 알 수 있다. 결국 정규분리가능이 아닌 확대체에서는 안되는 경우도 경우도 생길 수 있음을 짐작할 수 있다. 그 예로는

$$F=\mathbb{Q},\ E=\mathbb{Q}(\sqrt[3]{2}),\ K=\mathbb{Q}(\sqrt[3]{2},\ \sqrt{3}i)$$

라고 하면 $[E:F]=3$이다. 그러나 살펴본 바와 같이 $G(E, F)=e$이다.

또 K는 $x^3-2\in\mathbb{Q}[x]$의 분해체이다. $[K:E]$는 $\sqrt{3}i$의 E상에서의 기약 다항식은 x^2+3이므로 2이다. $\theta\in G(K, E)$라면 $\theta(\sqrt{3}i)=\pm\sqrt{3}i$밖에 될 수 없다. 따라서 $|G(K, E)|=2$가 됨을 알 수 있다. 그러나 $|G(K, F)|$를 구해보면 6이다. 그 이유는 여러 가지로 구할 수 있는데, 우선 $[K:F]=6$이다. 또 K는 $x^3-2\in F[x]$의 분해체이므로 F의 갈루아 확대체이고 따라서 $|G(K, F)|=6$이 된다. 실제로 $\theta\in G(K, F)$이라면 x^3-2의 세근 $\alpha_1, \alpha_2, \alpha_3$에 대해서 θ가 취할 수 있는 값은 $3!=6$개이다. 따라서 이 때는 $[K:F]=[K:E][E:F]$이지만

$$|G(K, F)|\neq|G(K, E)||G(E, F)|$$

이다.

4. 우선 x^3-2의 분해체는 $\mathbb{Q}(\sqrt[3]{2}, w)$이다. $\left(단,\ w=\dfrac{-1+\sqrt{3}i}{2}\right)$

$\mathbb{Q}(i\sqrt{3})=\mathbb{Q}\left(\dfrac{-1+\sqrt{3}i}{2}\right)$이므로 $\mathbb{Q}(\sqrt[3]{2}, i\sqrt{3})=\mathbb{Q}(\sqrt[3]{2}, w)$가 됨은 당연하다.

5. $x^2+3=(x+\sqrt{3}i)(x-\sqrt{3}i)$로 인수분해된다. 만일 $x^2+3\in\mathbb{Q}(\sqrt[3]{2})$가 가약이면 $\sqrt{3}i\in\mathbb{Q}(\sqrt[3]{2})$가 되는데 이것은

$$[\mathbb{Q}(\sqrt{3}i):\mathbb{Q}]=2,\ [\mathbb{Q}(\sqrt[3]{2}):\mathbb{Q}]=3$$

이므로 2는 3의 약수가 될 수 없다. 따라서 x^2+3는 $\mathbb{Q}(\sqrt[3]{2})$에서 기약이다.

6. (1) $i\sqrt{3}$의 $\mathbb{Q}(\sqrt[3]{2})$상에서의 극소다항식은 문제 5에서 x^2+3이다. 따라서 차원은 2이다.

(2) $$[\mathbb{Q}(\sqrt[3]{2}, i\sqrt{3}):\mathbb{Q}]=[\mathbb{Q}(\sqrt[3]{2}, i\sqrt{3}):\mathbb{Q}(\sqrt[3]{2})][\mathbb{Q}(\sqrt[3]{2}):\mathbb{Q}]$$

이고 $[\mathbb{Q}(\sqrt[3]{2}):\mathbb{Q}]=\deg(x^3-2)=3$이다. 따라서 $2\times3=6$

(3) $\mathbb{Q}(\sqrt[3]{2}, i\sqrt{3})$은 문제 4에서 $x^3-2\in\mathbb{Q}[x]$의 분해체이다. 연습문제 29의 1(5)에서 S_3과 동형이다.

7. (1) $$x^4-2=(x^2+\sqrt{2})(x^2-\sqrt{2})=(x+\sqrt[4]{2}i)(x-\sqrt[4]{2}i)(x+\sqrt[4]{2})(x-\sqrt[4]{2})$$

이므로 x^4-2의 분해체는 $E=\mathbb{Q}(i, \sqrt[4]{2})$이다. $\mathbb{Q}(\sqrt[4]{2}i)$가 아님

(2) $\mathbb{Q}(\sqrt[4]{2})$의 원소는

$$a+b\sqrt[4]{2}+c(\sqrt[4]{2})^2+d(\sqrt[4]{2})^3,\ a,\ b,\ c,\ d\in\mathbb{Q}$$

꼴이므로 실수이다. 따라서 $i\notin\mathbb{Q}(\sqrt[4]{2})$이다.

(3) $$[\mathbb{Q}(\sqrt[4]{2}, i):\mathbb{Q}]=[\mathbb{Q}(\sqrt[4]{2}, i):\mathbb{Q}(\sqrt[4]{2})][\mathbb{Q}(\sqrt[4]{2}):\mathbb{Q}]$$

이고 (2)에서 $i\notin\mathbb{Q}(\sqrt[4]{2})$이므로 $[\mathbb{Q}(\sqrt[4]{2}, i):\mathbb{Q}(\sqrt[4]{2})]$는 x^2+1의 차수 2이다. 또 $[\mathbb{Q}(\sqrt[4]{2}):\mathbb{Q}]$는 x^4-2의 차수이므로 4. 따라서 $2\times4=8$이다.

(4) $\mathbb{Q}(\sqrt[4]{2}, i)$의 $\mathbb{Q}(\sqrt[4]{2})$상에서의 기저는 $\{1, i\}$이고 $\mathbb{Q}(\sqrt[4]{2})$의 $\mathbb{Q}$상에서의 기저는 $\{1, \sqrt[4]{2}, (\sqrt[4]{2})^2, (\sqrt[4]{2})^3\}$이다. 따라서 기저는

$$\left\{1,\ 2^{\frac{1}{4}},\ 2^{\frac{2}{4}},\ 2^{\frac{3}{4}},\ i,\ 2^{\frac{1}{4}}i,\ 2^{\frac{2}{4}}i,\ 2^{\frac{3}{4}}i\right\}$$

이다.

8. α를 1이 아닌 $x^7-1\in\mathbb{Q}[x]$의 근이라고 하자. 물론 $\alpha\in\mathbb{C}$이다.

$X=\{1, \alpha, \alpha^2, \cdots, \alpha^6\}$는 x^7-1의 근이 되고 $|X|=7$이다. 왜냐하면 $\alpha^7=1$이므로 $(\alpha^i)^7=1$, $(1\le i\le 7)$이고 $\mathbb{C}$에서 $|\alpha|\,|\,7$이므로 결국 $|\alpha|=7$이다. X는 곱에 대하여 군이 됨을 쉽게 알 수 있다. 실제로 X는 $X=\langle\alpha\rangle$인 순환군이다. 따라서 x^7-1의 분해체는 $\mathbb{Q}(1, \alpha, \alpha^2, \cdots, \alpha^6)=\mathbb{Q}(\alpha)$이므로

$$[K:\mathbb{Q}]=[\mathbb{Q}(\alpha):\mathbb{Q}]$$

인데

$$0=\alpha^7-1=(\alpha-1)(\alpha^6+\alpha^5+\cdots+\alpha+1),$$

이고 $\alpha^6+\cdots+\alpha+1$은 기약(21장 문제 4)이므로 $[K:\mathbb{Q}]=6$이다.

$\theta\in G(K, \mathbb{Q})$라고 하면 $\theta(\alpha)$는 $\alpha, \alpha^2, \cdots, \alpha^6$ 중 어느 것이나 택할 수 있다. 따라서 $|G(K, \mathbb{Q})|=6$이다. $\theta(\alpha)=\alpha^2$인 θ를 f라고 하고 조금 계산해보면

$$G(K,\ \mathbb{Q})=\{e,\ f,\ f^2,\ f^3,\ \cdots,\ f^5\}$$

가 됨을 알 수 있다 (단 $f^6=e$). 따라서 $G(K,\ \mathbb{Q})=\langle f\rangle$인 순환군이다.

9. $p(x)=x^6-1$의 근은 원시 6-제곱근

$$\cos\frac{2\pi}{6}+i\sin\frac{2\pi}{6}=\frac{1}{2}+\frac{\sqrt{3}}{2}i$$

의 거듭제곱이다. 따라서

$$L=\mathbb{Q}\left(\frac{1}{2}+\frac{\sqrt{3}}{2}i\right)=\mathbb{Q}(\sqrt{3}i)$$

이므로 $[L:\mathbb{Q}]=[\mathbb{Q}(\sqrt{3}i):\mathbb{Q}]$는 $\sqrt{3}i$의 극소다항식 x^2+3의 차수 2가 된다.

10. $p(x)=x^6-2$의 근은 x^6-1의 원시근 $w=\frac{1}{2}+\frac{\sqrt{3}}{2}i$와 $\sqrt[6]{2}$의 곱

$$\{\sqrt[6]{2},\ \sqrt[6]{2}w,\ \sqrt[6]{2}w^2,\ \sqrt[6]{2}w^3,\ \sqrt[6]{2}w^4,\ \sqrt[6]{2}w^5\}$$

이다. 따라서 분해체 E는 $E=\mathbb{Q}(\sqrt[4]{2},\ w)$이고 E의 기저를 구해보면

$$\left\{1,\ 2^{\frac{1}{6}},\ 2^{\frac{2}{6}},\ 2^{\frac{3}{6}},\ 2^{\frac{4}{6}},\ 2^{\frac{5}{6}},\ w,\ 2^{\frac{1}{6}}w,\ 2^{\frac{2}{6}}w,\ \cdots,\ 2^{\frac{5}{6}}w\right\}$$

이고 12개이다. 따라서 $|G(E,\ \mathbb{Q})|=12$이다. 그러나 $G(E,\ \mathbb{Q})$는 $\mathbb{Z}_6\times\mathbb{Z}_2$와 동형이 아니다.

11. (1) Eisenstein의 식에서 $p=2$로 두면 $a(x)$는 기약이다.

(2)
$$a'(x)=5x^4-16x^3+2,\ a''(x)=20x^3-48x^2=4x^2(5x-12)$$

를 이용하면 x축과 3점에서 만난다.

(3) $[\mathbb{Q}(r_1):\mathbb{Q}]$는 r_1의 극소다항식의 차수인데 (1)에서 $a(x)$는 기약이므로 $a(x)$가 바로 r_1의 극소다항식이다. 따라서 $[\mathbb{Q}(r_1):\mathbb{Q}]=5$이다.

12. (1) $a>0$인 실수라고 하자.

$$h(a)=h(\sqrt{a}\sqrt{a})=h(\sqrt{a})h(\sqrt{a})\geq 0$$

이므로 $x_1>x_2$이면 $h(x_1)\geq h(x_2)$임을 알 수 있다.

(2) $f\in G(\mathbb{R},\ \mathbb{Q})$이라고 하자. 만일 $f(x)\neq x$, $x\in\mathbb{R}$인 x가 존재한다면 $f(x)>x$ 또는 $f(x)<x$일 것이다.

$f(x)>x$일 경우는 실수와 유리수의 성질에서 $f(x)>a>x$인 $a\in\mathbb{Q}$가 존재한다. 따라서 $a>x$이므로 $f(a)=a\geq f(x)$이므로 모순.

$f(x)<x$일 경우도 마찬가지로 하여 모순을 유도할 수 있다.

따라서 결국 모든 $x\in\mathbb{R}$에 대해서 $f(x)=x$이므로 $|G(\mathbb{R},\ \mathbb{Q})|=1$이다.

13. (1) $\mathbb{C}$는 $f(x)=x^2+1\in\mathbb{R}[x]$의 분해체이다. $G(\mathbb{C},\ \mathbb{R})\cong\mathbb{Z}_2$임을 쉽게 알 수 있다. (항등원과 $\theta(i)=-i$인 경우 2가지)

$\theta(a+bi)=a-bi$인 $\theta\in G(\mathbb{C},\ \mathbb{R})$에 대해서 $x=m+ni$가 고정원소이면 $m+ni=m-ni$로부터 $n=0$가 된다. 따라서 $x=m+ni=m\in\mathbb{R}$이 되므로 $G(\mathbb{C},\ \mathbb{R})$의 고정체는 $\mathbb{R}$이 되어 $\mathbb{C}$는 $\mathbb{R}$의 갈루아 확대체이다.

(2) 만일 $\sqrt{u}\in\mathbb{Q}$이면 $\mathbb{Q}(\sqrt{u})=\mathbb{Q}$이므로 $G(\mathbb{Q}(\sqrt{u}),\ \mathbb{Q})=e$뿐이므로 고정체는 $\mathbb{Q}$이다. 만일 $\sqrt{u}\not\in\mathbb{Q}$이면 $\sqrt{u}$는 $x^2-u\in\mathbb{Q}[x]$의 근이고 x^2-u는 기약이다. 따라서 $[\mathbb{Q}(\sqrt{u}):\mathbb{Q}]=2$이고 $|G(\mathbb{Q}(\sqrt{u}),\ \mathbb{Q})]|=2$이다. $\theta\in G(\mathbb{Q}(\sqrt{u}),\ \mathbb{Q})$라고 하면

$$\theta(a+b\sqrt{u})=a+b\sqrt{u} \text{ 또는 } a-b\sqrt{u}$$

이다. 만일 θ가 항등함수이면 $\mathbb{Q}$는 θ에 대해서 고정된다. 또 $\theta(a+b\sqrt{u})=a-b\sqrt{u}$이면 θ에 대해서 고정되는 원소는 $\mathbb{Q}$뿐이다. 즉 $\theta(a+b\sqrt{u})=a+b\sqrt{u}$라고 하면 $b=0$이므로 $a+b\sqrt{u}=a\in\mathbb{Q}$이다. 따라서 $\mathbb{Q}(\sqrt{u})$는 $\mathbb{Q}$의 갈루아 확대체이다.

14. $(E,\ F)=dk$라고 하면 $G(E,\ F)$는 순환군이므로 $|H|=k$인 $G(E,\ F)$의 부분군 H가 단 한 개 존재한다. $E_H=\{a\in E\,|\,\text{모든 } h\in H\text{에 대해서 } h(a)=a\}$는 E와 F의 중간체이고 $[E:E_H]=|H|=k$이다. 따라서 $[E:F]=[E:E_H][E_H:F]$, $[E:F]=|G(E,\ F)|$에서 $[E_H:F]=d$가 된다. 만일

$$[K_1:F]=[K_2:F]=d,\ F\subset K_1,\ K_2\subset E$$

라고 하면 $G(E, K_1)$, $G(E, K_2)$는 모두 $G(E, F)$의 부분군이고

$$|G(E, K_1)| = |G(E, K_2)| = [E, K_1] = k$$

이다. 순환군의 성질에 의해서

$$G(E, K_1) = G(E, K_2)$$

이고 따라서 $K_1 = K_2$이다.

15. $E = F(\alpha_1, \alpha_2, \cdots, \alpha_n)$라 하자. 각 α_i의 극소다항식을 $f_i(x) \in F[x]$라고 하면 가정에서 $f_i(x)$는 분리가능다항식이다.

$$f(x) = f_1(x) f_2(x) \cdots f_n(x) \in F[x]$$

라 두면 $f(x)$는 분리가능이다.(기약이 아닌 다항식에서는 각 기약인수가 분리가능일 때 분리가능이라고 함) $f(x)$의 모든 근을 $w_1, w_2, \cdots, w_m$라 하고 $K = F(w_1, w_2, \cdots, w_m)$을 $f(x) \in F[x]$의 분해체라고 하면 K는 분리가능 다항식의 분해체이므로 정리에 의해서 K는 F의 갈루아 확대체이고 또 F의 분리가능한 확대체이다. $E \subset K$이므로 따라서 E는 F의 분리가능한 확대체이다.

16. $$S = \{x \in E \mid x\text{는 } F\text{상에 분리가능한 원소}\}$$

라고 하자. 임의의 $a, b \in S$에 대해서 $F(a, b)$는 F의 분리가능한 확대체이므로 $F(a, b) \subset S$이다. 따라서 $a \pm b$, ab, $ab^{-1} (b \neq 0) \in F(a, b)$이므로 S는 사칙에 관해서 닫혀 있다. 따라서 S는 F와 E의 중간체가 된다.

17. ($\Rightarrow$) 임의의 $a \in K$에 대해서 a의 E상에서의 극소다항식을 $p(x) \in E[x]$, F상에서의 극소다항식을 $f(x) \in F[x]$라고 하자. K는 F의 분리가능한 확대체이므로 $f(x)$는 중근을 가지지 않는다. 한편 $p(a) = f(a) = 0$이고 $f(x) \in E[x]$이므로 극소다항식의 성질에 의해서 $p(x) \mid f(x)$이고 따라서 $f(x)$는 $p(x)$의 배수이다. $f(x)$는 중근을 가지지 않으므로 결국 $p(x)$도 중근을 가지지 않고 따라서 K는 E의 분리가능한 확대체이다. E가 F의 분리가능한 확대체가 됨은 당연하다.

($\Leftarrow$) F의 표수가 0이면 당연하므로 $\mathrm{char}\, F = p (\neq 0)$이라고 하자.

$$S = \{x \in K \mid x\text{는 } F\text{상에서 분리가능한 원소}\}$$

라고 하면 $E \subset S$이므로 $F \subset E \subset S \subset K$와 같은 체의 열을 얻을 수 있다. $K=S$가 됨을 보이자. $u \in K$라고 하자. u의 S상에서의 극소다항식을 $p(x) \in S[x]$라 하고 u의 E상에서의 극소다항식을 $f(x) \in E[x]$라고 하면 $f(x) \in S[x]$이고 $f(u)=0$이므로 $p(x) | f(x)$이다. 그런데 $u \in K$는 E상에서 분리가능이므로 $f(x)$는 모든 근이 단순군이다. 따라서 $p(x)$도 모든 근이 단순근이다. 한편, 문제 28. 4의 (4)에서 $K-S$의 모든 원소는 분리불가능이므로 $u^{p^n} \in S$인 정수 n이 존재한다.

$$h(x) = x^{p^n} - u^{p^n} \in S[x]$$

는 $h(x) = (x-u)^{p^n}$이고 $h(u)=0$이므로 $p(x) | h(x)$이다. 따라서 $p(x) = (x-u)^i$, $i \leq p^n$인데 $p(x)$의 모든 근은 단순근이므로 결국 $p(x) = x-u$가 되어 $u \in S$, 따라서 $K=S$이다.

31 방정식의 풀이 (Solving Equations)

연습문제

1. 다음 복소수를 포함하는 $\mathbb{Q}$의 거듭제곱근 확대체를 구하라.

(1) $\dfrac{\sqrt{5}+\sqrt[3]{2}}{\sqrt[4]{3}-\sqrt[5]{4}}$ (2) $\sqrt{\dfrac{1-\sqrt[9]{2}}{\sqrt[4]{1-\sqrt{5}}}}$ (3) $\sqrt[3]{\dfrac{(\sqrt{3}-2i)^5}{i-\sqrt{10}}}$

2. $f(x)=x^5-10x^4+40x^3-80x^2+79x-30$은 거듭제곱근으로 풀이가능임을 보여라 (힌트 $(x-2)^5-(x-2)$를 전개).

3. K는 F의 거듭제곱근 확대체, E는 K의 거듭제곱근 확대체이면 E는 F의 거듭제곱근 확대체임을 보여라.

4. $F\subset E\subset K$, K는 F의 거듭제곱근 확대체이다. K는 E의 거듭제곱근 확대체임을 보

여라.

B 5. $f(x) \in F[x]$는 기약, $\deg f(x) = n \geq 5$, K는 $f(x)$의 F상에서의 분해체이다. $G(K, F) \cong S_n$, $u \in K$는 $f(x)$의 근일 때 다음을 증명하여라.

(1) $F(u)$는 F상에서 갈루아 확대체가 아니다.

(2) $[F(u) : F] = n$, $G(F(u), F) = e$이다.

(3) $F(u)$를 포함하는 F의 거듭제곱근 확대체는 존재하지 않음을 보여라.

6. w는 원시 n-제곱근이다. 다음을 증명하라.

(1) $\mathbb{Q}(w)$는 $x^n - 1 \in \mathbb{Q}[x]$의 분해체이다.

(2) n이 소수이면 $[\mathbb{Q}(w) : \mathbb{Q}] = n-1$이다.

(3) 임의의 $1 \leq i \leq n-1$에 대하여 $\sqrt[n]{a}\, w^i$는 $x^n - a \in \mathbb{Q}[x]$의 근이다.

(4) $\mathbb{Q}(w, \sqrt[n]{a})$는 $x^n - a \in \mathbb{Q}[x]$의 분해체이다.

7. w는 $x^p - 1 \in \mathbb{Q}[x]$의 원시근이다. 단, p는 소수이다. w^{p-1}은 $1, w, \cdots, w^{p-2}$의 일차결합이 됨을 보여라.

8. n=6, 7, 8일 때 w는 $x^n - 1 \in \mathbb{Q}[x]$의 원시근이다. $[\mathbb{Q}(w) : \mathbb{Q}]$를 구하라.

9. w는 $x^3 - 1 \in \mathbb{Q}[x]$의 원시근이다.

(1) $[\mathbb{Q}(w, \sqrt[3]{2}) : \mathbb{Q}]$를 구하라.

(2) $\mathbb{Q}(w, \sqrt[3]{2}) = \mathbb{Q}(\sqrt[3]{2}, i\sqrt{3})$임을 보여라.

10. w는 $x^p - 1 \in \mathbb{Q}[x]$의 복소수 근이다. 단, p는 소수. $\mathbb{Q}(w)$에서 $\mathbb{C}$로의 단사 준동형사상은 $p-1$뿐임을 보여라.

11. $p(x) \in F[x]$는 기약이다. $\deg p(x) = n$, u가 $p(x)$의 복소수근이면 임의의 단사 준동형사상 $h : F \to \mathbb{C}$에 대해서 $\bar{h} : F(u) \to \mathbb{C}$, $\bar{h}|_F = 1$인 단사 준동형사상은 n개뿐임을 보여라.

12. $F \subset K \subset \mathbb{C}$, $[K : F] = n$이다. 임의의 단사 준동형사상 $h : F \to \mathbb{C}$에 대해서

$\bar{h} : K \to \mathbb{C}$, $\bar{h}|_F = h$인 단사 준동형사상은 n개뿐임을 보여라.

B 13. p는 소수, w는 $x^p - 1 \in F[x]$의 원시근이다. $x^p - a \in F[x]$가 F상에서 가약이면 $x^p - a$는 F에서 근을 가짐을 보여라.

B 14. H는 G의 정규부분군이고 G/H가 아벨군이면 $H = H_0 \subset H_1 \subset \cdots \subset H_m = G$, $H_{i+1}/H_i = \langle a \rangle$, $|a|$은 소수인 G의 부분군 $H_i (0 \le i \le m)$가 존재함을 보여라.

15. K는 $f(x) \in F[x]$의 분해체이고 $G = G(K, F)$는 가해군이다. $e = H_0 \subset H_1 \subset \cdots \subset H_n = G$, $H_{i+1}/H_i = \langle a \rangle$, $|a|$는 소수인 G의 부분열이다. F_i를 H_i의 고정체라 하고 F는 1의 임의의 n-제곱근을 포함한다고 가정한다.

(1) F_i는 F_{i+1}의 정규확대체이고 $[F_i : F_{i+1}]$은 소수 p임을 보여라.

(2) $G(F_i, F_{i+1}) = \langle \pi \rangle$, $w \in F_{i+1}$은 $x^p - 1 \in F[x]$의 근, $b \in F_i$, $c = b + w\pi^{-1}(b) + w^2\pi^{-2}(b) + \cdots + w^{p-1}\pi^{-(p-1)}(b)$라 하면 $\pi(c) = wc$임을 보여라.

(3) 임의의 $k \in \mathbb{Z}$에 대해서 $\pi^k(c^p) = c^p$임을 보여라.

(4) $c^p \in F_{i+1}$임을 보여라.

(5) F_i는 $x^p - c^p \in F_{i+1}[x]$의 분해체임을 보여라.

(6) K는 F의 거듭제곱근 확대체임을 보여라.

16. 다음 다항식은 거듭제곱근으로 풀이 불가능임을 보여라.

(1) $2x^5 - 2x^4 + 5$　　　　(2) $2x^5 - 5x^4 + 5$

제31장 방정식의 풀이 연습문제 풀이

1. (1) $\sqrt{5}=c_1$, $\sqrt[3]{2}=c_2$, $\sqrt[4]{3}=c_3$, $\sqrt[5]{4}=c_4$라 두면

$$F_1=\mathbb{Q}(c_1),\ c_1^2=5\in\mathbb{Q},$$
$$F_2=F_1(c_2),\ c_2^3=2\in F_1$$
$$F_3=F_2(c_3),\ c_3^4=3\in F_2$$
$$F_4=F_3(c_4),\ c_4^5=4\in F_3$$

이고 $c=\dfrac{\sqrt{5}+\sqrt[3]{2}}{\sqrt[4]{3}-\sqrt[5]{4}}=\dfrac{c_1+c_2}{c_3-c_4}\in F_4$이다.

(2) $\sqrt[9]{2}=c_1$라 두면 $c_1^9=2\in\mathbb{Q}$ 이므로 $F_1=\mathbb{Q}(c_1)$라 둔다.

$\sqrt{5}=c_2$, $F_2=F_1(c_2)$면 $c_2^2=5\in F_1$이다.

$c_3=\sqrt[4]{1-\sqrt{5}}$, $F_3=F_2(c_3)$라 두면 $c_3^4=1-\sqrt{5}\in F_2$이다.

$c_4=\sqrt{\dfrac{1-c_1}{c_3}}$라 두면 $c_4^2\in F_3$. 따라서 $F_4=F_3(c_4)$라 두면 된다.

(3) $c_1=\sqrt{3}$, $c_2=i$, $c_3=\sqrt{10}$, $c_4=\sqrt[3]{\dfrac{(\sqrt{3}-2i)^5}{i-\sqrt{10}}}=\sqrt[3]{\dfrac{(c_1-2c_2)^5}{c_2-c_3}}$라 두면

$$F_1=\mathbb{Q}(c_1),\ c_1^2=3\in\mathbb{Q},$$
$$F_2=F_1(c_2),\ c_2^2=-1\in F_1$$
$$F_3=F_2(c_3),\ c_3^2=10\in F_2$$
$$F_4=F_3(c_4),\ c_4^3=\frac{(c_1-2c_2)^5}{c_2-c_3}\in F_3$$

2. $f(1)=f(2)=0$이 된다. 따라서 $f(x)$는 $x-2$로 나누어지고 실제로 계산하면 $f(x)=(x-2)^5-(x-2)$이다. 따라서

$$\begin{aligned}f(x)&=(x-2)((x-2)^4-1)\\&=(x-2)((x-2)^2+1)((x-2)^2-1)\end{aligned}$$

$$=(x-2)(x^2-4x+5)(x-1)(x-3)$$

로 인수분해된다.

3. K는 F의 거듭제곱근 확대체이므로

$$K=F(a_1, a_2, \cdots, a_n),\ a_i^{t_i} \in F(a_1, a_2, \cdots, a_{i-1}),\ a_1^{t_1} \in F,\ (2 \le i \le n)$$

이다. 또 E는 K의 거듭제곱근 확대체이므로

$$E=K(b_1, b_2, \cdots, b_m),\ b_j^{s_j} \in K(b_1, b_2, \cdots, b_{j-1}),\ b_1^{s_1} \in K,\ (2 \le j \le m)$$

으로 나타낼 수 있다.

$$\begin{aligned} E=K(b_1, b_2, \cdots, b_m) &= F(a_1, a_2, \cdots, a_n)(b_1, b_2, \cdots, b_m) \\ &= F(a_1, a_2, \cdots, a_n, b_1, b_2, \cdots, b_m) \end{aligned}$$

이다. $2 \le j \le m$이면

$$\begin{aligned} b_j^{s_j} \in K(b_1, b_2, \cdots, b_{j-1}) &= F(a_1, a_2, \cdots, a_n)(b_1, b_2, \cdots, b_{j-1}) \\ &= F(a_1, a_2, \cdots, a_n, b_1, b_2, \cdots, b_{j-1}) \end{aligned}$$

이고 $b_1^{s_1} \in K=F(a_1, a_2, \cdots, a_n)$이다. $2 \le i \le n$이면

$$a_i^{t_i} \in F(a_1, a_2, \cdots, a_{i-1}),\ a_1^{t_1} \in F$$

이다. 따라서 E는 F의 거듭제곱근 확대체가 된다.

4. $$F \subset E \subset K,\quad F=F_0 \subset F_1 \subset F_2 \subset \cdots \subset F_t=K,$$
$$F_i=F_{i-1}(c_i),\ c_i^{n_i} \in F_{i-1},\ (i=1, 2, \cdots, t)$$

이라고 하면 $F_i=F(c_1, c_2, \cdots, c_i)$꼴이다. 거듭제곱근 확대체

$$E \subset E(c_1) \subset E(c_1, c_2) \subset \cdots \subset E(c_1, \cdots, c_t)$$

를 살펴보면 우선 $c_1^{n_1} \in F_0=F \subset E, \cdots$

$$c_i^{n_i} \in F_{i-1} = F(c_1, c_2, \cdots, c_{i-1}) \subset E(c_1, c_2, \cdots, c_{i-1}) = E(c_{i-1})$$

이다$(1 \leq i \leq t)$. 또

$$K = F(c_1, c_2, \cdots, c_t) \subset E(c_1, c_2, \cdots, c_t) \subset K(c_1, c_2, \cdots, c_t) = K$$

이므로 $K = E(c_1, c_2, \cdots, c_t)$가 되어 K는 E의 거듭제곱근확대체가 된다.

5. (1) 만일 $F(u)$가 F의 갈루아 확대체이면 $F(u)$는 F의 정규분리가능 확대체이다. 따라서 $F(u)$는 u의 극소다항식 $f(x)$의 모든 근을 포함해야 한다. 따라서 $F(u) = K$가 되는데 $|G(F(u), F)| = [F(u) : F] = n$이므로 $G(K, F) \cong S_n$과 모순된다. 따라서 $F(u)$는 F의 갈루아 확대체가 될 수 없다.

(2) $f(x)$의 서로 다른 근을 $\{u = u_1, u_2, \cdots, u_m\}$라고 하면 $K = F(u_1, u_2, \cdots, u_m)$이고 $|G(K, F)| = m!$이다. 그런데 $G(K, F) \cong S_n$이므로 결국 $m = n$이 되어 $f(x)$는 분리가능이 되고 따라서 K는 F의 갈루아확대체가 된다. 따라서 $[K : F] = n!$이다. $[F(u) : F]$는 u의 극소다항식의 차수이므로 $\deg f(x) = n$이 된다.

$F(u)$는 $f(x)$의 u 이외의 어떠한 근도 포함하지 않음을 보이자. 만일 $u \neq v$, $f(v) = 0$, $v \in F(u)$라고 하자. $v \in F(u)$이므로 $F(u, v) = F(u)$가 된다. $\theta \in G(K, F(u))$라고 하면 $\theta(u) = u$, $\theta(v) = v$이므로 $|G(K, F(u))| \leq (n-2)!$이다. 또 갈루아정리에서 K는 $F(u)$의 갈루아 확대체이므로 $|G(K, F(u))| = [K : F(u)]$가 된다. 그런데

$$[K : F] = n! = [K : F(u)][F(u) : F] \leq (n-2)!n, \ n \geq 5$$

이 되어 모순이다. 이 사실로부터 $\phi \in G(F(u), F)$라고 하면 $\phi(u) = u$ 밖에 될 수 없고 따라서 $|G(F(u), F)| = 1$이다.

(3) 만일 $F(u) \subset E$, E가 F의 거듭제곱근확대체라고 하면 정의에 의해서 $F \subset E \subset M$이 되는 F의 정규거듭제곱근 확대체 M이 존재한다. 그런데 $F(u) \subset M$, u는 $f(x) \in F[x]$의 근이므로 결국 $K \subset M$이 되어 $f(x)$는 거듭제곱근으로 풀이가능하다. 따라서 정리 31.10에 의해서 $G(K, F)$는 가해군이다. 그런데 가정에서 $G(K, F) \cong S_n$이므로 S_n도 가해군이 되어 모순이다.

6. (1) $$X = \{1, w, w^2, \cdots, w^{n-1}\}$$

라고 하면 임의의 $0 \le i \le n-1$에 대해서 $(w^i)^n = 1$이다. 또 $|w| = n$이므로 X의 원소는 모두 틀리므로 결국 X가 $x^n - 1 \in \mathbb{Q}[x]$의 모든 근이 됨을 알 수 있다. 따라서 $x^n - 1$의 분해체는 $\mathbb{Q}(1, w, w^2, \cdots, w^{n-1}) = \mathbb{Q}(w)$이다.

(2) $[\mathbb{Q}(w) : \mathbb{Q}]$는 w의 극소다항식의 차수인데

$$0 = w^n - 1 = (w-1)(w^{n-1} + w^{n-2} + \cdots + w + 1)$$

에서 $w^{n-1} + w^{n-2} + \cdots + w + 1 = 0$이므로 극소다항식의 차수는 $n-1$이다. w 대신 $x-1$을 대입하여 Eisenstein 정리를 적용하면 물론 기약임은 잘 알 수 있다.

(3) 역시 $X = \{\sqrt[n]{a}\, w^i \mid i = 0, 1, \cdots, n-1\}$은 $x^n - a$의 근이 된다.

(4) $x^n - a \in \mathbb{Q}[x]$의 분해체는 $\mathbb{Q}(\sqrt[n]{a}, \sqrt[n]{a}\, w, \cdots, \sqrt[n]{a}\, w^{n-1})$인데 이것은 $\mathbb{Q}(w, \sqrt[n]{a})$가 됨을 쉽게 알 수 있다.

7. p는 소수이므로 $X = \{1, w, w^2, \cdots, w^{p-1}\}$이 $x^p - 1 \in \mathbb{Q}[x]$의 모든 근이다.

$$x^p - 1 = (x-1)(x^{p-1} + x^{p-2} + \cdots + x + 1)$$

에서 $w^{p-1} + w^{p-2} + \cdots + w + 1 = 0$이므로 $w^{p-1} = -w^{p-2} - \cdots - w - 1$이다.

8. (1) $n = 6$일 때 : w의 극소다항식을 구해보면

$$x^6 - 1 = (x+1)(x^2 - x - 1)(x-1)(x^2 + x + 1)$$

에서 $f(x) = x^2 + x + 1 \in \mathbb{Q}[x]$이 됨을 알 수 있다. 물론 $f(x) = x^2 - x - 1$도 가능. 따라서 $[\mathbb{Q}(w) : \mathbb{Q}] = 2$이다.

(2) $n = 7$일 때 : 소수이므로 $[\mathbb{Q}(w) : \mathbb{Q}] = 6$이다.

(3) $n = 8$일 때 : $x^8 - 1 = (x^4 + 1)(x^2 + 1)(x+1)(x-1)$에서 $f(x) = x^2 + 1 \in \mathbb{Q}[x]$이 w의 극소다항식이다. 따라서 $[\mathbb{Q}(w) : \mathbb{Q}] = 2$

9. $x^3 - 1 = (x-1)(x^2 + x + 1)$이므로 w는 $x^2 + x + 1 = 0$의 한 근이다.

(1) $$[\mathbb{Q}(w, \sqrt[3]{2}) : \mathbb{Q}] = [\mathbb{Q}(w, \sqrt[3]{2}) : \mathbb{Q}(w)][\mathbb{Q}(w) : \mathbb{Q}]$$

이고 $[\mathbb{Q}(w, \sqrt[3]{2}) : \mathbb{Q}(w)]$는 $\sqrt[3]{2}$의 극소다항식 $x^3 - 2 \in \mathbb{Q}(w)[x]$의 차수이므로 3이다. 따라서 $[\mathbb{Q}(w, \sqrt[3]{2}) : \mathbb{Q}] = 3 \times 2 = 6$이다.

(2) $w=\dfrac{-1\pm\sqrt{3}i}{2}$이므로 $\mathbb{Q}(w)=\mathbb{Q}(\sqrt{3}i)$가 됨은 당연하다.

10. $h:\mathbb{Q}(w)\to\mathbb{C}$가 단사 준동형이라고 하면 $\mathbb{Q}(w)$의 임의의 원소는

$$a_0+a_1w+a_2w^2+\cdots+a_{p-1}w^{p-1},\ a_i\in\mathbb{Q}$$

꼴이므로 $h(w)$의 값만으로 결정된다. 그런데 w는 x^{p-1}의 근이므로 $h(w)$도 x^p-1의 근이고 또 p는 소수이므로 $|h(w)|=|w|=p$이다. 따라서 $h(w)=w^i$, $1\le i\le p-1$가 모두 가능하므로 단사 준동형은 $p-1$개다.

11. $h:F\to h(F)$는 동형사상이다. $h(p(x))$의 한 근을 v라고 하면 $\bar{h}:F(u)\to h(F)(v)$로의 h의 확대 동형사상이 존재한다. 따라서 $\bar{h}:F(u)\to\mathbb{C}$, $\bar{h}|_F=h$인 단사 준동형사상은 $h(p(x))$의 근보다 많다. 그런데 $h(p(x))$도 기약이고 $\deg p(x)=\deg h(p(x))$이므로 $\bar{h}$는 n개 이상이다. 한편 임의의 h의 확대 단사 준동형사상 $\bar{h}$에 대해서 $\bar{h}(u)$는 $h(p(x))$의 근이 됨을 쉽게 알 수 있다. 따라서 결국 $\bar{h}$는 딱 n개이다.

12. K는 F의 유한확대체이므로 $K=F(c)$인 단순확대체로 나타낼 수 있다. c의 극소다항식을 $p(x)\in F[x]$라고 하면

$$[K:F]=[F(c):F]=\deg p(x)$$

이므로 $p(x)$의 차수는 n이다. 따라서 11번에서 $\bar{h}$는 n개다.

13. $f(x)=x^p-a$의 근은 $\sqrt[p]{a}$, $\sqrt[p]{a}\,w$, $\sqrt[p]{a}\,w^2$, $\cdots$, $\sqrt[p]{a}\,w^{p-1}$, 단 $w^p=1$, $(\sqrt[p]{a})^p=a$이다. 가정에서 $f(x)$는 F상에서 가약이므로

$$f(x)=p(x)h(x),\ p(x),\ h(x)\in F[x],\ \deg p(x)\ge 1,\ \deg h(x)\ge 1$$

꼴로 분해할 수 있다. 만일 $\deg p(x)=1$이면 $p(x)=x-c$꼴이므로 결국 $c\in F$는 $f(x)$의 근이다. $\deg p(x)=m\ge 2$이라고 하자. $f(x)$는 분해체에서

$$f(x)=(x-\sqrt[p]{a})(x-\sqrt[p]{a}\,w)\cdots(x-\sqrt[p]{a}\,w^{i-1})$$

로 분해되므로 결국 $p(x)$의 상수항은 $\sqrt[p]{a}\,w^i\ (0\le i\le p-1)$를 m개 곱한 것이 된다.

따라서 $p(x)$의 상수항을 b라고 하면 $b=(\sqrt[p]{a})^m w^t$꼴로 표시할 수 있다. 따라서

$$b^p = ((\sqrt[p]{a})^m w^t)^p = ((\sqrt[p]{a})^p)^m (w^p)^t = a^m$$

이 된다. $2 \le m \le p$이므로 m과 p는 서로소이고 따라서 $mi+pj=1$이 되는 $i, j \in \mathbb{Z}$가 존재한다.

$$a = a^{mi+pj} = a^{mi}a^{pj} = (a^m)^i a^{pj} = (b^p)^i a^{pj} = (b^i a^j)^p$$

이고 $a, b \in F$이므로 $b^i a^j \in F$는 $f(x)$의 근이 된다.

14. 다음 사실은 쉽게 알 수 있다.

(1) G가 유한군, N이 G의 정규부분군이라고 하면 G와 N 사이에는 G의 서로다른 정규부분군이 유한개만 존재할 것이다. 따라서

$$N=N_0 \subset N_1 \subset N_2 \subset \cdots \subset N_t = G, \text{ 단 } N_i \neq N_{i+1}$$

라고 하면 N_{t-1}은 G의 극대정규부분군이 되고 N을 포함한다.

(2) K가 G의 극대정규부분군이면 G/K는 진정규부분군을 가지지 않는다. 왜냐하면 만일 N이 G/K의 정규부분군이면 $N=H/K$, $K \subset H \subset G$, H는 G의 정규부분군인 H가 존재한다. 따라서 $K=H$ 또는 $H=G$가 되어야 하므로 $N=\{e\}$ 또는 $N=G/K$가 될 수밖에 없다.

(3) G가 진부분군이 없는 아벨군이라고 하면 임의의 $a \in G$, $a \neq e$에 대해서 $G=\langle a \rangle$가 되므로 G는 순환군이다. 또 G의 위수는 소수가 됨은 당연하다. 따라서 G는 소수 위수의 순환군이 된다.

(4) $H \subset K \subset G$, H, K는 G의 정규부분군이면 $(G/H)/(K/H) \cong G/K$이므로 G/K는 G/K의 준동형사상의 상이다. (실제로 $h \circ \pi : G/H \xrightarrow{\pi} (G/H)/(K/H) \xrightarrow{h} G/K$는 전사준동형)

본론으로 들어가서 수학적 귀납법으로 증명하자.

아벨군 G/H가 $|G/H|<n$인 모든 군 G와 정규부분군 H에 대해서 정리가 성립한다고 가정하자. $|G/H|=n$라고 하자. 만일 $H \subset N \subset G$인 진정규부분군 N이 존재하지 않으면 H가 G의 극대정규부분군이므로 $H=H_0 \subset H_1 = G$로 두면 (2), (3)에서 끝이다. 만일 $H \subset N \subset G$인 진정규부분군 N이 존재한다면 $H \neq N$, $N \neq G$이므로 $|N/H|<n$, $|G/N|<n$이므로 H와 N, N과 G 사이에 각각 정리가 성립

하는 부분열이 존재한다. 따라서 증명끝.

참고 위의 14번 사실에 의해서 만일 군 G가 가해군이면 각 부분열 사이에 다시 위의 $H_{i+1}/H_i = \langle a \rangle$, $|a|$는 소수인 정규부분군 H_i을 집어넣어서 각 인수가 소수위수인 순환군, 따라서 합성열이 되는 부분정규열(subnormal series)의 세분을 만들 수 있다. 그래서 아예 처음부터 가해군을 이렇게 정의하는 경우도 있다.

15. (1) H_i는 H_{i+1}의 정규부분군이므로 F_i는 F_{i+1}의 정규확대체이고 갈루아 정리에서

$$|G(K, F_i)| = [K : F_i]$$

이므로 $[F_i : F_{i+1}] = \dfrac{|H_i|}{|H_{i+1}|} = |a|$가 된다.

(2) $$\begin{aligned}\pi^{-1}(wc) = \pi^{-1}(w)\pi^{-1}(c) &= w\pi^{-1}(b + w\pi^{-1}(b) + w^2\pi^{-2}(b) + \cdots + w^{p-1}\pi^{-(p-1)}(b)) \\ &= w\pi^{-1}(b) + w^2\pi^{-2}(b) + w^3\pi^{-3}(b) + \cdots + b \\ &= c\end{aligned}$$

이므로 $\pi(c) = wc$가 된다.

(3) $\pi(c^p) = (wc)^p = w^p c^p = c^p$이므로 임의의 $k \in \mathbb{Z}$에 대해서 $\pi^k(c^p) = c^p$이다.

(4) 임의의 $h \in G(F_i, F_{i+1})$은 $h = \pi^k$꼴이므로 (3)에 의해서 c^p는 h에 대해서 고정된다. 따라서 $c^p \in F_{i+1}$이다.

(5) $[F_i : F_{i+1}]$이 소수이므로 그 사이에는 체가 없다. 따라서 $F_{i+1}(c) = F_i$ 또는 $F_{i+1}(c) = F_{i+1}$이 되는데 만일 $F_{i+1}(c) = F_{i+1}$이면 $c \in F_{i+1}$이 되고 이것은 $\pi(c) = wc = c$에서 $w = 1$이 되어 모순이다. 따라서 $F_i = F_{i+1}(c) = F_{i+1}(c, w)$는 $x^p - c^p$의 근 $\{c, cw, cw^2, \cdots, cw^{n-1}\}$을 포함하는 분해체가 된다.

(6) $$F = F_n \subset F_{n-1} \subset F_{n-2} \subset \cdots \subset F_2 \subset F_1 \subset F_0 = K$$

이고 $F_i = F_{i+1}(c)$, $c^p \in F_{i+1}$이므로 K는 F의 거듭제곱근확대체가 된다.

16. (1) $f(x) = 2x^5 - 2x^4 + 5 \in \mathbb{Q}[x]$는 기약이다.

$$f'(x) = 10x^4 - 8x^3 = 2x^3(5x - 4)$$

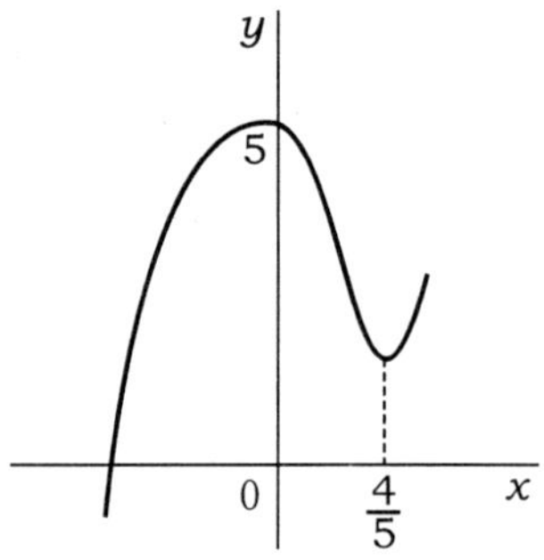

이므로 $x=0$에서 극대값 5를 가지며 한 개의 실근 α와 4개의 허근 $\beta_1, \beta_2, \beta_3, \beta_4$를 가짐을 알 수 있다. E를 $f(x)$의 분해체라고 하면 $E=\mathbb{Q}(\alpha, \beta_1, \beta_2, \beta_3, \beta_4)$인 데 $G(E, \mathbb{Q})$는 S_5의 부분군이고 $[\mathbb{Q}(\alpha) : \mathbb{Q}]=\deg f(x)=5$이므로 $[E : \mathbb{Q}]$는 5의 배수이다. $|G(E, Q)|=[E : \mathbb{Q}]$이므로 갈루아군은 Cauchy 정리에 의해서 길이 5인 순환을 포함한다. β_1, β_2를 켤레라고 하면 $h(\beta_1)=\beta_2$인 함수 h는 $G(E, \mathbb{Q})$의 원소이고 $|h|=2$이다. 따라서 $G(E, \mathbb{Q})$는 호환과 길이 5인 순환을 포함하므로 [4], 35장 대칭군의 성질에서 $G(E, \mathbb{Q})\cong S_5$이고 S_5는 가해군이 아니므로 $f(x)$는 거듭제곱근으로 풀이불가능이다.

(2) $f(x)=2x^5-5x^4+5\in\mathbb{Q}[x]$는 기약이다.

$$f'(x)=10x^4-20x=10x(x^3-2)$$

이므로 $f(x)$는 3개의 실근 $\alpha_1, \alpha_2, \alpha_3$과 2개의 허근 β_1, β_2를 가진다. E를 $f(x)$의 분해체라고 하면 $[\mathbb{Q}(\alpha_1) : \mathbb{Q}]=\deg f(x)=5$이므로 $G(E, \mathbb{Q})$는 길이 5인 순환을 가진다. 또 $h(\beta_1)=\beta_2$인 함수 h는 $h\in G(E, \mathbb{Q})$이고 $|h|=2$이므로 호환이다. 따라서 $G(E, \mathbb{Q})\cong S_5$가 되어 $f(x)$는 거듭제곱근으로 풀이불가능이다.

32 집합
(Sets)

연습문제

1. 다음과 같은 수열을 피보나츠(Fibonach) 수열이라고 한다.

$$1, 1, 2, 3, 5, 8, \cdots, \text{ 단 } a_n = a_{n-1} + a_{n-2}\ (n \geq 3)$$

모든 k에 대해서 a_{5k}는 5의 배수임을 증명하여라.

2. S는 원소가 n개인 집합이다. S의 모든 부분집합의 개수는 2^n임을 증명하여라.

3. 다음과 같이 수학적 귀납법으로 증명했다. 어디가 틀렸는가?
"모든 소의 색깔은 같다"의 증명
$p(n)$을 "n마리의 소 색깔은 같다"라고 한다.

(1) 1마리의 소는 자신은 자신의 색깔과 같으므로 따라서 $P(1)$은 참이다.

(2) $P(m)$은 참이라고 가정하자. S를 $m+1$마리의 소 집합이라고 하면 $S=\{r_1, r_2, \cdots, r_{m+1}\}$로 나타낼 수 있다. $\{r_1, r_2, \cdots, r_m\}$은 m마리의 소 집합이므로 같은 색깔이다. 또 $\{r_2, r_3, \cdots, r_{m+1}\}$도 m마리의 소 집합이므로 역시 같은 색깔이다. 그런데 r_2는 공통으로 있으므로 따라서 S 집합의 소 색깔은 모두 같다. 즉, $P(m+1)$이 성립한다. 수학적 귀납법에 의해서 임의의 n마리의 소의 색깔은 같다.

4. 다음을 증명하여라.

(1) $A\subset C$, $B\subset C$일 필요충분조건은 $A\cup B\subset C$

(2) $C\subset A$, $C\subset B$일 필요충분조건은 $C\subset A\cap B$

(3) $S\cap(S\cup T)=S$, $S\cup(S\cap T)=S$

(4) $S\cup T=T$일 필요충분조건은 $S\subset T$

5. $1^3+2^3+\cdots+n^3=\left\{\dfrac{n(n+1)}{2}\right\}^2$, $(n\geq 1)$을 수학적 귀납법으로 증명하여라.

6. c는 자연수이다. 다음 정리를 증명하여라.

(1) $P(c)$는 참이다.

(2) 모든 자연수 $m>c$에 대해서 $c\leq k<m$인 임의의 자연수 k에 대해서 $P(k)$가 참이면 $P(m)$도 참이다.

그러면 $c\leq n$인 모든 자연수 n에 대해서 $P(n)$은 참이다.

7. 모든 정수 $n\geq 1$에 대해서 n^3-n은 3의 배수임을 증명하여라.

8. $f: X\to Y$, $A\subset X$, $B\subset Y$이다. $f(A)=\{f(x)|x\in A\}$, $f^{-1}(B)=\{x\in X|f(x)\in B\}$라고 하면 다음을 증명하여라.

(1) $f^{-1}(f(A))\supset A$,

(2) $f(f^{-1}(B))=B\cap f(X)$

9. 정수집합 Z에서 $R=\{(a, b)|ab\geq 0\}$라면 R은 Z상에서 동치관계가 되는가?

10. $A \subset B$일 필요충분조건은 $B^C \subset A^C$임을 증명하여라.

11. 임의의 집합 A, B, C에 대해서 다음을 증명하여라.

(1) $A \subset A$ (2) $\varnothing \subset A$ (3) $A \subset B$, $B \subset C$이면 $A \subset C$

12. 임의의 집합 A, B, C에 대하여 다음이 성립함을 보여라.

(1) $A \cup \varnothing = A$ (항등원)

(2) $A \cup A = A$, $A \cap A = A$ (멱등법칙)

(3) $A \cup B = B \cup A$, $A \cap B = B \cap A$ (교환법칙)

(4) $(A \cup B) \cup C = (A \cup (B \cup C)$,$(A \cap B) \cap C = A \cap (B \cap C)$, (결합법칙)

(5) $A \cap (B \cup C) = (A \cap B) \cup (A \cap C)$, $A \cup (B \cap C) = (A \cup B) \cap (A \cup C)$ (분배법칙)

13. 임의의 집합 A, B에 대하여 다음이 성립함을 보여라.

(1) $(A \cap B)^C = A^C \cup B^C$ (2) $A \cap A^C = \varnothing$ (3) $(A^C)^C = A$

14. 다음을 증명하여라. (제2형식의 수학적 귀납법)

$P(n)$은 자연수 n에 관한 성질이다.

(1) $P(1)$은 참이다.

(2) 임의의 자연수 m에 대해서 $k < m$인 모든 자연수 k에 대해서 $P(k)$가 참이면 $P(m)$도 역시 참이다.

(1), (2)가 성립하면 모든 자연수 n에 대해서 $P(n)$은 참이다.

15. $f : A \to B$, $g : B \to C$, $h : C \to D$에서 $(h \circ g) \circ f = h \circ (g \circ f)$임을 증명하여라.

16. $f : A \to B$, $g : B \to C$이다. f, g가 각각 역함수를 가지면 $g \circ f : A \to C$도 역함수를 가지고 $(g \circ f)^{-1} = f^{-1} \circ g^{-1}$가 됨을 증명하여라.

17. 다음 중 Z에서 동치관계인 것을 골라라.

(1) $R = \{(a, b) | a - b \geq 0\}$ (2) $R = \{(a, b) | |a| = |b|\}$ (3) $R = \{(a, b) | |a - b| \leq 1\}$

18. 다음 중 어디에서 잘못이 있는지 찾아라.

"집합 S의 동치관계 ~에서 반사율은 필요없다. 왜냐하면 임의의 $a \in S$에 대해서 대칭률로부터 $a \sim b$이면 $b \sim a$이고 따라서 추이율에 의해서 $a \sim a$이기 때문이다."

19. 집합 A상에서 관계로써 함수인 동시에 동치관계인 것을 찾아라.

20. $f : R \to R$, $f\left(\frac{1}{2}x^3+1\right)=5x-4$의 역함수를 구하여라.

21. $A \times B = A \times C$일 필요충분조건은 $B=C$거나 $A=\varnothing$임을 보여라.

22. $\varnothing$가 아닌 세 집합 A, B, C의 카르테시안 곱은 결합법칙이 성립하지 않음을 보여라.

23. $X=\{0, 1, 2, 3\}$이다.

(1) $R=\{(0, 0), (1, 1), (2, 2), (3, 3), (0, 2), (1, 3), (2, 0), (3, 1)\}$은 X에서 동치관계임을 보여라.

(2) R의 동치류를 구하여라.

B **24.** A가 무한집합이면 A의 동치관계도 무한개가 있음을 보여라. 또 그 역도 성립함을 보여라.

25. $f : X \to Y$가 단사일 필요충분조건은 임의의 $g, h : A \to X$, $f \circ h = f \circ g$에 대해서 $h=g$임을 보여라.

26. $f : X \to Y$가 전사일 필요충분조건은 임의의 집합 A와 임의의 두 함수 $g, h : Y \to A$가 $g \circ f = h \circ f$가 성립하면 $g=h$임을 보여라.

제32장 집합 연습문제 풀이

1. 1) $a_5=5$이므로 $k=1$일 때 성립한다.

2) a_{5n}는 5의 배수라고 가정한다. $a_{5(n+1)}=a_{5n+5}$이다. 그런데

$$\begin{aligned} a_{5n+5} &= a_{5n+4}+a_{5n+3}=(a_{5n+3}+a_{5n+2})+(a_{5n+2}+a_{5n+1}) \\ &= (a_{5n+2}+a_{5n+1})+2a_{5n+2}+a_{5n+1} \\ &= 3(a_{5n+1}+a_{5n})+2a_{5n+1} \\ &= 5a_{5n+1}+3a_{5n} \end{aligned}$$

따라서 $a_{5(n+1)}$은 5의 배수이므로 $k=n+1$일 때도 성립한다.
따라서 수학적 귀납법으로 a_{5k}는 5의 배수이다.

2. S의 부분집합 중 원소가 없는 것은 $\varnothing$뿐, 즉 1개이다.
또 S의 부분집합 중 원소가 1개 인것은 ${}_nC_1$개이다.
⋮
일반적으로 S의 부분집합 중 원소가 r개인 것은 ${}_nC_r$개다.
따라서 S의 부분집합의 개수는 $\sum_{r=0}^{n} {}_nC_r=(1+1)^n=2^n$이다.

3. 일반적으로 집합 $\{r_1, r_2, \cdots, r_{m+1}\}$에서 $\{r_1, \cdots, r_m\}$과 $\{r_2, \cdots, r_{m+1}\}$은 공통부분이 있는 것으로 생각하나 원소가 2개인 집합 $\{r_1, r_2\}$에서 이와 같이 분리하면 공통부분이 없다.

4. (1) ($\Rightarrow$) $x\in A\cup B$라면 $x\in A$ 또는 $x\in B$이다.
$x\in A$이면 $A\subset C$이므로 $x\in C$, $x\in B$이면 $B\subset C$이므로 $x\in C$이다.
따라서 어느 경우나 $x\in C$이므로 $A\cup B\subset C$가 된다.
($\Leftarrow$) $A\subset A\cup B\subset C$이므로 $A\subset C$이다. 마찬가지로 $B\subset C$이다.
(2) ($\Rightarrow$) $x\in C$라면 $C\subset A$로부터 $x\in A$이고 또 $C\subset B$로부터 역시 $x\in B$이다. 따라서 $x\in A$, $x\in B$이므로 $x\in A\cap B$가 되어 $C\subset A\cap B$를 얻는다.
($\Leftarrow$) $C\subset A\cap B\subset A$이므로 $C\subset A$이다. 또 마찬가지로

$C \subset A \cap B \subset B$이므로 $C \subset B$이다.

(3) 1) $S \cap (S \cup T) = S$의 증명;

$S \cap (S \cup T) \subset S$이다. 한편 $S \supset S$, $S \cup T \supset S$이므로 $S \cap (S \cup T) \supset S \cap S = S$이다. 따라서 $S \cap (S \cup T) = S$이다.

2) $S \cup (S \cap T) = S$의 증명;

$S \cup (S \cap T) \supset S$이다. 한편 $S \subset S$, $S \cap T \subset S$이므로 $S \cup (S \cap T) \subset S \cup S = S$이다. 따라서 $S \cup (S \cap T) = S$이다.

(4) ($\Rightarrow$) $x \in S$라고 하면 $x \in S \subset S \cup T = T$이므로 $x \in T$. 따라서 $S \subset T$이다.

($\Leftarrow$) $S \cup T \supset T$는 당연하다. $S \subset T$이므로 $S \cup T \subset T \cup T = T$. 따라서 $S \cup T = T$이다.

5. 1) $n=1$이면 좌변은 1, 우변도 1이므로 $n=1$일 때 성립한다.

2) $n=m$일 때 식이 성립한다고 가정한다.

따라서 $1^3 + 2^3 + \cdots + m^3 = \left\{ \dfrac{m(m+1)}{2} \right\}^2$이다. 양변에 $(m+1)^3$을 합하면

$$\begin{aligned} 1^3 + 2^3 + \cdots + m^3 + (m+1)^3 &= \left(\frac{m(m+1)}{2} \right)^2 + (m+1)^3 \\ &= \frac{m^2(m+1)^2 + 4(m+1)^3}{4} \\ &= \frac{(m+1)^2(m+2)^2}{4} \\ &= \left[\frac{(m+1)\{(m+1)+1\}}{2} \right]^2 \end{aligned}$$

즉 $n=m+1$일 때도 이 식은 성립한다. 따라서 모든 $n \ge 1$에 대해서 성립한다.

6. $p(n)$이 참이 아닌 $c \le n$인 어떤 자연수 n이 존재한다고 가정하자.
집합 A를 다음과 같이 구성하자.

$$A = \{ m \in N \mid c \le m,\ p(m)\text{은 거짓말} \}.$$

$n \in A$이므로 당연히 $A \ne \varnothing$이고 A는 최소원소 t를 가질 것이다.

1)에 의해서 $t \ne c$이다. 만일 $c \le k < t$인 수 k가 존재하여 $p(k)$가 거짓이라면 $k \in A$가 될 것이고 이것은 t의 최소성에 모순되므로 모든 $c \le k' < t$인 수 k'에 대해서 $p(k')$가 참이 된다.

2)에 의해서 $p(t)$는 참이 되어 $t \in A$에 모순된다.

7. $n^3-n=(n-1)n(n+1)$이고 연속된 3 정수 중에는 반드시 3의 배수가 포함되어 있다. 따라서 n^3-n은 3의 배수가 된다(임의의 수는 $3m$, $3m+1$, $3m+2$ 꼴 중 한 가지이다).

8. (1) $f^{-1}(f(A)) \supset A$의 증명;

$x \in A$라면 $f(x) \in f(A)$. 따라서 $x \in f^{-1}(f(A))$이다.

(2) $f^{-1}(f(B)) = B \cap f(X)$의 증명;

$f^{-1}(B) \subset X$이므로 $f(f^{-1}(B)) \subset f(X)$이다. 또 만일 $y \in f(f^{-1}(B))$라면 $y=f(x)$, $x \in f^{-1}(B)$인 $x \in X$가 존재한다. 따라서 $f(x) \in B$이므로 $y \in B$가 된다. 즉 $f(f^{-1}(B)) \subset B \cap f(X)$가 된다.

반대로 $y \in B \cap f(X)$라면 $y=f(x)$, $x \in X$이고 $y=f(x) \in B$이므로 $x \in f^{-1}(B)$가 된다. 따라서 $y=f(x) \in f(f^{-1}(B))$가 되어 $B \cap f(X) \subset f(f^{-1}(B))$가 됨을 알 수 있다.

9. $2 \times 0 \geq 0$이므로 $(2, 0) \in R$이다. 또 $0 \times (-3) \geq 0$이므로 $(0, -3) \in R$이다. 그러나 $2 \times (-3) < 0$이므로 $(2, -3) \notin R$이 되어 추이율이 성립하지 않는다.

10. $(\Rightarrow)$ $x \in B^C$이면 $x \notin B$이고 $A \subset B$이므로 $x \notin A$이다. 따라서 $x \in A^C$가 된다.

$(\Leftarrow)$ $x \in A$이면 $x \notin A^C$이고 $B^C \subset A^C$이므로 $x \notin B^C$이다. 따라서 $x \in B$가 된다.

11. (1) $x \in A$이면 $x \in A$이다. 따라서 $A \subset A$이다.

(2) 만일 어떤 집합 A가 존재해서 $\varnothing \not\subset A$라면 $\varnothing$에는 속하고 A에는 속하지 않는 어떤 원소가 x가 존재할 것이다. 즉 $x \in \varnothing$, $x \notin A$인 원소가 있다는 뜻인데 $\varnothing$의 정의에 어긋난다. 따라서 모순이다.

(3) $x \in A$라면 $A \subset B$로부터 $x \in B$이다. 또 $B \subset C$이므로 $x \in C$이다. 따라서 $A \subset C$이다.

12. (1) $A \subset A \cup \varnothing$는 당연하다. 역으로 만일 $x \in A \cup \varnothing$라면 $x \notin \varnothing$이므로 $x \in A$이다.

따라서 $A\cup\varnothing\subset A$가 되어 결국 $A\cup\varnothing=A$이다.

(2) $A\subset A\cup A$는 당연하다. 역으로 만일 $x\in A\cup A$라면 $x\in A$이므로 결국 $A\cup A\subset A$가 되어 $A\cup A=A$가 성립한다. 마찬가지로 해서 $A\cap A\subset A$는 당연하다.

역 포함관계를 보이기 위해서 만일 $x\in A$라고 하면 $x\in A\cap A$가 된다. 따라서 $A\subset A\cap A$가 되어 $A\cap A=A$가 성립한다.

(3) $B=\varnothing\cup B\subset A\cup B$, 마찬가지로 $A\subset A\cup B$이다. 따라서 $B\cup A\subset(A\cup B)\cup(A\cup B)=A\cup B$이고 $A\cup B\subset B\cup A$도 동일하게 증명할 수 있다. 따라서 $A\cup B=B\cup A$이다. $A\cap B\subset B$, $A\cap B\subset A$이므로 $A\cap B=(A\cap B)\cap(A\cap B)\subset B\cap A$이다.

역 포함관계 $B\cap A\subset A\cap B$도 역시 같은 방법으로 증명할 수 있다. 따라서 $A\cap B=B\cap A$이다.

(4) $A\subset A$, $B\subset B\cup C$이므로 $A\cup B\subset A\cup(B\cup C)$이다. 또 $C\subset B\cup C\subset A\cup(B\cup C)$이므로 결국

$$(A\cup B)\cup C\subset A\cup(B\cup C)$$

이다. $A\subset A\cup B\subset(A\cup B)\cup C$, $B\subset A\cup B$, $C\subset C$이므로 $B\cup C\subset(A\cup B)\cup C$. 따라서

$$A\cup(B\cup C)\subset(A\cup B)\cup C$$

가 됨을 알 수 있다. 결론적으로

$$A\cup(B\cup C)=(A\cup B)\cup C=A\cup B\cup C$$

가 된다. 마찬가지로 $A\subset A$, $B\cap C\subset B$이므로 $A\cap(B\cap C)\subset A\cap B$이다. 또 $A\cap(B\cap C)\subset B\cap C\subset C$이므로 결국

$$A\cap(B\cap C)\subset(A\cap B)\cap C$$

가 된다. 마찬가지로

$$(A\cap B)\cap C\subset A\cap(B\cap C)$$

를 보일 수 있다. 따라서

$$(A\cap B)\cap C=A\cap(B\cap C)=A\cap B\cap C$$

이다.

(5) $A\cap(B\cup C)\subset(A\cap B)\cup(A\cap C)$가 성립함을 보이자. $x\in A\cap(B\cup C)$라 하면

$$x \in A \text{이고 } x \in B \cup C$$

이다. $x \in B \cup C$로부터 $x \in B$ 또는 $x \in C$가 되므로 x는 B, C중 어느 한군데에 속한다. 만일 $x \in B$이면 $x \in A$이므로

$$x \in A \cap B \subset (A \cap B) \cup (A \cap C)$$

가 된다. 또 만일 $x \in C$이면 역시 $x \in A$이므로

$$x \in A \cap C \subset (A \cap B) \cup (A \cap C)$$

가 되므로

$$A \cap (B \cup C) \subset (A \cap B) \cup (A \cap C)$$

가 성립한다. 역으로

$$A \cap B \subset A, \ A \cap B \subset B \subset B \cup C$$

이므로

$$A \cap B \subset A \cap (B \cup C) \qquad ①$$

가 된다. 마찬가지로

$$A \cap C \subset A, \ A \cap C \subset C \subset B \cup C$$

이므로

$$A \cap C \subset A \cap (B \cup C) \qquad ②$$

가 된다. 따라서, ①, ②로부터

$$(A \cap B) \cup (A \cap C) \subset A \cap (B \cup C)$$

가 되므로, 결국

$$A \cap (B \cup C) = (A \cap B) \cup (A \cap C)$$

가 됨을 알 수 있다. 또 $A \subset A \cup B$, $B \cap C \subset B \subset A \cup B$이므로 $A \cup (B \cap C) \subset A \cup B$이다. 또 $A \subset A \cup C$, $B \cap C \subset C \subset A \cup C$이므로 $A \cup (B \cap C) \subset A \cup C$이다. 따라서

$$A \cup (B \cap C) \subset (A \cup B) \cap (A \cup C)$$

는 쉽게 알 수 있다. 역으로

$$(A \cup B) \cap (A \cup C) \subset A \cup (B \cap C)$$

가 성립함을 증명해 보자. $x \in (A \cup B) \cap (A \cup C)$라고 하자.

$$x \in A \cup B \text{이고 } x \in A \cup C$$

이다. $x \in A$ 또는 $x \notin A$ 두 가지로 나누어 보자. 만일 $x \in A$라면 당연히

$$x \in A \cup (B \cap C)$$

이다. 또 만일 $x \notin A$라고 하면 $x \in A \cup B$이므로 $x \in B$가 될 수밖에 없다. 또 $x \in A \cup C$이므로 $x \in C$가 되어야 한다. 따라서 $x \in B \cap C$가 되므로 결국

$$x \in A \cup (B \cap C)$$

가 된다. 결국 어떤 경우이던 x는 $A \cup (B \cap C)$의 원소가 되므로

$$(A \cup B) \cap (A \cup C) \subset A \cup (B \cap C)$$

가 된다. 따라서

$$A \cup (B \cap C) = (A \cup B) \cap (A \cup C)$$

가 성립한다.

13. (1) 10번 사실을 이용해서 증명해 보자.

$$A \cap B \subset A \text{이므로 } (A \cap B)^C \supset A^C, \quad A \cap B \subset B \text{이므로 } (A \cap B)^C \supset B^C$$

따라서 $(A \cap B)^C \supset A^C \cup B^C$이다.

역으로, 만일 $x \notin A^C \cup B^C$이면 $x \notin A^C$이고 $x \notin B^C$이다. 따라서 $x \in A$이고 $x \in B$이므로 $x \in A \cap B$가 된다. 즉 $(A^C \cup B^C)^C \subset A \cap B$이다. 따라서 $(A \cap B)^C \subset A^C \cup B^C$이다. (3)번 이용.

(2) $\varnothing \subset A \cap A^C$이므로 $A \cap A^C \subset \varnothing$임을 보이자. 만일 $A \cap A^C \not\subset \varnothing$라면 $x \in A \cap A^C$이고 $x \notin \varnothing$인 어떤 원소 x가 존재할 것이다. 그러나 $x \in A$면 $x \notin A^C$이고 $x \notin A$면

$x \in A^C$이므로 이런 원소 x는 존재할 수가 없다. 따라서 항상 $A \cap A^C \subset \varnothing$이다.

(3) $$x \in (A^C)^C \Leftrightarrow x \notin A^C \Leftrightarrow x \in A$$

14. $P(n)$이 참이 아닌 어떤 자연수가 존재한다고 가정하자.

$$X = \{n \in N \mid P(n)\text{은 거짓말}\}$$

라고 하면 $X \neq \varnothing$이므로 최소원소 t가 존재한다. (1)에 의해서 $t \neq 1$이다. $t_0 < t$인 모든 자연수 t_0에 대해서 t의 최소성으로부터 $P(t_0)$은 참이 되고 (2)로부터 $P(t)$는 참이 된다. 그러나 이것은 $t \in X$이므로 $P(t)$는 거짓이라는 사실에 모순이다. 결국 가정이 잘못되었다.

15. 임의의 $x \in A$에 대해서

$$[(h \circ g) \circ f](x) = [h \circ g](f(x)) = h[g(f(x))] = h[(g \circ f)(x)] = [h \circ (g \circ f)](x)$$

따라서 $(h \circ g) \circ f = h \circ (g \circ f)$가 성립한다.

16. f, g가 역함수를 가지므로 모두 전단사함수이다. 따라서 $g \circ f$도 전단사함수이고 이 사실로부터 $g \circ f : A \to C$는 역함수를 가진다.

$$(g \circ f)(f^{-1} \circ g^{-1}) = (g \circ (f \circ f^{-1})) \circ g^{-1} = (g \circ 1_B) \circ g^{-1} = g \circ g^{-1} = 1_C,$$
$$(f^{-1} \circ g^{-1})(g \circ f) = (f^{-1} \circ (g^{-1} \circ g)) \circ f = (f^{-1} \circ 1_B) \circ f = f^{-1} \circ f = 1_A$$

따라서 $(g \circ f)^{-1} = f^{-1} \circ g^{-1}$가 된다.

17. (1) $3-2 \geq 0$이므로 $(3, 2) \in R$이다. 그러나 $2-3 < 0$이므로 $(2, 3) \notin R$. 따라서 동치관계가 아니다.

(2) 동치관계이다.

(3) $|0-1| \leq 1$이므로 $(0, 1) \in R$이다. 또 $|1-2| \leq 1$이므로 $(1, 2) \in R$이다. 그러나 $|1-(2)| > 1$이므로 $(0, 2) \in R$는 성립하지 않는다. 따라서 R은 동치관계가 아니다.

18. S의 모든 원소 a에 대해서 $a \sim a$가 성립해야 한다. 그러나 S의 원소 중에는 $a \sim x$인 x가 없는 경우가 있다. 즉 a와 $\sim$관계인 원소가 한 개도 없다면 $a \sim b$라는 가정

을 할 수가 없다. 대칭률 $a\sim b$이면 $b\sim a$라는 것은 b가 a와 ~관계가 있다고 가정한 경우이므로 $a\sim b$인 b가 없으면 대칭률을 쓸 수 없다. 만일 S의 모든 원소가 ~ 관계 있는 원소가 반드시 존재한다면 반사율은 필요 없게 된다.

예를 들면 $S=\{1, 2, 3, 4\}$, $R=\{(1, 1), (1, 2), (2, 1), (2, 2), (1, 3), (3, 1), (3, 3)\}$는 대칭률, 추이률은 성립하지만 반사률은 성립하지 않는다.

19. $\Delta_A=\{(x, x)|x\in A\}$는 동치관계이며 동시에 A에서 함수가 된다. 이것 외에는 함수이고 동치관계인 것은 존재하지 않는다. 왜냐하면 만일 f가 함수이고 동치관계라고 하면 임의의 $x\in A$에 대해서 f가 함수이므로 $(x, y)\in f$인 $y\in A$가 존재할 것이다. $(x, y)\in f$라고 하자. f는 동치관계이므로 $(y, x)\in f$이고 추이율에 의해서 $(x, y)\in f$가 된다. 함수의 성질로부터 $y=x$가 됨을 알 수 있다. 즉 $f=\Delta_A$가 된다.

20. f의 역함수를 g라고 하면

$$g\cdot f\left(\frac{1}{2}x^3+1\right)=g\left[f\left(\frac{1}{2}x^3+1\right)\right]=g(5x-4)$$

이다. 한편 $g\cdot f=1_R$이므로 $g(5x-4)=\frac{1}{2}x^3+1$이다. $5x-4=t$라고 두면 $x=\frac{1}{5}(t+4)$이므로

$$\begin{aligned} g(t)&=\frac{1}{2}\left(\frac{1}{5}(t+4)\right)^3+1 \\ &=\frac{1}{250}(t^3+12t^2+48t+64)+1 \\ &=\frac{1}{250}t^3+\frac{6}{125}t^2+\frac{24}{125}t+\frac{157}{125} \end{aligned}$$

21. $(\Rightarrow)$ $A\neq\varnothing$라고 하자($A=\varnothing$면 증명할 것이 없다). 만일 $B\neq\varnothing$라면 임의의 $b\in B$에 대해서 $A\neq\varnothing$이므로 A의 임의의 한 원소를 a라고 하면

$$(a, b)\in A\times B=A\times C$$

이므로, $b\in C$가 된다. 즉 $B\subset C$가 성립한다. 마찬가지로 $C\subset B$도 성립함을 증명할 수 있다. 따라서 $B=C$가 된다.

만일 $B=\varnothing$라고 하면 $A\times B=\varnothing$이므로 $A\times C=\varnothing$가 된다. 그런데 $A\neq\varnothing$이므

로 결국 $C=\varnothing$가 될 수밖에 없다. 따라서 $B=\varnothing=C$이다.

($\Leftarrow$) $B=C$이면 $A\times B=A\times C$이다. 또 $A=\varnothing$이면 $A\times B=\varnothing$, $A\times C=\varnothing$이므로 $A\times B=A\times C$이다.

22. $A\times(B\times C)=(A\times B)\times C$라고 하자. A, B, C는 $\varnothing$가 아니므로 $B\times C\neq\varnothing$. 따라서 $A\times(B\times C)\neq\varnothing$이다. $(x, y)\in A\times(B\times C)$라고 하면 $x\in A$, $y\in B\times C$가 된다. 한편

$$A\times(B\times C)=(A\times B)\times C$$

이므로 $(x, y)\in(A\times B)\times C$가 되므로 $x\in A\times B$, $y\in C$이다. 그런데 x는 동시에 A와 $A\times B$의 원소가 될 수는 없다. 이 사실로 모순이 유도되고 결국

$$A\times(B\times C)\neq(A\times B)\times C$$

가 된다.

23. (1) $(0, 0)$, $(1, 1)$, $(2, 2)$, $(3, 3)\in R$이므로 반사율이 성립한다.

(2) $x\neq y$인 R의 원소 (x, y)에 대해서 조사해 보자. 이러한 원소는 모두 4개 $(0, 2)$, $(1, 3)$, $(2, 0)$, $(3, 1)$이다. (x, y)가 이 중 한 개이면 분명히 (y, x)도 이 중에 한 개다. 또 $x=y$이면 당연히 $(x, y)=(y, x)$이다. 따라서 대칭율이 성립한다.

(3) 마지막으로 추이율이 성립함을 보이자. $(a, b)\in R$, $(b, c)\in R$이라고 하자. 먼저 $a\neq b$일 경우만 따진다. 왜냐하면 $a=b$이면 이 경우 $(a, c)=(b, c)$이므로 당연히 $(a, c)\in R$이 된다.

$a\neq b$인 경우, R의 원소는 $(0, 2)$, $(1, 3)$, $(2, 0)$, $(3, 1)$뿐이다. $(a, b)=(0, 2)$이면 (b, c)는 $b=2$인 경우이므로 $(b, c)=(0, 2)$ 또는 $(2, 2)$이다. 따라서 $(a, c)=(0, 0)$ 또는 $(0, 2)$이고 어느 경우나 R의 원소가 된다. 마찬가지로 하여 $(a, b)=(1, 3)$, $(2, 0)$, $(3, 1)$ 모든 경우를 따져보아도 (a, c)는 항상 R의 원소가 됨을 보일 수 있다. R의 동치류를 구해보면

$$\overline{0}=\{0, 2\},\ \overline{1}=\{1, 3\},\ \overline{2}=\{0, 2\}=\overline{0},\ \overline{3}=\{1, 3\}=\overline{1}$$

로써 모두 2개의 동치류로 분할된다. 즉 동치류는 $\{\overline{0}, \overline{1}\}$이다.

24. 먼저 A에서 동치관계가 무한개라고 하자. 만일 집합 A가 유한집합이면 $A\times A$도 유한집합이고 따라서 $A\times A$의 부분집합도 유한개이다. A의 동치관계는 일종의 $A\times A$

의 부분집합이므로 동치관계도 유한개만 존재한다. 결국 동치관계가 무한개이면 집합도 무한집합이 될 수 밖에 없다.
역으로 A가 무한집합이라고 하자. A에서 무한개의 동치관계를 찾아내면 된다. 임의의 $a, b \in A$, $a \neq b$에 대해서

$$R_{a,b} = \{(x, x) | x \in A\} \cup \{(a, b), (b, a)\}$$

라고 하면 $R_{a,b}$는 A에서 동치관계가 됨을 쉽게 알 수 있다. 실제로 $R_{a,b}$는 $\{a, b\}$를 포함하는 최소의 동치 관계이다. 이때의 동치류는

$$\{a, b\}, \{x | x \in A, x \neq a, x \neq b\}$$

이다. 또 $R_{a,b} = R_{c,d}$일 필요충분조건은 $\{a, b\} = \{c, d\}$이다.

A가 무한집합이므로 $A \times A$도 무한집합이고 $A \times A$에서 무한개의 (a, b)를 택할 수 있다. 실제로 $R_{a,b}$가 동치관계인 것을 살펴보면

1) 임의의 $x \in A$에 대해서 $(x, x) \in R_{a,b}$이므로 반사적이다.
2) $(x, y) \in R_{a,b}$라면 $(x, y) = (a, b)$ 또는 (b, a) 또는 $x = y$이다. 따라서 $(y, x) = (b, a)$ 또는 (a, b)이다. 만일 $x = y$이면 물론 이때는 $(x, y) = (y, x)$이므로 대칭적이 된다.
3) 마지막으로 $(x, y), (y, z) \in R_{a,b}$라고 하면 (x, y)는 $(a, b), (b, a), (x, x)$중 한 개다. $(x, y) = (a, b)$이면 $y = b$이므로 $(y, z) = (b, a)$ 또는 (b, b)이므로 $z = a$ 또는 b이다. 결국 $(x, z) = (a, a)$ 또는 (a, b)이고 이것은 $R_{a,b}$의 원소이다. 마찬가지로 $(x, y) = (b, a)$인 경우도 $(x, z) \in R_{a,b}$이다. 또 $(x, y) = (x, x)$이면 이때는 $y = x$이므로 당연히 $(x, z) = (y, z) \in R_{a,b}$이다.

25. ($\Leftarrow$) $f : X \to Y$가 단사가 아니라고 가정해 보자. 정의에 의해서 $a, b \in X$, $a \neq b$, $f(a) = f(b)$인 원소가 존재한다.

$$A = \{1, 2\},$$
$$g : A \to X, \quad g(1) = a, \quad g(2) = b,$$
$$h : A \to X, \quad h(1) = b, \quad h(2) = a$$

라고 하면

$$f(h(1))=f(b)=f(a)=f(g(1)),\quad f(h(2))=f(a)=f(b)=f(g(2))$$

이므로 $f\circ h=f\circ g$이다. 그러나 $h\neq g$이므로 가정에 모순된다.

(⇒) $f:X\to Y$는 단사라 하자. 만일 어떤 집합 A가 있어서 $g, h:A\to X$, $f\circ h=f\circ g$인데 $h\neq g$인 함수 g, h가 존재한다면 $h(x)\neq g(x)$인 원소 $x\in A$에 존재할 것이다. 한편, $f\circ h=f\circ g:A\to Y$이므로 $(f\circ h)(x)=(f\circ g)(x)$이다. 따라서

$$f(h(x))=f(g(x))$$

이고 f는 단사이므로 $h(x)=g(x)$가 되어 모순이 유도된다.

26. (⇐) $f:X\to Y$가 전사가 아니라고 가정해 보자. 정의에 의해서 f의 역상이 없는 $a\in Y$가 존재할 것이다.

$A=\{1, 2\}$,

$g:Y\to A$, 모든 $x\in Y$에 대해서 $g(x)=1$,

$h:Y\to A,\quad h(x)=\begin{cases}1 & x\neq a\\ 2 & x=a\end{cases}$

로 정의한다. 당연히 $g\neq h$이다. 임의의 $x\in X$에 대해서

$$(g\circ f)(x)=g(f(x))=1$$

이고 또 임의의 $x\in X$에 대해서 $f(x)\neq a$이므로

$$(h\circ g)(x)=h(f(x))=1$$

이 되어 $g\circ f=h\circ f$가 성립한다. 그러나 이것은 가정에서 $g=h$가 되어 모순이 유도된다. 결국 f는 전사가 될 수 밖에 없다.

(⇒) 만일 어떤 집합 A가 존재하고 두 함수 $g, h:Y\to A$가 $g\circ f=h\circ f$이나 $g\neq h$이라고 가정해 보자. $g\neq h$이므로 어떤 원소 $b\in Y$가 존재하여 $g(b)\neq h(b)$가 될 것이다. 또 가정에서 $f:X\to Y$는 전사이므로 $a\in X$가 존재하며 $f(a)=b$가 되는 원소 a가 있다. 한편 $g\circ f=h\circ f$이므로

$$(g\circ f)(a)=g(f(a))=g(b),\quad (h\circ f)(a)=h(f(a))=g(b)$$

가 되어 $g(b)=h(b)$가 되어 모순이다.

33 Light의 방법

(Light's Method for Associative Law)

연습문제

1. 다음 연산표에서 결합법칙이 성립하는지 확인하라.

(1)

$*$	a	b	c	d
a	a	b	c	d
b	b	a	c	d
c	c	d	c	d
d	d	c	c	d

(2)

$*$	a	b	c	d
a	a	b	c	d
b	b	c	d	a
c	c	d	a	b
d	d	a	b	c

(3)

$*$	a	b	c	d	e
a	a	a	a	d	d
b	a	c	c	d	d
c	a	c	b	d	d
d	d	d	d	a	a
e	d	e	e	a	a

(4)

$*$	a	b	c
a	b	a	c
b	b	b	a
c	a	c	b

(5)

*	a	b	c	d
a	a	c	b	d
b	c	a	c	b
c	b	d	a	c
d	d	b	a	c

(6)

*	a	b	c
a	a	c	c
b	a	b	c
c	a	c	c

2. 결합법칙이 성립하도록 빈칸을 채워라.

(1)

*	a	b	c
a	b		
b	c		
c	a		

(2)

*	a	b	c	d
a	a	b	c	d
b		a		
c			a	
d				a

제33장 Light의 방법 연습문제 풀이

1. (1) $b*b=a$, $c*b=d$이므로 $\{b, c\}$가 생성원이다. 우선 b에 관한 연산표를 만들어 보면

$\cdot(b)$	b	a	c	d
b	b	a	c	d
a	a	b	c	d
d	d	c	c	d
c	c	d	c	d

이고 행에서 차례로 b, a, c, d열을 아래로 읽어서 원래 연산표의 원소의 값과 일치하므로 b에서는 결합적이다.

다시 c에 관한 연산표를 만들어 보면

$\cdot(c)$	c	d	c	d
c	c	d	c	d
c	c	d	c	d
c	c	d	c	d
c	c	d	c	d

이 표도 역시 일치한다. 따라서 1)은 결합법칙이 성립한다.

(2) $b*b=c$, $b*c=d$, $b*d=a$이므로 $\{b\}$가 생성원이므로 b에 대한 연산표만 만들면 된다.

$\cdot(b)$	b	c	d	a
b	b	c	d	a
c	c	d	a	b
d	d	a	b	c
a	a	b	c	d

이 표의 b, c, d, a행의 값은 원래 연산표의 열의 값과 일치하므로 결합법칙이 성립한다.

(3) $c*c=b,\ e*e=a,\ c*e=d$이므로 $\{c,\ e\}$가 생성원이다. 따라서 $c,\ e$에 대해서 결합법칙이 성립하는지만 확인하면 된다. 우선 c에 관한 연산 (c)는

$\cdot\,(c)$	a	c	b	d	d
a	a	a	a	d	d
c	a	c	$\triangle b$	d	d
b	a	$\triangle c$	c	d	d
d	d	d	d	a	a
e	d	e	e	a	a

△부분이 틀린다.
$(cc)b=bb=c,\ \ c(cb)=cc=b$
이므로 결합적이 아니다.
마찬가지로 $(bc)c\neq b(cc)$이다. 따라서 결합법칙이 성립하지 않는다.

e에 대해서는 할 필요가 없지만 한번 해보면

$\cdot\,(e)$	d	e	e	a	a
d	d	d	d	a	a
d	d	d	d	a	a
d	d	d	d	a	a
a	a	a	a	d	d
a	a	a	a	d	d

이다.

(4) $c*c=b,\ b*c=a$이므로 $\{c\}$가 생성원이다.

$\cdot\,(c)$	a	c	b
c	a	c	b
a	b	a	c
b	b	b	a

원래 연산표의 $a,\ c,\ b$의 열의 값과 너무 많이 틀린다. 당연히 결합법칙이 성립하지 않는다.

(5) $b*b=a,\ a*b=c,\ c*b=d$이므로 $\{b\}$에 대한 새로운 연산표만 만들면 된다.

$\cdot\,(b)$	c	a	c	b
c	b	d	a	c
a	$\triangle a$	c	b	d
d	d	b	a	c
b	c	a	c	d

여러 군데에서 일치하지 않는다. 예를 들면
$(b*b)*a=a*a=a$,
$b*(b*a)=b*c=c$이다.

(6) $\{a, b\}$에 대한 표를 만들어 보자. $a * b = c$이므로 c는 할 필요없다.

$\cdot(a)$	a	c	c
a	a	c	c
a	a	c	c
a	a	c	c

표에서 일치함을 알 수 있다.

$\cdot(b)$	a	b	c
a	a	c	c
b	a	b	c
c	a	c	c

역시 a, b, c 각 행에 대한 열의 값이 원래표와 일치한다.

따라서 결합적이다.

2. (1) a에 대한 두 개의 연산표를 만든다.

(a)	a	b	c
b	c	×	×
c	a	×	×
a	b	×	×

(a)	b	×	×
a	(c)		
b	(a)		
c	(b)		

이 두 표가 같아야 하므로 결국 b의 값의 열은 $\begin{matrix} c \\ a \\ b \end{matrix}$가 된다. 따라서 원래 연산표는

$*$	a	b	c
a	b	c	×
b	c	a	×
c	a	b	×

가 됨을 알 수 있다. 다시 $\cdot(a)$에 대입하면

$\cdot(a)$	a	b	c
b	c	a	×
c	a	b	×
a	b	c	×

이므로 $a(\odot)$표는

$a(\odot)$	b	c	×
a	c	a	
b	a	b	
c	b	c	

가 되므로 c열의 값은 $\begin{matrix} a \\ b \\ c \end{matrix}$가 된다.

따라서 연산표는

$*$	a	b	c
a	b	c	a
b	c	a	b
c	a	b	c

가 된다.

(2) a에 대한 두 가지 연산표를 만들어 비교하자.

$\cdot(a)$	a	b	c	d
a	(a)	(b)	(c)	(d)
$\times$	$\times$	$\times$	$\times$	$\times$
$\times$	$\times$	$\times$	$\times$	$\times$
$\times$	$\times$	$\times$	$\times$	$\times$

$(a)\odot$	a	b	c	d
a	a	b	c	d
b		a		
c			a	
d				a

이 두 표가 같아야 하므로 결국 a행의 값은 $a\ b\ c\ d$가 된다. 여기서 더 이상 안 된다. 그 이유는 $a*a=a$가 되어 변하지 않기 때문이다.

b에 대한 표를 만들어 보면

$\cdot(b)$	a	b	c	d
b		a		
a	a	b	c	d
$\times$				
$\times$				

$(b)\odot$	$\times$	a	$\times$	$\times$
a		(a)		
b	(a)	(b)	(c)	(d)
c				
d				

따라서 $b*a=b$가 된다. c에 대한 표를 만들어 보면

$\cdot(c)$	a	b	c	d
c			a	
$\times$				
a	a	b	c	d
$\times$				

$(c)\odot$	$\times$	$\times$	a	$\times$
a			(a)	
b				
c	(a)	(b)	(c)	(d)
d				

에서 $c*a=c$가 된다. 마찬가지로 하면 $d*a=d$가 됨도 알 수 있다. 따라서 원래 연산표는

$*$	a	b	c	d
a	a	b	c	d
b	b	a		
c	c		a	
d	d			a

까지 완성되었다.

그런데 b에 대한 연산표 (b)⊙에서 b행의 값은 $a\ b\ c\ d$이므로 $b*c$는 c 또는 d가 되어야 한다. 만일 $b*c=c$이면

$$a=c*c=(b*c)*c=b*(c*c)=b*a=b$$

가 되어 모순이다. 따라서 $b*c=d$이고 결국 $b*d=c$가 된다. 마찬가지로

$$c*b=d,\ d*b=c,\ c*d=b,\ d*c=b$$

가 된다. 이 결과를 표로 완성하면 연산표는

$*$	a	b	c	d
a	a	b	c	d
b	b	a	d	c
c	c	d	a	b
d	d	c	b	a

가 된다.

34 군의 열

(Series of Groups)

연습문제

B 1. A_4의 합성열을 모두 구하여라.

2. $S_3 \times Z_2$의 합성열을 모두 구하여라.

3. S_4의 합성열을 모두 구하여라.

4. N은 G의 단순 정규부분군이다. G/N이 합성열이 가지면 G도 합성열을 가짐을 보여라.

B 5. 합성열은 길이가 가장 긴 정규열이 됨을 보여라.

B 6. 아벨군이 합성열을 가질 필요충분조건은 유한군임을 보여라.

7. H는 G의 정규부분군이고 G는 합성열을 가진다. G는 H를 포함하는 합성열을 가짐을 보여라.

B 8. 위수가 60인 단순군은 A_5와 동형임을 보여라.

B 9. 두 정규열 $0 \subset 60\mathbb{Z} \subset 20\mathbb{Z} \subset \mathbb{Z}$와 $0 \subset 200\mathbb{Z} \subset 40\mathbb{Z} \subset \mathbb{Z}$에 동치인 세분을 구하여라.

10. $\mathbb{Z}_{60}$의 모든 합성열을 구하고 또 모두 동치임을 보여라.

11. $\mathbb{Z}_5 \times \mathbb{Z}_5$의 모든 합성열을 구하여라.

12. $S_3 \times S_3$의 합성열을 구하여라.

13. $\{\overline{0}\} \subset \langle \overline{12} \rangle \subset \langle \overline{3} \rangle \subset \mathbb{Z}_{36}$과 $\{\overline{0}\} \subset \langle \overline{18} \rangle \subset \mathbb{Z}_{36}$에 동치인 세분을 구하여라.

제34장 군의 열 연습문제 풀이

1. 우선 A_4의 부분군을 구해보자. $|A_4| = 2^2 \times 3$이므로 코시정리에서 위수 2, 3인 부분군을 가진다. 또 실로우정리에 의해서 위수 4인 부분군도 존재한다. 실제로 위수 3인 부분군은 모두 4개

$$\langle(1\ 2\ 3)\rangle,\ \langle(1\ 2\ 4)\rangle,\ \langle(1\ 3\ 4)\rangle,\ \langle(2\ 3\ 4)\rangle$$

이다. 위수 4인 부분군의 개수는 제3-실로우정리에 의해서 1개 또는 3개이다. 그러나 3개가 존재할 수는 없다. 따라서 실로우정리에 의해서 위수 4인 부분군은 A_4의 정규부분군이 된다. $|H_1| = 2$, $|H_2| = 3$, $|H_3| = 4$인 A_4의 부분군이라고 하면 실로우 정리에 의해서 위수가 2인 부분군은 항상 H_3의 부분군이 되므로

$$\{e\} = H_0 \subset H_1 \subset H_3 \subset H_4 = A_4$$

는 부분정규열이 됨을 알 수 있다. 이 열은 합성열이 된다. 참고로 H_1은 $\langle(a\ b)(c\ d)\rangle$ 꼴이다. H_3은 $\{e, (1\ 2)(3\ 4), (1\ 3)(2\ 4), (1\ 4)(2\ 3)\}$이다.
H_1은 모두 3가지 서로 다른 군이 존재하므로 결국 합성열은 3가지가 존재한다.

2. $|S_3 \times \mathbb{Z}_2| = 3! \times 2 = 2^2 \times 3$. 따라서 위수 2인 부분군, 위수 3인 부분관 위수 4인 부분군을 각각 구해보자. 물론 위수 6인 부분군도 존재한다.
   1) 위수 2인 부분군은 $\{e\} \times \mathbb{Z}_2$, $\langle(1\ 2)\rangle \times \{\overline{0}\}$, $\langle(1\ 3)\rangle \times \{\overline{0}\}$, $\langle(2\ 3)\rangle \times \{\overline{0}\}$, 4개 존재한다.
   2) 위수 3인 부분군은 S_3의 부분군 밖에 없다. 따라서 $\langle(1\ 2\ 3)\rangle \times \{\overline{0}\} = A_3 \times \{\overline{0}\}$이다.
   3) 위수 4인 부분군은 (S_3의 위수 2인 부분군)$\times \mathbb{Z}_2$꼴이므로
   $\langle(1\ 2)\rangle \times \mathbb{Z}_2$, $\langle(1\ 3)\rangle \times \mathbb{Z}_2$, $\langle(2\ 3)\rangle \times \mathbb{Z}_2$ 모두 3개이다.
   4) 위수 6인 부분군은 $A_3 \times Z_2$, $S_3 \times \{\overline{0}\}$, 2가지이다.
   이 모든 것들의 포함관계를 Diagram으로 나타내보면 다음과 같다.

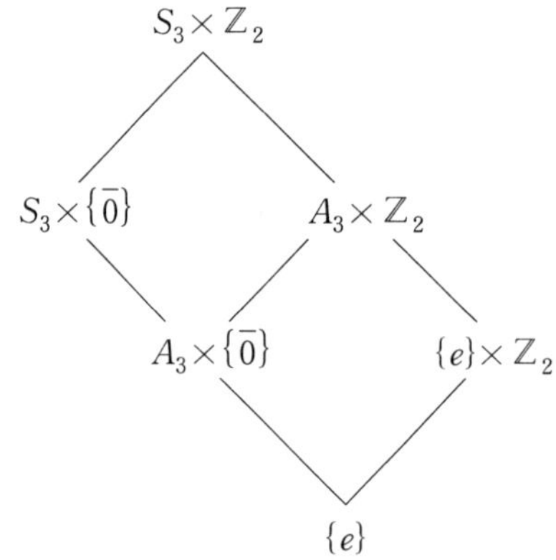

이 그림표에서 아래 위가 선으로 연결된 것 중 아래 것이 위의 것의 정규부분군이 되면 부분정규열이다. 그런데 S_3의 정규부분군은 A_3, $\{e\}$, S_3 밖에 없다. 따라서 부분정규열 중에서

$$\{e\}\subset\{e\}\times\mathbb{Z}_2\subset A_3\times\mathbb{Z}_2\subset S_3\times\mathbb{Z}_2$$
$$\{e\}\subset A_3\times\{\bar{0}\}\subset A_3\times\mathbb{Z}_2\subset S_3\times\mathbb{Z}_2$$
$$\{e\}\subset A_3\times\{\bar{0}\}\subset S_3\times\{\bar{0}\}\subset S_3\times\mathbb{Z}_2$$

이것은 모두 합성열이 됨을 알 수 있다. 여기서 e는 S_3의 항등원이다.

3. 우선 S_4의 정규부분군을 모두 구해보자. 위수가 12인 것은 A_4뿐이다. 그 이유는 각 원소 중 켤레인 것을 살펴보면 연습문제에서 본 바와 같이 S_4의 켤레류의 개수는 각각 1, 6, 8, 6, 3개이다. 이 중 합해서 12가 되는 것은 $1+3+8$이고 이것은 모두 우치환들이다.

위수가 8인 정규부분군은 켤레류를 합쳐서 8이 되는 것은 없으므로(1은 반드시 포함) 없다. 그러나 위수 8인 부분군은 실로우정리에 의해서 존재한다. 마찬가지로 위수 4인 부분군도 존재한다. 위수 6인 S_4의 정규부분군도 존재하지 않는다.

1번 문제와 함께 생각하면

$$\{e\}\subset\langle(1\ 2)(3\ 4)\rangle\subset\{e,\ (1\ 2)(3\ 4),\ (1\ 3)(2\ 4),\ (1\ 4)(2\ 3)\}\subset A_4\subset S_4$$

는 합성열이다. A_4를 포함하는 합성열은 이것과 같은 종류이므로 모두 3가지 존재한다.

4. $$\{e\}=H_0 \subset H_1 \subset \cdots \subset H_n = G/N$$

이 G/N의 합성열이라고 하자. H_i는 G/N의 부분군이므로

$$H_i = K_i/N,\ K_i\text{는 } G\text{의 부분군},\ K_i \supset N,\ (i=0, 1, 2, \cdots, n)$$

으로 표시할 수 있다. $K_0=N$이 됨은 자명하다. 또 H_i는 H_{i+1}의 정규부분군이므로 K_i/N는 K_{i+1}/N의 정규부분군이다. 따라서 K_i는 K_{i+1}의 정규부분군이 된다.

$$e \subset N = K_0 \subset K_1 \subset \cdots \subset K_n = G$$

에 대해서 N은 G의 단순 정규부분군이므로 모든 $0 \le i \le n$에 대해서 각 인수 K_{i+1}/K_i가 단순군인 것만 밝히면 된다. 제3동형사상정리에 의해서

$$K_{i+1}/K_i \cong (K_{i+1}/N)/(K_i/N) = H_{i+1}/H_i$$

이 되고 가정에서 $\{H_i\}$는 G/N의 합성열이므로 H_{i+1}/H_i는 단순군이다. 따라서 G의 부분정규열 $\{K_i\}$는 G의 합성열이 된다.

5. $\{H_i\}$가 G의 합성열이라고 하자. $\{K_j\}$가 G의 임의의 정규열이라고 하면 Schreier의 정리에 의해서 이 두 열은 동치인 세분 $\{H_i'\}$과 $\{K_j'\}$를 가질 수 있다. 그런데 $\{H_i\}$는 합성열이므로 정리에 의해서 진 세분을 가질 수 없다. 따라서 $\{H_i\}$와 $\{H_i'\}$의 길이는 같다. 그러나 $\{K_j'\}$는 $\{K_j\}$의 세분이므로

$$\{K_j'\}\text{의 길이} \ \ge\ \{K_j\}\text{의 길이}$$

가 성립한다. 또 $\{H_i'\}$도 합성열이다. $\{H_i'\}$과 $\{K_j'\}$는 동치이므로

$$\{K_j'\}\text{의 길이} \ =\ \{H_i'\}\text{의 길이}$$

이다. 그 이유는 우선 열 $\{H_i'\}$에서 $H_k'=H_{k+1}'$인 원소를 t개라고 하면 $H_{k+1}'/H_k' =\{e\}$이다. 따라서 열 $\{K_j'\}$에도 동치의 정의에 의해서 e와 동형인 상부분군이 t개 있어야 한다. 따라서 $K_{s+1}'/K_s'=\{e\}$인 것이 t개, 즉 $\{K_j'\}$에도 $K_{s+1}'=K_s'$인 것이 t개 있다는 말이다.

$$\{K_j'\}\text{의 길이} \ =\ \{K_j'\}\text{에 포함된 부분군의 수}-t$$
$$\{H_i'\}\text{의 길이} \ =\ \{H_i'\}\text{에 포함된 부분군의 수}-t$$

$\{K_j'\} \cong \{H_i'\}$ 이므로 포함된 부분군의 수는 같다. 따라서

$$\{H_i\}\text{의 길이} = \{H_i'\}\text{의 길이} = \{K_j'\}\text{의 길이} \geq \{K_j\}\text{의 길이}$$

이므로 합성열이 길이가 가장 길다.

6. ($\Leftarrow$) 유한군은 부분군도 유한개뿐이므로 임의의 부분정규열은 더 이상 세분을 가질 수 없을 때까지 길이를 늘일 수 있다. 따라서 항상 합성열을 가진다.

구체적으로 G의 모든 정규부분군 중 G와 자신 사이에 자신과 G 이외의 정규부분군이 없는 정규부분군(극대 정규부분군) G_1을 택한다. 다시 G_1의 극대 정규부분군을 택해서 G_2라 한다. G는 유한이므로 이러한 방식은 언젠가는 $G_n = \{e\}$로 끝나게 된다. 따라서

$$\{e\} = G_n \subset G_{n-1} \subset \cdots \subset G_2 \subset G_1 \subset G$$

는 G_i/G_{i+1}은 단순군이므로 합성열이 된다.

($\Leftarrow$) $\{e\} = H_0 \subset H_1 \subset H_2 \subset \cdots \subset H_n = G$가 G의 합성열이라고 하자.

$H_1/H_0 \cong H_1/\{e\} \cong H_1$은 단순군이므로 $|H_1|$은 유한, 즉 H_1은 위수 p_1인 유한군이다. 그 이유는 만일 H_1이 무한군이면

1) 만일 H_1이 순환군이면 $H_1 = \langle a \rangle$꼴이 될 것이고 따라서 $\langle a^2 \rangle$은 H_1의 진부분군이기 때문이다.
2) 만일 H_1이 순환군이 아니면 임의의 $a \in H_1$에 대해서 $H_1 \neq \langle a \rangle$이고 따라서 $\langle a \rangle$는 H_1의 진부분군이다.

어느 경우나 H_1은 단순군이라는 사실에 모순이다.

또 유한아벨군의 성질에 의해서 $|H_1|$은 소수가 될 수 밖에 없다. 따라서 $H_1 \cong \mathbb{Z}_{p_1}$이다. 이와 같이 하면

$$H_2/H_1 \cong H_2/\mathbb{Z}_{p_1} \cong \mathbb{Z}_{p_2}$$

이므로 $H_2 \cong \mathbb{Z}_{p_1} \times \mathbb{Z}_{p_2}$($p_1$, p_2는 소수)이다. 반복하여 이와 같이 하면 결국

$$G = H_n \cong \mathbb{Z}_{p_1} \times \mathbb{Z}_{p_2} \times \cdots \ \mathbb{Z}_{p_n}$$

이 되어 G는 유한군이 된다.

7. $\{e\}=H_0 \subset H_1 \subset H_2 \subset \cdots \subset H_n = G$가 G의 합성열이라고 하자.

$$\{e\} \subset H \subset G$$

는 G의 정규열이다. Schreier의 정리에 의해서 열 $\{H_i\}$와 $\{e\} \subset H \subset G$는 동치인 세분 $\{H_i'\}$과 $\{K_j'\}$을 가진다. 그러나 $\{H_i\}$는 합성열이므로 $\{H_i'\}$도 합성열이다.
 따라서 $\{K_j'\}$는 H를 포함하는 합성열이다.

8. **힌트** 일반화된 Cayley의 정리 이용.

H가 G의 부분군, $X=\{gH | g \in G\}$ 라고 하면

$$\phi : G \to S_X, \quad \phi_g(aH) = (ga)H$$

는 준동형사상이고, Ker $\phi \subset H$이다. 따라서 Ker ϕ는 H에 포함되는 G의 정규부분군이 된다. 더욱이 $[G : H] = n$이면 $[G : \text{Ker } \phi] \le n!$ 이 된다. 여기서 만일 G가 단순군이면 Ker $\phi = \{e\}$가 될 수 밖에 없으므로 ϕ가 단사가 되어 G는 S_X에 매입된다. 그런데 $|X| = [G : H]$이므로 결국 G는 S_n의 부분군과 동형이 된다. $|G| = 60$이면 임의의 G의 부분군 H에 대해서

$$n \le 4 \text{이면 } |S_n| < 60$$

이다. 따라서 $n \ge 5$라야 한다. $n = 5$이면 G는 S_5의 부분군이고 $[S_5 : G] = 2$이다. A_n은 지수가 2인 S_n의 유일한 부분군이므로 결국 $G \cong A_5$가 된다. 따라서 위수가 12인 G의 부분군 H를 택하면 된다(위수 12인 부분군은 반드시 존재한다).

9. 두 정규열은 모두 길이가 4이므로 각 열의 항 사이에 4개의 항을 첨가시킨다. 예를 들어 $60\mathbb{Z}$와 $20\mathbb{Z}$ 사이에는

$$\{0\} \subset 200\mathbb{Z} \subset 40\mathbb{Z} \subset \mathbb{Z}$$

의 각 항과의 결합으로 만든 항

$$60\mathbb{Z} + (20\mathbb{Z} \cap \{0\}) \subset 60\mathbb{Z} + (20\mathbb{Z} \cap 200\mathbb{Z}) \subset 60\mathbb{Z} + (20\mathbb{Z} \cap 40\mathbb{Z}) \subset 60\mathbb{Z} + (20\mathbb{Z} \cap \mathbb{Z})$$

를 첨가한다. 그런데 제일 왼편

$$60\mathbb{Z} + (20\mathbb{Z} \cap \{0\}) = 60\mathbb{Z} + \{0\} = 60\mathbb{Z}$$

이고, 오른편 끝

$$60\mathbb{Z} + (20\mathbb{Z} \cap \mathbb{Z}) = 60\mathbb{Z} + 20\mathbb{Z} = 20\mathbb{Z}$$

이므로 사실상 중복된다. 따라서 실제적으로는 양끝을 제외하고 두 개만 첨가시키면 된다. 즉

$$\begin{aligned} 60\mathbb{Z} &\subset 60\mathbb{Z} + (20\mathbb{Z} \cap 200\mathbb{Z}) = 60\mathbb{Z} + 200\mathbb{Z} = 20\mathbb{Z} \\ &\subset 60\mathbb{Z} + (20\mathbb{Z} \cap 40\mathbb{Z}) = 60\mathbb{Z} + 40\mathbb{Z} = 20\mathbb{Z} \end{aligned}$$

따라서 $60\mathbb{Z} \subset 20\mathbb{Z} \subset 20\mathbb{Z} \subset 20\mathbb{Z}$ 로 세분된다. 모든 경우를 모두 구해보면
$\{0\}$ 와 $60\mathbb{Z}$ 사이에는

$$\{0\} + (60\mathbb{Z} \cap 200\mathbb{Z}) \subset \{0\} + (60\mathbb{Z} \cap 40\mathbb{Z})$$
$$600\mathbb{Z} \subset 120\mathbb{Z}$$

$20\mathbb{Z}$ 와 $\mathbb{Z}$ 사이에는

$$20\mathbb{Z} + (\mathbb{Z} \cap 200\mathbb{Z}) \subset 20\mathbb{Z} + (\mathbb{Z} \cap 40\mathbb{Z})$$
$$20\mathbb{Z} + 200\mathbb{Z} \subset 20\mathbb{Z} + 40\mathbb{Z}$$
$$20\mathbb{Z} \subset 20\mathbb{Z}$$

따라서 $0 \subset 60\mathbb{Z} \subset 20\mathbb{Z} \subset \mathbb{Z}$ 의 세분은

$$0 \subset 600\mathbb{Z} \subset 120\mathbb{Z} \subset 60\mathbb{Z} \subset 20\mathbb{Z} \subset 20\mathbb{Z} \subset 20\mathbb{Z} \subset 20\mathbb{Z} \subset 20\mathbb{Z} \subset \mathbb{Z}$$

로써 항은 모두 $3 \times 3 + 1 = 10$개다.

이번에는 $\{0\} \subset 200\mathbb{Z} \subset 40\mathbb{Z} \subset \mathbb{Z}$ 의 세분으로 우선 $\{0\}$ 와 $200\mathbb{Z}$ 사이에는

$$\{0\} + (200\mathbb{Z} \cap 60\mathbb{Z}) \subset \{0\} + (200\mathbb{Z} \cap 20\mathbb{Z}),$$
$$600\mathbb{Z} \subset 200\mathbb{Z}$$

$200\mathbb{Z}$ 와 $40\mathbb{Z}$ 사이에는

$$200\mathbb{Z} + (40\mathbb{Z} \cap 60\mathbb{Z}) \subset 200\mathbb{Z} + (40\mathbb{Z} \cap 20\mathbb{Z}),$$
$$200\mathbb{Z} + 120\mathbb{Z} \subset 200\mathbb{Z} + 40\mathbb{Z},$$
$$40\mathbb{Z} \subset 40\mathbb{Z}$$

$40\mathbb{Z}$와 $\mathbb{Z}$ 사이에는

$$40\mathbb{Z}+(\mathbb{Z}\cap 60\mathbb{Z})\subset 40\mathbb{Z}+(\mathbb{Z}\cap 20\mathbb{Z}),$$
$$40\mathbb{Z}+60\mathbb{Z}\subset 40\mathbb{Z}+20\mathbb{Z},$$
$$20\mathbb{Z}\subset 20\mathbb{Z}$$

따라서 $0\subset 200\mathbb{Z}\subset 40\mathbb{Z}\subset\mathbb{Z}$의 세분은

$$0\subset 600\mathbb{Z}\subset 200\mathbb{Z}\subset 200\mathbb{Z}\subset 40\mathbb{Z}\subset 40\mathbb{Z}\subset 40\mathbb{Z}\subset 20\mathbb{Z}\subset 20\mathbb{Z}\subset\mathbb{Z}$$

이다. 각 세분의 인수들을 구하면 처음 것의 인수는

$$600\mathbb{Z},\ \mathbb{Z}_5,\ \mathbb{Z}_2,\ \mathbb{Z}_3,\ e,\ e,\ e,\ e,\ \mathbb{Z}_{20}$$

나중 것의 인수는

$$600\mathbb{Z},\ \mathbb{Z}_3,\ e,\ \mathbb{Z}_5,\ e,\ e,\ \mathbb{Z}_2,\ e,\ \mathbb{Z}_{20}$$

이 둘은 서로 같은 집합이 됨을 알 수 있다. 따라서 이 세분은 동치이다.
만일 $\{H_i\}$가 항이 4개, $\{K_i\}$가 항이 3개인 열이면 각 H_i의 항 사이에는 $3-2=1$이므로 한 개씩의 항이 첨가되어 항이 $3\times 2+1=7$개인 세분이 된다. 또 $\{K_i\}$는 각 항 사이에 $4-2=2$개씩의 항이 첨가되어 $2\times 3+1=7$개가 되어 결국 두 세분의 항은 같다. 일반적으로 항이 각각 m개 n개의 열의 세분으로 $(m-1)(n-1)+1$개의 항을 가진 동치인 세분이 얻어진다.

10. $\mathbb{Z}_{60}$의 모든 부분군들 사이의 Diagram을 만들어보면 위수가 30인 부분군은 $\langle\bar{2}\rangle$

위수가 20인 부분군은 $\langle\bar{3}\rangle$, 위수가 15인 부분군은 $\langle\bar{4}\rangle$,
위수가 12인 부분군은 $\langle\bar{5}\rangle$, 위수가 10인 부분군은 $\langle\bar{6}\rangle$,
위수가 6인 부분군은 $\langle\overline{10}\rangle$, 위수가 5인 부분군은 $\langle\overline{12}\rangle$,
위수가 4인 부분군은 $\langle\overline{15}\rangle$, 위수가 3인 부분군은 $\langle\overline{20}\rangle$,
위수가 2인 부분군은 $\langle\overline{30}\rangle$, 위수가 1인 부분군은 $\langle\bar{0}\rangle$

이것들의 포함관계를 보면

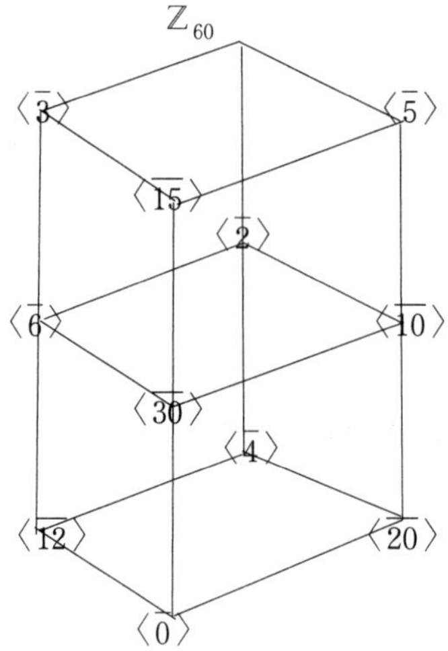

따라서 서로선으로 아래로 연결된 것들은 모두 합성열이다. 즉

$$\langle\bar{0}\rangle\subset\langle\overline{12}\rangle\subset\langle\bar{6}\rangle\subset\langle\bar{3}\rangle\subset\mathbb{Z}_{60},\ \langle\bar{0}\rangle\subset\langle\overline{12}\rangle\subset\langle\bar{4}\rangle\subset\langle\bar{2}\rangle\subset\mathbb{Z}_{60}$$
$$\langle\bar{0}\rangle\subset\langle\overline{30}\rangle\subset\langle\overline{10}\rangle\subset\langle\bar{5}\rangle\subset\mathbb{Z}_{60},\ \langle\bar{0}\rangle\subset\langle\overline{30}\rangle\subset\langle\overline{15}\rangle\subset\langle\bar{3}\rangle\subset\mathbb{Z}_{60}$$
$$\langle\bar{0}\rangle\subset\langle\overline{30}\rangle\subset\langle\overline{15}\rangle\subset\langle\bar{5}\rangle\subset\mathbb{Z}_{60},\ \langle\bar{0}\rangle\subset\langle\overline{20}\rangle\subset\langle\bar{4}\rangle\subset\langle\bar{2}\rangle\subset\mathbb{Z}_{60}$$
$$\langle\bar{0}\rangle\subset\langle\overline{20}\rangle\subset\langle\overline{10}\rangle\subset\langle\bar{5}\rangle\subset\mathbb{Z}_{60},\ \langle\bar{0}\rangle\subset\langle\overline{30}\rangle\subset\langle\bar{6}\rangle\subset\langle\bar{2}\rangle\subset\mathbb{Z}_{60}$$

등은 합성열이고 이것들의 인수들은 $\mathbb{Z}_2$, $\mathbb{Z}_2$, $\mathbb{Z}_5$, $\mathbb{Z}_3$이다.

11. $\mathbb{Z}_5\times\mathbb{Z}_5$의 모든 부분군을 구해보면 위수 5인 것은

$$\mathbb{Z}_5\times\{0\},\ \{0\}\times\mathbb{Z}_5,\ \langle\bar{1}\ \bar{1}\rangle$$

따라서

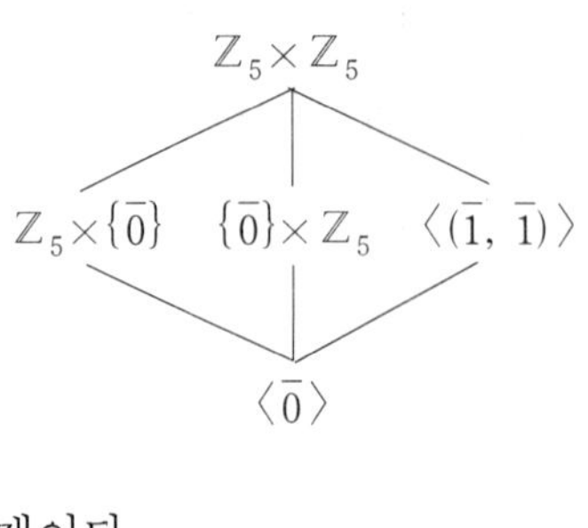

합성열은 모두 3개이다.

12. 우선 S_3의 부분군을 구해보면

위수 3인 것 : $\langle (a\ b\ c) \rangle = A_3$,

위수 2인 것 : $\langle (a\ b) \rangle$꼴, 그러나 이것은 S_3의 정규부분군이 안된다.

위수 1인 것 : $\{e\}$, 따라서

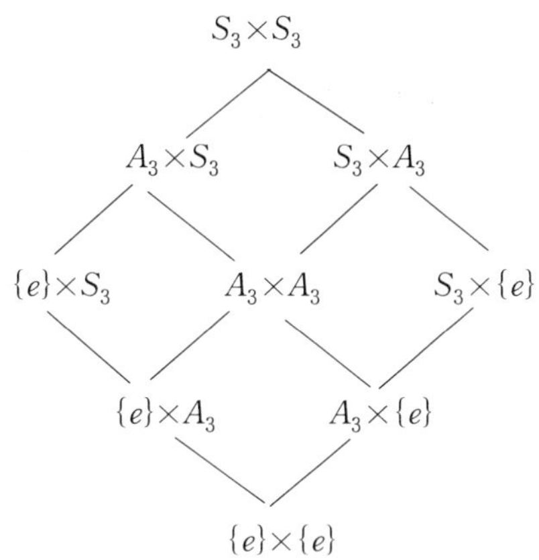

선으로 아래로 차례로 연결하면 합성열이 된다. 합성열은 모두 $\dfrac{4!}{2!2!}=6$개가 됨을 알 수 있다.

13. $\{\overline{0}\}$와 $\langle \overline{12} \rangle$ 사이에는 $\{\overline{0}\}+(\langle \overline{12} \rangle \cap \langle \overline{18} \rangle)=\{\overline{0}\}$,

$\langle \overline{12} \rangle$와 $\langle \overline{3} \rangle$ 사이에는 $\langle \overline{12} \rangle+(\langle \overline{3} \rangle \cap \langle \overline{18} \rangle)=\langle \overline{12} \rangle+\langle \overline{18} \rangle=\langle \overline{6} \rangle$,

$\langle \overline{3} \rangle$와 $\mathbb{Z}_{36}$ 사이에는 $\langle \overline{3} \rangle+(\mathbb{Z}_{36} \cap \langle \overline{18} \rangle)=\langle \overline{3} \rangle+\langle \overline{18} \rangle=\langle \overline{3} \rangle$,

따라서 $0 \subset \langle \overline{12} \rangle \subset \langle \overline{3} \rangle \subset \mathbb{Z}_{36}$의 세분은

$$\{\overline{0}\},\ \{\overline{0}\},\ \langle \overline{12} \rangle,\ \langle \overline{6} \rangle,\ \langle \overline{3} \rangle,\ \langle \overline{3} \rangle,\ \mathbb{Z}_{36}$$

이다. $\{\overline{0}\} \subset \langle \overline{18} \rangle \subset \mathbb{Z}_{36}$의 세분으로는 우선 $\{\overline{0}\}$와 $\langle \overline{18} \rangle$ 사이에는

$$\{\overline{0}\}+(\langle \overline{18} \rangle \cap \langle \overline{12} \rangle)=\{\overline{0}\},\quad \{\overline{0}\}+(\langle \overline{18} \rangle \cap \langle \overline{3} \rangle)=\{\overline{18}\}$$

$\langle \overline{18} \rangle$와 $\mathbb{Z}_{36}$ 사이에는

$\langle \overline{18} \rangle+(\mathbb{Z}_{36} \cap \langle \overline{12} \rangle)=\langle \overline{18} \rangle+\langle \overline{12} \rangle=\langle \overline{6} \rangle$, $\langle \overline{18} \rangle+(\mathbb{Z}_{36} \cap \langle \overline{3} \rangle)=\langle \overline{18} \rangle+\langle \overline{3} \rangle=\langle \overline{3} \rangle$

따라서 $\{\bar{0}\} \subset \langle \overline{18} \rangle \subset \mathbb{Z}_{36}$의 세분은

$$\{\bar{0}\},\ \{\bar{0}\},\ \langle \overline{18} \rangle,\ \langle \overline{18} \rangle,\ \langle \bar{6} \rangle,\ \langle \bar{3} \rangle,\ \mathbb{Z}_{36}$$

이다. 각 인수들을 구해보면 각각

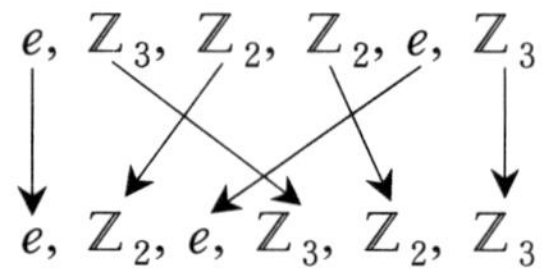

로서 같은 집합이 됨을 알 수 있다.

35 대칭군의 성질 (Symmetric Groups)

연습문제

1. $N = \{e, (1\ 2)(3\ 4), (1\ 3)(2\ 4), (1\ 4)(2\ 3)\} \subset S_4$이다.
   (1) N은 S_4의 정규부분군임을 보여라.
   (2) $N \subset A_4$임을 보여라.
   (3) $S_4/N \cong S_3$, $A_4/N \cong \mathbb{Z}_3$임도 증명하라.

2. A_4는 위수 6인 부분군을 가지지 않음을 보여라.

3. 지수가 2인 S_n의 부분군은 A_n뿐임을 보여라.

B 4. $n \geq 3$이다.

$$D_n = \{e, a, a^2, \cdots, a^{n-1}, b, ab, a^2b, \cdots, a^{n-1}b\}$$

$$\text{단 } a^n = b^2 = e, \ aba = b$$

인 군을 차수 n의 **정이면체군**(dihedral group of degree n)이라고 부른다.

(1) $H = \{e, a, a^2, \cdots, a^{n-1}\}$는 D_n의 정규부분군임을 보여라.

(2) $D_n/H \cong \mathbb{Z}_2$임을 보여라.

(3) D_n의 모든 진정규부분군을 구하라.

(4) $Z(D_n)$은 n이 홀수면 $\{e\}$, 짝수면 $\mathbb{Z}_2$와 동형임을 보여라.

(5) S_n에서 $\theta = (1\,2\,3 \cdots n)$, $\psi = \begin{pmatrix} 1 & 2 & 3 & \cdots & n \\ 1 & n & n-1 & \cdots & 2 \end{pmatrix}$일때 D_n은 θ, ψ를 포함하는 S_n의 최소의 부분군과 동형임을 보여라.

참고 정n각형에서 각 꼭지점을 1, 2, $\cdots$, n라고 했을 때 θ는 중심에서 $\dfrac{2\pi}{n}$만큼 시계방향으로 회전해서 $1 \to 2$, $2 \to 3$, $\cdots$, $n \to 1$과 같이 정n각형을 회전시킨 것이고 ψ는 1과 중심을 연결하는 선으로 이 다각형을 $2 \to n$, $3 \to n-1$, $\cdots$, $n \to 2$와 같이 대칭시킨 것으로 볼 수 있다. 따라서 θ와 ψ에 의해서 생성되는 S_n의 부분군은 이 다각형을 회전시키고 대칭시켜서 생기는 모든 변환을 표시한다.

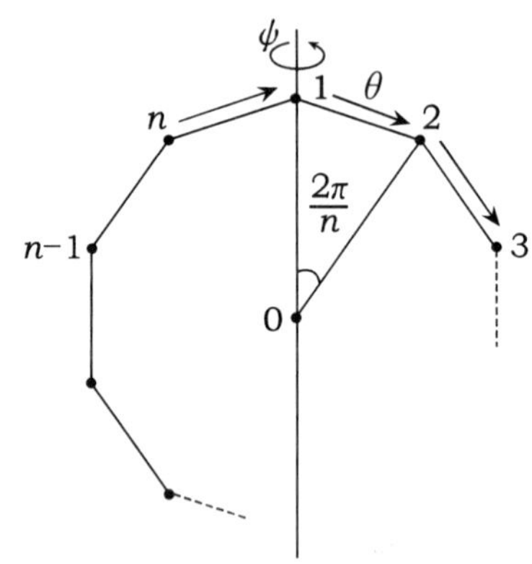

제35장 대칭군의 성질 연습문제 풀이

1. (1) 임의의 θ, $(a\ b)$, $(c\ d) \in S_4$에 대해서

$$\theta(a\ b)(c\ d)\theta^{-1} = \theta(a\ b)\theta^{-1}\theta(c\ d)\theta^{-1} = (\theta(a)\ \theta(b))(\theta(c)\ \theta(d))$$

이다. 그런데 N은 S_4의 원소 중 서로소인 두 호환의 곱으로 표시된 원소와 항등원의 집합이다. 즉 항등원을 제외한 나머지 원소는 같은 켤레류로 된 집합이다. 또 $(a\ b)$, $(c\ d)$가 서로소이면 $(\theta(a)\ \theta(b))$, $(\theta(c)\ \theta(d))$도 서로소이므로 결국 $h \in N$에 대해서 $\theta h\theta^{-1} \in N$이 됨을 알 수 있다. 또 임의의 N의 두 원소 $(a\ b)(c\ d)$와 $(c\ a)(b\ d)$의 곱은

$$[(a\ b)(c\ d)][(c\ a)(b\ d)] = (b\ c)(a\ d)$$

이므로 역시 N의 원소이다. 따라서 N은 S_4의 정규부분군이다.

(2) N의 원소는 모두 우치환이다. 따라서 $N \subset A_4$이다.

(3) $|A_4| = 12$, $|N| = 4$이므로 $|A_4/N| = 3$이고 위수 3인 군은 모두 $\mathbb{Z}_3$과 동형이다. 따라서 $A_4/N \cong \mathbb{Z}_3$이다. $|S_4| = 24$이므로 $|S_4/N| = 6$이다. 그런데 위수가 6인 군 중 아벨이 아닌 군은 S_3과 동형이므로 $S_4/N \cong S_3$이다. S_4/N이 아벨이 아닌 이유는 $N(1\ 2)$, $N(1\ 3) \in S_4/N$이다. 그러나

$$N(1\ 2)\ N(1\ 3) = N(1\ 2)(1\ 3), \quad N(1\ 3)\ N(1\ 2) = N(1\ 3)(1\ 2)$$

이고

$$(1\ 2)(1\ 3)[(1\ 3)(1\ 2)]^{-1} = (1\ 2)(1\ 3)(1\ 2)(1\ 3) = (1\ 2\ 3) \notin N$$

2. 문제 1에서 N은 A_4의 정규부분군이고 $|N| = 4$이다. 만일 위수 6인 A_4의 부분군 H가 있다면 H는 A_4의 정규부분군이고 $H \cap N$도 역시 A_4의 정규부분군이다.

$$6 \leq |HN| = \frac{|H|\,|N|}{|H \cap N|} = \frac{24}{|H \cap N|} \leq 12$$

$|H \cap N| = 4$면 $N \subset H$가 되어 모순이므로 결국 $|H \cap N| = 2$이다. 따라서 A_4는

$$H \cap N = \{e,\ (a\ b)(c\ d)\}$$

꼴의 정규부분군을 가진다. 그러나

$$(a\ b\ c)(a\ b)(c\ d)(a\ b\ c)^{-1} = (a\ b\ c)(a\ b)(c\ d)(c\ b\ a) = (a\ d)(b\ c) \notin H \cap N$$

이므로 $H \cap N$은 정규부분이라는 사실에 모순이다.

3. H는 S_n의 부분군이고 $[S_n : H] = 2$라고 하자. 만일 $H \cap A_n = \{e\}$라고 하면

$$|HA_n| = \frac{|H||A_n|}{1} = \frac{n!}{2} \times \frac{n!}{2} \leq n!$$

에서 $n! \leq 4$가 되어 모순이다. 따라서 H는 적어도 $\{e\}$ 이외의 우치환을 포함한다.

H와 A_n은 모두 S_n의 정규부분군이므로 $H \cap A_n$은 A_n의 정규부분군이다. 그런데 A_n은 $n \neq 4$이면 단순군이므로 결국 $H \cap A_n = A_n$에서 $H = A_n$을 얻을 수 있다.

$n = 4$일 경우를 생각해 보자. $|S_4| = 24$이고 S_4의 켤레류를 구하면 $\overline{e}$, $\overline{(1\ 2)}$, $\overline{(1\ 2\ 3)}$, $\overline{(1\ 2)(3\ 4)}$, $\overline{(1\ 2\ 3\ 4)}$뿐이고 각각의 기수는 1, 6, 8, 3이다. 군 G의 부분군 N이 G의 정규부분군이면 켤레류는 몽탕 N에 들어가거나 아니면 공통부분이 없거나이다. 즉 $\overline{g} \cap N = \varnothing$ 또는 $\overline{g} \subset N$이 된다. 따라서 N은 결레류들의 합집합이 된다. 물론 역으로 켤레류들이 몇 개 모여서 G의 부분군이 되면 이 부분군은 G의 정규부분군이다. 그런데 S_4에서 켤레류를 합쳐서 12가 되는 경우는 항등원을 포함해야 하므로 1+8+3 경우 뿐이다. 이 경우는 결국 A_4뿐임을 알 수 있다.

4. (1) $H = \langle a \rangle$이고 $[D_n : H] = 2$이므로 H는 D_n의 정규부분군이다.

(2) $|D_n/H| = \dfrac{2n}{n} = 2$이므로 $D_n/H \cong \mathbb{Z}_2$이다.

(3) 우선 임의의 $1 \leq i \leq n$에 대해서 $N = \langle a^i \rangle$는 D_n의 정규부분군임을 보이자. N은 D_n의 부분군임은 당연하다. 임의의 $x \in D_n$, $g \in N$에 대해서 $g \in H$이므로 $xgx^{-1} \in H$이고 따라서 $xgx^{-1} = a^k$꼴로 표시할 수 있다. 또 $g \in N$이므로 $g = a^{it}$ 꼴이다. 따라서

$$xgx^{-1} = xa^{it}x^{-1} = (xax^{-1})^{it} = (a^m)^{it} \in N$$

이 되어 N은 D_n의 정규부분군이 된다.

또 $\langle a \rangle$의 원소를 포함하지 않는 D_n의 정규부분군은 있을 수 없다. 그 이유는 D_n의 정규부분군 K가 a^ib $(1 \le i \le n)$꼴의 원소를 포함하고 있으면 $b(a^ib)b^{-1} = ba^i \in K$이고 따라서 $ba^i = (ba)a^{i-1} = a^{-1}ba^{i-1}$이므로

$$(a^{-1}ba^{i-1})(a^ib) = a^{-1}bab = a^{-1}(a^{-1}b)b = a^{-2} \in K$$

이므로 결국

$$\{e, a^2, a^4, a^6, \cdots, a^ib, a^{i+2}b, \cdots\} \subset K$$

이다.

편의상 n이 짝수와 홀수일 경우로 나누어 생각해 보자. 만일 n이 홀수면

$$\{e, a^2, a^4, \cdots, a^ib, a^{i+2}b, \cdots\} = D_n$$

이 됨을 쉽게 알 수 있다. 따라서 이때는 $K = D_n$이 되므로 결국 D_n의 진정규부분군은 $\langle a^i \rangle$꼴 뿐이다. $(1 \le i \le n)$ 만일 n이 짝수면

$$H = \{e, a^2, a^4, \cdots, a^ib, a^{i+2}b, \cdots\}$$

의 기수는 n개이고 닫혀있으므로 D_n의 정규부분군이 됨을 알 수 있다.

(4) 1) n이 홀수일 경우

$x \in Z(D_n)$이라고 하면 $x = a^i$ 또는 $x = a^ib$꼴 중 한 개이다. 만일 $x = a^ib$꼴이면

$$a^{i+1}b = a(a^ib) = (a^ib)a = a^i(ba) = a^i(a^{-1}b) = a^{i-1}b$$

이므로 결국 $a^2 = e$가 되어 $n \ge 3$이라는 사실에 모순이다. 만일 $x = a^i$꼴이면 $a^ib = ba^i = a^{-i}b$이므로 $a^{2i} = e$이고 따라서 $n | 2i$이다. 그런데 $0 \le 2i < 2n$이므로 $2i = 0, n$으로부터 $i = 0, i = \dfrac{n}{2}$을 얻는다. $i = 0$이면 $x = e$이고 $i = \dfrac{n}{2}$이면 n이 홀수라는 사실에 모순이다. 결국 $Z(D_n) = \{e\}$뿐이다.

2) n이 짝수일 경우

1)과 마찬가지로 해서 $x = a^ib$꼴이면 안된다. 따라서 $x = a^i$꼴이라야 하고 $i = 0, \dfrac{n}{2}$에서 $Z(D_n) = \{e, a^{\frac{n}{2}}\}$이 되어 $\mathbb{Z}_2$와 동형이다.

(5) 실제로 $|\theta| = n$, $|\phi| = 2$이고

$$(\theta\psi\theta)(i)=\theta\psi(i+1)=\theta(n-i+1),\ \psi(i)=(n-i+2)$$

이므로 $\theta\psi=\psi\theta^{-1}$임을 쉽게 알 수 있다. 집합

$$\langle\theta,\ \psi\rangle=\{e,\ \theta,\ \theta^2,\ \cdots,\ \theta^{n-1},\ \psi,\ \theta\psi,\ \theta^2\psi,\ \cdots,\ \theta^{n-1}\psi\}$$

라 하면

$$e(1)=1,\ \theta(1)=2,\ \theta^2(1)=3,\ \cdots,\ \theta^{n-1}(1)=n$$

이고

$$e(2)=2,\ \theta(2)=3,\ \theta^2(2)=4,\ \cdots,\ \theta^{n-1}(2)=1$$

이다. 또

$$\psi(1)=1,\ \theta\psi(1)=2,\ \cdots,\ \theta^{n-1}\psi(1)=n$$

이고

$$\psi(2)=n,\ \theta\psi(2)=1,\ \theta^2\psi(2)=2,\ \cdots,\ \theta^{n-1}\psi(2)=n-1$$

이므로 $\langle\theta,\ \psi\rangle$의 원소는 $2n$개임을 알 수 있다. θ와 ψ를 포함하는 임의의 S_n의 부분군은 반드시 $\langle\theta,\ \psi\rangle$를 포함한다. 따라서 θ와 ψ를 포함하는 S_n의 최소의 부분군을 H라고 하면 $\langle\theta,\ \psi\rangle\subset H$이다. 한편 $\psi\theta=\theta^{-1}\psi$이므로 $\langle\theta,\ \psi\rangle$는 군이 된다. 따라서 $H=\langle\theta,\ \psi\rangle$이고

$$f: D_n\to\langle\theta,\ \psi\rangle,\ f(a)=\theta,\ f(b)=\psi$$

라고 하면 f는 동형사상이 되므로 $D_n\cong H$가 된다.

36 실계수 다항식

(Polynomial over Real Numbers)

연습문제

1. 다음 다항식을 각각 $\mathbb{Q}[x]$, $\mathbb{R}[x]$, $\mathbb{C}[x]$의 원소로 생각했을 때 기약다항식의 곱으로 쓰라.

   (1) $9x^3+18x^2-4x-8$ (2) $2x^4+3x^3-8x-12$

   (3) $6x^4-7x^3+8x^2-7x+2$

2. 다음 다항식의 근을 구하라.

   (1) $x^3+\frac{3}{2}x^2-\frac{4}{9}x-\frac{2}{3}$ (2) $\sqrt{3}x^3+\frac{1}{\sqrt{3}}x^2-\sqrt{3}x-\frac{1}{\sqrt{3}}$

3. 다음 다항식은 $\mathbb{Q}[x]$에서 기약임을 보여라.

(1) $6x^4+4x^3-6x^2-8x+5$

(2) $x^3+\frac{1}{2}x^2-\frac{3}{2}x+\frac{6}{5}$

(3) $x^3+x^2+\frac{3}{2}x+\frac{1}{2}$

(4) $3x^2-2x-4$

(5) $x^2-\frac{5}{2}x+\frac{3}{2}$

(6) x^4+x^3+3x+1

(7) $x^4-\frac{1}{2}x^2+\frac{3}{2}x-\frac{4}{3}$

(8) $\frac{1}{2}x^3+2x-\frac{3}{2}$

제36장 실계수 다항식 연습문제 풀이

1. (1) $9x^3+18x^2-4x-8=9x^2(x+2)-4(x+2)=(x+2)(9x^2-4)=(x+2)(3x+2)(3x-2)$

$\mathbb{Q}[x]$, $\mathbb{R}[x]$, $\mathbb{C}[x]$에서 모두 일차식으로 분해되었다.

(2)
$$2x^4+3x^3-8x-12=x^3(2x+3)-4(2x+3)=(2x+3)(x^3-4)\in\mathbb{Q}[x]$$
$$x^3-4=x^3-(\sqrt[3]{4})^3=(x-\sqrt[3]{4})(x^2+\sqrt[3]{4}x+(\sqrt[3]{4})^2)\in\mathbb{R}[x]$$
$$x^2+\sqrt[3]{4}+(\sqrt[3]{4})^2=\left(x-\frac{-\sqrt[3]{4}+\sqrt{-3(\sqrt[3]{4})^2}}{2}\right)\left(x-\frac{-\sqrt[3]{4}-\sqrt{-3(\sqrt[3]{4})^2}}{2}\right)$$
$$=\left(x-\frac{-\sqrt[3]{4}+\sqrt[3]{4}\sqrt{3}i}{2}\right)\left(x-\frac{-\sqrt[3]{4}-\sqrt[3]{4}\sqrt{3}i}{2}\right)$$

이므로 따라서 $\mathbb{R}[x]$에서는

$$(2x+3)(x-\sqrt[3]{4})(x^2+\sqrt[3]{4}x+\sqrt[3]{16})$$

$\mathbb{C}[x]$에서는

$$(2x+3)(x-\sqrt[3]{4})\left(x-\frac{-\sqrt[3]{4}+\sqrt[3]{4}\sqrt{3}i}{2}\right)\left(x-\frac{-\sqrt[3]{4}-\sqrt[3]{4}\sqrt{3}i}{2}\right)$$

로 분해된다.

(3)
$$\begin{aligned}6x^4-7x^3+8x^2-7x+2&=6x^4+6x^2-7x^3-7x+2x^2+2\\&=6x^2(x^2+1)-7x(x^2+1)+2(x^2+1)\\&=(x^2+1)(6x^2-7x+2)\\&=(x^2+1)(3x-2)(2x-1)\in\mathbb{Q}[x]\end{aligned}$$

$$x^2+1=(x+i)(x-i)\in\mathbb{C}[x]$$

이므로 결국 $\mathbb{Q}[x]$, $\mathbb{R}[x]$에서는 $(x^2+1)(3x-2)(2x-1)$로 분해되고 $\mathbb{C}[x]$에서는 $(x+i)(x-i)(3x-2)(2x-1)$로 분해된다.

참고 $\mathbb{C}[x]$에서는 항상 1차식까지 분해되어야 한다.

2. (1) $x^3+\frac{3}{2}x^2-\frac{4}{9}x-\frac{2}{3}=\frac{1}{18}(18x^3+27x^2-8x-12)$

$$= \frac{1}{18}(9x^2(2x+3)-4(2x+3)) = \frac{1}{18}(2x+3)(9x^2-4)$$
$$= \frac{1}{18}(2x+3)(3x+2)(3x-2)$$

이므로 근은 $-\frac{3}{2}, -\frac{2}{3}, \frac{2}{3}$이다.

(2) $$\sqrt{3}x^3 + \frac{1}{\sqrt{3}}x^2 - \sqrt{3}x - \frac{1}{\sqrt{3}} = \frac{1}{\sqrt{3}}(3x^3+x^2-3x-1)$$
$$= \frac{1}{\sqrt{3}}(x^2+(3x+1)-(3x-1))$$
$$= \frac{1}{\sqrt{3}}(x^2-1)(3x+1)$$
$$= \frac{1}{\sqrt{3}}(x+1)(x-1)(3x+1)$$

따라서 근은 $\pm 1, -\frac{1}{3}$이다.

3. **참고** 다항식 $a_0 + a_1x + a_2x^2 + \cdots + a_nx^n \in F[x]$에서 $a_0 \neq 0$이면 $a_0 + a_1x + \cdots + a_nx^n$ 이 기약일 필요충분조건은

$$a_n + a_{n-1}x + \cdots + a_0x^n \in F[x]$$

가 기약이다. 실제로 만일

$$a_0 + a_1x + \cdots + a_nx^n = (b_0 + \cdots + b_mx^m)(c_0 + \cdots + c_tx^t)$$

로 인수분해된다면

$$a_n + a_{n-1}x + \cdots + a_0x^n = (b_m + \cdots + b_0x^m)(c_t + \cdots + c_0x^t)$$

로 인수분해된다.

(1) $$a(x) = 6x^4 + 4x^3 - 6x^2 - 8x + 5,\ \bar{a}(x) = 5x^4 - 8x^3 - 6x^2 + 4x + 6$$

이라고 하면 $\bar{a}(x)$는 $p=2$라 두면 $\bar{a}(x)$는 Eisenstein의 정리에 의해서 기약이다. 따라서 $a(x)$도 $\mathbb{Q}[x]$에서 기약이다.

(2) $$a(x)=x^3+\frac{1}{2}x^2-\frac{3}{2}x+\frac{6}{5},\ \bar{a}(x)=\frac{6}{5}x^3-\frac{3}{2}x^2+\frac{1}{2}x+1$$

라 두면 $\bar{a}(x)=\frac{1}{10}(12x^3-15x^2+5x+10)$이고 이 식은 $p=5$라 두면 역시 기약이다. 따라서 $a(x)$도 기약이다.

(3) $$a(x)=x^3+x^2+\frac{3}{2}x+\frac{1}{2}=\frac{1}{2}(2x^3+2x^2+3x+1)$$

라 두면 $\pm1, \pm\frac{1}{2}$을 $a(x)$에 대입해 보면

$$a(1)=4,\ a(-1)=-2,\ a\left(\frac{1}{2}\right)\neq0,\ a\left(-\frac{1}{2}\right)\neq0$$

이다. 따라서 $a(x)$는 $\mathbb{Q}[x]$에서 근을 가지지 않으므로 기약이다.

(4) 판별식 $D=4+48=52$가 완전제곱이 아니므로 유리수근을 가지지 않는다. 따라서 $\mathbb{Q}[x]$에서 기약이다.

(5) 마찬가지로 판별식 D를 구하면 $D=\frac{13}{4}$이므로 기약이 된다.

(6) x 대신 ±1을 대입해도 0이 되지 않으므로 일차인수는 없다. 따라서 2차식으로 분해되는지만 살펴보면 되는데 $\mathbb{Z}[x]$에서 가약이면 $\mathbb{Q}[x]$에서 가약이므로 $\mathbb{Z}[x]$에서 분해되는지 알아본다.

$$x^4+x^3+3x+1=(ax^2+bx+c)(dx^2+ex+f)$$

라 두면 $ad=1$, $cf=1$이므로 $(x^2+bx\pm1)(x^2+ex\pm1)$로 두고 정수 b, e를 구하면 된다. $b+e=1$, $\pm b\pm e=3$가 되는데 이 식을 만족시키는 b, c는 없으므로 결국 이차식으로도 분해되지 않는다. 결국 기약일 수밖에 없다.

(7) $$x^4-\frac{1}{2}x^2+\frac{3}{2}x-\frac{4}{3}=\frac{1}{6}(6x^4-3x^2+9x-8)$$

$$a(x)=6x^4-3x^2+9x-8,\ \bar{a}(x)=-8x^4+9x^2-3x^2+6$$

로 두면 $\bar{a}(x)$는 $p=3$으로 두면 기약이다. 따라서 $x^4-\frac{1}{2}x^2+\frac{3}{2}x-\frac{4}{3}$도 기약이다.

(8) $\frac{1}{2}x^3+2x-\frac{3}{2}=\frac{1}{2}(x^3+4x-3)$이고 x 대신 $\pm1, \pm3$을 대입하여도 0이 아니므로 기약이다.

37 유한체 (Finite Field)

연습문제

1. $p \in \mathbb{Z}$가 소수이면 모든 $\bar{a} \in \mathbb{Z}_p$에 대해서 $(\bar{a})^p = \bar{a}$임을 보여라.

2. $|F| = p^n$, F는 체이다. F의 모든 원소는 F에서 단 한 개의 p-제곱근을 가짐을 보여라.

3. 위수 9인 체를 만들고 그 연산표를 만들어라.

4. $|F| = q$, $\gcd(n, q) = 1$, E는 F상에서 $x^n - 1$의 분해체이다. $[E:F]$는 $q^k - 1$이 n의 배수가 되는 최소의 양의 정수 k임을 보여라.

5. $f(x) \in F[x]$는 기약이고 F가 유한체이면 $f(x)$는 중근을 가지지 않음을 보여라.

B 6. $|F|=m$, $f(x) \in F[x]$는 기약이다.

$f(x) | x^{m^n}-x$일 필요충분조건은 $\deg f(x)$가 n의 약수임을 보여라.

A 7. 유한체 F의 임의의 원소 x는 $x=a^2+b^2$, $a, b \in F$꼴로 쓸 수 있음을 보여라.

제37장 유한체 연습문제 풀이

1. $\mathbb{Z}_p$는 체가 됨을 알 수 있다. 임의의 $\bar{a}\neq 0\in\mathbb{Z}_p$에 대해서 $\overline{a^{p-1}}=\bar{1}$이므로 $\overline{a^p}=\bar{a}$. 따라서 모든 $\bar{a}\in\mathbb{Z}_p$에 대해서 $(\bar{a})^p=\bar{a}$이다.

2. 1) 1번을 이용하는 법. $F=\{a_1, a_2, \cdots, a_m\}$라고 하자. $F^p=\{a_1^p, a_2^p, \cdots, a_m^p\}\subset F$이다. 그런데 1번에서 F의 표수는 소수 p로 둘 수 있으므로 $a^p=b^p$일 필요충분조건은 $a=b$이다. 따라서 $F^p=F$가 되어 임의의 $x\in F$는 $x=a_i^p$꼴이 된다.

   2) 라그랑즈의 성질을 이용하는 법. $|F^*|=p^n-1$인 군이므로 임의의 $x\in F^*$는 $p^n=m$라 두면 $x^{m-1}=1$이므로 $x^m=x$이다. $x^{p^{n-1}}=a$로 두면

$$a^p=(x^{p^{n-1}})^p=x^{p^n}=x^m=x$$

꼴이 된다. 0은 물론 $0=0^p$이다. 만일 $x=b^p=c^p$이라고 하면

$$b=b^m=b^{p^n}=(b^p)^{p^{n-1}}=(c^p)^{p^{n-1}}=c^{p^n}=c$$

이다.

3. $f(x)=x^2+\bar{1}\in\mathbb{Z}_3[x]$는 기약다항식이다. $\mathbb{Z}_3$의 확대체 E에서 $f(x)$의 근을 α라고 하면 $f(\alpha)$는 $a\alpha+b\,(a, b\in\mathbb{Z}_3)$꼴이다. 따라서 $|f(\alpha)|=3^2$이다. 연산표는 다음과 같다.

$+$	$\bar{0}$	$\bar{1}$	$\bar{2}$	α	$\alpha+\bar{1}$	$\alpha+\bar{2}$	$\bar{2}\alpha$	$\bar{2}\alpha+\bar{1}$	$\bar{2}\alpha+\bar{2}$
$\bar{0}$	$\bar{0}$	$\bar{1}$	$\bar{2}$	α	$\alpha+\bar{1}$	$\alpha+\bar{2}$	$\bar{2}\alpha$	$\bar{2}\alpha+\bar{1}$	$\bar{2}\alpha+\bar{2}$
$\bar{1}$	$\bar{1}$	$\bar{2}$	$\bar{0}$	$\alpha+\bar{1}$	$\alpha+\bar{2}$	α	$\bar{2}\alpha+\bar{1}$	$\bar{2}\alpha+\bar{2}$	$\bar{2}\alpha$
$\bar{2}$	$\bar{2}$	$\bar{0}$	$\bar{1}$	$\alpha+\bar{2}$	α	$\alpha+\bar{1}$	$\bar{2}\alpha+\bar{2}$	$\bar{2}\alpha$	$\bar{2}\alpha+\bar{1}$
α	α	$\alpha+\bar{1}$	$\alpha+\bar{2}$	$\bar{2}\alpha$	$\bar{2}\alpha+\bar{1}$	$\bar{2}\alpha+\bar{2}$	$\bar{0}$	$\bar{1}$	$\bar{2}$
$\alpha+\bar{1}$	$\alpha+\bar{1}$	$\alpha+\bar{2}$	α	$\bar{2}\alpha+\bar{1}$	$\bar{2}\alpha+\bar{2}$	$\bar{2}\alpha$	$\bar{1}$	$\bar{2}$	$\bar{0}$
$\alpha+\bar{2}$	$\alpha+\bar{2}$	α	$\alpha+\bar{1}$	$\bar{2}\alpha+\bar{2}$	$\bar{2}\alpha$	$\bar{2}\alpha+\bar{1}$	$\bar{2}$	$\bar{0}$	$\bar{1}$
$\bar{2}\alpha$	$\bar{2}\alpha$	$\bar{2}\alpha+\bar{1}$	$\bar{2}\alpha+\bar{2}$	$\bar{0}$	$\bar{1}$	$\bar{2}$	α	$\alpha+\bar{1}$	$\alpha+\bar{2}$

$\overline{2}\alpha+\overline{1}$	$\overline{2}\alpha+\overline{1}$	$\overline{2}\alpha+\overline{2}$	$\overline{2}\alpha$	$\overline{1}$	$\overline{2}$	$\overline{0}$	$\alpha+\overline{1}$	$\alpha+\overline{2}$	α
$\overline{2}\alpha+\overline{2}$	$\overline{2}\alpha+\overline{2}$	$\overline{2}\alpha$	$\overline{2}\alpha+\overline{1}$	$\overline{2}$	$\overline{0}$	$\overline{1}$	$\alpha+\overline{2}$	α	$\alpha+\overline{1}$

$\cdot$	$\overline{0}$	$\overline{1}$	$\overline{2}$	α	$\alpha+\overline{1}$	$\alpha+\overline{2}$	$\overline{2}\alpha$	$\overline{2}\alpha+\overline{1}$	$\overline{2}\alpha+\overline{2}$
$\overline{0}$	$\overline{0}$	$\overline{0}$	$\overline{0}$	$\overline{0}$	$\overline{0}$	$\overline{0}$	$\overline{0}$	$\overline{0}$	$\overline{0}$
$\overline{1}$	$\overline{0}$	$\overline{1}$	$\overline{2}$	α	$\alpha+\overline{1}$	$\alpha+\overline{2}$	$\overline{2}\alpha$	$\overline{2}\alpha+\overline{1}$	$\overline{2}\alpha+\overline{2}$
$\overline{2}$	$\overline{0}$	$\overline{2}$	$\overline{1}$	$\overline{2}\alpha$	$\overline{2}\alpha+\overline{2}$	$\overline{2}\alpha+\overline{1}$	α	$\alpha+\overline{2}$	$\alpha+\overline{1}$
α	$\overline{0}$	α	$\overline{2}\alpha$	$\overline{2}$	$\alpha+\overline{2}$	$\overline{2}\alpha+\overline{2}$	$\overline{1}$	$\alpha+\overline{1}$	$\overline{2}\alpha+\overline{1}$
$\alpha+\overline{1}$	$\overline{0}$	$\alpha+\overline{1}$	$\overline{2}\alpha+\overline{2}$	$\alpha+\overline{2}$	$\overline{2}\alpha$	$\overline{1}$	$\overline{2}\alpha+\overline{1}$	$\overline{2}$	α
$\alpha+\overline{2}$	$\overline{0}$	$\alpha+\overline{2}$	$\overline{2}\alpha+\overline{1}$	$\overline{2}\alpha+\overline{2}$	$\overline{1}$	α	$\alpha+\overline{1}$	$\overline{2}\alpha$	$\overline{2}$
$\overline{2}\alpha$	$\overline{0}$	$\overline{2}\alpha$	α	$\overline{1}$	$\overline{2}\alpha+\overline{1}$	$\alpha+\overline{1}$	$\overline{2}$	$\overline{2}\alpha+\overline{2}$	$\alpha+\overline{2}$
$\overline{2}\alpha+\overline{1}$	$\overline{0}$	$\overline{2}\alpha+\overline{1}$	$\alpha+\overline{2}$	$\alpha+\overline{1}$	$\overline{2}$	$\overline{2}\alpha$	$\overline{2}\alpha+\overline{2}$	α	$\overline{1}$
$\overline{2}\alpha+\overline{2}$	$\overline{0}$	$\overline{2}\alpha+\overline{2}$	$\alpha+\overline{1}$	$\overline{2}\alpha+\overline{1}$	α	$\overline{2}$	$\alpha+\overline{2}$	$\overline{1}$	$\overline{2}\alpha$

단, $\alpha^2+\overline{1}=\overline{0}$, $\overline{3}=\overline{0}$이다.

4. E는 F의 유한 확대체이다. $|F|=q$이므로 $[E:F]=k$라고 하면 $|E|=q^k$꼴이 됨을 알 수 있다. E는 x^n-1의 분해체이므로 α를 x^n-1의 한 원시근이라고 하면 $|\alpha|=n$이 된다. 한편 $\alpha\in E^*$, $|E^*|=q^k-1$이므로 라그랑즈 정리에 의해서 $n|q^k-1$이 된다. $n|q^t-1$, $t<k$이라고 하자. $x^n-1\in F[x]$의 모든 근을 $\alpha_1, \alpha_2, \cdots, \alpha_n$라고 하면 $E=F(\alpha_1, \alpha_2, \cdots, \alpha_n)$로 둘 수 있다. 한편 $\alpha_i^n=1$이므로 $(\alpha_i)^{q^t-1}=1$이 된다.

또, $u\in F$면 $u^q=u$이므로 $u^{q^t}=u$로부터 역시 F도 $q(x)=x^{q^t}-x\in F[x]$의 근이 된다. 그런데 $q(x)$의 근의 집합 K는 역시 체가 되므로 결국 $E\subset K$이다. $|E|=q^k$, $|K|\le q^t$이므로 모순이다. 따라서 k는 $n|q^k-1$이 되는 최소의 정수이다.

5. F는 소체 $\mathbb{Z}_p$를 포함하고 F의 표수는 p, $|F|=p^n$이다. 만일 $f(x)$가 중근을 가지면 $f'(x)=0$이다. $f(x)=a_0+a_1x+\cdots+a_nx^n$라고 하자.

$$f'(x)=a_1+2a_2x+\cdots+ia_ix^{i-1}+\cdots+na_nx^{n-1}=0,\ a_i\in F$$

따라서 $ia_i=0$, $(i=1, \cdots, n)$ 즉 $a_i=0$ 또는 $p|i$이므로 결국 $f(x)=b_0+b_1x^p+b_2x^{2p}+\cdots+b_mx^{mp}$꼴이 된다. 한편 2번에서 $b_i=(c_i)^p$꼴로 쓸 수

있다. 따라서 $(a+b)^p = a^p + b^p$이므로

$$f(x) = {c_0}^p + {c_1}^p x^p + \cdots + {c_m}^p x^{mp} = (c_0 + c_1 x + \cdots + c_m x^m)^p$$

인데 이것은 $f(x)$가 기약이라는 사실에 모순이다. 따라서 $f(x)$는 중근을 가지지 않는다.

6. ($\Rightarrow$) $|F| = m$이므로 $m = p^t$꼴이 된다. E를 위수가 $p^{tn} = m^n$인 유한체라고 하면 정리에서 본 바와 같이 E는 $g(x) = x^{m^n} - x \in F[x]$의 분해체가 된다. F나 E는 모두 $\mathbb{Z}_p$의 확대체로 볼 수 있다.

$$K = \{\alpha \in E \mid \alpha \text{는 } g(x)\text{의 근}\}$$

이라고 하면 임의의 $u \in E^*$는 라그랑즈 정리에서 $u^{m^n} = u$이므로 $u \in K$이다. 따라서 $E \subset K$이므로 $|E| \le |K|$이고

$$|K| \le \deg g(x) = m^n = |E|$$

이므로 결국 $E = K$가 되어 E는 다항식 $g(x)$의 근으로 구성된 체이다. $f(x) \in F[x]$는 기약, $f(x) | g(x)$이므로 $f(x)$의 F상에서의 분해체는 E의 부분체이다. $\alpha \in E$를 $f(x)$의 한 근이라고 하면

$$[F(\alpha) : F] = \deg(\alpha, F) = \deg f(x)$$

이므로 $\deg f(x)$는 $[E : F]$의 약수이다. $[E : F] = s$라고 하면

$$|E| = |F|^s = m^s = m^n$$

으로부터 $s = n$이다. 따라서 $\deg f(x)$는 n의 약수가 된다.

($\Leftarrow$) α를 $f(x) \in F[x]$의 임의의 한 근이라고 하자. $f(x)$는 기약이므로 $[F(\alpha) : F] = \deg f(x)$이고 $\deg f(x) = t$라고 하면 t는 n의 약수이고 $|F(\alpha)| = m^t$꼴이다.

따라서 $\alpha^{m^t} = \alpha$이고, $m^n = (m^t)^{\frac{n}{t}}$이므로 $\alpha^{m^n} = \alpha^{m^t m^t \cdots m^t} = \alpha$이다. 이 사실로부터 α는 $x^{m^n} - x \in F[x]$의 근이 된다. 나머지 정리를 이용하면 결국 $f(x) | x^{m^n} - x$가 된다.

7. 1) F의 표수가 2이면 $|F|=2^n$꼴이 되므로 모든 원소 $x \in F$는 $x^{2^n}=x$이다. 따라서 $x=(x^{2^{n-1}})^2+0^2$꼴이 된다.

2) $x \in F$라고 하자. $x=0$이면 당연하므로 $x \neq 0$라고 하자. F의 표수가 $p(\neq 2)$이라고 하면 $|F|=p^n$이다. $F^*=F-\{0\}$의 원소를 2개씩 $\bar{a}=\{a, -a\}$와 같이 쌍으로 분류하면 이 동치류의 개수는 $\frac{1}{2}(p^n-1)$이다. 임의의 $t \in \bar{t}$에 대해서 $|t^2|=1$이므로

$$A^*=\{1+t^2x^{-1} | t \in \bar{t}\}$$

라고 하면

$$|A^*|=\frac{1}{2}(p^n-1)$$

이다. 그 이유는 만일 $t \in \bar{t}$, $u \in \bar{u}$, $\bar{t} \neq \bar{u}$에 대해서

$$1+t^2x^{-1}=1+u^2x^{-1}$$

라고 하면

$$0=(t^2-u^2)x^{-1}=(t+u)(t-u)x^{-1}$$

이다. 따라서 $\bar{t}=\bar{u}$가 되어 동치류의 개수와 같다. 마찬가지로

$$B^*=\{-t^2x^{-1} | t \in \bar{t}\}$$

라고 하면 역시

$$|B^*|=\frac{1}{2}(p^n-1)$$

이다. $1 \notin A^*$, $0 \notin B^*$이므로

$$A=A^* \cup \{1\}, \quad B=B^* \cup \{0\}$$

라고 하면

$$|A|=\frac{1}{2}(p^n+1), \quad |B|=\frac{1}{2}(p^n+1)$$

이다. $A \cap B = \varnothing$ 라면

$$|A \cup B| = p^n + 1 > p^n = |F|$$

이므로 모순. 따라서

$$u = 1 + a^2 x^{-1} = -b^2 x^{-1}$$

인 $u \in A \cap B$가 존재한다. 이 식을 풀면 $x = a^2 + b^2$이 된다.

38 자유 아벨군 (Free Abelian Groups)

연습문제

1. $\{(2, 1), (3, 1)\}$은 $\mathbb{Z} \times \mathbb{Z}$의 기저가 되는가?

2. 자유아벨군에서 위수가 유한인 원소는 항등원뿐임을 증명하라.

3. $(\mathbb{Q}, +)$는 자유아벨군이냐?

4. $\{(2, 1), (4, 2)\}$은 $\mathbb{Z} \times \mathbb{Z}$의 기저가 되는가?

5. A는 계수(rank)가 n인 자유아벨군이다. A의 진부분군이고 계수가 역시 n인 예를 찾아라.

6. A, B가 자유아벨군이면 $A \times B$도 자유아벨군임을 보여라.

7. $\{(a, b), (1, 2)\}$가 $\mathbb{Z} \times \mathbb{Z}$의 기저가 되게 a, b를 정하여라.

8. 임의의 자연수 n에 대해서 계수가 n인 자유아벨군은 존재하는가?

9. X는 자유아벨군 A의 기저이다. $X \subset Y \subset A$이면 Y도 A의 기저가 되느냐?

10. 0이 아닌 자유아벨군은 무한개의 기저를 가짐을 보여라.

제38장 자유 아벨군 연습문제 풀이

1. $m(2, 1)+n(3, 1)=(0, 0)$라고 하면 $m=n=0$이므로 $\{(2, 1), (3, 1)\}$은 1차 독립이다. $\mathbb{Z}\times\mathbb{Z}$는 계수가 2이므로 따라서 $\{(2, 1), (3, 1)\}$은 기저가 된다. 물론 임의의 $(x, y)\in\mathbb{Z}\times\mathbb{Z}$는

$$(x, y)=(-x+3y)(2, 1)+(x-2y)(3, 1)$$

로 나타난다.

2. F를 자유아벨군이라고 하면 $F\cong\mathbb{Z}\times\mathbb{Z}\times\cdots$이므로 항등원 $(0, 0, 0, \cdots)$을 제외하고는 유한위수가 없다.

3. 만일 $\mathbb{Q}$가 자유아벨군이면 기저 X를 가진다. $\mathbb{Q}$는 순환군이 아니므로 $|X|\geq 2$이다. $\frac{n}{m}, \frac{s}{r}\in X$를 생각하면 $(ms)\frac{n}{m}+(-nr)\frac{s}{r}=0$이고 $ms\neq 0$, $nr\neq 0$이므로 종속이다. 따라서 기저의 성질에 모순된다.

4. $(-2)(2, 1)+1(4, 2)=(0, 0)$이지만 $-2\neq 0$이다. 따라서 기저가 될 수 없다.

5. $A\cong\mathbb{Z}\times\mathbb{Z}\times\cdots\times\mathbb{Z}$($n$개)로 생각할 수 있다. $B=2\mathbb{Z}\times 2\mathbb{Z}\times\cdots\times 2\mathbb{Z}$는 A의 진부분군이고 역시 계수가 n이다. 일반적으로 아벨군으로 $\mathbb{Z}$와 $m\mathbb{Z}$는 동형이다.

6. $A\cong\mathbb{Z}\times\mathbb{Z}\times\cdots\times\mathbb{Z}$($A$의 기저의 개수만큼), $B\cong\mathbb{Z}\times\mathbb{Z}\times\cdots$ (B의 기저의 개수만큼)으로 생각할 수 있으므로 A의 계수를 α, B의 계수를 β라고 하면 $C=\mathbb{Z}\times\cdots\times\mathbb{Z}$ ($\alpha+\beta$만큼)는 $A\times B$와 동형인 자유아벨군이다.

7. $n(a, b)+n(1, 2)=(0, 0)$라고 하면 방정식

$$\begin{cases} ma+n=0 \\ mb+2n=0 \end{cases}$$

가 자명한 해 $m=n=0$만 가져야 한다. 따라서 $\begin{vmatrix} a & 1 \\ b & 2 \end{vmatrix}\neq 0$가 되어야 하고 $2a-b\neq 0$

을 얻는다.

8. $A \cong \mathbb{Z} \times \mathbb{Z} \times \cdots \times \mathbb{Z}$ (n개)라 두면 A는 계수가 n인 자유아벨군이다.

9. 일반적으로 Y는 기저가 안된다. Y는 A를 생성할 수는 있지만 일차독립이 안되는 경우가 있다. 예를 들면 $X=\{(2, 1), (3, 1)\}$은 $\mathbb{Z} \times \mathbb{Z}$의 기저이다. 그러나 $Y=\{(2, 1), (3, 1), (4, 2)\}$는

$$(-2)(2, 1)+0(3, 1)+1(4, 2)=(0, 0)$$

이나 $-2 \neq 0$이므로 일차독립이 아니다. 따라서 $\mathbb{Z} \times \mathbb{Z}$의 기저가 될 수 없다.

10. $X=\{a, b, c, \cdots\}$가 자유아벨군 A의 기저라고 하면 임의의 $n \in \mathbb{Z}$에 대해서 $Y=\{a+nb, b, c, \cdots\}$도 역시 A의 기저가 된다. 그 이유를 간단히 설명하면

$$x(a+nb)+yb+zc+\cdots=0$$

이라고 하면

$$xa+(nx+y)b+zc+\cdots=0$$

이고 따라서 $x=0$, $nx+y=0$, $z=0$, $\cdots$에서 $x=y=z=\cdots 0$이 되어 Y는 일차독립이다. 마찬가지로 임의의 A의 원소 $g \in A$는

$$g=xa+yb+zc+\cdots=x(a+nb)+(-xn+y)b+zc+\cdots$$

로 표시되므로 Y는 A를 생성한다. 따라서 Y는 A의 기저가 되고 결국 A는 $\mathbb{Z}$의 수만큼 기저를 가진다.

39 여러 가지 정역

(Integral Domain)

연습문제

A 1. $\mathbb{Z}[\sqrt{10}]=\{a+b\sqrt{10}\,|\,a,\ b\in\mathbb{Z}\}$에서

(1) $a+b\sqrt{10}$가 단원일 필요충분조건은 $a^2-10b^2=\pm 1$임을 보여라.

(2) $2,\ 3,\ 4+\sqrt{10},\ 4-\sqrt{10}$은 기약임을 보여라.

(3) $2,\ 3,\ 4+\sqrt{10},\ 4-\sqrt{10}$은 소가 아님을 보여라.

(4) $\mathbb{Z}[\sqrt{10}]$의 원소는 유한개의 기약원소의 곱으로 여러 가지 방법으로(not unique) 표시됨을 보여라.

2. 정역에서 단원은 소 원소의 곱으로 표시되지 않음을 보여라.

3. $\mathbb{Z}[\sqrt{3}i]=\{a+b\sqrt{3}i\,|\,a,\ b\in\mathbb{Z}\}$이다. $\alpha\neq 0,\ \alpha\neq\pm 1$인 $\alpha\in\mathbb{Z}[\sqrt{3}i]$는 유한개의 기약인 원소의 곱으로 표시됨을 보여라.

4. $\mathbb{Z}[\sqrt{5}i]=\{a+b\sqrt{5}i \mid a, b\in\mathbb{Z}\}$에서 21은 세 가지 모양으로 분해됨을 보여라.

5. D는 유클리드정역이고 d는 유클리드 함수이다. 다음을 증명하라.
   (1) a가 단원일 필요충분조건은 $d(a)=d(1)$이다.
   (2) d가 상수함수이면 D는 체이다.
   (3) $a, b\in D$가 동반원이면 $d(a)=d(b)$이다.

6. $\mathbb{Z}[\sqrt{2}i]=\{a+b\sqrt{2}i \mid a, b\in\mathbb{Z}\}$는 유클리드정역임을 보여라.

7. D는 모든 원소가 기약원소의 곱으로 표시되는 정역이다. D가 UFD일 필요충분조건은 모든 기약인 원소는 소임을 보여라.

A 8. 정역 $\mathbb{Z}[\sqrt{3}i]=\{a+b\sqrt{3}i \mid a, b\in\mathbb{Z}\}$에서
   (1) $\sqrt{3}i$는 소임을 보여라.
   (2) 4와 $2+2\sqrt{3}i$의 gcd는 없음을 보여라.

9. $\mathbb{Q}[x]$에서 $2x^3+9x^2+12x+5$와 $2x^5+5x^4+8x+20$의 gcd를 구하라.

A 10. 가우스정수환 $\mathbb{Z}[i]$에서
   (1) α가 소일 필요충분조건은 $d(\alpha)$가 소수이거나 또는 α가 $4t+3$꼴의 소수와 동반일때 임을 보여라.
   (2) $1+3i$, $7+8i$, $99+27i$를 각각 소 원소의 곱으로 표시하라.

11. $a, b\in\mathbb{Z}$, p는 $4t+3$꼴의 소수이다. $p\mid(a^2+b^2)$이면 $p^2\mid(a^2+b^2)$임을 보여라.

12. $n\geq 2$인 정수이다. $n=a^2+b^2$, $a, b\in\mathbb{Z}$일 필요충분조건은 n을 소인수분해했을 때 $4t+3$꼴의 소수는 반드시 짝수지수가 됨을 보여라.

B 13. $\mathbb{Z}[i]$에서 $\gcd(53+9i, 1+7i)$를 구하라.

B 14. R은 PID이고 I는 R의 아이디얼이다. R/I의 아이디얼은 유한개 뿐임을 보여라.

제39장 여러 가지 정역 연습문제 풀이

1. $$N(a+b\sqrt{10})=(a+b\sqrt{10})(a-b\sqrt{10})=a^2-10b^2$$

이라고 하면

$$\begin{aligned}N((a+b\sqrt{10})(c+d\sqrt{10}))&=N(ac+10bd+(ad+bc)\sqrt{10})\\&=(ac+10bd+(ad+bc)\sqrt{10})(ac+10bd-(ad+bc)\sqrt{10})\\N(a+b\sqrt{10})N(c+d\sqrt{10})&=(a+b\sqrt{10})(a-b\sqrt{10})(c+d\sqrt{10})(c-d\sqrt{10})\\&=(a+b\sqrt{10})(c+d\sqrt{10})(a-b\sqrt{10})(c-d\sqrt{10})\\&=(ac+10bd+(ad+bc)\sqrt{10})(ac+10bd-(ad+bc)\sqrt{10})\end{aligned}$$

이다. 따라서 임의의 $u,\ v\in\mathbb{Z}[\sqrt{10}]$에 대해서

$$N(uv)=N(u)N(v)$$

가 성립한다. 또 $N(a+b\sqrt{10})=0$이면 $a^2=10b^2$에서 $a=\pm b\sqrt{10}\in\mathbb{Z}$이므로 $a=b=0$이다. 따라서 $N(u)=0$일 필요충분조건은 $u=0$이다.

(1) 만일 $a+b\sqrt{10}\in\mathbb{Z}[\sqrt{10}]$가 단원이면

$$(a+b\sqrt{10})(c+d\sqrt{10})=1$$

인 $c+d\sqrt{10}\in\mathbb{Z}[\sqrt{10}]$이 존재한다. 따라서

$$N(a+b\sqrt{10})N(c+d\sqrt{10})=N(1)=1$$
$$(a^2-10b^2)(c^2-10d^2)=1$$

에서 $a^2-10b^2=\pm1$을 얻는다. 역으로 $a^2-10b^2=\pm1$이면

$$(a+b\sqrt{10})(a-b\sqrt{10})=\pm1$$

이므로 $a+b\sqrt{10}$은 단원이 된다. 따라서 $a+b\sqrt{10}$이 단원일 필요충분조건은 $a^2-10b^2=\pm1$이다.

(2) $2=uv,\ u,\ v\in\mathbb{Z}[\sqrt{10}]$이라고 하면 $4=N(2)=N(u)N(v)$가 된다. $N(u)$는 정수이므로 $N(u)=\pm1,\ \pm2,\ \pm4$뿐이다. 만일 $N(u)=\pm2$이면 $a^2-10b^2=\pm2$가 되는 정수 $a,\ b\in\mathbb{Z}$가 존재할 것이다. 그런데 $\mathbb{Z}_5$에서 생각하면 $(\bar{a})^2=\pm\bar{2}=\bar{2}$ 또는 $\bar{3}$

인데 $\mathbb{Z}_5$의 어느 원소도 제곱하면 $\overline{0}$, $\overline{1}$, $\overline{4}$뿐이다. 결국 $N(u)=\pm 2$가 되는 $u\in\mathbb{Z}[\sqrt{10}]$은 존재하지 않는다. 따라서 2는 $\mathbb{Z}[\sqrt{10}]$에서 기약이다. 마찬가지로 해서 3도 $\mathbb{Z}[\sqrt{10}]$에서 기약임을 보일 수 있다. $4+\sqrt{10}$은 만일 $4+\sqrt{10}=uv\in\mathbb{Z}[\sqrt{10}]$라고 하면 $N(u)N(v)=6$이 된다. 만일 $N(u)=\pm 2$, $N(v)=\pm 3$이면 기약이 아닌데 실제로 $N(u)=\pm 2$, $N(v)=\pm 3$이 되는 $u, v\in\mathbb{Z}[\sqrt{10}]$은 있을 수 없다. 따라서 $N(u)=\pm 1$ 또는 $N(v)=\pm 1$이 되어 $4+\sqrt{10}\in\mathbb{Z}[\sqrt{10}]$은 기약이다. 마찬가지로 $4-\sqrt{10}\in\mathbb{Z}[\sqrt{10}]$도 기약이다.

(3) $2|6=(4+\sqrt{10})(4-\sqrt{10})$이다. 그러나 $2\nmid(4+\sqrt{10})$, $2\nmid(4-\sqrt{10})$이다. 그 이유는 만일 $2|(4+\sqrt{10})$이면

$$4+\sqrt{10}=2t,\ t\in\mathbb{Z}[\sqrt{10}]$$

이고 따라서 $N(4+\sqrt{10})=N(2)N(t)$에서 $6=4N(t)$가 되어 $N(t)$가 정수라는 사실에 모순이다. 마찬가지로 $2\nmid(4-\sqrt{10})$이 되어 2는 소가 아니다. 3도 역시 소가 아님을 위와 같은 식으로 증명할 수 있다.

$(4+\sqrt{10})(4-\sqrt{10})=6$이므로 $(4+\sqrt{10})|6=2\times 3$이다. 그러나 $(4+\sqrt{10})\nmid 2$, $(4+\sqrt{10})\nmid 3$이다. 그 이유는 만일 $(4+\sqrt{10})|2$이면

$$2=(4+\sqrt{10})t,\ t\in\mathbb{Z}[\sqrt{10}]$$

이고 $N(2)=N(4+\sqrt{10})N(t)$에서 $4=6N(t)$가 되어 $N(t)\notin\mathbb{Z}$가 된다.

마찬가지로 $(4+\sqrt{10})\nmid 3$이 된다. 따라서 $4+\sqrt{10}$은 소가 아니다. 마찬가지로 $4-\sqrt{10}$도 소가 아님을 알 수 있다.

(4) 우선 $\mathbb{Z}[\sqrt{10}]$의 모든 원소는 기약원소의 곱으로 표시됨을 보이자. 만일 $a\in\mathbb{Z}[\sqrt{10}]$이 유한개의 기약원소의 곱으로 표시되지 않는다고 하자. 당연히 a는 기약이 아니다. 따라서 $a=a_1b_1$, a_1, b_1은 단원이 아닌 두 인수의 곱으로 나타낼 수 있다. a_1, b_1 중 한 개는 기약원소의 곱으로 표시되지 않을 것이다. 편의상 이 원소를 b_1라고 하면

$$a=a_1b_1,\ a_1,\ b_1\neq\text{단원},\ b_1\text{은 기약원소의 곱이 아니다.}$$

b_1은 a과 꼭 같은 성질을 가지고 있으므로

$$b_1=a_2b_2,\ a_2,\ b_2\neq\text{단원},\ b_2\text{는 기약원소의 곱이 아니다.}$$

다시 b_2도 마찬가지로

$$b_2 = a_3 b_3,\ a_3,\ b_3 \neq \text{단원},\ b_3\text{는 기약원소의 곱이 아님.}$$

이와 같이 반복해서 모든 $n \in \mathbb{Z}^+$에 대해서

$$b_n = a_{n+1} b_{n+1},\ a_{n+1},\ b_{n+1} \neq \text{단원},\ b_{n+1}\text{은 기약원소의 곱이 아니다.}$$

따라서

$$a = a_1 b_1 = a_1 a_2 b_2 = a_1 a_2 a_3 b_3 = a_1 a_2 a_3 a_4 b_4 = \cdots$$

가 된다. 그런데

$$N(a) = N(a_1)N(b_1) = N(a_1)N(a_2)N(b_2) = \cdots$$

이고 $a_i \neq$단원이므로 $N(a_i) \neq \pm 1$이다. 따라서

$$|N(a)| > |N(b_1)| > |N(b_2)| > \cdots > |N(b_i)| > \cdots$$

가 되는데 이것은 정수의 성질에 모순이다. 따라서 모든 $a \in \mathbb{Z}[\sqrt{10}]$은 기약인 원소의 곱으로 표시할 수 있다. 그러나

$$6 = 2 \times 3 = (4 + \sqrt{10})(4 - \sqrt{10})$$

과 같이 여러 가지 방법으로 동반원이 아닌 기약원소로 곱할 수 있다.

2. a는 단원, $a = pq$, p는 소라고 하자. 한편 a는 단원이므로 $ab = 1$인 b가 존재하고 따라서 $ab = pqb = 1$에서 p가 단원이 되어 모순이다.

3. $\alpha = a + b\sqrt{3}i \in \mathbb{Z}[\sqrt{3}i]$에서 $N(\alpha) = a^2 + 3b^2$은 임의의 $\alpha, \beta \in \mathbb{Z}[\sqrt{3}i]$에 대해서 $N(\alpha\beta) = N(\alpha)N(\beta)$이고 단원은 ± 1이다. 임의의 $\alpha \neq 0$, $\alpha \neq 1$에 대해서 만일 α가 유한개의 기약원소의 곱으로 표시되지 않는다면 1번 (4)처럼

$$\alpha = \alpha_1 \beta_1 = \alpha_1 \alpha_2 \beta_2 = \alpha_1 \alpha_2 \alpha_3 \beta_3 = \cdots,\ \beta_i \neq \text{기약},\ \alpha_i \neq \text{단원}$$

꼴로 한없이 분해되어질 것이다. 그러나 이것은

$$N(\alpha) > N(\beta_1) > N(\beta_2) > \cdots$$

와 같은 단조감소열이 되어 모순이다. 따라서 α는 유한개의 기약원소의 곱으로 표시된다.

4. 우선 $\alpha=a+b\sqrt{5}i\in\mathbb{Z}[\sqrt{5}i]$에서 $N(\alpha)=a^2+5b^2$으로 나타낼 수 있다. 또 $21=1+20=16+5$이므로

$$21=3\times7=(4+\sqrt{5}i)(4-\sqrt{5}i)=(1+2\sqrt{5}i)(1-2\sqrt{5}i)$$

로 표시할 수 있고 이것들은 어느 것도 동반하지 않는다.

5. (1) a가 단원이면 $ab=1$인 $b\in D$가 존재한다. 따라서

$$d(a)\le d(ab)=d(1)\le d(1a)=d(a)$$

이므로 $d(a)=d(1)$이다. 역으로 $d(a)=d(1)$이면 유클리드정역의 정의에 의해서 1을 a로 나누면 $1=aq+r$, $r=0$ 또는 $d(r)<d(a)$인 $q, r\in D$가 존재한다. 만일 $r\neq0$면 $d(r)<d(a)$인데 이것은

$$d(r)<d(a)=d(1)\le d(1r)=d(r)$$

이 되어 모순이다. 따라서 $1=aq$가 되어 a는 단원이다.

(2) 임의의 $a\neq0\in D$에 대해서 d는 상수 함수이므로 $d(a)=d(1)$이고 따라서 (1)에 의해서 a는 단원이다. 즉 D는 체이다.

(3) $a, b\in D$가 동반원이면 $a=bx$, x는 단원으로 적을 수 있다. 따라서 $d(b)\le d(bx)=d(a)$이다. 한편 x는 단원이므로 $xy=1$인 $y\in D$가 존재한다. 따라서 $ay=(bx)y=b$가 되므로 $d(a)\le d(ay)=d(b)$이다. 따라서 $d(a)=d(b)$가 된다.

6. 임의의 $\alpha=a+b\sqrt{2}i\in\mathbb{Z}[\sqrt{2}i]$에 대해서

$$d(\alpha)=(a+b\sqrt{2}i)(a-b\sqrt{2}i)=a^2+2b^2$$

라고 두면 예제와 같은 방법으로 $\mathbb{Z}[\sqrt{2}i]$는 유클리드 정역이 됨을 알 수 있다.

7. ($\Rightarrow$) D가 UFD라고 하자. $a\in D$는 기약, $a|bc$라고 하면 $bc=at$인 $t\in D$인 존재한다. b, c, t를 모두 기약원소로 분해해서

$$b=b_1b_2\cdots b_m,\ c=c_1c_2\cdots c_n,\ t=t_1t_2\cdots t_l$$

라고 하면

$$b_1b_2\cdots b_mc_1c_2\cdots c_n=at_1t_2\cdots t_l$$

꼴로 나타낼 수 있다. D는 UFD이므로 a는 b_i, c_j 중 한 개와 같을 것이다. 만일 $a=b_i$이면 $a|b$이고 $a=c_j$이면 $a|c$가 되어 a는 소이다.

(⇐) 정리의 PID면 UFD가 되는 증명과 동일

8. (1) $\sqrt{3}i|\alpha\beta,\ \alpha,\ \beta\in\mathbb{Z}[\sqrt{3}i]$라고 하자.

$$N(a+b\sqrt{3}i)=a^2+3b^2$$

라고 하면 $N(\alpha\beta)=N(\alpha)N(\beta)$이다. $\alpha\beta=(\sqrt{3}i)t$인 $t\in\mathbb{Z}[\sqrt{3}i]$가 존재하므로

$$N(\alpha)N(\beta)=N(\sqrt{3}i)N(t)=3N(t)$$

에서 $3|N(\alpha)N(\beta)$이다. 3은 $\mathbb{Z}$에서 소수이므로 $3|N(\alpha)$ 또는 $3|N(\beta)$이다. 만일 $3|N(\alpha)$이면 $\alpha=a+b\sqrt{3}i$라 하면 $3|(a^2+3b^2)$에서 a도 3의 배수이다. 따라서 $a=3m,\ m\in\mathbb{Z}$라 두면

$$\alpha=3m+b\sqrt{3}i=\sqrt{3}i(b-m\sqrt{3}i),\ \ b-m\sqrt{3}i\in\mathbb{Z}[\sqrt{3}i]$$

이므로 $\sqrt{3}i|\alpha$이다. 만일 $3|N(\beta)$이면 마찬가지로 $\sqrt{3}i|\beta$가 된다. 따라서 $\sqrt{3}i$는 $\mathbb{Z}[\sqrt{3}i]$에서 소가 된다.

(2) 4는 $1\times4,\ 2\times2,\ (1+\sqrt{3}i)(1-\sqrt{3}i)$로 분해할 수 있다. 따라서 4의 인수는

$$1,\ 4,\ 2,\ 1+\sqrt{3}i,\ 1-\sqrt{3}i$$

이다. 결국 $4,\ 2(1+\sqrt{3}i)$의 공약수는 $2,\ 1+\sqrt{3}i$ 뿐이다. 그러나

$$2|4,\ \ 2|2(1+\sqrt{3}i)$$

이지만 $2\nmid 1+\sqrt{3}i$이므로 $1+\sqrt{3}i$는 gcd가 될 수 없다. 또 역시

$$(1+\sqrt{3}i)|4,\ (1+\sqrt{3}i)|2(1+\sqrt{3}i)$$

이지만 $(1+\sqrt{3}i)\nmid 2$이므로 2는 gcd가 될 수 없다. 따라서 $2,\ 1+\sqrt{3}i$는 어느

것도 gcd의 성질을 만족시키지 않으므로 결국 4와 $2(1+\sqrt{3}i)$의 gcd도 존재하지 않는다.

9. $\mathbb{Q}[x]$는 유클리드정역이므로 유클리드호제법을 이용한다.

$$
\begin{array}{r|l}
 & x^2-2x+3 \\
\hline
2x^3+9x^2+12x+5 & 2x^5+5x^4+8x+20 \\
 & 2x^5+9x^4+12x^3+5x^2 \\
\hline
 & -4x^4-12x^3-5x^2+8x+20 \\
 & -4x^4-18x^3-24x^2-10x \\
\hline
 & 6x^3+19x^2+18x+20 \\
 & 6x^3+27x^2+36x+15 \\
\hline
 & -8x^2-18x+5
\end{array}
$$

$$
\begin{array}{r|l}
 & -\frac{1}{4}x-\frac{9}{16} \\
\hline
-8x^2-18x+5 & 2x^3+9x^2+12x+5 \\
 & 2x^3+\frac{9}{2}x^2-\frac{5}{4}x \\
\hline
 & \frac{9}{2}x^2+\frac{53}{4}x+5 \\
 & \frac{9}{2}x^2+\frac{81}{8}x-\frac{45}{16} \\
\hline
 & \frac{25}{8}x+\frac{125}{16}
\end{array}
$$

$$
\begin{array}{r|l}
 & -\frac{64}{25}x+\frac{16}{25} \\
\hline
\frac{25}{8}x+\frac{125}{16} & -8x^2-18x+5 \\
 & -8x^2-20x \\
\hline
 & 2x+5 \\
 & 2x+5 \\
\hline
 & 0
\end{array}
$$

따라서 gcd는 $2x+5$이다.

10. ($\Leftarrow$) $\alpha = a+bi \in \mathbb{Z}[i]$라 두자.

1) $d(\alpha)$는 소수라고 하자. $\alpha = uv$, $u, v \in \mathbb{Z}[i]$라고 하면

$$d(\alpha) = d(uv) = d(u)d(v),\ d(u),\ d(v) \in \mathbb{Z}$$

따라서 $d(u)=1=d(1)$ 또는 $d(v)=1=d(1)$이고 문제 5. 1)에 의해서 u 또는 v는 단원이다. 결국 α는 $\mathbb{Z}[i]$에서 기약이고 유클리드정역에서는 기약과 소는 같은 것이므로 α는 소이다.

2) 만일 α가 $4t+3$꼴의 소수와 동반하면 $\alpha=(4t+3)c$, $c=\pm 1$ 또는 $\pm i$ 모양이다. $\alpha = uv$, $u, v \in \mathbb{Z}[i]$라고 하면 $(4t+3)c = uv$에서

$$d(4t+3)d(c) = d(u)d(v)$$

이다. 따라서

$$(4t+3)(4t+3) = d(u)d(v)$$

이고 $4t+3 \mid d(u)$ 또는 $4t+3 \mid d(v)$이다. 만일 $4t+3 \mid d(u)$이면 $d(u)=(4t+3)k$, $k \in \mathbb{Z}$ 꼴이므로 $4t+3 = kd(v)$가 되고 다시 $4t+3=k$ 또는 $4t+3=d(v)$이다. 그런데 $4t+3$은 $d(v)=x^2+y^2$꼴이 될 수 없다. 그 이유는 만일 $4t+3=x^2+y^2$꼴이면 x, y 중 한 개는 짝수, 한 개는 홀수이다. 그러나 $(\text{짝수})^2+(\text{홀수})^2$은 $4t+1$꼴이다. 결국 $4t+3=k$가 되어 $d(v)=1$, 즉 v는 단원이 된다. 마찬가지로 $4t+3 \mid d(v)$이면 u가 단원이 되어 $\alpha \in \mathbb{Z}[i]$는 기약이고 따라서 소이다.

($\Rightarrow$) $\alpha = a+bi \in \mathbb{Z}[i]$가 소라고 하자. $d(\alpha) = mn$, $m, n \in \mathbb{Z}$라 하면

$$d(\alpha) = a^2+b^2 = (a+bi)(a-bi) = mn,\ \ \alpha \mid mn$$

이므로 $\alpha \mid m$ 또는 $\alpha \mid n$이다.

1) $\alpha \mid m$이라고 하자. $(a+bi)(c+di)=m$이 되는 $c+di \in \mathbb{Z}[i]$가 존재할 것이다.

$$c+di = \frac{m}{a+bi} = \frac{m}{a^2+b^2}(a-bi)$$

에서 양변을 비교하면

$$c=\frac{am}{a^2+b^2},\ d=\frac{-bm}{a^2+b^2}$$

이다. 따라서

$$am=c(a^2+b^2)=cmn,\ -bm=d(a^2+b^2)=dmn$$

에서 $a=cn$, $-b=dn$은 얻는다.

$$\alpha=a+bi=cn-dni=(c-di)n\in\mathbb{Z}[i]$$

에서 α는 소이므로 기약이다. 따라서 n이 단원이거나 $c-di$가 단원이다.

1)−1. 만일 n이 단원이면 $n=\pm1$이 되어 $d(\alpha)$는 소수이다.

1)−2. 만일 $c-di$가 단원이면 $c+di$도 단원이고 따라서 $c+di=u$라 두면

$$\alpha u=(a+bi)u=m,\ u\in\mathbb{Z}[i]\text{는 단원}$$

이 된다. 그런데 α는 소이므로 $m\in\mathbb{Z}$는 홀수가 되어야 한다.

결국 $m=4k+1$ 또는 $m=4k+3$꼴의 소수인데 만일 $m=4k+1$꼴이면 $m=x^2+y^2$인 정수 x, y가 존재한다. 그런데 만일 이렇게 되면

$$\alpha u=x^2+y^2=(x+yi)(x-yi)$$

에서 α는 소이므로 $\alpha|x+yi$ 또는 $\alpha|x-yi$이고 어느 경우나

$$m=x^2+y^2=d(x\pm yi)=1$$

이다. 따라서 α가 단원이 되어 모순이다. 결국 $m=4k+3$꼴만이 가능하므로 α는 $4k+3$꼴의 소수와 동반하게 된다.

2) $\alpha|n$일 경우도 마찬가지로 증명하면 된다.

(2) 1) $$d(1+3i)=10=2\times5=(1+1)\times(2^2+1^2)$$

이므로 $1+3i=(1+i)(2+i)$로 분해된다. 또 $d(1+i)=2$, $d(2+i)=5$이므로 모두 소수이다.

2) $d(7+8i)=49+64=113$은 소수이므로 $7+8i$는 자신이 소이다.

3) $$99+27i=9(11+3i)=3\times3\times(11+3i),\ d(11+3i)=130=2\times5\times13$$

이다. 3은 $4k+3$꼴이므로 자신이 소이다. $d(11+3i)=2\times5\times13$이고 1)에서 $d(1+3i)=2\times5$이고 $1+3i=(1+i)(2+i)$이다. 나머지 $13=2^2+3^2$이므로 $d(u)=13$이 되는 u는 $3\pm2i$, $2\pm3i$꼴이다. 이중 $1+3i$와의 곱이 $11+3i$가 되는 것을 고르면 $u=2-3i$이다. 물론 $d(u)=13$은 소수이므로 $2-3i$는 소이다. 따라서

$$99+27i=3\times3\times(11+3i)=3\times3\times(1+3i)(2-3i)=3\times3\times(1+i)(2+i)(2-3i)$$

로 소인수분해된다.

11. $\mathbb{Z}[i]$에서 $\alpha=a+bi$라고 하면 $d(\alpha)=a^2+b^2$이다. 또 p는 $4t+3$꼴의 소수이므로 10번 1)에서 $p\in\mathbb{Z}[i]$는 소이다. $p\,|\,(a^2+b^2)$이므로

$$pt=a^2+b^2=(a+bi)(a-bi)$$

이다. 따라서 $p\,|\,(a+bi)(a-bi)$에서 $p|a+bi$ 또는 $p|a-bi$이다. 만일 $p|a+bi$이면 $a+bi=pu$, $u\in\mathbb{Z}[i]$이고

$$a^2+b^2=d(a+bi)=d(pu)=d(p)d(u)=p^2d(u)$$

이므로 $p^2|a^2+b^2$이다. $p|a-bi$일 경우도 마찬가지로 할 수 있다.

12. n을 소인수분해해서 $n=p_1p_2\cdots p_k$, p_i는 소수라고 하자. 만일 $p_t(1\le t\le k)$가 $4t+3$꼴의 소수라고 하면 11번에게 $p_t|a^2+b^2$이므로 $p_t^2|a^2+b^2$이다. 따라서 n은 p_tp_t로 나누어지므로 p_t는 2개씩 쌍으로 나타난다.

13. $53+9i$와 $1+7i$를 각각 소인수분해하자.

$$d(53+9i)=2890=2\times5\times17\times17$$

로 인수분해된다. 17은 소수이고

$$17=16+1=4^2+1^2$$

이므로 $u=4\pm i$, $1\pm4i$은 $d(u)=17$이다. 또 $d((1+i)(2+i))=2\times5$이므로

$$53+9i=(1+i)(2+i)(4+i)(1+4i)$$

로 소인수분해된다. $d(1+7i)=50=2\times5\times5$이므로

$$d(1\pm i)=2,\ d(1\pm 2i)=d(2\pm i)=5$$

에서 선택하면 된다. 여기서 $1+2i$와 $-2+i$, $2-i$, $-1-2i$는 모두 동반원이다. 따라서

$$1+7i=(1+i)(1+2i)(2-i)$$

로 인수분해된다. 따라서

$$\gcd(53+9i,\ 1+7i)=1+i$$

이다.

14. $$X=\{J \mid J\text{는 } R/I\text{의 아이디얼}\}$$

이라고 하면

$$Y=\{K \mid K\text{는 } I\text{를 포함하는 } R\text{의 아이디얼}\}$$

과 일대일 대응이다. 따라서 Y가 유한임을 보이면 된다. R은 PID이므로 $I=\langle x\rangle$라고 하자. 임의의 $K\in Y$에 대해서 $K=\langle k\rangle$라고 하면 $\langle x\rangle\subset\langle k\rangle$이므로 k는 x의 약수이다. 그런데 R은 UFD이므로 x는 기약인 원소의 유한개의 곱 $x_1x_2\cdots x_t$으로 표시된다. 그런데 k는 x의 약수이므로 $x_1x_2\cdots x_t$의 일부분인데 이것은 유한개 밖에 없다. 즉 x의 약수의 개수는 2^t으로 유한이다. 결국 Y의 개수는 유한개뿐임을 알 수 있다.

40 군의 작용 (Group Action)

연습문제

1. X는 G-집합이다. $Y \subset X$, $G_Y = \{g \in G \mid$ 모든 $y \in Y$에 대해서 $gy = y\}$라 하면 G_Y는 G의 부분군임을 보여라.

2. $G = (\mathbb{R}, +)$, $X = \mathbb{R} \times \mathbb{R}$, 임의의 $P \in X$, $\theta \in G$에 대해서 $\theta * P$는 P를 θ만큼 시계 반대방향으로 회전시킨 점이다.
   (1) X는 G-집합이 됨을 보여라.
   (2) $P \in X$에 대해서 P의 고정부분군 G_P를 구하라.
   (3) $P \in X$의 궤도 $\overline{P}$를 구하라.

3. $|G| = 55$, $|X| = 18$, X는 G-집합이다. G는 적어도 두 개의 고정점을 가짐을 보여라.

4. X는 G-집합이다. $gx=y$라고 하면 $G_y=gG_xg^{-1}$임을 보여라.

5. 다음을 증명하라.

(1) 군 G의 임의의 원소 $g, x \in G$에 대해서 $C(gxg^{-1})=gC(x)g^{-1}$이다.

(2) 군 G의 임의의 부분군 $H, g \in G$에 대해서 $N(gHg^{-1})=gN(H)g^{-1}$이다.

6. G는 유한 p-군이고 X는 G-집합이다. $|X|$가 p의 배수가 아니면 X는 적어도 한 개의 고정점을 가짐을 보여라.

7. G는 유한 p-군이다.

(1) N이 G의 정규부분군이면 $N \cap G \neq \{e\}$임을 보여라. 단, $N \neq \{e\}$이다.

(2) $|Z(G)| \geq 2$임을 보여라.

8. $G=\{e, (1\ 2\ 3\ 4)(5\ 6\ 7\ 8), (1\ 3)(2\ 4)(5\ 7)(6\ 8), (1\ 4\ 3\ 2)(5\ 8\ 7\ 6)\} \subset S_8$이다.

$X=\{1, 2, 3, 4, 5, 6, 7, 8\}$일 때

(1) 7의 안정부분군을 구하라.

(2) 7의 궤도를 구하라.

9. X는 G-집합이다. 임의의 $x, y \in X$에 대해서 $gx=y$인 $g \in G$가 존재하면 $|X|$는 $|G|$의 약수임을 보여라.

참고 이러한 G-집합을 추이적(transitive)이라고 부른다.

10. $\theta=(1\ 2)(3\ 4)(5\ 6)$, $\psi=(2\ 3) \in S_6$, $G=\{e, \theta, \psi, \theta\psi, \psi\theta, \theta\psi\theta, \psi\theta\psi, (\theta\psi)^2\}$은 S_6의 부분군이다. $X=\{1, 2, 3, 4, 5, 6\}$, X는 G-집합이라고 하면 각 $i \in X$의 궤도 $\bar{i}$와 고정부분군 G_i를 구하라.

11. $f \in S_A$, $|f|=n$, $a \in A$, $\theta=(a\ f(a)\ f^2(a)\ f^{m-1}(a))$, $f^m(a)=a$ 이면 m는 n의 약수임을 보여라.

제40장 군의 작용 연습문제 풀이

1. $a, b \in G_Y$라고 하면 모든 $y \in Y$에 대해서 $ay=y$, $by=y$이다. 따라서 $(ab)y=a(by)=ay=y$이므로 $ab \in G_Y$이다. 또

$$ey=(a^{-1}a)y=a^{-1}(ay)=a^{-1}y$$

이므로 $a^{-1} \in G_Y$가 되어 G_Y는 G의 부분군이다.

참고 $Y=\{x\}$이면 $G_Y=G_x$는 x의 안정부분군(stabilizer)이다.

2. (1) 임의의 $P=(a, b) \in \mathbb{R}^2$에 대해서 1) $0 * (a, b)=(a, b)$이다.
2) $(\theta_1+\theta_2) * P=\theta_1 * (\theta_2 * P)$가 됨은 쉽게 알 수 있다.
(2) $G_P=\{a \in G | a * P=P\}$, 즉 $a \in G_P$일 필요충분조건은 P를 a만큼 회전시킨 점이 다시 P이다. 따라서 a는 2π의 배수, 즉 $a \in \langle 2\pi \rangle$이다. 따라서 $G_P=\langle 2\pi \rangle$이다.
(3) $\mathbb{R} * P$은 P를 실수만큼 회전시킨 점의 집합이다. 따라서 반지름이 OP인 원이 된다.

3. x가 고정점이면 $Gx=x$이므로 x의 궤도 $\overline{x}$의 위수는 1이다. 따라서 $|\overline{x}|=[G : G_x]$이므로 $G_x=G$가 된다. 또 일반화된 류 방정식에서 $X_0=\{x \in X \mid Gx=x\}$라고 하면

$$\begin{aligned}|X|&=|\overline{x_1}|+|\overline{x_2}|+\cdots+|\overline{x_m}|=[G : G_{x_1}]+[G : G_{x_2}]+\cdots+[G : G_{x_m}]\\&=|X_0|+\sum[G : G_{x_i}],\ \text{단 } [G : G_{x_i}] \geq 2\end{aligned}$$

에서 $[G : G_{x_i}]$는 55의 약수이므로 1, 5, 11, 55 중 1개이다. 따라서 $18=|X_0|+5j+11k$, $j, k \geq 0$에서 $|X_0|=0$이나 1이 될 수 없다. 따라서 $|X_0| \geq 2$이므로 고정점은 적어도 2개 이상이다.

4. $a \in G_y$면 $ay=y$이다. 따라서 $a(gx)=gx$이므로 $a=g(g^{-1}ag)g^{-1}$이고 $(g^{-1}ag)x=x$이므로 $g^{-1}ag \in G_x$가 되어 $a \in gG_xg^{-1}$이다.

역으로 $a \in gG_xg^{-1}$이면 $a=gbg^{-1}$, $bx=x$꼴로 쓸 수 있다. 따라서

$$ay = a(gx) = (gbg^{-1})gx = g(bx) = gx = y$$

가 되어 $a \in G_y$가 된다. 따라서 $G_y = gG_xg^{-1}$이다.

5. (1) $X = G$, $x \in X$, $g \in G$에서 $g * x = gxg^{-1}$를 켤레작용이라고 하면

$$G_x = \{a \in G \mid a * x = x\} = \{a \in G \mid axa^{-1} = x\}$$

에서 $G_x = C(x)$이다. 문제 4에서 $g * x = gxg^{-1} = y$라 두면

$$G_y = C(y) = C(gxg^{-1}),\ gG_xg^{-1} = gC(x)g^{-1}$$

이므로 $C(gxg^{-1}) = gC(x)g^{-1}$가 된다.

(2) 마찬가지로

$$X = \{H \mid H\text{는 } G\text{의 부분군}\},\ g * H = gHg^{-1}$$

로 두면 임의의 $K \in X$에 대해서 $G_K = N(K)$이다.

역시 문제 4에서 $g * H = gHg^{-1} = y$라 두면

$$G_y = N(y) = N(gHg^{-1}),\ gG_Hg^{-1} = gN(H)g^{-1}$$

이므로 $N(gHg^{-1}) = gN(H)g^{-1}$가 성립한다.

6. 일반화된 류 방정식

$$|X| = |X_0| + \sum [G : G_x],\ \text{단 } [G : G_x] \ge 2$$

에서 G는 p-군이므로 $[G : G_x]$는 p의 배수이다. 만일 $|X_0| = 0$이면 $|X|$가 p의 배수가 되어 모순이다. 따라서 $|X_0| \ge 1$이다.

7. (1) N이 G의 정규부분군이므로 모든 $g \in G$에 대해서 $gNg^{-1} = N$이다. 또 $g(N - \{e\})g^{-1} \subset N - \{e\}$이므로 $X = N - \{e\}$, $x \in X$, $g \in G$에 대해서 $g * x = gxg^{-1}$라고 하면 X는 G-집합이 됨을 알 수 있다.

G는 p-군이므로 $|N|$은 p의 배수이고 따라서 $|X|$는 p의 배수가 아니다. 6번 문제에 의해서 고정점 $x \in X$가 존재한다. 그런데 켤레작용에서 x가 고정점이면

$x \in Z(G)$이므로 결국 $e \neq x \in N \cap Z(G)$이므로 $N \cap Z(G) \neq \{e\}$이다.

(2) $N = G$라 두면 $N \cap Z(G) = Z(G)$이므로 $Z(G) \neq \{e\}$. 따라서 $|Z(G)| \geq 2$이다.

8. (1) $e(7) = 7$, $(1\ 2\ 3\ 4)(5\ 6\ 7\ 8)(7) = 8$, $(1\ 3)(2\ 4)(5\ 7)(6\ 8)(7) = 5$, $(1\ 4\ 3\ 2)(5\ 8\ 7\ 6)(7) = 6$이므로 결국 7의 궤도 $\overline{7} = \{7, 8, 5, 6\}$이 된다.

(2) G의 e 이외의 원소는 7을 이동시킨다. 따라서 $G_7 = \{e\}$이다. 실제로 (1)에서 7의 궤도 $\overline{7}$의 위수는 4이므로 $[G : G_7] = |\overline{7}| = 4$에서 $|G_7| = 1$이 됨을 알 수 있다.

9. 임의의 $x \in X$의 궤도 $\overline{x}$를 구하면 $\overline{x} = Gx = X$가 됨을 알 수 있다. 따라서 궤도는 $\overline{x}$ 한 개 밖에 없고 일반화된 류 방정식에서 $|X_0| = 0$이다. 따라서 $|X| = |\overline{x}| = [G : G_x]$이고 $\dfrac{|G|}{|G_x|} = |X|$이므로 $|X|$는 $|G|$의 약수이다.

10. $e(1) = 1$, $\theta(1) = 2$, $\psi(1) = 1$, $\theta\psi(1) = 2$, $\psi\theta(1) = \psi(2) = 3$, $\theta\psi\theta(1) = \theta(3) = 4$,

$$\psi\theta\psi(1) = \psi(2) = 3,\ (\theta\psi)^2(1) = 4$$

이므로 $\overline{1} = \{1, 2, 3, 4\}$이다. 따라서

$$\overline{1} = \overline{2} = \overline{3} = \overline{4} = \{1, 2, 3, 4\},\ e(5) = 5,\ \theta(5) = 6$$

이므로 $\overline{5} = \overline{6} = \{5, 6\}$이다.

우선 $|G| = |\overline{i}| \times |G_i|$이므로 $1 \leq i \leq 4$면 $|G_i| = 2$이고 $i = 5, 6$이면 $|G_i| = 4$이다. 실제로 구해보면 1을 고정시키는 G의 부분군은 위에서 e, ψ이므로 $G_1 = \{e, \psi\}$이다. 2를 고정시키는 G의 부분군은 $\{e, \theta\psi\theta\}$이다. 마찬가지로 해서

$$G_3 = \{e, \theta\psi\theta\},\ G_4 = \{e, \psi\},\ G_5 = \{e, \psi, \theta\psi\theta, (\theta\psi)^2\} = G_6$$

을 얻을 수 있다.

11. $G = \{e, f, f^2, \cdots, f^{n-1}\}$라고 하면 G는 위수 n인 군이다.

$* : G \times A \to A$, $f^i * x = f^i(x)$라 하면 A는 G-집합이다. 또 $a \in A$의 궤도

$$\overline{a} = Ga = \{a, f(a), f^2(a), \cdots\}$$

는 $|\overline{a}| = m$이 됨을 알 수 있다. 따라서 $|\overline{a}| = [G : G_a]$이므로 m은 n의 약수이다.

참고문헌

1. 김응태, 박성안, 현대대수학, 이우출판사, 1984.
2. 김주필, 알기쉬운 대수학, 대선, 2002.
3. 김주필, 알기쉬운 집합론, 북스힐, 2007.
4. 김주필, 즐거운 현대대수, 교우사, 2008.
5. 천장호, 현대대수학, 대영사, 1988.
6. B. Baumslag and B. Chandler, Group theory, Schaum's Outline Series McGraw-Hill Book Co., 1968.
7. Chalres C. Pinter, A book of Abstract Algebra, McGraw-Hill Publishing Company, 1990.
8. Chalres C. Pinter, Set theory, McGraw-Hill. Inc., New York, 1969.
9. Dan Saracino, Abstract Algebra : A First Course, Addison-wesley Publishing Company, 1980.
10. David M. Burton, Elementary Number Theory, Wm. C. Brown Publishers, 1997.
11. Gödel, über formal unentscheidbare sät3eder-38, 173-198, 1931.
12. Homer Bechtell, The Theory of Groups, Addison-wesley Publishing Company, 1971.
13. I. N. Herstein, Topics in Algebra, John Wiley & Sons, Inc. 1975.
14. John B. Fraleigh, A first Course in Abstract Algebra, Addison-wesley Publishing Company, 1982.
15. John D. Dixon, Problems in Group Theory, Dover Publications, Ins. New York, 1973.
16. Larry Smith, Linear Algebra, Springer-Verlag, 1978.
17. Lisl, Gaal, Classical Galois theory, Chelsea Publishing Company, New York, N. Y. 1979.

18. Ludolf Lidl & Gunter Pilz, Applied Abstract Algebra, Springer, 1998.

19. Maurice Auslander & David A. Buchsbaum, Groups, Rings, Modules, Happer & Row, publishers, 1974.

20. P. M. Cohn, F. R. S., Universal Algebra, D. Reidel Publishing Company, 1981.

21. Thomas W. Hungerford, Algebra, Holt, Rinehart and Winston, 1974.

김주필

경북대학교 문리대 수학과 이학사
경북대학교 대학원 이학석사, 이학박사
한남대학교 이과대학 수학과 교수
한남대학교 이과대학장, 수리과학연구소장
미시간 주립대학교 연구교수

〈저서〉
기초 현대대수학, 한남대학교 출판부, 1996
알기쉬운 대수학 , 대선, 2003
알기쉬운 집합론, 북스힐, 2007
즐거운 현대대수, 교우사, 2008

〈논문〉
군에서의 퍼지합동
클리포드 반군상의 단사포락
반군에서의 소아이디얼 외 30여 편

즐거운 현대대수 III

2010년 3월 22일 초판 발행
2023년 7월 15일 초판 2쇄 발행

저 자 / 김주필
발행자 / 오판근
발행처 / 교우사

주 소 / 서울특별시 동대문구 약령시로 8 교우빌딩 2층
전 화 / 925-2861(代), 편집부 / 925-2825
팩 스 / 070-7966-8610

E-mail / kyowoo@kyowoo.co.kr
http://www.kyowoo.co.kr

등록 / 1994. 3. 24 제6-0256호

ISBN 978-89-8172-851-9 (94410)
978-89-8172-848-9 (세트)

값 36,000 원